미용학개론 ②

Hair Cut

머리카락 조각 만들기

이군자
임용수
임경석
임경찬 저

이 책의 구성

- 작품사진
- 작품 Sketch
- 작업 순서별 사진과 설명
- 작업과정 Check List

머 리 말

이 책이 나오기 까지는 오랜 시간이 필요했었습니다. 과거 수십 년간 가르치고 학습하는 과정을 통하여 항상 고객의 관점에서 보다 효과적으로 미용 기술을 전수하는 것은 평생의 숙제였습니다. 40 여년동안 축적된 미용 경험을 바탕으로 미용을 배우는 후학들에게 조금이나마 도움이 되고자 이 책을 발간하게 되었습니다. 이 책을 발간하는 과정을 통하여 평생의 업이었던 미용에 대한 보다 많은 애정을 느꼈었고, 최고의 책을 만들기 위하여 작품들을 만들고, 세계적으로 유명한 선생님들의 교육을 받으면서 우리도 외국서적으로 교육 하는 것도 중요하지만 누구나 쉽게 접할 수 있는 우리글로 만들어야 하겠다는 생각에 필요한 자료를 수집하는 과정은 고통과 동시에 행복한 시간이었습니다.

새로운 유행과 세계적인 각종 트렌드 속에서 우리의 미용은 성장을 거듭해 왔지만, 현대 교육이라는 틀 속에서 본다면, 다른 교육 영역에 비해서 세계적인 추세를 따라가기에는 우리 미용인들의 노력이 부족했다는 생각이 듭니다. 하지만 다른 어떤 영역보다 미용인들의 노력과 열정이 있었기에 하나의 특정 교육 영역으로 미용학원에서 그리고 미용직업학교, 미용고등학교, 미용과정 전문학사, 학사학위, 석사학위, 박사학위 등으로 굳건히 자리를 잡았습니다. 하지만 이에 부응하여 미용기술을 보다 효율적이고 효과적으로 개발하고 보급하기 위해서는 좋은 교재가 우선적으로 많이 개발되어야 할 필요가 있습니다. 이를 위하여 미력한 힘이지만 보탬이 되고자 후학들을 위하여 글로벌 트렌드에 맞게 커트교재를 발간하게 되었습니다.

이 책은 커트 조각 만들기를 구성하는 여러개의 작품에 따라 구체적인 기법을 제시하고 있으며, 학교의 교재로 사용하기 편리하게 모든 작품마다 완성작품 사진과, 스케치, 체크리스트를 우선 제시하였고, 다음으로 작품에 대한 이해를 높이기 위하여 작품 소개를 실었으며, 기술 과정의 이해를 높이기 위하여 각 기법마다 체크리스트를 제시하였습니다. 특히 이 책은 기존의 미용 서적과는 달리 교육적인 목적을 위하여 약간 독특하게 구성하였습니다. 이 책의 구체적인 구성은 각 기법마다 동일하며, 순서는 아래와 같습니다.

- 작품 사진
- 작품 스케치
- 작품기법에 관한 체크리스트
- 작품 절차별 사진과 설명
- 작품평가 체크리스트

작품 기법에 관한 체크리스트는 작품을 만드는 과정을 자세하게 하나의 표로 제시하였으며, 작품평가 체크리스트는 교수 혹은 교사가 학생들의 작품을 평가할 때 활용하거나, 수업과정에서 학생들이 동료 학생들의 작품을 평가할 수 있도록 구성하였습니다.

현대의 미용이 아무리 발전했다 하더라도, 미용을 가르치는 교수와 교사의 역할은 변하지 않으며, 학생들 또한 좋은 미용 기술을 익히기 위하여 끊임없는 반복과 연습이 필수적이라는 사실을 잊어서는 안 될 것입니다. 저의 부족한 경험으로 만든 이 저서가 미용인들의 발전에 미력하나마 도움이 된다면 더 없는 행복으로 여기겠습니다. 지금까지 이 책이 출판되기까지 도와주시고 협조해주신 일본소노다 선생님, 프랑스 아이네시 선생님, 이탈리아 지지간디니 선생님, 비달사순과 토니&가이 선생님 피폿포인트, 등 여러 교육과정을 통하여 그동안의 노력의 작품을 담아보았습니다. 모델이 되어주었던 리스 미용 학교 학생들, 사랑과 이해를 해 준 가족들에게 깊은 감사를 드립니다. 아마도 그 분들의 도움과 결려가 없었더라면 이 책의 출판은 엄두도 내지 못 했을 것입니다.

마지막으로 "이군자의 미용학 개론"(2) 커트 조각 만들기가 모든 미용인들에게 도움이 되고자 하는 작은 바람으로 이 책의 마침표를 찍겠습니다.

임 용수, 임 경석, 임 경찬, 선생님은 저의아들 삼형제입니다.

감사합니다. 많은 사랑과 격려로 이 군자를 안아주시길 바랍니다.

2010년 7월

이 군 자

Lee's Beauty School
Professor. Goon Ja Lee
임용수 · 임경석 · 임경찬

차 례

헤어디자인 원론

1. 헤어디자인 원론

1 디자인이란?

점 ,선,면,입방,공간등을 활용하여 작자의도 기획,구상을 토대로하여 서면위에 구체화 시켜나가는 것 을 말한다.

2 헤어디자인이란?

머리카락 한올을 점이라 두고 슬라이스 한 머리카락들을 선이라 보고 각 섹셔닝에따라 각을들어 형성한 것들 즉 질감처리된 부분을 변이라보고 이를 구체석으로 여러가지 선들을 대입해 완성한 것들을 입방이라 보고 이에 미용사의 기술적 행위를 공간이라 하고 그것을 미용사의 의도 기획 구상을 토대로 이를 헤어스케치로 구체화 하여 나가는 것 을 말한다

2. 헤어컷의 서양 역사(History of Occidennt Hair Styles)

1 선사시대와 원시시대

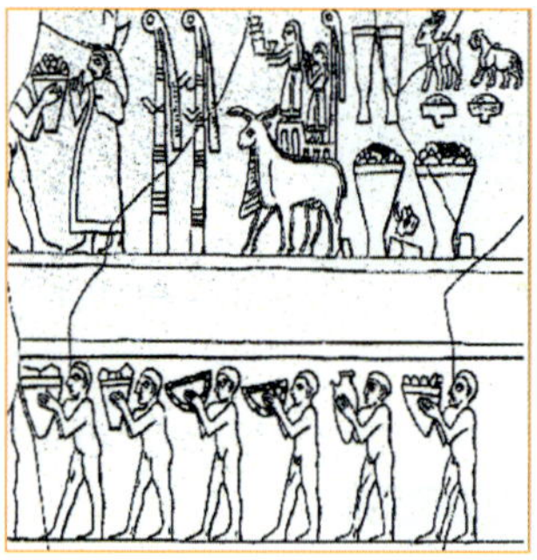

일찍이 선사시대와 원시시대에서는 그냥 흐트러진 두발(頭髮, hair) 상태로 긴 두발(頭髮, hair)을 유지하거나 농작물의 마른 줄기나 동물의 가죽이나 어류의 어피(魚皮)로 두발(頭髮, hair)을 묶는 정도로 가장 단순한 헤어스타일이었다.

귀족들은 더 복잡하고 분명한 스타일로 발전되었다. 수메리안(Sumerian) 귀족층 여성들은 예를 들어, 시뇬(Chignon : 작은 망사나 그물 같은 것으로 뒤에 땋아 붙인 쪽)이나 롤 스타일 그리고 길게 땋아 늘인 두발(頭髮, Plaits)로 두발(頭髮, hair)을 돌리거나 또는 어깨위로 두텁게 떨어뜨리는 헤어스타일을 했었다. 그들은 또한 금 헤어핀이나 다른 장신구로 헤어를 꾸미거나 향을 곁들인 노란색 전분가루나 금가루로 헤어에 분을 바르듯 장식했다.

바비론(Babilorlian)이나 아시리안(Assyrian) 남자들은 긴 두발(hair)을 염색하고 아이론(Curling iron : 두발지지는 인두)을 이용하여 고슬두발을 만들고 검고 네모난 턱수염을 했고 페르시안(Persian) 귀족들 또한 헤나(Henna : 이집트산, 향기로운 흰 꽃이 핌)로 붉게 염색했고 턱수염과 머리카락을 축모(나선모)로 했다.

2 1900년대초~ 1950년대 중반

20C에 전쟁의 결과로 여성들은 정치적이나 사회적으로 해방되는 상징으로서 그들의 두상(head)을 어디서나 커트나 단발형태로 했다. 두상(head)에 딱 달라붙는 헤어스타일은 한 유명 영화배우의 페이지보이(Page-boy :웨이브가 안쪽으로 말리는 베벨-언더〈Bevel-under〉를 말함.) 스타일에서 영감을 얻어 짧은 스타일이 계승되었다.

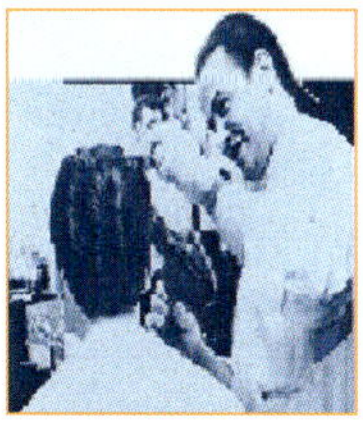

헤어커트 이름 중에서 가장 촌스러운 이름은 50년대 방황하는 십대들의 헤어스타일이었던 오리궁둥이 두발(Duck As, D.A)일 것이다. 여성들의 두발은 특별히 오리꼬리 두발(Duck Tail)라고 불리었다. D.A는 후면 두발의 중앙부분을 밑으로 내려서 마치 오리의 궁둥이의 깃털처럼 보여서 이와 같이 이름이 정해졌다. 이 헤어스타일은 후면 두발 중앙부위로 빗질을 하되 약간의 웨이브를 주면서 두발 중앙에서 밑으로 끌어 내리 듯이 빗질한다. 멋진 스타일을 만들기 위해 모양을 만들 때 습윤(濕潤) 상태를 유지해주는 유지(油脂, Grease)등으로 윤기가 흐르게 헤어스타일을 유지했다. 문헌에 따르면 D.A는 1940년에 미국 필라델피아의 조우 씨렐로(Joe Cirello)라는 이발사에 의해서 처음 소개되었다고 한다. 락앤롤(Rock & Roll)이 시작되었을 때 십대의 소년들은 시끄럽고 충동적인 음악적 행동과 더불어 D.A는 더욱 더 빛을 발하게 되었고 거기에 중심인 엘비스 프레스리(Elvis presley)의 검은 두발 퐁파두르(Pompadour) D.A가 십대에게 미치는 영향은 실로 놀라운 록음악의 스타 탄생을 예감하였다. 그러나 십대들의 부모들은 나쁜 영향을 주는 락앤 롤(Rock & Roll) 음악에 대해서 끝없는 비판을 했고 D.A 두발을 한 사람들 모두를 강패나 불량배 취급을 했다. 그러나 그러면 그럴수록 오히려 십대들은 D.A 두발을 하려고 달려들었고 소년들은 그들의 헤어스타일에 대한 걱정은 뒤로하고 어떻게 해야지 멋있게 보일까에만 관심이 있었으며 그로 인해 목욕탕의 거울을 두고 그들의 누이와 거울 쟁탈전을 벌여야 했다. 이가 넓은 금속 빗은 소년들의 청바지 뒷주머니 포켓에 항상 꽂혀 있었고 하얀 티셔츠를 휘날리면서 오토바이 폭주를 즐겼고 각 패들간의 싸움과 폭동은 최고의 혼란을 야기시켰다. D.A의 헤어스타일에 다양함을 줄 수 있는 부분은 후면 두발을 그 스타일 그대로를 유지하면서 윗부분이나 앞 두발 변화를 주었고 웨이브를 준 폼파두르(pompadour)가 그것이었다. D.A는 락앤롤(Rdck & roll)음악의 출현과 함께 연계되었으며 반항하는 십대를 대변했다.

엘비스 프레스리 (Elvis Presley)의 헤어스타일은 이미 18세기에 프랑스의 루이 15세의 총희(寵嬉) 폼파두르부인의 이름에서 그 어원이 유래되었던 토포즈(Pompadour) 스타일로서 이마 뒤로 곧게 빗어 넘겨 높게 왕관과 같이 만든 앞 두발과 바짝 붙여 넘긴 옆헤어는 세기를 넘어선 고전적인 스타일의 부활이었다. 그러나 이 헤어스타일은 그 당시의 반항하는 젊은이들의 헤어스타일의 새로운 대명사로서 자리잡게 되었고 락큰-롤(Rock and roll) 음악으로 열광의 도가니로 만든 엘비스의 폼파두르(Pompadour) 헤어스타일은 D.A(Duck ass : 오리 엉덩이같이 뒤 두발 스타일을 띄운 남성

스타일. 오리 꼬리(Duck tail)은 여성에게 칭했다. 후면 모습을 만들고 앞모습은 폼파두르(Pompadour)로 만든 헤어스타일은 1950년대를 한동안 들끓게 했다. 간혹 대담한 여성들은 남성들과 같이 뒷모습은 D.A 앞모습은 폼파두르(Pompadour) 스타일을 시도하기도 했지만 이 헤어스타일은 거의 대부분이 남성의 헤어스타일에만 국한되었다. 이러한 왕관형태의 두발을 만드는 데는 포마드(Pomade)나 그리스(Grease)의 정성어린 사용이 있었기 때문이다. 끈적끈적하고 기름기 있는 고체형 액은 주의 깊게 손이나 빗을 이용하여 두발의 모양을 만들면서 촉촉함을 유지시킬 수 있었고 보기 좋게 밸런스의 높이를 유지하는 것은 무척이나 힘든 과정이었기 때문에 대부분의 소년들은 부드럽고 보기 좋게 앞두발을 높이기 위해서 많은 시간을 투자해야 했다. 그리고 멋진 헤어스타일을 완성했을 때는 운동 경기에서 이긴 것과 같은 희열을 그들은 느꼈다. 1970년대에 들어와서 영화 '토요일 밤의 열기(Saturday Night Fever)'의 주인공인 '존 트라블타(John Travolta)에 의해서 디스코(Disco)란 댄스의 열풍과 더불어 폼파두르(Pompadour) 스타일은 다시 재현되었다. 이때는 헤어스프레이와 젤 그리고 드라이어(Blown dry)의 유행으로 보다 쉽게 헤어스타일을 완성할 수 있었다.

3 1950년대 말 ~ 1960년대

1960년대에는 모든 가치에 완전한 가발, 반 가발, 긴 가발의 형태로 헤어 피스를 한 보다 자연스럽게 보이고 실용적으로 보이게 하는 가발은 여성들의 기호와 기분에 맞게끔 거의 모든 여성들을 가능하게 해 주었다. 크루컷(Crew cut)은 1940년대와 1950년대 대학생들 사이에 유행한 스타일로, 양 옆과 뒤를 바짝 자른 짧은 두발형이다. 브러시 컷(brush cut)이라고도 한다. 거의 대부분의 남성들은 깨끗하게 면도를 했다.

1970년대에 들어와서는 군인들 두발 특히 장교 두발 혹은 강하게 보이는 스타일이나 애국적인 젊은이들의 대표적인 스타일이 되었다. 버즈커트(Buzz cut)가 전체 두발을 가로 지르면서 두발을 양털을 깍듯이 완전히 삭발한 반면 크루컷(Crew cut)은 두상의 두발을 몇 Cm 정도 남겨두고 측면과 후면 부분을 싱글링(Shingling : 밑을 짧게 치는 단발) 했다. 또한 크루컷(Crew cut)은 후면 두발을 자라게 하면서 납작하고 직선으로 커트했기 때문에 플랫 탑(Flat top)이라고도 불리었다. 크루컷(Crew cut)은 보다 더 나이 많은 젊은이들이(특히 대학생 및 그 이상) 선호한 반면 어린 학생들은 주로 버즈컷(Buzz cut)을 했다. 그 이유는 크루컷(Crew cut)이 버즈 컷(Buzz cut)보다 더 어른스러워 보이고 신중해 보였기 때문이다. 오늘날에 이 커트는 모범적이고 단정한 이미지로 전 세계에서 아직도 많은 사랑을 받고있다.

1960년대에 이르러 비 순응주의 성향의 젊은이들이 생기면서 사회에 대한 반항의 심리로 얽매이지 않는 비 정장 스타일의 자유스러운 복장과 긴 두발과 긴 턱수염, 긴 구레나룻을 기르는 반 사회적 스타일이 유행했다. 전위적인 록뮤직(rock-music) 그룹인 비틀즈(Beatles)가 소개한 남성 장

밥 스타일이기도 하며, 이 스타일은 비틀즈의 멤버들에 의해 소개가 되었기 때문에 비틀 컷(Beatle cut) 이라고도 불리어진다. 극도로 와일드한 스타일을 선호하는 사람들도 있었고, 몸차림이 단정하고 절제(節制)있는 생활을 원하는 사람들은 헤어스타일을 납작하게 정리했다. 그러한 스타일은 커트 가위, 커트 칼(Razor), 로션, 건조기, 헤어스프레이, 염색을 하는 남성 전용 미용실의 새로운 장을 열게 했다. 대뷔 초기 비틀즈(Beatles)의 더벅 두발(Mop-top) 스타일은 앞 두발을 드리우는 긴 장발 스타일의 바가지 두발(Bowl cut) 형태로서 60년대 초기의 폭발적인 인기를 얻었다. 정확하게 이 헤어스타일의 제공자는 비틀즈(Beatles)그룹 이름 전 최초의 비틀즈(Beatles) 이름인 쿼리맨(Quarrmen : 채석장 인부)의 멤버였던 베이스 키타 리스트였던 존 레논(Johl Lulrun)의 대학동기인 스타우튼 써클리프(Stuart Sutcliffe)의 여자 친구이자 사진가였던 아스트리드 컬쳐(Astrid Kirchr)의 제안으로 만들어졌다. 더벅hair(Mop-top)의 명칭은 접시모양의 더벅 두발(Dish MOp)인 섀그(Shag)와 유사하게 커트되는 대서 유래됐다.

십대들은 비틀즈(Beatles)를 과시하면서 멋지고 현대적인 헤어스타일과 전염성 강한 음률에 빠져들면서 비틀즈(Beatles)를 하룻밤 사이에 십대들의 우상인 락스타로 만들어 버렸고 전 세계의 십대들의 교실을 야단법석으로 무기력하게 만들었을 뿐 아니라 그들의 부모들을 당황하게 만들었기 때문에 전 세계의 락(Rdck) 비평가들은 '전 세계의 비틀즈 메니아를 미치게 하는 그들의 헤어스타일 이라는 주제로 대대적으로 위신을 떨어뜨리는 락과 비틀즈(Beatles)의 헤어스타일에 대해서 비평했다. 하지만 비평이 심해질수록 십대들은 더욱더 열광적으로 변해갔고 그 당시의 기성세대의 모든 바램들을 한순간에 날려 버렸다.

한편 더 짧아진 여성의 두발 스타일로서 개민(Gamine)스타일은 사전적 의미가 말괄량인것처럼 마치 소년같이 보이게 뒤와 옆을 짧게 치켜 깍고 앞을 비스듬하게 깍은 깜찍한 말괄량이에게 어울리는 귀여운 헤어스타일이며 길거리 개구쟁이 두발 같다고 하여 얼친(Urchin)커트라고도 불려졌다. 특히 여자영화배우 중에서 장 세버그(Jean Seberg)나 '로마의 휴일' 의 오드리 헵번(Auey IIepburn)과 같은 영화배우들은 그 당시에 상당히 파격적인 짧은 커트스타일을 유행시킴으로서 전 세계의 여성들 특히 직장여성 혹은 프리랜서 직업을 가진 여성들로 하여금 보다 적극적이고 도전적인 사회 여성상의 표본으로 여겨지기도 했다. 비트족 여성(Beatnik ladies : 인습적인 행동이나 복장을 배척하는 여성들을 칭한다.)이라 불리였던 여성들은 무릎

Frlnged bangs

참 고

1. 빙글(bing1e)

깍아 올린 짧은 단발(hair)을 말한다. 보브와 싱글의 혼합형이다. 뒤쪽의 일부 싱글의 여성 쇼트 보브

2. 싱글(shingle)

지붕의 경사처럼 밑에서부터 위로 차차 짧게 깍은 두발 형태. 1920년대 여성에게 유행한 스타일이다.

위 어깨서 잘라버린 청바지의 너풀너풀 거리는 올 모양을 헤어스타일에 최초로 접목시키면서 개민(Gamine)커트는 야성적으로 보이게 자연스럽게 헝클어뜨리거나 톱니나 혹은 가두리 장식과 컷팅 앞 두발을 드리운 단발의 앞두발 (fringed bangs)로 짧게 커트 했다. 1990년도에 이 개민(gamine) 스타일은 플립(Flip)커트라고 다시 명명(命名))되어 복고풍의 새로운 유행 바람을 일으켰다.

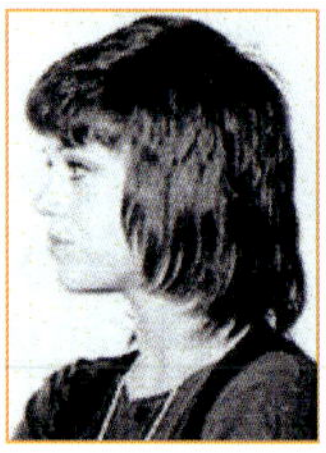
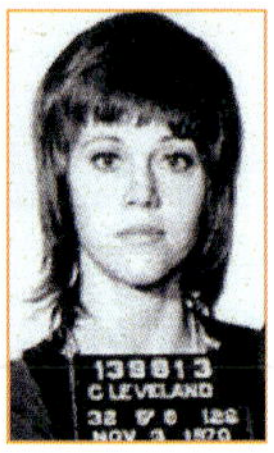

1965년 헤어스타일리스트인 폴 멕그리거(Paul McGregor)에 의해서 도안된 새그(Shag)는 거칠거칠하면서 거친 두발 느낌이 들도록 길게 층이 있게 가르는 유선형의 헤어스타일이다. 긴 두발을 가진 히피족(Hippie)의 두발에 웨이브가 들어가 약간은 도전적이고 대담한 스타일인 새그(Shag)는 양성(兩性)적으로 혹은 세련되게 보이려고 하는 락커(Rocker)들에게 빠르게 전파되었다. 그 중에 롤링 스톤즈(Rolling Stones)나 로드 스튜워츠(Rod Stewart), 데이빗 보이(David Bowie)같은 락커(Rccker)들은 양성(兩性)적인 이미지를 트레이드 마크로 내세우며 여자같은 스타일로서 긴 갈대 같은 헤어스타일을 했다.

그중 데이빗 보이(David Bowie)는 새그(Shag) 헤어스타일에 붉게 전체 두발을 염색하고 앞 두발을 스포츠형의 헤어스타일처럼 아주 짧게 커트함으로서 불균형속의 조화를 만들어냈다. 여자 영화배우 제인 폰다(Jane Fonda)는 섹시하게 보이는 새그(Shag)를 선보이면서 또 다른 매력을 보여 주었다. 새그(Shag)의 인기는 날로 더해져 갔고 90년대에 이르러 하드 락(Hard rock) 음악 뮤지션들에게도 많은 인기를 받았으나 곧 그 열기가 식는 듯 하였다. 하지만 90년도에 들어서 새로운 새그(Shag) 스타일을 선 보이면서 또 다시 많은 사랑을 받고 있다.

강모(剛毛)를 가진 고슴도치(Hedgehog)가 귀엽다는 생각이 드는 사람은 별로 없을 것이다. 하지만 만약 잘생긴 가수나 영화배우 혹은 텔런트가 이런 고슴도치처럼 삐죽삐쭉 세운 헤어스타일을 했다면 귀엽거나 혹은 섹시함까지 느낄 수 있을 것이다. 1980년대에 들어와서 이 고슴도치 두발에 가죽 자켓 그리고 검은 썬글라스를 썼던 연예인들의 모습을 모방해서 젊은 사람들은 심지어 밤에도 썬글라스를 쓰고 다니게끔 했던 아주 불편한 유행을 시킨 이 고슴도치 두발(Hedgehog)의 열기는 아주 열광적이었고 특히 무스(Mlusse)나 젤(Jel)같은 헤어 세팅제가 소개되면서 소량(小量)으로 빠르고 짧은 시간 내에 촉촉한, 방금 샤워를 한 듯한 느낌을 갖게끔 하는 헤어스타일이거나 혹은 두발이 삐죽삐죽 곤두서게 해서 폭탄을 맞은 듯한 느낌을 제공함으로서 쉽게 일반인들이 개개인의 개성을 독특하게 표현할 수 있는 헤어스타일로 자리 매김하였다.

4 1970년대

'사업상의 일에는 정면을 보여줘라(Business in the front, party in the back.)' 는 말처럼 앞 두발은 짧고 뒷 두발은 길어서 숭어(崇魚)와 모양이 비슷해서 뮬렛(Mullet : 숭어)두발 또는 하키선수들이 이 두발을 많이 해서 하키헤어 그리고 남성들이 여성으로 보이기도해서 동성적(同性的)인 헤어, 양면성을 띤 헤어 등 수 많은 수식어를 가진 이 헤어 스타일은 맨손의 마법사 맥가이버(MacGyver)두발이라는 이름으로 우리나라에서 널리 알려져있다.

새그(Shag)에서 시작된 양성화(陽性化)의 유행은 70년대 초반에 한 터프한 락커(Rocker)의 헤어스타일에 의해서 더욱 더 두드러졌다. 유니 섹스(Unisex) 변화의 물결은 남성들은 남성 우월 주의적인 생각을 접게 했고 여자들은 보다 남성스럽게 강해지기를 원했다.

미국의 여성 락커(Rocker)인 조안 제트(Joan jett)는 깃 달린 날개같은 두발을 한 부드러운 스타일에서 가죽 점퍼를 입고 보다 강렬해 보이는 남성적인 하드 락커로 대 변신을 시도했다. 70년대 말과 80년대 초반에 들면서 뮬렛(Mullet) 헤어스타일은 남성이 한쪽 귀에 귀걸이를 한다던가 유리같이 반사되는 썬그라스에 근육을 돋보이게 하는 티셔츠 그리고 타이트한 청바지등의 새로운 뮬렛 스타일을 탄생시키면서 십대들의 유행을 이끌어갔다.

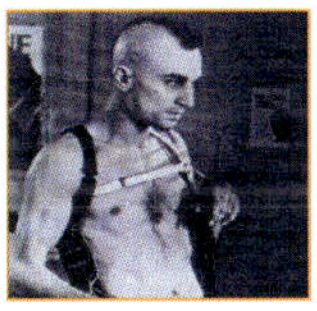

택시드라이버의 로버트 드니로

핑크락(Punk rock)이라 불리우는 길고 다양한 이 헤어스타일은 모호크족(Mohawk :북미 인디언 종족)중에서 미국 토착민이던 이로퀴이족(Iroquois :뉴욕에 살던 인디언)의 의식에 쓰이던 헤어스타일로서 그 기원이 추정된다. 모히칸(Mohicans : 북미 인디언 종족)은 앞 이마에서 목선(Nape line)까지 두상(head)의 중앙에서 뒤로 걸쳐지게 두발을 똑바로 위로 뾰족하게 세워서 붙인 모호크족 두발 줄기(Mohewk ridge) 라고 불리우는 두발 털이 붙은 사람의 두상(head) 가죽을 벗겨서 만든 장식품으로 두발을 장식하고 그 나머지 부분을 삭발했다. 20세기에 들어와서는 모호크(Mohawk :북미인디언)의 도전적이고 진취적인 정신을 이어받아 1945년 미국 낙하산병의 헤어스타일을 행운의 상징인 활주로 두발로 바꾸면서 널리 알려지게 되었다.

참 고

유니 섹스 룩(Unisex Looks)

1960년대말경부터 1970년대에 페미니즘의 열풍이 몰아 치면서 여성이 남성처럼 옷을 입고, 남성이 화려한 무늬의 옷을 입거나 목걸이를 착용하는 등의 풍조를 가리키며, 모노섹스(monosex)라고도 하고 그중에 청바지는 유니섹스의 대모가 남자냐 여자냐 하는 것은 상관없으며, 남녀의 구별은 복장에 의하는 것이 아니라는 감각이 유니섹스 유행의 배경이 되었고 남성과 여성이 같은 옷을 입는 전통적인 성 역할을 거부하고 여성들도 어디에서나 바지를 입을 수 있다는 동등한 입장에서의 경쟁과 성취를 추구하는 새로운 경향으로 자리 잡았다.

1976년 택시 드라이버(Taxi driver)의 주연 배우인 트레비스 비클(Travis Bickle) 역의 로버트 드니로(Robert De Niro)는 베트남 전쟁으로 인한 전쟁 후유증 증세를 보이는 택시드라이버 역으로 등장한다. 부패하고 썩어가는 사회에 대한 절망감, 좌절 그리고 사회로부터의 고립되는 자아를 발견하고 부패한 사회를 적군으로 인정하여 뉴욕시와의 전쟁을 선포하고 자신만의 정당한 살인을 자행하기 전 미 군인의 상징인 모호크(Mohawk) 헤어스타일로 가운데 두발을 남겨둔 채 나머지 두발을 삭발했다. 펑크락(Punk rock)의 변화는 이마에서 목선으로 종선(縱線)으로 이어지던 스파이크(Spike)를 귀에서 다른쪽 귀로 횡선(橫線)으 로 이어지는 스파이크(Spike)로 변화를 주거나 공룡의 등같이 스파이크(Spike)를 우거지고 높게 긴 화초같이 변화를 주었다. 앞쪽 부분은 폭포같이 보이게 얼굴을 가리거나 유니콘(Unicorn) 뿔처럼 보이게 스파이크(Spike)를 위쪽으로 올렸다. 2002년 한.일 월드컵 경기에서 유난히도 이 모호크(Mohawk) 헤어스타일을 한 선수들이 두드러지게 선보였는데 그중에서 핸섬한 외모의 데이비드 베컴(David Beckham)의 모호크(Mohawk) 헤어스타일은 일본 열도와 한국의 젊은이들에게 많은 사랑을 받으면서 베컴 두발이라는 새로운 이름으로 자리 잡았고 유달리 축구 시합에서 모호크(Mohawk) 헤어 스타일이 축구선수들에게 인기를 얻는 이유는 이 헤어스타일의 의미가 도전적이고 진취적인 의미로 그들에게 받아들여지기 때문일 것이다.

영국
데이비드 베컴

미국
클린트메시스

미국 NBC TV의 드라마 시리즈 '친구(Friends)'의 제니퍼 에니스톤(Jennifer Aniston)은 레이첼(Rachel)역으로서 레이첼(Rachel) 커트를 유행시킨 장본인이다. 레이첼(Rachel) 커트는 60년대의 나인 투 파이브(9 to 5)의 여배우 제인폰다(Jane Fonda)에 의해서 유명해진 새그(Shag)의 현대판 버전이라 할 수 있고 새그(Shag)에 비해서 얼굴을 약간 가려서 얼굴의 포인트를 더 강조하고 층(Layer)이 더 길면서 매끈하게 헤어라인이 잘 빠지게 함으로서 현대의 도시 미혼 여성들에게 너무나도 잘 어울릴 수 있는 완벽한 스타일을 만들어냈다.

Jennifer Aniston

영화배우 왕과 나(King and I)의 주인공인 율브리너(Yul Brynrler)의 삭발한 헤어스타일을 보고 터프하다거나 섹시하다는 표현을 많이해도 멋진 두상(head)이라고 표현하는 사람은 없을 것이다. 그리고 적어도 시니어드 오커너(Sinead O'Conner)의 매혹적인 목소리, 깊은눈매, 매끄럽게 삭발(削髮)한 그녀를 이상하게 보는 사람도 많지는 않을 것이다. 필요에 의해서 삭발(削髮)을 하거나 혹은 군인이 아니라면 두발을 삭발(削髮)하는 것은 어린 소년들이 더운 여름을 나기 위해서 하는 정도가 고작일 것이다. 펑크락(PUnk rock)을 선호하는 음악인들은 긴 두발에서 그들만의 독특한 캐릭터를 가진 삭발(削髮) 스타일로서 다가왔지만 율브리너(Yul Brynner)와 같은 완전 삭발이 아닌 시니어드 오커너(Sinead O'Conner)의 반 삭발 상태의 자연스럽고 시원한 스타일을 선호했다. 하지만 누구나 이 삭발스타일이 다 어울리는 것은 아니었다. 시니어드 오커너(Sinead O'Conner)와 같이 파란눈동자를 가진 감성적인 목소리의 여류 가수였

율브리너

시니어드 오커너

기 때문에 더욱 더 그녀의 반 삭발 헤어스타일이 섹시하게 보였는지도 모른다는 것이다. 삭발을 하기 위해서는 자신의 두발 형태나 두피 색깔 등을고려해야 한다는 것이다. 가령 두피에 혹이 있다거나 흉터나 상처 혹은 뾰족한 두상(head) 형태를 가진 사람이라면 오히려 삭발을 한 이후에 삭발로 인한 스트레스에 시달릴 것이란 것이다. 어쨌든 삭발(head)은 쇼킹하고 센세이션을 일으킬 수 있으며, 아이론(Curling iron), 무스(Mousse), 헤어 스프레이, 헤어핀, 헝클어진 두발, 비듬, 핫 오일 트리트먼트(Hot oil treatments), 등등 여러 가지 두피나 두발에 스트레스를 주는 물리적이고 화학적인 도구에서 자유로와 질 수 있다.

5 1980년대

80년대 말경에 헤비메탈(Heavy metal) 음악이 방송을 타면서 젊은이들은 그들이 좋아하는 뮤지션들의 새그(Shag) 두발같이 긴 두발을 모방하였다. 일시적으로 반항하는 십대들의 심볼이 되었던 메탈두발은 히피(Hippie) 스타일과 새그(Shag) 스타일과 위에 두발을 위로 뜨게 한 더벅두발 스타일을 섞어 놓은 듯한 스타일이다. 고슬진 두발 혹은 수직모이던 80년대 메탈헤어(Metal hair)는 기타(Guitar) 비트에 맞추어 강하게 앞 뒤로 헤드 뱅(Head bang)을 하기 위해서 앞 두발을 내려서 눈을 약간 덮어주는 형태였다. 모터헤드(Motorhead)나 AC/DC 같이 비트가 강한 헤비메탈 밴드는 머리털이 실타래처럼 헝클어뜨린 자유로운 헤어스타일을 했고 포이즌(Poison)이나 신데렐라(Cinderella) 같은 그룹은 미(美) 소년같이 헤어밴드도 하고 갖가지 소품으로 치장했다. 과격하게 보이게 하기위해서 두발을 위로 티즈(Tease, backcomb, 두발을 거꾸로 빗어 세움)해서 부풀리고 돋보이게 하기위해서 젤(Gel)이나 헤어스프레이(Hairspray)로 스타일을 냈다. 90년대 초기에 가 등장하면서 80년대 락커들의 긴 두발은 한풀 기가 꺽이는 듯 하였으나 긴 두발의 인기가 다시 부활되면서 헤비메탈(Heavymrtal)그룹의 긴 두발 유행 스타일은 계속 유지되었고 락 음악과 메탈(Metal) 헤어스타일의 인기는 점차로 증가하고 있다.

Motorhead

포이즌(Poison)

앞 두발을 이마까지 내려오게 하거나 또는 이마가 보이도록 남자처럼 짧게 깎은 두상(head)으로, 흔히 단발, 두발이라고 한다. 고대 이집트의 여왕 클레오파트라의 두발 모양으로도 유명하다. 여성들은 60년대의 사순커트(Sassoon cut : 눈썹 밑까지 뱅을 이루며 뒤는 짧게 치켜 깍은 두발 모양. 1963년 영국의 비달사순〈Viddal Sassoon)에 의해 소개된 스타일.)의 커트의 심플하면서도 기하학적이고 자유로움과 경박함 속에서의 미(美)를 동시에 갖춘 이 헤어스타일을 위해 그들의 두발을잘랐다. 20세기의 밥(Bob)스타일은 그 자체로만 보아서는 그 당시에 그렇게 쇼킹할만한 일은 아니었다. 하지만 밥(Bob)의 엄청나게 짧아진 두발 길이에 대해서는 그 당시에 호화롭고 긴 두발을 자랑스럽게 여기던 많은 여성들에게 있어서 크나큰 충격으로 다가갔고 그 결과 여성들의 외출에 있어서 코르셋(Corset)을 꽉 조여서 입던 것을 느슨하게 묶게끔 한다던가 혹은 스커트의 단을 무릎위로 올라오게 하는 변화를 가져왔다. 그 변화의 물결은 보수적이고 도덕주위적인 사회에 대한 일종의 출사표(出師表)를 던진 것이었다.

최초의 밥(Bob)커트를 한 여성은 댄서이자 배우였던 아이론 캐슬(Irene Castle)로서 남성과의 평등과 자유스러운 여성상을 만들기 위해서 그녀의 두발을 커트했고, 루이즈 부룩스(Louise Brooks)는 일자 밥 커트(Blunt Bob Cut) 덕택에 월드 무비 여배우로 서게 되었다. 밥(Bob)은 마셀두발(Marcel : 자연스럽게 물결처럼 넘어가는 '두발같은 웨이브와 또는 턱까지 내려오는 짧은 두발 길이의 소년 같은 용모를 띄게 하는 스타일이다. 30년대는 고슬(Curl) 스타일과 세팅(Setting)으로 인해 잠시 사라지는 듯 하였으나 40년대에 들어와서 정교한 고슬(Curl)과 핀을 꽂은 어깨선 정도까지 내려오는 밥(Bob)로 선을 보였다가 50년대에 들어와서 다시 짧아지는 스타일로 돌아 왔으나 이탈리안 커트(Italian cut)같이 아주 짧은 단발로 우회했다. 60년대에는 자유분방하면서도 공간 기하학적인 스타일로 업데이트 되었다.

너바나(Nirvana)

루이즈부룩스
(Louise brooks)

헤어디자이너 비달사순(Vidal-Sassoon)은 밥(Bob) 스타일을 아주 정밀한 과학적 이론으로 체계화 했고 두발을 기하학적인 예술작품으로 승화(昇華) 시켰다. 비달(Vidal)은 비하이브(Beehive)나 올린 두발과 같이 획일화된 틀에서 조각하듯 만들어 지는 헤어스타일 보다는 전체적인 형태 디자인을 더 중요시 했고 대리석에 조각하듯 두발에 커트가위와 레이져(Razor)로 디자인했다. 여기에 아시아인의 검은 직모는 선명하고 뚜렷하고 윤기 있어 보여서 비달(Vidal)의 기하학적인 헤어스타일을 소화해 내는데 있어서 완벽한 역할 수행을 다 할수 있었다. 미국에서 중국인 무비 스타인 낸시 콴(Nancy Kwan)은 비달(Vidal)의 대표적인 모델이었으며 그로 인해 그녀를 더욱 더 유명하게 만든 계기가 되었다. 뱅(Bang)은 이마를 가로질러서 일자로 커트한거나 또는 한쪽 눈 위를 덮어서 깔끔하게 각 처리를 해준다. 뾰족한 끝 처리는 두발에서 형태를 잡아주고 비대칭한 라인은 이동하고 회전시킨다. 그러나 뒤 두발 처리는 쉽게 떨어지기 때문에 독특하고 초현대적인 느낌을 만들 수 있다. 비대칭 커트는 두발의 한쪽이 짧고 상대적으로 다른쪽 측면은 상당히 긴 스타일을 하고 있기 때문에 독특하고 기발한 디자인이였고 기존의 밥(Bob)스타일과는 많은 다른 관점을 보여주었고 펑크(Punk)의 영향으로 염색제를 이용한 다채로운 컬러링 연출이 시도됨으로서 밥(Bob)스타일은 미(美)와 자기 연출의 한계를 넘어서 예술작품으로까지 승화(昇華) 되었다.

낸시 콴
(Nancy Kwan)

3. 헤어컷의 한국 역사

1 컷(cut)의 고전의식

'身體髮膚 受之父母(신체발부 수지부모)' 라 하여 한국 민족은 옛날부터 두발을 부모로부터 이어받은 신체의 일부로 소중히 여겨왔으며, 또한 두발을 존엄과 긍지의 상징으로 삼아왔다. 그래서 성인이 되면 남녀가 모두 두발을 올려 상투를 틀거나 쪽을 찌는 관습이 있었고, 친상을 당하면 두발을 풀어 근신의 뜻을 표하였다. 백정이 두발을 깎는 것은 계급적인 존엄이 없음을 말하는 것이고, 승려가 두발을 깎는 것은 세속(世俗)의 긍지를 스스로 버리고 일체를 부처에게 맡긴다는 겸허에서 나온 것이다. 이와 같이, 두발이 지닌 인습적인 측면은 한국뿐만 아니라 세계 어느 곳에서도 많이 볼 수 있다.

예를 들면, 동양에서는 전쟁에 패배한 장군이 두발을 풀어 항복한 장군임을 스스로 표명했는가 하면, 동서양을 막론하고 부인들은 덧 두발을 하여 미용과 위세를 과시하기도 하였다. 그리고 머리카락을 태우는 일은 극히 금기로 하였는데, 그것은 생명력에 대한 모독으로 보았기 때문이다. 또한 두발은 신체의 일부이며, 두발과 신체와의 사이에는 무언가 관계가 있다고 믿는 신앙은 많은 민속에게서 볼 수 있다. 즉, 감염주술(感染呪術)의 원리에 따라, 살라낸 두발에 해를 수면 그 재앙이 그 소유자의 심신에 미친다는 것이다. 그 때문에 두발이 적의 수중에 들어가는 것을 경계하는 풍습은 널리 퍼져 있다.

2 개화기 이후 헤어스타일

(1) 1990~1940년대

1926 년경에는 두발을 땋아 내리는 학생들에게 '첩지두발' 이라는 것이 유행하였다. 그것은 앞가르마를 똑바르게 타고, 양쪽 귀밑 두 발을 땋을 때 이것을 세 가닥으로 갈라 앞의 두 가닥을 엮은 그 위로 남은 한 가닥을 곱게 빗이 씌운 것처럼 하는 것이었다. 이렇게 첩지 두발형을 빗은 연후에는 또 앞 두발을 빗으로 긁었다 놓아서 머리카락이 약간 어수선하게 늘어지게 하는 것을 멋이라 생각하였다. 앞 두발을 약간 내리는 애교 머리카락의 유행은 1929년 신문의 풍자화에도 보인다. 까미 두발형에 앞 두발형을 약간 내리고 짧은 통치마에 개량 적삼을 입은 신여성의 사치를 풍자하고 있다. 1920 년경에 트레두발형이 '예배당 쪽' 혹은 '전도 부인 쪽' 이라고 하여 유행할 당시, 평안도 안주의 여염집 부인들간에 이 '예배당 쪽' 이 크게 유행하자 양반들은 이쪽을 진 부인들은 동네 샘터 같은 공동 시설을 사용하지 못하게 하였다. 단발두발은 무엇보다도 획기적인 것으로서 1920년대 일부에서 유행했던 단발형의 헤어스타일이 점차 늘어나 단발미인, 모던걸이라는 신 용어가 나올 만큼 단발이 오래 지속되었다.

1926년의 무용가 최승희의 단발 모습은 최첨단의 헤어스타일을 보여주고 있다. 1930년대에서 1940년대 사이에 미국 해군 복장에서 유행된 세라복이 신여성의 교복 및 의상으로 바꾸어지면서 두발을 짧게 자르는 풍조가 시작되었고, 이 시대에 두발을 짧게 잘라 꾸민 여성을 단발미인이라 했다. **1930**년경부터는 챙두발형(펌프도어 : 하사시까미)은 완전히 사라지고 두발을 길게 땋아 댕기를 드리는 스타일이 대부분 이였다. 그 후부터는 어린 학생들은 두발을 땋거나 묶고 여대생들은 두발을 트는 사람이 많았다. 이때 머리(head) 정수리 부분에 ' 게바다 ' 라고 하는 심을 넣어 될 수 있는대로 머리(head) 꼭대기가 우뚝하게 보이는 동시에 둥글게 보이게 하여 뒤통수가 나오고, 그 밑에다 두발을 크지 않게 해서 붙인 것이었다. 혹 핀컬을 하는 학생들이 있었으나 흔하지 않았고, 자주 감아서 부시시한 두발들이 특징이었다.

1920년부터 시작되었던 단발은 계속되어 1934년경에는 드디어 이화에 단발바람이 불기 시작했다. 선생님들이 새로 변화를 달가와 하지 않는데도 학생들은 하나둘씩 두발을 자르기 시작했다. 이러한 여학생들간의 단발 유행은 일반 여성들에게도 전파되었다.

1930년대에 들어서는 같은 단발이라 할지라도 웨이브 있는 단발이 유행하였다. 해방이 되자 일제 말에 금지되었던 퍼머스타일이 다시 등장했다. 앞 두발을 세운 단발 두발로서 광복이후 젊은 여성들은 대개 어깨에 못 미치는 길이의 단발에 펌(perm)을 하였고 앞가르마를 하는 경우가 많았다. 이때의 두발 모양은 대개 머리(head)의 아랫부분에만 웨이브가 있는 것이 유행이었다. 전기 퍼머, 콜드웨이브 퍼머 등 다양한 퍼머 기법이 소개되었다.

단발령과 이발소의 시초

"짐이 신민을 솔선하여 상투를 자르거나 너희들 국민은 짐이 뜻을 극체하고 만국과 병립하는 대업을 성취케 하라" **1895**년 11월 15일 고종이 대신 부서로 내린 조칙은 가히 청천의 병력과 같았다. 신체발부는 수지 부모라 무단히 훼손함을 불효의 제일로 여겼던 당시 사람들에게 단발령은 생사의 극단적 선택까지도 불러왔을 만큼 '날벼락' 이었다. 경무사 허지는 순검을 몰고 다니며 눈에 띄는 대로 상투란 상투는 모조리 썩은 풀 베듯이 잘라 버렸다.

그리고 그는 또 집집마다 방문하여 부엌이나 변소에 숨어있는 사람들의 상투를 자르기도 했다. 여자용 가마 속에 숨어 앉아서 몰래 문밖으로 망명하는 이, 떨어진 상투를 붙들고 대성 통곡하는 이가 수도 없이 많았다. 상투를 틀고 있으면 수구파 친러파가 아니면 유학자였고 하이칼 두상(head)에 도리우치를 얹으면 개화파 친일파나 신학문을 닦는 사람들이었다.

퍼머는 일본을 통해 그 후 바로 우리나라 여성들에게도 보급되어 도시 멋쟁이, 또는 전문학교 생들간에 유행했었다.

1937년에는 핀컬 퍼머 헤어스타일이 선을 보이기 시작하여 곧 젊은 여성들 사이에서 유행되었다. 광복 이후 일반 여성들의 두발 모양은 일제 말에 금지되었던 퍼머넌트가 다시 등장했다. 자기두발이나 묶은 두발에 익숙해 있던 일반 여성들도 펌이나 세팅, 또는 아이론으로 익숙해 있던 일반 여성들도 펌이나 세팅 또는 아이론으로 웨이브를 내어 멋을 부렸다. 유행 선도자인 영화배우, 요정의 여성들 사이에 유행했던 두발형으로 링고 스타일이 있는데 이는 앞두발을 잘라 짧게 해서 위로 향하게 둥글게 말아서 붙인 것으로 위로 올린 웨이브를 두발에 낸 모양이라 이 두상(head) 모양은 한복이나 양장 차림에도 어울려 일제시대부터 광복 후까지 시대를 초월해 계속 애용되었다.

(2) 1960년대(1959~1969)

1960 년대는 두발 모양의 변화가 가장 많았다.

1961~1962 년에는 새그 커트, 즉 귀양 끝이 뾰족하게 뻗치는 커트에 의해 로케트 라인이 유행했고 1965년경부터는 부분 가발 붐이 조성되어 두발 모양은 의상의 변화와 조화되게 얼굴 모양과 옷차림과 어울리는 스타일을 선택사항으로써 더욱 다양해지고 세련되어 갔다.

1964 년 여자 대학가에서 불퍼머넌트 두발 모양이 유행했다. 60년대 초 아이론을 금박지를 싸서 머리카락에 힘을 주고 롤을 사용하여 웨이브를 만들었다. **1966** 년에는 기하학적인 선을 이용하여 동양인의 특징인 커다란 얼굴과 빈약한 뒤통수를 살려 조형미를 나타내는 기하학적 헤어 커팅, 즉 여러 층으로 잘라내는 것이 많았다.

또한, 단발커트 모양이나 보통 바가지 커트라고 부르기도 하는 커트 형이 유행 하였는데 우리 나라에서는 **1968** 년 가수 윤복희 씨에 의해 소개 되었고, 이는 직장 여성이나 학구파 신여성에게 간편하고 손질하기 쉬운 커트 모양으로 널리 받아들여졌다. 이러한 커트 모양은 단발로 자르고 클리퍼(Clipper)나 면도기로 정리한 상고 단발인데 후면 부분을 둥글게 단차를 두면 보기 좋았다.

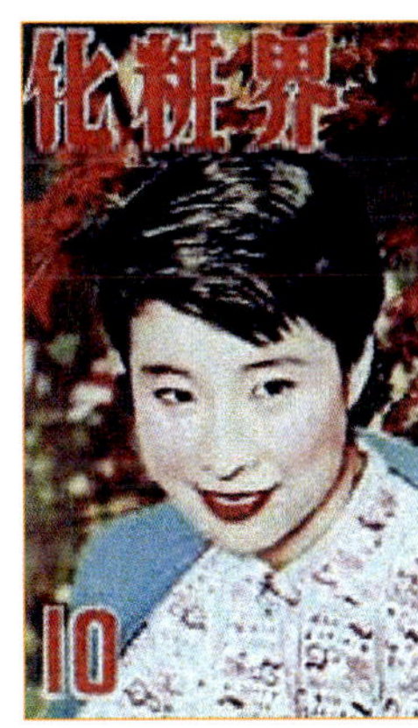

이 당시 대표적인 커트 모양은 크게 두 가지로 나뉘는데 , 그중 하나는 중간 기장의 커트에 웨이브를 안으로 만 '우찌마끼' (베벨 언더 : 안 말음)이고 다른 하나는 밖으로 웨이브를 만 '소또마끼' (베벨 업 : 바깥말음)였다. 또한 양장이나 한복을 입고 올림머리를 함으로써 우아하고 고전적인 모습을 보였다. 또한 아이런(숯불인두)을 사용해서 두피를 살림으로서 장식적인 컬을 만들고 액센트나 긴두발 다발(가발)을 장식하는데 이것이 현대 드라이어의 시초가 되었다.

(3) 1970년대(1969~1979)

1970 년대는 우리 나라에서는 커트이 개념이 긴 두발(hear)을 그냥 자른다는 개념에서 두발을 각도에 의해 나누어서 기하학적으로 자른다는 개념으로 완전히 바뀐 시대이다. 또한 우리 나라의 미용 전문가들이 해외의 미용 세미나에 참석하기 시작한 시기이기도 하다. 서양에서는 초미니스커드와 함께 비덜 사순이라는 미용가가 창작한 기하학적인 헤어스타일이 크게 유행하였다. 그 전까시의 헤어의 흐름은 자연스러움이 아닌 조형적인 아름다움을 표현한 스타일이었는데 각도에 의한 기하학적인 커트는 두발의 자연스러운 흐름을 살린 새로운 경지의 흐름이었다. 그의 이러한 커트 기법은 **1970** 년대에 접어들면서 우리 나라에도 들어왔다. 비달 사순의 천재적인 재능은 지금 기업 명으로 남아 헤어 패션과 미용학교의 대명사로 되어 있다.

1970 년대 중반부터는 사순풍을 모방한 여러 헤어 드레서들이 각국에서 실력을 발휘하여 뉴트랜드(New trand)의 창조에 힘으로 기울이기 시작하였다.

1970년대 전반기는 커트 붐이 절정을 이루던 시기였고 내추럴 경향으로 제각기 진정한 개성화를 추구하는 여성의 시대로 접어들기 시작한 시기였다. 그리고 이때는 국제 여성의 해를 맞이 하여 여성의 활동 범위가 더욱 확대되는 시기이기도 하다. 1970년대 초기에 유행한 커트로는 새그 커트(Shag cut)를 들수 있는데, 이 커트는 후면 목선 부위에 길게 커트 한 것으로 한동안 유행하여 우리 나라에서는 일면 거지 커트라고 불렀다.

이 '새그' 라는 말은 원래 '거칠다' 는 뜻의 말인데 실재로는 말의 뜻과는 달리 이 커트 기법은 아주 섬세하여 어느 쪽에서 머리카락을 들추더라도 직선적이며 두발 끝이 가지런한 것이 특징이다. 여성들의 두발 모양은 얼굴형에 따른 디자인 커트와 그에 따른 퍼머 스타일이 유행하였고 그 퍼머 머리카락에 블로우 드라이어로 부드럽고 유연한 머리결의 스타일을 하였다. 또한 여성들의 사회 진출이 많아지고 활동범위가 넓어져 시간이 절약되는 간편한 스타일을 원하게 되자, 그에 따른 퍼머 스타일이 나오게 되었다. 보디 펌이라고 부르는 자연스러운 웨이브가 있는 퍼머가 그것인데 머리카락 끝에만 웨이브나 컬을 만들어 언뜻 보기에는 약간 웨이브가 진 반 고슬두발처럼 보인다. 이 펌의 특징은 샴푸 후 스스로 손질하여 스타일을 만들 수 있다는 점인데, 이로 인해 젊은 여성들이 많이 하였다.

1970년대 중반부터 1980년대까지 우리나라 젊은 여성들, 특히 활동적인 여성들에게 머시룸(Mushroom), 즉 버섯모양의 헤어가 꾸준히 인기를 얻어 하나의 헤어스타일로 정착되었다. 이 스타일은 두발의 흐름이 중심에서 방사형으로 흘러서 옆이 넓게 되며 두발 끝이 안쪽을 향해서 모아진 실루엣의 스타일로 중세의 승려 커트 스타일에서 발달한 것이다. 이 스타일은 심플한 실루엣으로 기능성을 지니면서도 여자다움을 잃지 않는 디자인성으로 여성들에게 애용되었다.

지금까지의 헤어 스타일은 사순 커트의 기하학적이고 직선적인 가위의 커트로 여성미를 살려 만든 것이었는데, 1970년대 말부터 불균형적으로 정돈되지 않은 듯한 커트모양이 나오기 시작했다. 이 커트 모양은 컬이 움직이는 듯한 스타일로 완전히 ' 형(形) '에서 탈피하여 흐름대로 디자인된 커트 스타일이다.

(4)1980년대(1979~1989)

1980년대 레이져를 병용한 커트인 펑크 헤어, 또는 디스코 헤어 같은 중성적인 헤어스타일이 참신한 멋으로 유행하였고 브룩 실즈의 눈썹과 같은 자연적인, 굵은 눈썹이 유행하기 시작했다. 그리고 유행의 흐름을 보여주는 갖가지 패션 가운데 헤어의 위치가 그 어느 때보다도 중요 시 됨에 따라 헤어 디자이너의 감성과 감각이 여기저기에서 빛나기 시작하였다.

커트와 펌의 디자인이 다양해졌고 새 질감 요구에 부응하는 최신 미용기구가 많이 개발되었다. 새롭게 유행하는 헤어스타일은 단정하고 딱딱하게 고정된 두발형에서 두발 결이 자연스럽게 움직이는 듯한 자연스런 펌 스타일과 부드러운 질감의 머리결에서 신선함을 느끼는 것이 유행하였다.

1984년부터는 가위와 클립퍼(Clipper)의 부조화 커트 디자인이 유행함에 따라 헤어 디자인에 클립퍼(Clipper)가 본격적으로 사용되었다. 후면 목선에는 클립퍼로 긴 솜털이나 머리 결을 거슬러 밀어 올리고 앞쪽에는 자연스러운 퍼머넌트의 웨이브, 즉 물결치듯이 웨이브를 주는 2단층 밥 스타일이었다. 이 커트형의 특징은 후면 쪽에 2단으로 커트 한 것과 앞이마에 두발 숱을 솎아내는 틴닝 커트로 가볍게 커트하여 살짝 내려놓아 여성적인 부드러움을 살린 점이다.

(5) 1990년대(1989~1998)

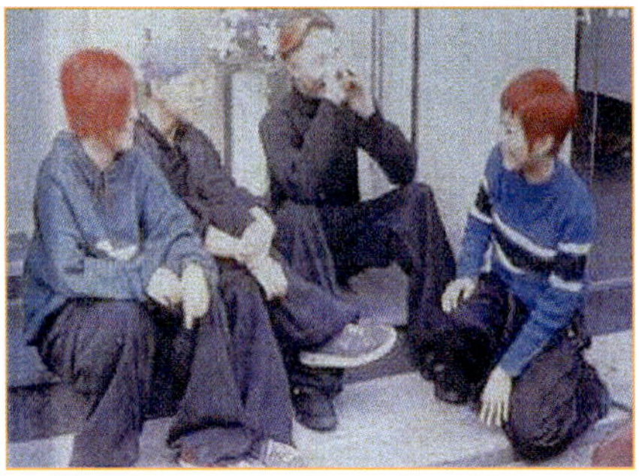

1990년대는 여성들이 각자의 개성을 추구하는 풍조가 정착되는 시대이자 라이프 스타일에 따른 헤어스타일이 정착되는 시기라고 할 수 있다. 우선 1990년대 초에는 1960년대 복고풍으로 돌아가, 크라운 부위에 둥글게 양감을 살리면서 현대 감각에 맞게 재창조한 스트레이트하고 자연스런 움직임이 있는 스타일이 유행하기 시작했다. 1991년도 유행 헤어스타일 경향을 미용회보지에서 소개한 것은 다음과 같다. 1991년도 유행 경향은 1960년도의 유행 경향은 1960년대의 스타일과 비슷하면서도 현대 감각에 맞추어 약간씩 변형된 듯하다.

그때에에는 주로 레저 커트를 하였기 때문에 위쪽에는 약간의 볼륨이 생기면서 아래쪽은 자연스럽게 좁혀든 것이 특징이었다. 1991년도 헤어커트의 유행은 주로 레이져(Lazor)를 사용하여야 했다. 아니면 먼저 커트 가위로 스타일을 만든 다음 머리카락 끝 쪽에서 3~4Cm 길이로부터 긁어내리듯이 레이저로 체크를 해준다.

이렇게 마무리를 해주면 자연히 위쪽에 볼륨이 생기면서 아래쪽은 좁아들게 된다. 또는 머리카락 전체를 레이져로 긁듯이 체크를 하면 낙차가 심하면서 차분한 머리형태를 이룬다. 여태까지 사용한 숱치는 가위는 머리카락 끝을 사각으로 만들지만 레이저를 사용한 머리카락 끝은 칼집 끝(Tip)같이 납작하면서도 뾰족하게 된다.

특히 최근 유행의 중점은 차분하면서도 반항적이고 좀 건방진 듯한 스타일이다. 또는 여성스러우면서도(Feminine) 남자같이 옆두발을 구레나룻처럼 만들어 길게 부드럽게 늘어뜨리고 옆모습은 컨케이브 형태로 구부러진 옆얼굴 쪽에 강한 선이 이채롭게 보이는 디자인과 얼핏 보아서는 종전의 스타일과 비슷하지만 레이져를 사용했기 때문에 두발 끝선과 전체의 분위기는 전혀 다른 디자인이다. 퍼머스타일이 여전히 유행하였지만 한 가지의 로드에 의해서가 아니라 여러 가지로 개발된 로드에 의해 자연스러우면서도 새로운 웨이브의 흐름으로 가고 있었고, 아이론이나 세딩은 외면하였나. 그러나 1990년내 중반부터는 복고풍의 바람으로 세팅과 아이론이 재등장하여 두발 끝을 바깥말음이나 안말음으로 볼륨있는 여성다움의 두발모양을 하기 시작하였다. 그러나 어떤 고정된 하나의 형에 머물지 않았다.

치마에서 길이가 짧은 미니와 길이가 긴 스커트가 어우러져 유행하고 있듯이 두발형 역시 길이나 양감에 관계없이 취향에 따라 선택되고 있다. 또 한편에서는 복고풍과 무관하게 가위를 사용한 디자인 커트로 전체의 스타일을 만든 다음, 두발끝 부분은 레이져로 긁어내리듯 뾰족하게 하여 자유 분방하고 불규칙한 느낌을 주는 개성추구형 헤어스타일이 유행하고 있다.

곧 가볍게 보이는 스타일로 어떤 고정관념을 주기보다는 많은 변화를 줄 수 있는 다양한 연출이 가능한 두발형이다. 이를테면 바쁜 일상 생활에서 블로우 드라이어나 세팅을 하지 않고 굵고 완만한 웨이브의 펌을 한 다음 머리카락에 무스나 젤을 발라서 몇 가닥씩 나누어 손가락으로 웨이브나 컬을 그대로 살리는 것이다. 특히 윤이 있고 자유 분방한 두발, 부드러움과 볼륨이 있는 형태이다.

1994 년에 이르러 젊은 여성들은 더욱 자극적으로 밴드와 핀을 사용하여 두발에 액센트를 주고 있다. 헤어스타일의 실루엣은 짧은 두발이든 긴 두발이든 두발의 길이와 조화되어, 여러 가지 형태를 얼굴형에 맞추어 참조하게 되어 어느때 보다도 미용사의 전문성이 요구되고 있다.

헤어 컬러링은 1990 년대에 들어와서 더욱 다양해지고 헤어 패션의 하나로 자리잡고 있다.

두발 전체를 염색하기도 하지만 새로운 염색의 테크닉으로 머리카락을 블리치(Bleach)해서 각자의 취향에 맞는 색깔로 염색한다. 컬러의 시대에 맞는 색깔로 염색한다. 컬러의 시대에 맞게 여러 가지의 색깔을 두발부분에 넣어서 느낌이 생생하도록 헤어 전체의 컬러가 주는 입체감을 즐기는 여성들이 많아지고 있다.

참 고

모발(毛髮)

사람의 몸에 나는 털을 총칭해 가리키는 말. 머리에 나는 털을 두발 그외에 신체에 나는 털을 부위에 따라 턱수염 · 눈썹 · 속눈썹 · 코털 · 귀털 · 겨드랑이털 · 음모 등으로 구분한다. 이중 턱수염 · 겨드랑이털 · 음모는 생식선(生殖腺)의 영향을 받는다. 인체에 나는 털의 수는 500만 개 정도이다.

두발(頭髮) : 머리카락

머리(head) : 두상

1. 사람의 목 위 부분으로, 뇌(腦) · 눈 · 코 · 입 · 귀가 있는 부분.
2. 사람의 목 위 부분 가운데서 얼굴 이외의 부분.

두상(頭上)

머리를 높여 부르는 말

A

헤어커트(Hair Cut)의 기본

1. 기본 커트(Cut) 기법

1 헤어 커트의 정의

작은 의미로서 기능학적인 측면의 정의로보면 '두발을 정리하여 만드는 것' 을 말하며, 흔히 헤어 세이핑(Hair shaping)이라고 해서 단순히 두발을 자른다는 의미에서 한층 발전하여 전체적인 두발의 형태를 파악하여 이를 디자인화 하여 머리카락 가닥을 모아서 가위나 레이져,틴닝가위 등을 활용하여 상품을 만들어 가는 것에 대한 기능이라고 정의 내릴 수 있다. 다른 시각에서 중간적 의미로서 보면 예술적 측면 중 미술학의 조각이라는 장르에서 보면 머리카락을 자르는 것에서 머리카락을 조각한다는 개념으로 이해 할수 있다 8만개에서 12만개의 머리카락을 활용하여 예술적인 감성으로 조각한다는 의미로서 표현될 수 있겠다. 넓은 의미로서 사회심리학적인 측면의 선의로 보면 두발의 상태나 두상의 형태에 따라 이 기능을 통해 여러 인격체들의 삶이 가능하도록 달리 표현되어질 수 있다 사회구성원들의 각각의 성향에 따라 '내적 욕구의 외부로의 표현' 혹은 '내적 인격의 외적 표현의 표출이라고 정의 내릴 수 있다.

2 헤어 커트(Cut) 시술에 필요한 기본 도구의 특성

1) 헤어컷팅(Hair cutting)의 요소

① 도구활용 방법에따라

㉠ 시져스 커트(Scissors Cut : 자르는 요소),

㉡ 테퍼링(Tapering : 두발의 질감 표현을 나타내는 요소)

㉢ 틴닝(Thinning : 전체적인 두발의 숱 양을 줄여주는 요소)

㉣ 클리핑 (Clipping) : 싱글링 등의 마무리 작업요소로 분류되어질 수 있다.

② 시술 방법에 따라 웨트커팅(Wet cutting)과 드라이 커팅(Dry cutting), 클럽커팅(Club cutting)으로 나눌 수 있는데 흔히 웨트커팅(Wet cutting)인 경우 레이져(Razo)사용, 드라이 커팅(Dry cutting)인 경우 클립퍼(Clippers)나 가위사용, 클럽커팅(Club cutting)은 가위사용

③ 형태 방법따라 디자인커트(Design cut)와 텍스쳐커트(Textures cut)로 구분할수 있다.

2) 레이져(Razor)

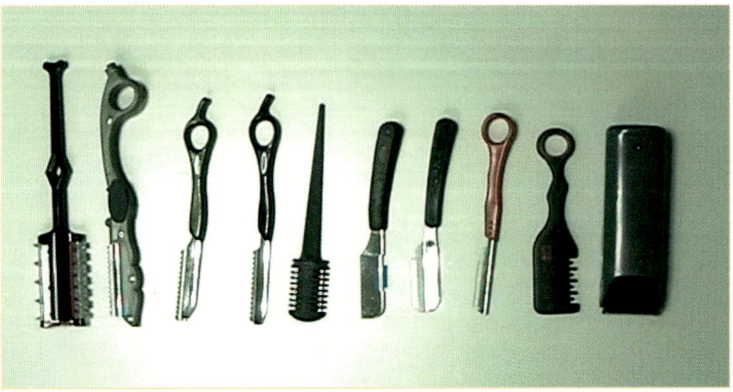

쏴기작용에 의한 날끝 절단작용과 당기는 힘이 동시에 가해지면서 서로 어긋나는 작용에 의한 시술이다. 젖은 상태의 두모는 팽윤 상태가 되어 날에 대한 흡착성과 마찰력이 증대됨으로 보다 쉬운 커팅(Cutting)을 할 수 있게 된다.

3) 클리퍼(Clipper)

빠른 전동력의 힘으로 칼날이 서로 교차되면서 두모를 쓸어 내듯 커팅(Cutting)되기 때문이다. 두모가 젖은 상태가 되면 팽윤상태가 되기 때문에 트리밍(Trimming : 마무리 작업) 작업에 있어서 깔끔한 마무리가 힘들다. 두모의 흡착성이 커지기 때문에 두모 뭉치가 빠른 칼날 사이에 자주 끼게 되어서 손님으로 하여금 쥐어 뜯기는 느낌을 받을 수 있게 할 수 있으므로 클리퍼는 드라이(Dry)상태에서 시술하는 것이 용이하다고 볼 수 있겠다.(젖은 상태에서 작업하면 날의 손상이 심하다.)

4) 커트가위(Cut Scissors)

일반 시술에 있어서는 드라이(Dry)와 웨트(Wet) 상태 모두 다 적용되어 질 수 있다. 이를 클럽커팅(club cutting)이라 하는데 드라이(Dry)상태에서의 가위는 쐐기원리의 바깥쪽 절단면을 경계로 해서 반대 방향에서의 힘이 작용하여 칼날의 어긋남을 이용하여 절단한다. 두발의 부푼 상태 및 머리카락의 흐름, 버릇모양(제비초리) 등을 정확하게 파악할 수 있다. 스트록 커팅(Stroke cutting)이나 테이퍼링(Tapering) 등의 시술에 용이하다. 웨트(Wet) 상태의 시술은 예각적인 절단면이나 블런트 커팅(Blunt cutting : 일자커트, 층이 없는 직각으로 잘리어 지는 커팅)의 경우 이용된다. 또한 가위에 의한 테이퍼링(Tapering) 시술시에는 레이저(Razor)와 같이 젖은 상태에서의 시술이 용이하다.

일반 커트 가위

❸ 헤어커트(Hair cut) 시술의 요소

1) 머리 자세(Head position)

커트하는 동안 고객의 머리(head) 위치를 말하며, 일반적으로 솔리드(Solid)형 커트시 머리(head)는 똑바로 세워서 시술한다. 그외 시술을 할때는 약 15도정도 고객의 머리를 숙인 상태로 시술한다

2) 두부선긋기 (Blocking) : 두부전체적인 조합

정확한 커팅(cutting)을 위해 헤어라인(Hair line : 두피와 얼굴, 목 등의 경계부위)과 햄라인(이어코너포인트에서 네이프코너 포인트까지) ,네이프라(목둘레를 기준으로 목둘레와 머리카락 끝과의 경계선) 인을 기준으로 두부전체를 가르고 그 부위별로 베이스가 두부 전체에 조합 된 것으로 베이스의 전체적인 조합이라 일컬을수 있다. 예를 들어 수직 가르마 가르기(Part)를 한 후 수평으로 가르기(Section)를 한 각각 부위의 층체를 블로킹(Blocking)이라 한다.

3) 두부나눔(hair parting) : 두부를 가르고나누는 과정

두부를 전체를 두고 블록킹을 하기위해 전체적으로 두발의 디자인과 두부의성향에 맡게 두부를나누는 제작과정으로 두발디자인에 첫 단계라 볼 수 있다

① 가운데 나눔 ② 옆나눔 ③ 둥근옆 나눔 ④ 윗사선 나눔 ⑤ 밑사선 나눔 ⑥ 크라운에서 귓선 나눔, 귀에서 귓선 ⑦ 귀에서 귀나눔 ⑧ 뒷가운데 나눔 ⑨ 사각 나눔 ⑩)뾰족 나눔 ⑪ 방사 나눔 ⑫ 긴사각 나눔 ⑬ 방사선 나눔(그외 햄라인 파팅, 헤어라인 파팅, 렉스 파팅, 스타 파팅 등으로 구분된다)

4) 파팅(Parting)

커트 하는 동안 머리(head)를 배치해 주기 위해 작은 구역으로 나눠주는 것

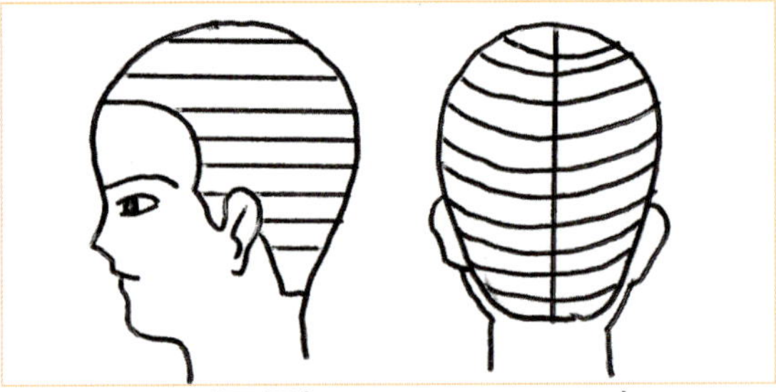

호리존틀(Horizontal Part)
(평행으로 파트한다..)

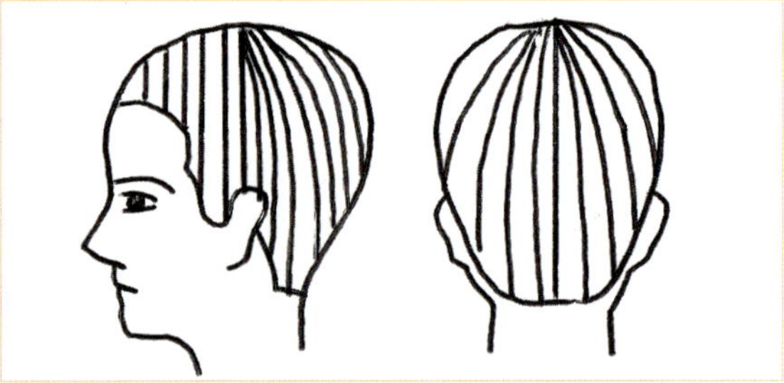

버티컬(Vertical Part)
(수직으로 파트한다.)

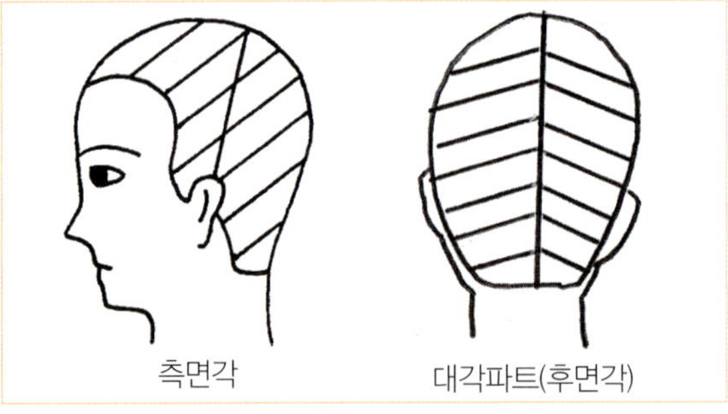

다이애거널(Diagonal 사선)

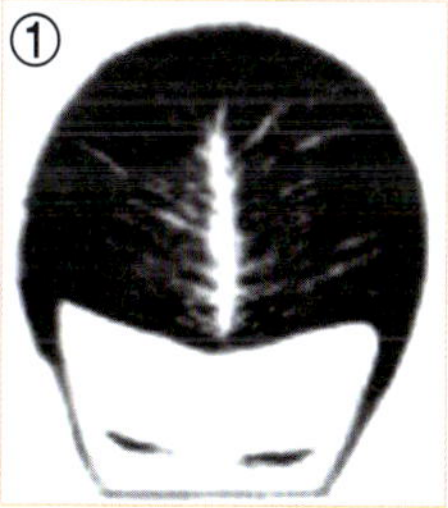

센터 파트
(Center part)

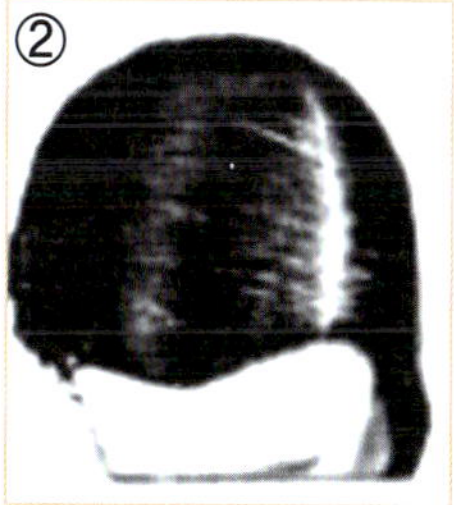

사이드 파트
(Side part)

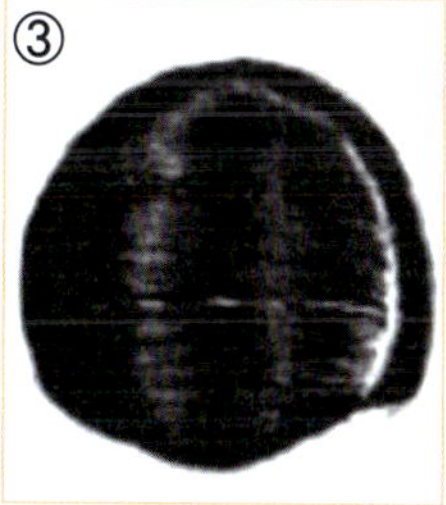

라운드 사이드 파트
(Round side part)

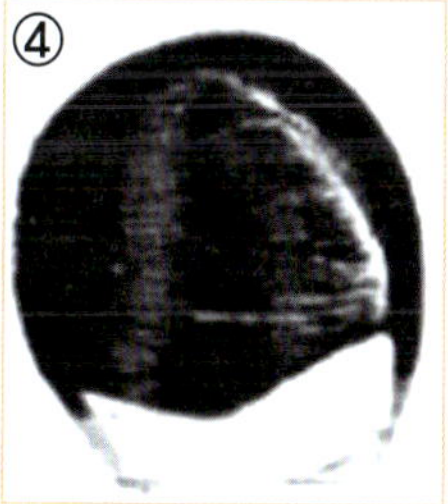

업 다이애거널 파트
(Up diagonal part)

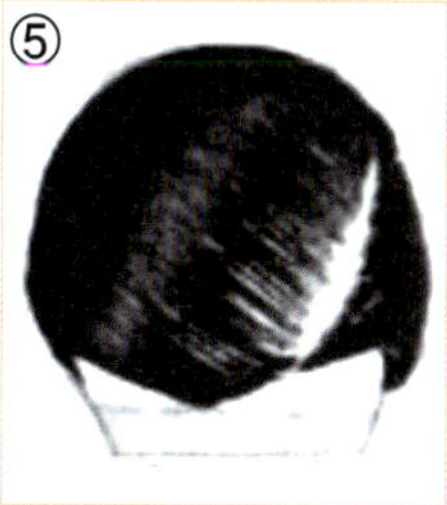

다운 다이애거널 파트
(Down diagonal part)

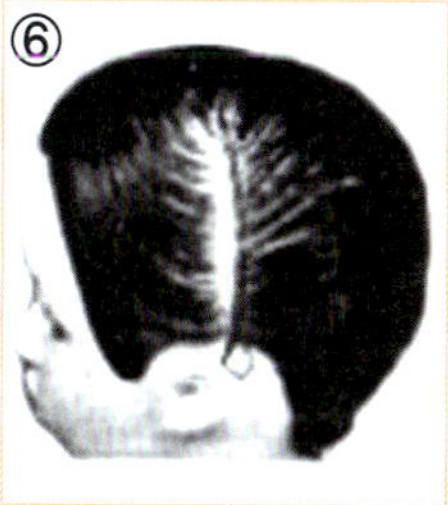

크라운 투 이어 파트
(Crown to ear part)

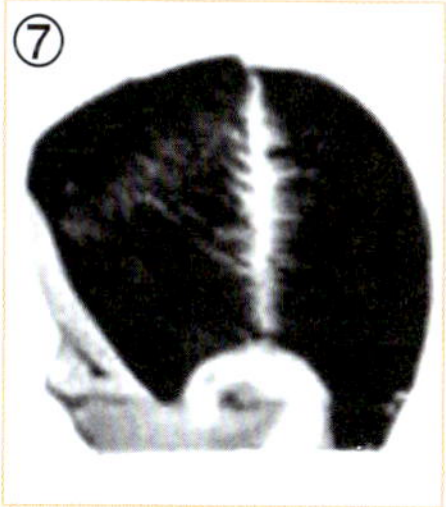

이어 투 이어 파트
(Ear to ear part)

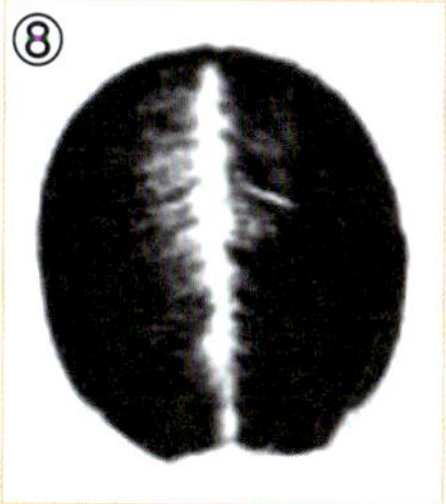

센터 백 파트
(Center back part)

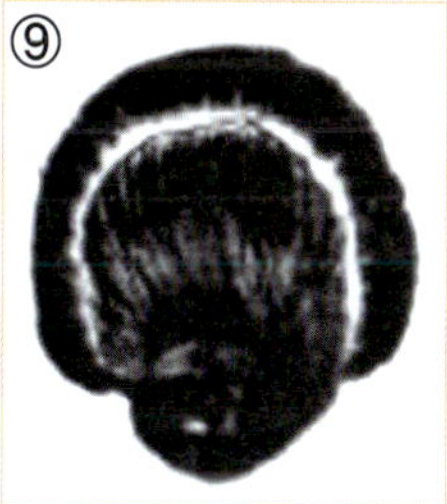

렉탱귤러 파트
(둥근사각나눔)

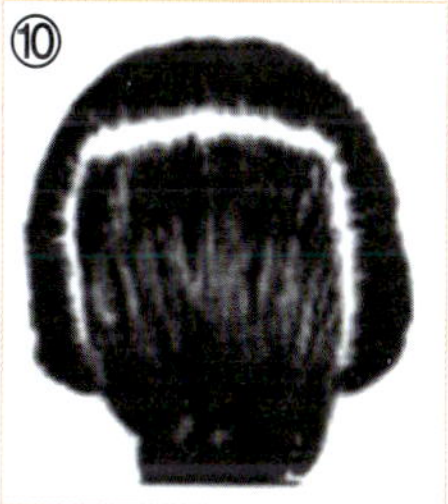

스퀘어 파트
(사각나눔)

V 파트
(뾰족나눔)

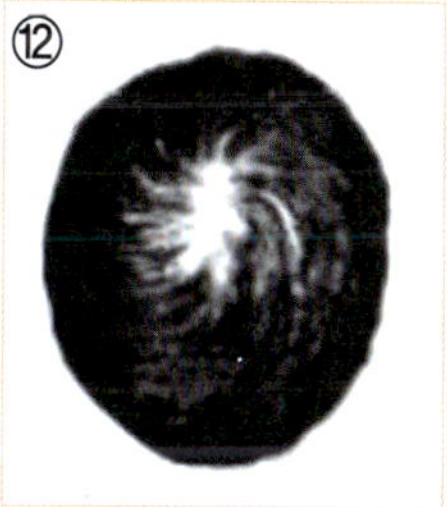

카우릭 파트
(방사선나눔)

5) 질감내기(Texturizing)

① 커트칼 활용방법 (Lazor)

㉠ 테이퍼링(Tapering) : 커트칼을 이용하여 섹션을 두고 두발의 겉표면 밀듯이 잘라가는 것

㉡ 형태선 테이퍼링(Form line tapering)
- 겉 마름 기법(Bevel up technique)
- 속 마름 기법(Bevel under technique)

㉢ 확장 테이퍼링(Extention tapering)
- 스탠드 앤드 테이퍼(Stand ; end taper)
- 미드 테이퍼(Mid taper)
- 베이스 딥 테이퍼(Base deep taper)

㉣ 윤곽 테이퍼링(Contour tapering)
- 레이져 회전기법(Razor rotation)
- 레이져 슬라이싱 기법(Razor slicing)
- 레이져 틱 기법(Razor tick)

㉤ 아칭(Arching) : 커트 칼을 밑에서 두발 겉표면이 아닌 안쪽 표면으로 베벨 언더(Bevel under) 느낌으로 긁듯이 시술하는 기법을 말하며 자연스러운 느낌을 주며 두발 끝이 가볍다.

㉥ 에칭 기법(Etching technique) : 커트칼을 이용하여 섹션을 두고 두발의 겉표면이나 모서리부분을 밀듯이 잘라가는 것
- 에칭업 : 커트칼을 이용하여 섹션을 두고 두발의 겉표면나 위의 모서리 부분을 두발 끝쪽 방향으로 밀듯이 잘라가는 것
- 사이드에칭 : 커트칼을 이용하여 섹션을 두고 두발의 겉표면이나 옆 모서리부분을 두발끝쪽 방향으로 밀듯이 잘라가는 것

㉦ 레이져 틱 기법(razor tick) : 커트칼을 이용하여 섹션을 두고 두발의 겉표면이나 모서리 부분을 두피쪽 방향으로 밀듯이 잘라가는 것

② 가위 활용 방법

㉠ 브록커트(Block Cut) : 두발을 색션 이상의 크기로 나누어 커트(Cut) 하는 것
- 브록그래듀에이션(Block Graduation) : 그래듀에이션(Graduation)을 브록커트(Block Cut)로 한번에 표현해 내는 것
- 블록레이어 (Block layer) : 레이어를 브록커트(Block Cut)로 한번에 표현해 내는 것

6) 트리밍(Trimming)

형태가 이루어진 두발선을 최종적으로 정돈하기 위하여 가볍게 커트하는 방법을 말한다. 또한 손상모 등의 불필요한 두발 끝을 제거하기 위한 커트 방법으로도 사용된다.

① 포인팅 기법(Pointing technique)

㉠ 나칭 기법(Notching technique)-두발을 얇게 갈라잡아 두발 끝을 0.5mm 정도 남겨놓고 두발 끝쪽을 향해 가위의 예각 60도 정도로 두고 0.5mm 간격으로 자르는 방법

㉡ 포인트기법 (Point technique)-두발을 얇게 갈라잡아 두발끝을 1cm정도 남겨놓고 두발끝쪽을 향해 가위의 예각 45도 정도로 두고 1cm 간격으로 자르는 방법

㉢ 촙 기법(Chopping technique)-두발을 얇게 갈라잡아 두발 끝을 1cm정도 남겨놓고 두발 끝쪽을 향해 가위의 예각 90도 정도로 두고 1cm 간격으로 깊게 자르는 방법

㉣ 포인팅 기법(Pdinting technique)-두발을 얇게 갈라잡아 두발 끝을 2cm정도 남겨놓고 두발 끝쪽을 향해 가위의 예각 10도에서 위로 이동하며 180도로 걷어 돌려 치듯이 정도로 두고 1cm 간격을 두고 위로 슬어내듯 자르는 방법

㉤ 슬라이싱(Slicing) 기법 : 두발을 슬라이싱하여 아래로 미끄러지듯이 움직이면서 하는 기법

㉥ 슬라이딩(Sliding) : 페이셜라인을 중심으로 주변 라인을 슬라이싱과 같은 방법으로 커팅 해가는 방법

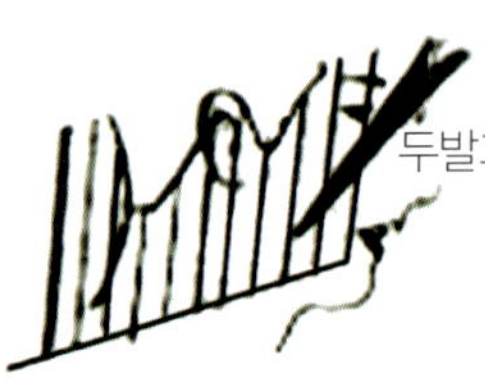

롱 스트로크
(Long strock)

미디움 스트로크
(Midium Stroke)

쇼트 스트로크
(Short Stroke)(

② **스트로크 커트(Stroke cut)**

가위에 의한 테이퍼링을 스트로크 커트라고 하며 두발끝에서 두피쪽으로 쓸어내리듯 행하는 기법으로 새그(Shag)을 만드는 기초로서 활용된다. 가위의 두발에 대한 각도에 따라 다음과 같이 나눠진다.

㉠ 길이가이드에 따른 분류
- 엔드스트록크(End strock)
- 미디움스트록크(Medium strock)
- 쇼트스트록크(Short strock)

㉡ 방법에 따른 분류
- 백스트록크(Back strock)
- 프론트스트록트(Front strock)

㉢ 시술형태에 따른 분류
- 다운스트록크(Down strock)
- 업스록크(Up strock)
- 시이드스트록그(Side strock)

㉣ 볼륨을 주기 위한 기술적 분류
- 헤어 이펙트 (Hair effect)
- 인 이펙트(in effect)트위스트이펙트(Twist effect)

③ **틴닝 (숱치기 : Thinning)** : 두발의 길이를 짧게 하지 않으면서 전체적으로 두발숱을 감소시키는 방법으로 모근에서 두발끝으로 향해 머리카락 전체 숱을 틴닝가위를 활용하여 바깥쪽으로 빼듯이 쳐나가는 틴닝은 커트나 테이퍼하기 전에 미리 지나치게 많은 두발의 양을 적당하게 조절하는 경우에 이용된다.(머리카락을 사선으로 틴닝한다.)

④ **샤이닝 틱(Thynning tick)** : 틴닝가위를 활용하여 스트록의 기술적 방법을 활용하는 것으로 시술 새그펌을 하기전에시술하는 프레커트 방법이다 새그펌 후 레이져 팁 기술을 활용해야한다.

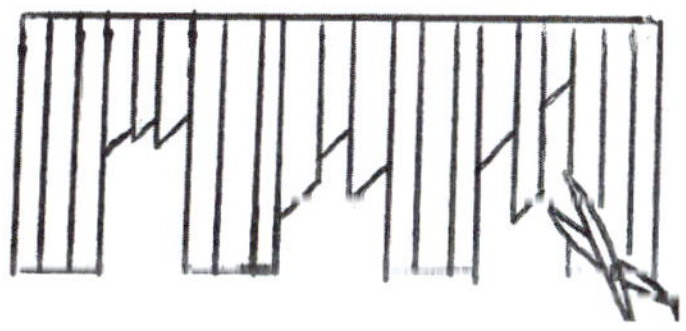

⑤ **롤링(Rolling technique)** : 가위를 수평이나 수직으로 자세를 취하고 세로로 슬라이싱한 섹션을 가지고 가위를 좌측에서 우측으로 수평으로 돌리면서 머리카락 끝을 골라내듯이 자르는 방법

⑥ **슬리더링(Slithering technique)** : 롤링의 한 방법으로 가위로 두발을 틴닝하는 방법을 말한다. 렉스스타일을 만들기위한 기초커트 기술방법이다.

㉠ 업슬리더링 – 수평으로해서 두발의 표면위를 가위로 두발을 틴닝하는 방법을 말한다.

㉡ 버티컬슬리더링 –세로로 해서 두발의 표면위를 가위로 두발을 틴닝하는 방법을 말한다.

㉢ 백슬리더링(Back slithering):두발의 표면위를 가위를 뒤로 빼듯이 틴닝하는법

㉣ 프론트슬리더링(Front slithering) : 두발의 표면위를 가위를 앞으로 튕기듯이 틴닝하는 방법을 말한다

7) 선긋기 연습

이 연습은 이 과정에서 사용되는 기본 섹션과 파팅 형들을 나눠 보이는 것이다. 이 연습은 두상의 곡선에서 파팅을 나누는 것에 익숙해지도록 한 것이다. 연습을 하기 위해 디자인 캡을 다용도용 민두에 씌우고, 반드시 수성펜을 사용한다.

호리존틀

평행 파트(Horizonttal Part)

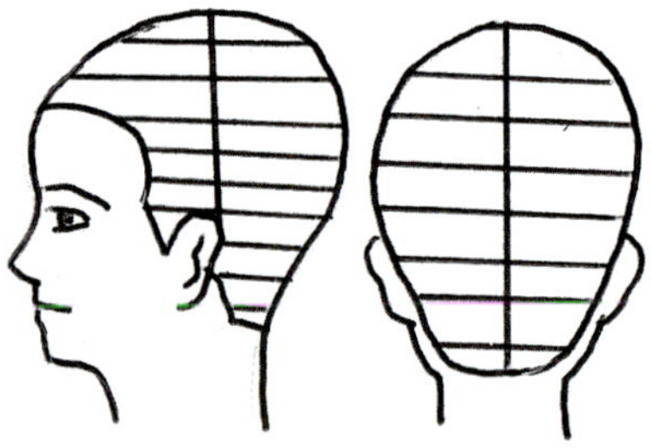

다이에거널 라이트

우측 사선(Diagonal Right)

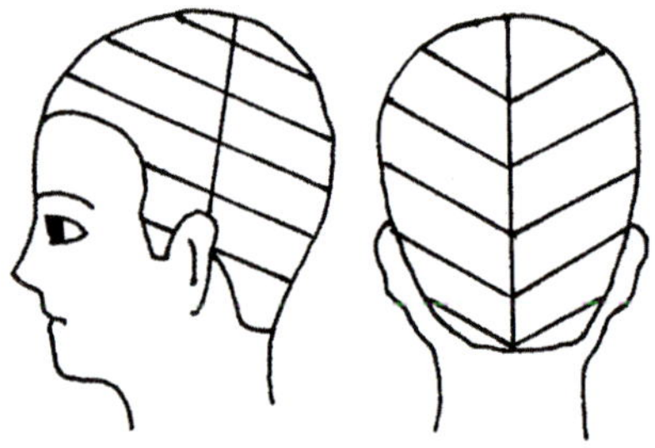

다이에거널 레프트

좌측 사선(Diagonal Left)

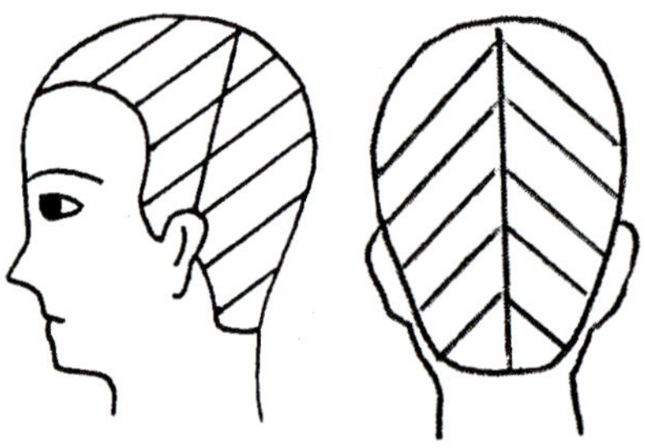

버티컬

수직으로 파트(Vertical Part)

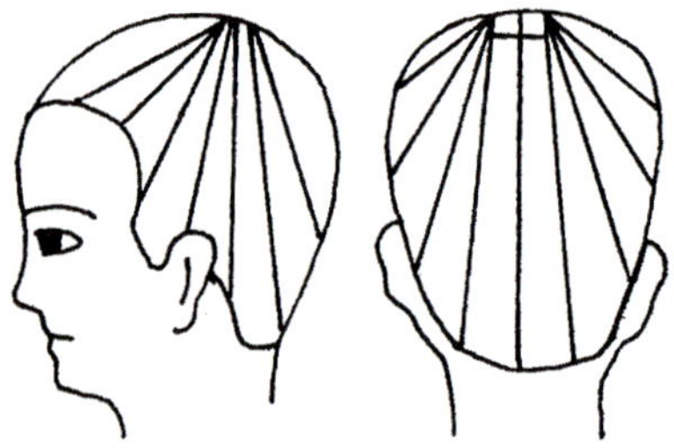

8) 각도

① 시술 각(Projection)

헤어커트장비를 활용 하여 헤어커트하는 동안헤어커트 디자인에 의해서 결정되며 손으로 잡는 머리카락과 커팅하려는 각도에따라 솔리드, 그레듀에이티드, 레이어, 머시룸 등의 디자인으로 형태선을 만들기 위한 각도로서 활용된다.

② 두상 각(Head angle)

커트하는 동안 두상의 곡선으로부터 두상이 들어 올려지는 각도를 말한다. 천체측의 한 부분, 두상의 평평한 부분과 곡선을 이룬 표면으로부터 시술 각을 결정하는데 사용한다. 일단 0도(두상의 두피로부터 자연스럽게 두발이 밑으로 떨어진 상태)가 결정되면 45도와 60도, 90도가 어느 방향이든 결정 될 수 있다.

③ 공상 각(Projection in after form angle)

커트가 마무리가 된 상태에서 형성된 디자인에 의한 도형각으로 시술각에 따라 도형각이 바뀐다.

④ 판넬각(Pannes Projection)

커트가 마무리가 된 상태에서 형성된 디자인에 의해 형성된 시술각

⑤ 무게각(Weight point Projection)

헤어커트장비를 활용 하여 헤어커트하는 동안 헤어커트 디자인에 의해서 결정되며 0도(두상의 두피로부터 자연스럽게 두발이 밑으로 떨어진 상태)가 결정되면 45도와 60도, 90도에 따라 손으로 잡는 머리카락과 커팅하려는 공간에서의 각도가 생성된다.

9) 디자인 라인(Design line)

① 수평 라인(Horizontal line)

첫 번째 연습은 두발 파팅이다. 두발을 이마의 중앙에서 목선(Nape line)의 중앙까지 4 섹션으로 나눈다. 목선(Nape)에서 수평 라인을 그려서 선들이 파팅을 나타내기 때문에 수용하는 펜을 빗으로 상상하고 선들의 방향과 간격을 일정하게 유지한다. 귀 방향에 이르면 선들을 앞 방향의 두발선에 연결시켜 수평선을 머리(head)의 위쪽까지 계속해서 그린다. 다른 방법으로 백(Back) 섹션 전체를 끝낸 다음 사이드(Side)로 가서 선들을 연결하여 일정하게 유지한다.

② 수직 라인(Vertical line)

앞 방향에서 정중선까지 선을 그린 후에 앞 방향에서 수직 파팅의 선들을 그려 귀 뒤 방향에 이르면 정수리 부분의 곡선에 수직 라인들을 맞추기 위해 피봇파팅을 사용한다.

③ 전대각 라인(Diagonal line)

앞 헤어라인에서 네이프까지 중앙을 따라 선을 내려 그리고 그 다음 목선에서 45도의 파팅으로 전 대각선을 그려 두발 위 방향으로 계속해 가면서 귀 부위에 이르면 앞 방향으로 전 대각선을 연결한다. 각도와 선 간의 간격을 가능한 일정하게 유지한다. 마찬가지로 선들을 그리기 전에 뒤 방향에서 앞으로 색션을 나눌 수 있다.

④ 컨케이브 라인(Concave line)

모양은 전대각과 비슷하게 진행되며 전대각은 끝선과 마지막선 모서리가 각이 있어 격차가 큰 반면에 컨케이브 라인은 시작점과 끝점이 항상 그래듀에이션 단차에서 형성된다.

⑤ 후대각 라인

모양은 후대각으로 진행되며 후대각은 앞선과 후면선의 모서리가 형성된다. 격차가 큰 반면에 컨케이브라인은 시작점과 끝점이 항상 균일하게 같이 만난다. 디자인에 따라 둥근 모서리의 시점은 측면이든 후면이든 압면이든 3~4Cm 길이의 차가 다르다.

⑥ 복합성 라인(Combination line or discord line)

디자인에따라 후면, 전면, 압면, 공간이 각각 다른 선들이 복합적으로 구성되어 있어서 기초적인 선들이 연결 혹은 비연결된 선으로 구성되어져 있다 .

⑦ 모서리 라인 (Edgy line)

디자인라인들이 불규칙적으로 각을 지면서 연결 된 선으로 구성되어져 있다 .

⑧ 두발 라인 (Hair line)

얼굴을 중심으로 디자인이 형성 차. 햄라인(Hairm line) : 귀 앞모서리를 시작점으로 네이프모서리까의 디자인라인, 파트 라인(Part line), 네이프라인, 리세션라인(Recetion), 인버젼라인, 공간라인 등으로 구성된다.

10) 섹선 잡기(Section)

섹션잡기는 슬라이스와 슬라이스의 사이의 간격을 말하고 섹션잡기와 소섹션잡기는 일반적으로 디자인선과 시술각 그리고 배치의 변화에 의해 결정된다. 만약 혼합형이라면 한형의 다른 형들과의 비율의 관계 로 섹션을 둘 수 있다.

섹션잡기는 의도된 디자인과 관련되어 있을 뿐 아니라 각 고객의 두상과 두발(head)의 자연 성장 방향과 관련되어 있음을 숙지해야 한다.

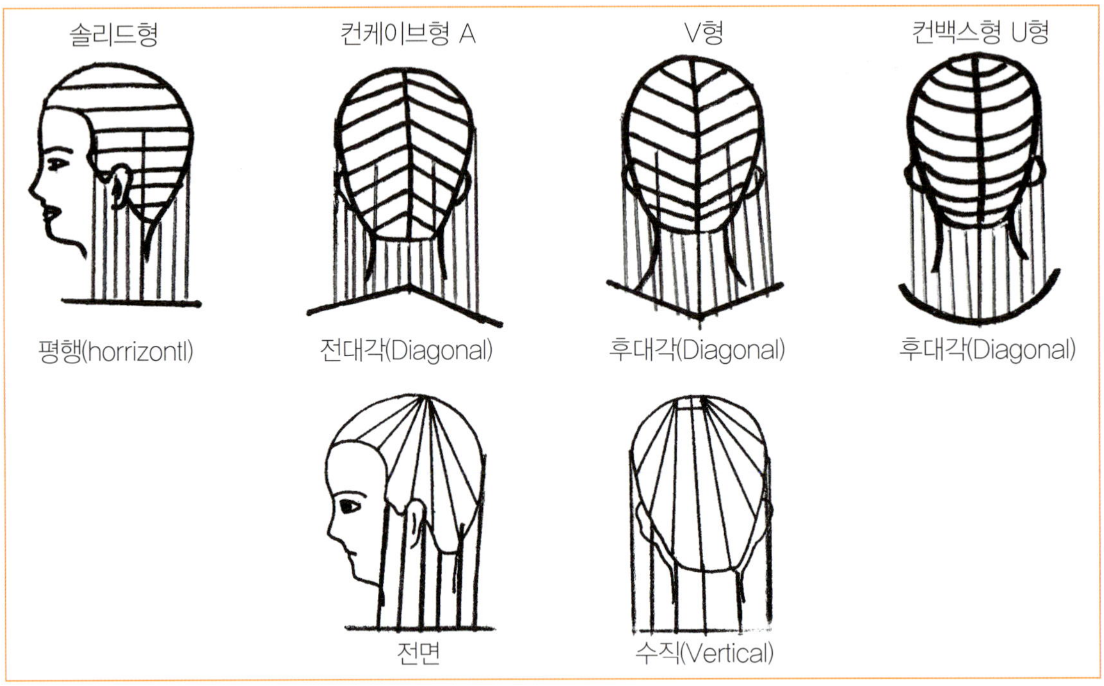

11) 두상자세(Head posion)

완벽한 솔리드(Solid)형을 커트할 때 머리(head)는 일반적으로 똑바로 새운다.

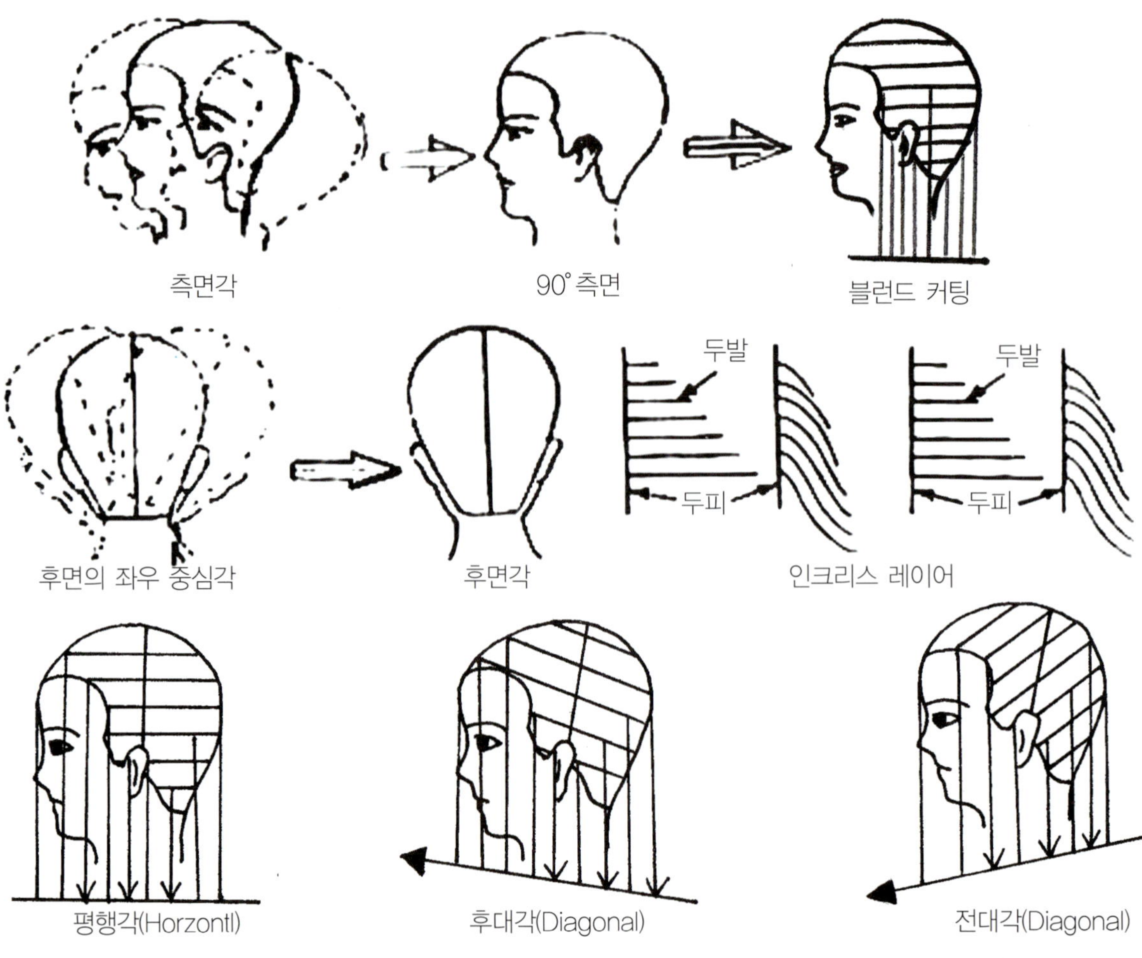

12) 배치(Distribution)

브로킹(Blocking)한 후 디자인 제작을 위해 빗질하는 머리카락 방향을 말한다.
크게 자연배치(Natural Distribution), 수직배치(Vertical Distribution), 변이배치(Variation Distribution), 정방향배치(Directional Distribution)로 나눌 수 있다.

① 자연배치(Natural Distribution)

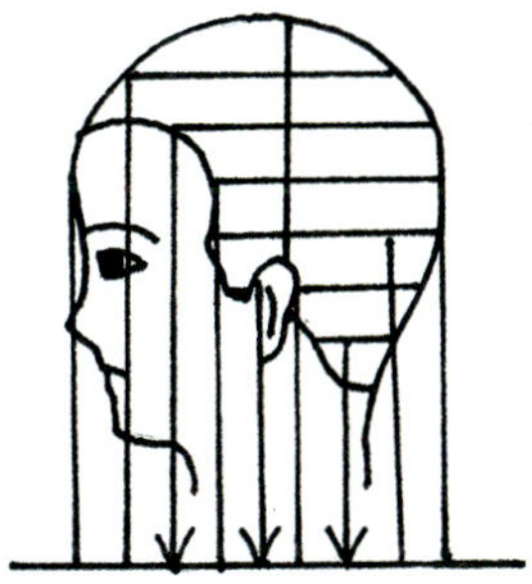

자연배치는 머리카락이 두상에서 자연스럽게 떨어지는 그대로의 방향을 의미한다. 중력과 자연 성장패턴 방향에 특히 크레스트 부위에서 어느 정도 영향을 주게 된다. 수평, 좌대각 그리고 우대각 파팅 기본적으로 솔리드형과 밥스타일형에 사용된다.

cf : 자연배치(自然配置, Natural Distribution)란 인위적이 아닌 자연스럽게 만들어지는 가르마를 뜻한다.

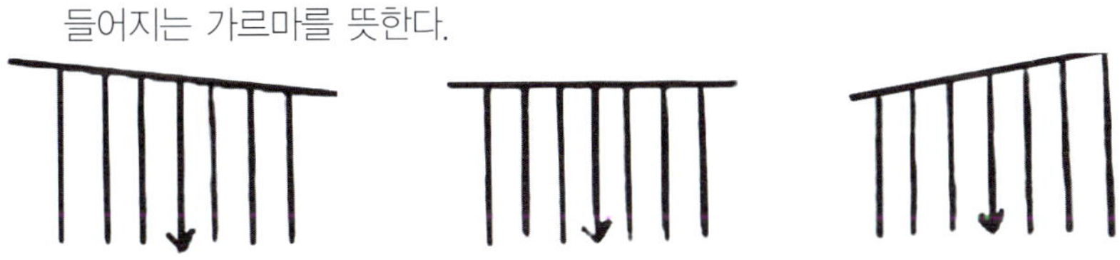

② 직각 배치(Perpendicular Distribution)

이것은 두상(head)이 기본 파팅에서 90도로 빗어질 때의 방향을 말 한다. 수직배치는 수평, 대각 그리고 수직 파팅에서 사용된다.
수직배치는 두상(head)을 자연배치해서 움직여 가는 것이기 때문에 기본적으로 그래듀에이션형이나 레이어형에 사용된다.

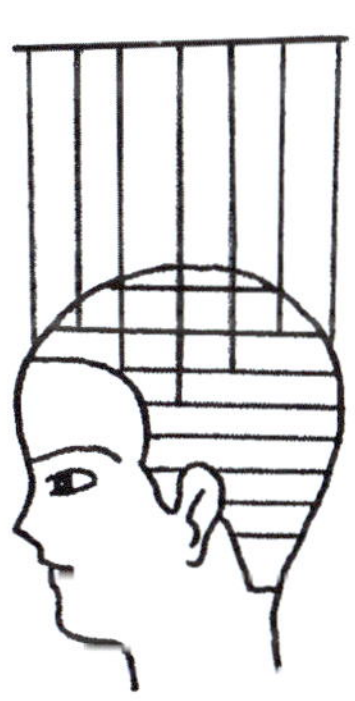

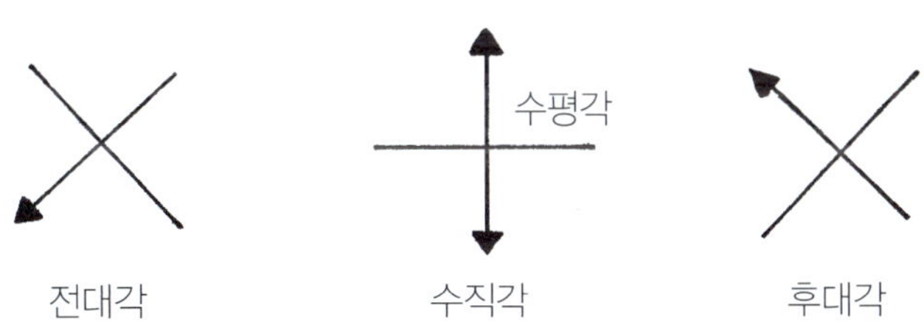

③ 변이 배치(Variation Distribution)

이것은 머리(head)가 기본 파팅에서 수직배치나 자연배치 이외의 다른 모든 방향으로 빗겨질 때를 의미한다. 변이 배치는 솔리드형 제외한 대부분의 형에서 사용된다. 이 형은 일반적으로 과정된 길이 증가와 각 부분들 간의 두발을 연결할 때 사용된다.

④ 정방향 배치(Directional Distribution)

어떤 형들을 만들어 내기 위해 기본 파팅의 한 부분에 다음으로 넘어갈 때 배치의 방향이 바뀔 수 있다. 일관성을 유지하기 위해 천체측의 선들이 배치방향을 시각적으로 측정하는데 사용된다. 두발의 수직, 수평, 그리고 대각으로 배치될 수 있다. 한 부분에서는 두발을 파팅으로부터 위쪽으로 수직배치 하거나 다른 부분에서 뒤 방향에서 수평배치 할 수 있다. 이러한 배치는 두상의 곡선으로 인한 길이의 증가를 가져오는데 종종 평평한 면을 따라 커트할때 사용된다.

13) 손가락 및 가위, 커트 칼의 위치(Finger & scissor, razor of position)

머리카락을 자를때 두발 끝부분의 질감의 변화를 주기 위한 기술(Technique)로서 크게 커트 가위와 커트 칼의 사용기술로 나누어질 수 있다.

① 커트 가위 기술

㉠ 직선 커트(Blunt cut) : 손가락 방향과 커트 가위의 방향을 동일하게 자르는 것을 말하며 끝이 무디게 잘리어지는 효과를 나타낼 수 있다.

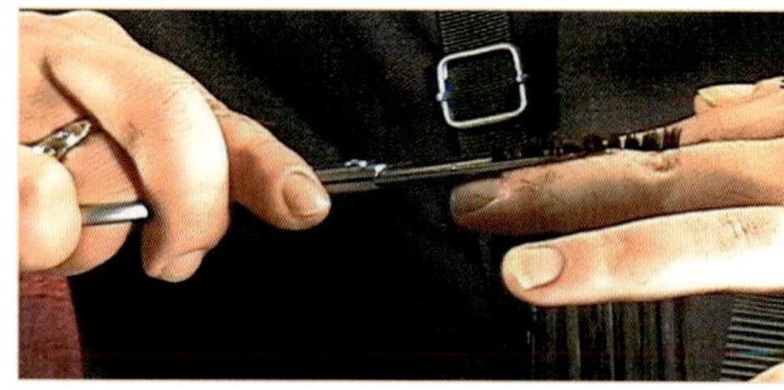

㉡ 벤 자리 커트(Notching cut) : 손가락으로 두발 끝 부분을 잡은 후 손가락을 기준으로 가위의 위치를 수직상태로 사선 컷보다 촘촘히 자르는 것을 말하며 일자 컷과 사선 컷의 중간 정도의 컷이라 할 수 있겠다.

나칭(Notching)

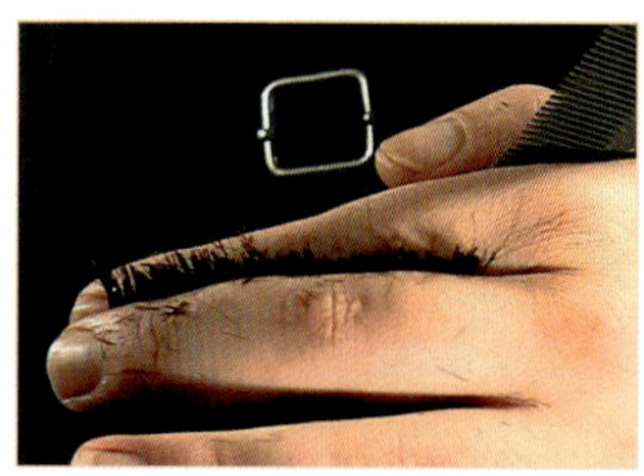

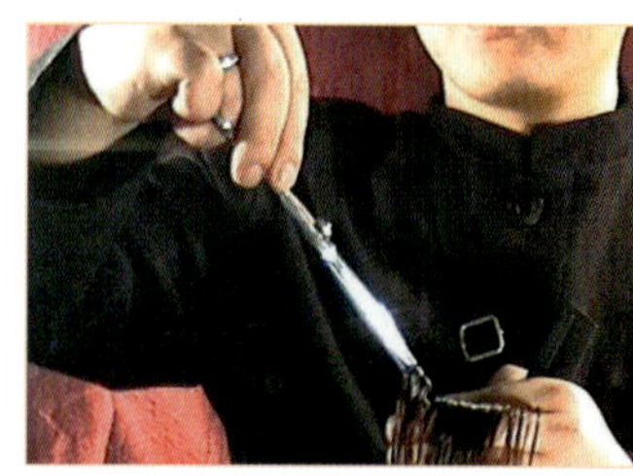

㉢ 사선 커트 : 손가락으로 두발 끝부분을 잡은 후 커트 가위를 이용해서 손가락 방향을 기준으로 약 45도 머리카락 끝을 쳐 내는 기술을 말한다.

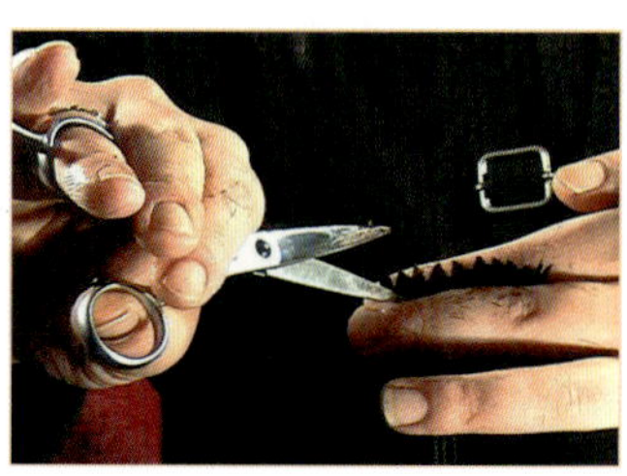

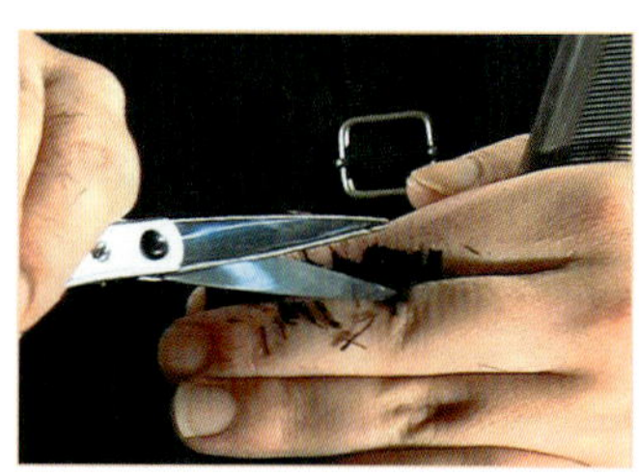

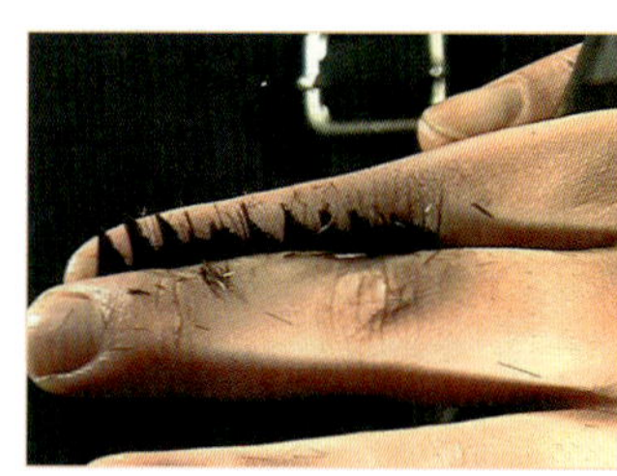

㉣ 날린 커트(Deep point cut) : 사선 커트에 비해서 좀 더 깊고 날카로운 느낌이 드는 컷의 종류로서 시술 방법은 사선 컷과는 달리 커트 가위를 날리듯이 머리카락을 쳐내는 기술을 말한다.

포인팅(Pointing)

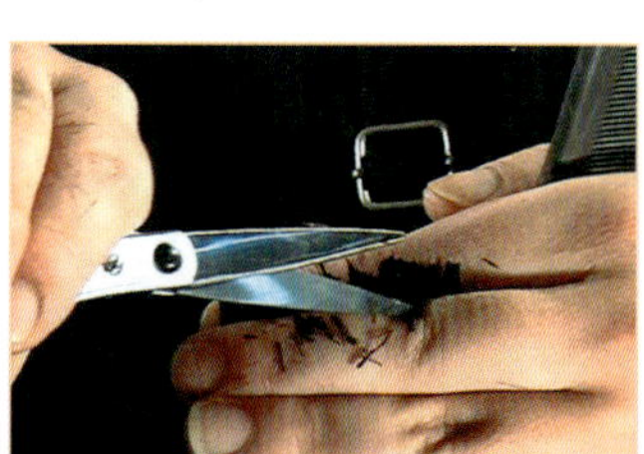

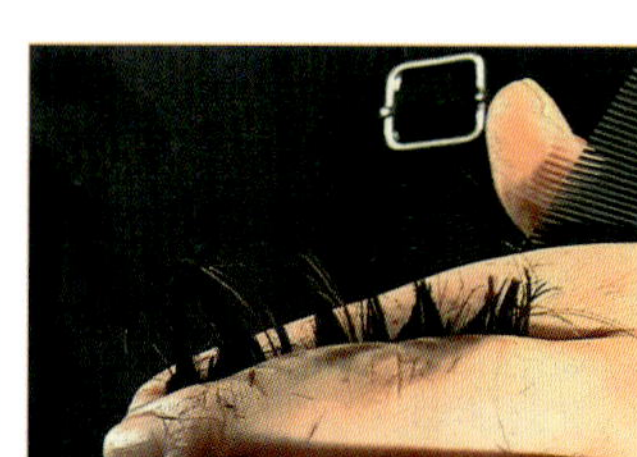

ⓜ 가르기 커트(Slice cut, Slicing) : 머리카락 끝 라인을 작고 모근 방향에서부터 손가락 방향으로 쓸어 내리듯 가위를 두피와 수직으로 세워서 커트하는 방법으로 테이퍼링(Papering)과 틴닝(Thinning) 효과를 동시에 줄 수 있는 시술 방법이다.

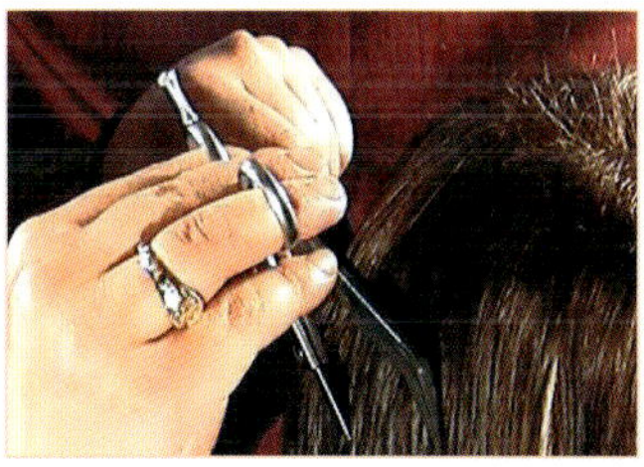

ⓑ 슬리더링 커트(Slithering cut) : 손가락으로 두발 끝을 고정하고 가위를 수직으로 세워서 미끄러지듯이 두피방향으로 내리면서 두발의 숱을 감소시키는 커트를 말한다. 시술 방법은 자르기 커트와 비슷하거나 가위의 면이 수평이 아닌 수직으로 세워서 시술한다는 점이 다르다.

ⓢ 스트록 컷(Strock cut) : 다른 커트가위 사용방법과는 다르게 손가락의 고정 상태에서 커트(Cut) 되는것이 아니라 커트 가위와 손가락이 동시에 두발 끝 방향으로 테이퍼링(Papering) 하듯 쓸어내려지는 것을 말한다.

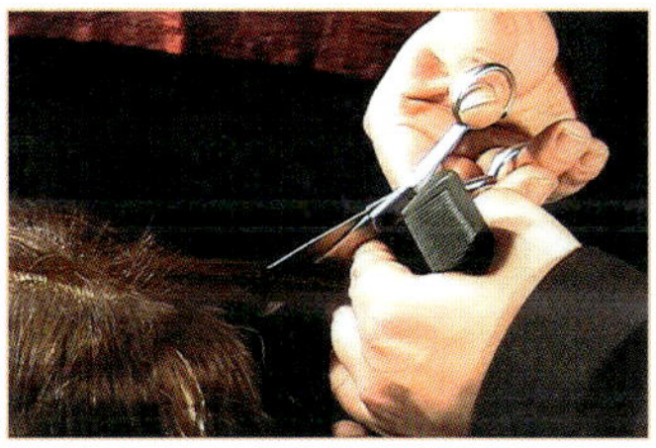
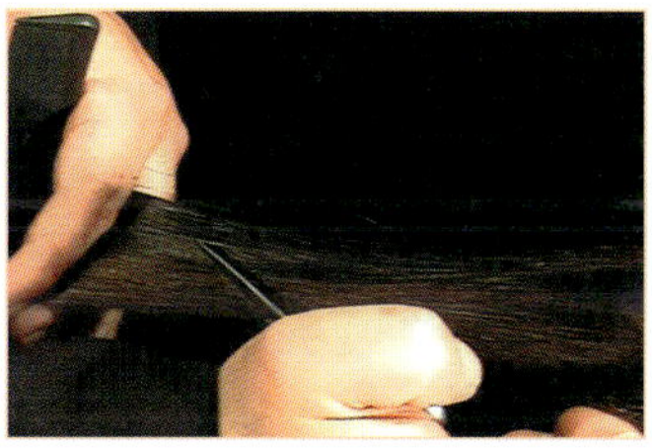
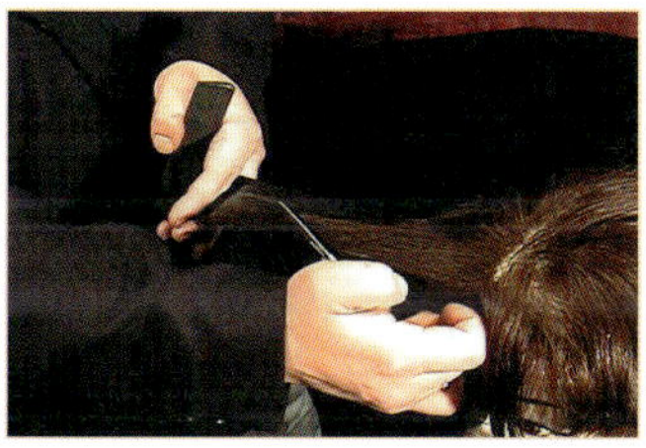

ⓞ 숱 치기 틴닝(Thinning : 틴닝 가위로 두발의 길이를 자르지 않고 감소시키는 기술이다. 커트나 테이퍼하기 전에 두발을 지나치게 많은 양을 적당히 조절하는 경우에 이용된다. 두발의 어느 한 방향으로 치우치게 분포했을 때 헤어스타일을 만들기 위하여 두발 숱을 전체적으로 고르게 하기 위한 경우에도 이용한다.

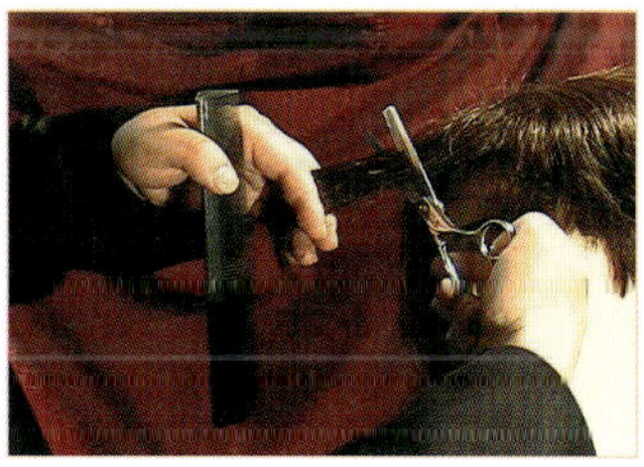
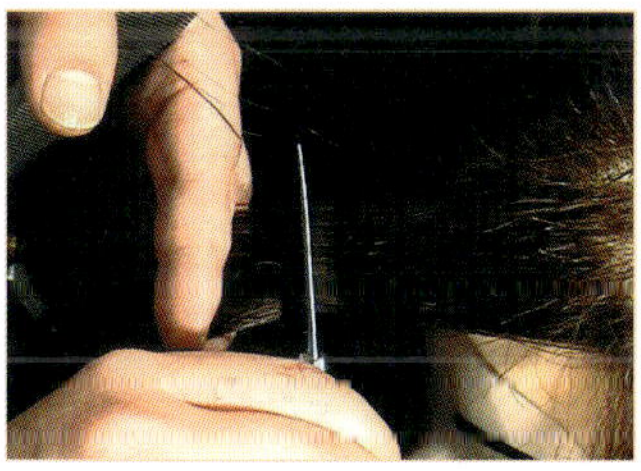

ⓩ 역 슬리더링 커팅(Reverse slithering) : 시술방법은 슬리더링과 동일하나 커트 가위의 방향이 다르다는 점이 다르다.

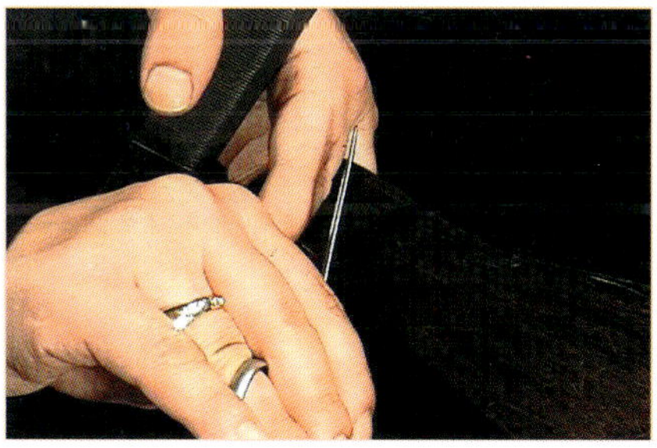

② 커트 칼 기술

㉠ 테이퍼링(Tapering)

커트 칼을 이용한 질감내기를 말하며 페더링(Feathering)이라고도 한다. 두발 끝을 점차적으로 가늘게 질감 내는 것을 말한다. 특징은 두발에 자연스러운 절단을 만들며 두발의 양을 쳐 냄으로서 두발 끝으로 갈수록 붓끝처럼 가늘게 된다.

14) 레이져(Razor)

레이져(Razor)는 커트 가위가 주는 느낌과는 조금 차이가 있다. 가위는 다섯 손가락의 화려한 테크닉을 이용해서 커트 가위의 두 개의 날이 서로 교합을 하여 자유로운 형태 디자인을 만들 수 있지만 면도날에 비해서 날의 날카로움이 떨어지기 때문에 정교한 표현이나 가볍게 보이는 질감 표현에 있어서 레이져(Razor)를 따라 올 수 없다. 하지민 레이져(Razor)는 날이 날카로운 민큼 사용상의 부담이 있기 때문에 기초 시술자가 커트 시술을 하기에는 여러가지 어려운 작업이 아닐 수 없다. 그리고 웬만한 커트 기술은 커트 가위로 표현될 수 있기 때문에 기초 시술자들은 레이져(Razor)의 사용을 기피하고 있다. 하지만 전문가가 되기 위한 과정에서 정교한 모든 기술을 습득해야 하기 때문에 많은 연습과 노력이 있어야만 한다.

① 레이져 사용시 빗 자세

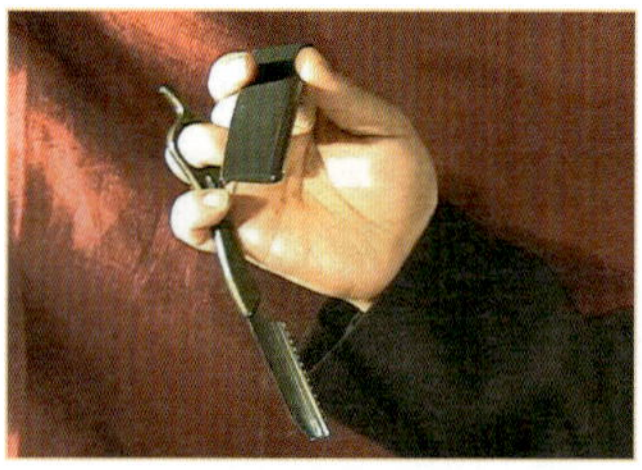

② 레이져 손 자세

③ 레이져 숱치기 자세

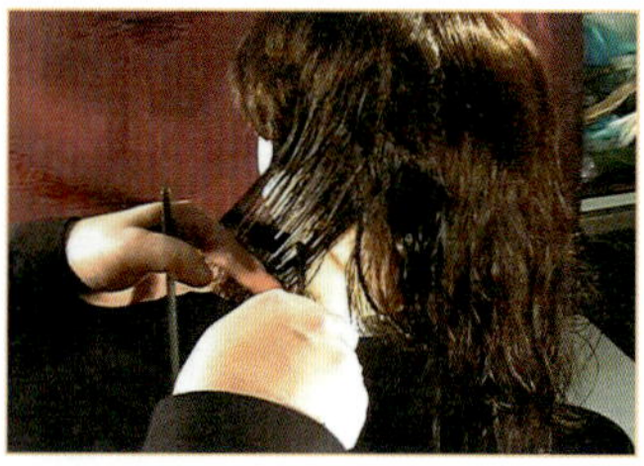

④ 레이져 숱치기 자세(짧은 두발)

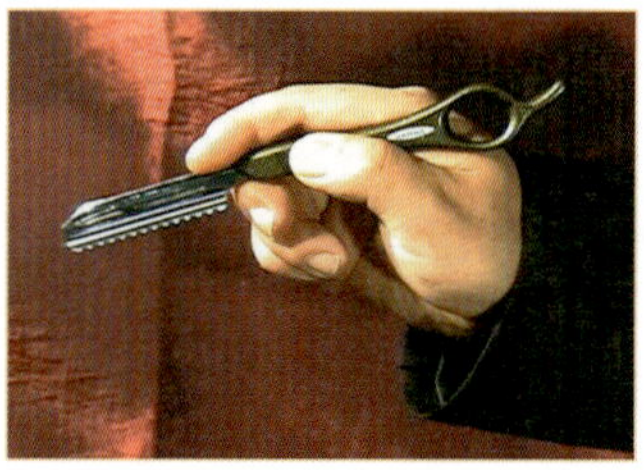

⑤ 레이져 숱치기 자세(긴 두발)

⑥ 레이져 테이퍼 자세

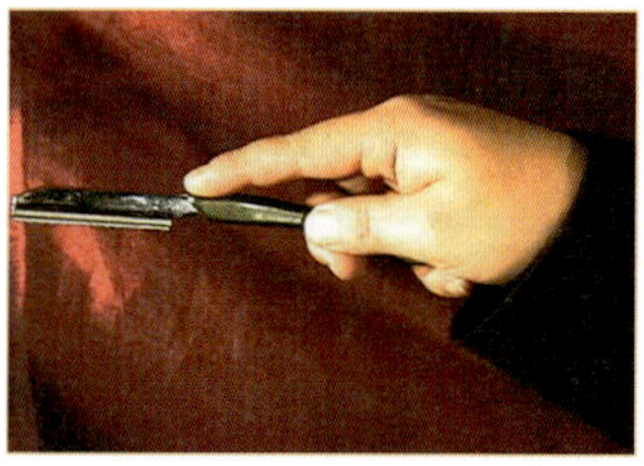

⑦ 레이져 아킹 자세

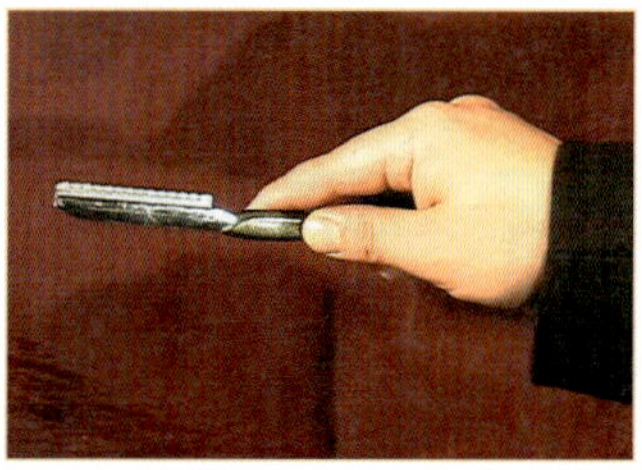

⑧ 레이져 에칭 자세

15) 마루기 커트(Slicing) 실전

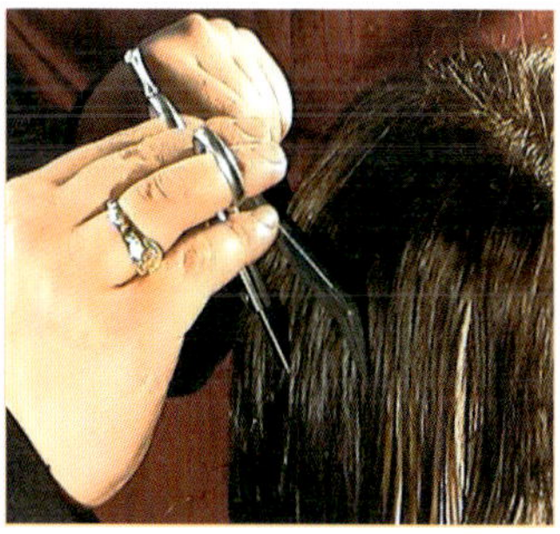

가위와 빗을 동시에 사용하는 것이 특징이다. 두발 사이로 약 2~3cm 간격으로 쓸어 내리듯이 시술하는 것이 특징이다. 그리고 우측 손과 좌측 손을 번갈아 가면서 회전하며 시술한다. 가위 잡는 방법은 검지와 약지를 가위 구멍에 넣고 중지를 그 사이에 두는 것이 다른 커트 자세와 다른 점이다.

16) 클립퍼(Clipper – 2개의 톱날) 【프】 베리컨트(Bariquant)

엄지와 검지 그리고 중지는 클립퍼의 전체적인 균형을 유지하는 역할을 한다. 세 손가락에서는 힘이 들어가서는 안되고 단지 균형만을 유지하는 역할만을 한다. 나머지는 두 손가락에 오히려 힘이 가해져서 클립퍼가 뒤로 밀리지 않고 안정된 자세를 유지할 수 있도록 해 주어야 한다. 클립퍼 시술의 가장 중요한 기술의 근원 두 가지는 **첫째로** 손가락이 아닌 손목에 의한 커트 시술이 어우러져야 한다. **둘째로** 원하는 디자인을 완성하기 위해서는 클립퍼의 사용도 중요하겠지만 빗의 각도를 어떻게 주는가에 따라, 예를 들어 빗의 각도가 깊으면 더 짧은 스포츠 형의 두발을 얻을 수 있다. 각도가 얕으면 상고두발 스타일처럼 깔끔하게 정리된 마무리 처리를 얻을 수 있다는 것이다. 그러므로 빗의 정확한 각도 연습과 클립퍼의 원할한 조작을 위해 많은 연습과 노력이 필요하다.

① 클립퍼 손 자세

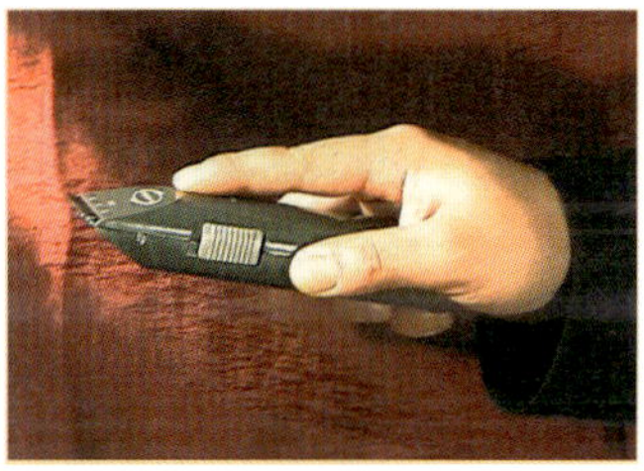

② 클립퍼 기본 자세

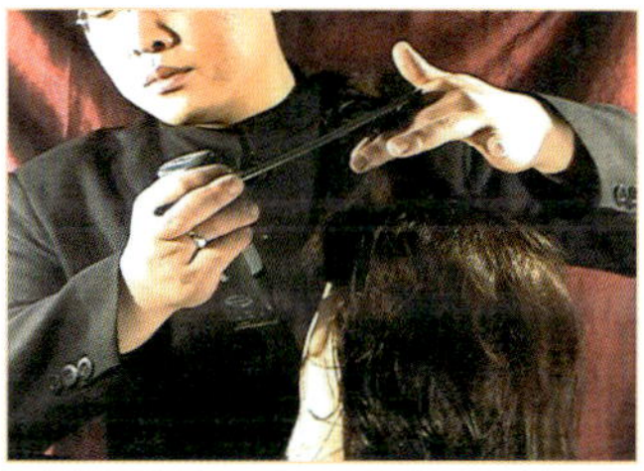

③ 빗질시 클립퍼를 잡은 자세

④ 클립퍼 날린 것(Pointing technique to use clipper)

좌측 손으로 두발을 검지와 중지 사이에 끼우고 클립퍼를 고객의 두상 위에서 시술자 앞 방향으로 가볍게 쓸어 내듯이 들어 올리면서 커트한다. 클립퍼 포인팅은 커트 가위와 레이져(Razor)를 사용할 때의 질감 내기와는 또 다른 균등한 질감을 나타낼 수 있다.

⑤ 클립퍼 벤자리 커트(Notching technique to use clipper)

위에서 아래로 일정한 간격을 두고 클립퍼를 세로 방향으로 해서 자른다.

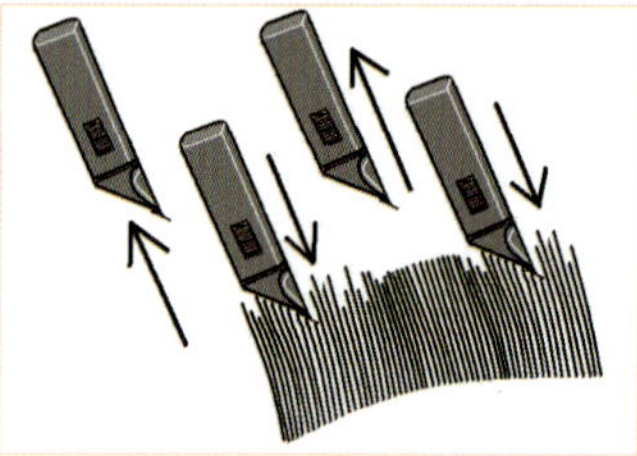

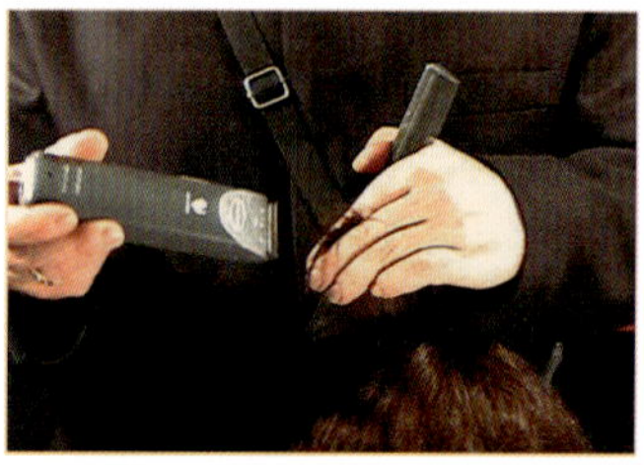

⑥ 클립퍼 숱치기(Technique to use clipper)

클립퍼 포인팅과 유사한 기법으로서 손가락으로 두발을 잡는 대신 빗으로 두발을 잡고 클립퍼를 아래 방향에서 위 방향으로 쓸어 올리는 것이 특징이다.

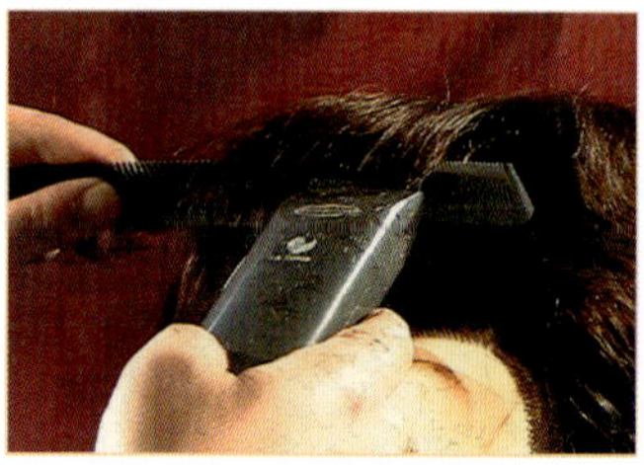

⑦ 클립핑(Clipping)

클립퍼를 세로로 세워서 삐져나온 두발을 깨끗이 정리하는 것을 말하며 우측에서 좌측으로 쓸어 내듯이 커트한다.

⑧ 싱글링(Shingling – 두발을 치켜 깍음)

빗살 위 방향으로 점차적으로 이동시키면서 클리퍼 또는 가위의 개폐를 빨리 연속적으로 행하는 커팅기법

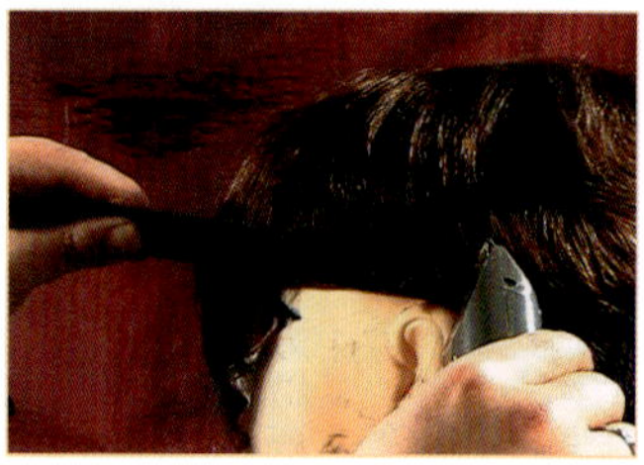

⑨ 싱글링(Shingling) 올려치기

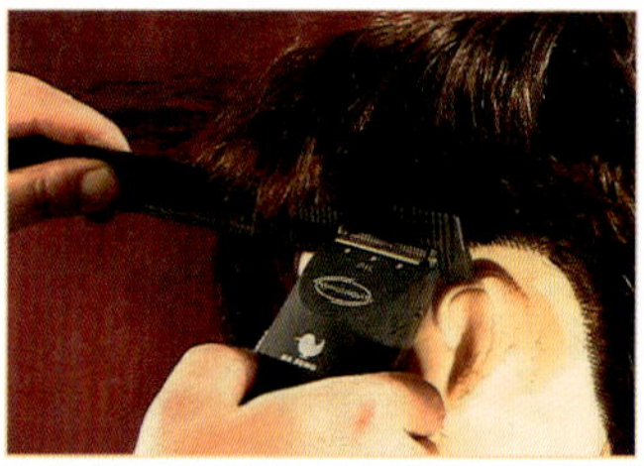

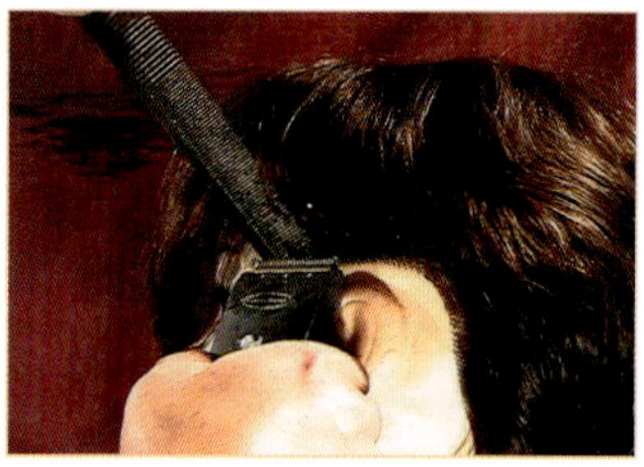

2. 분류

1 디자인(Design) 분류

1) 원 랭스(One length)형 - 하나로 묶어서 자르는 형태

① 솔리드(Soled)형 : 밥스타일(Bob style), 단발스타일, 무게감 있는 두발 형태.

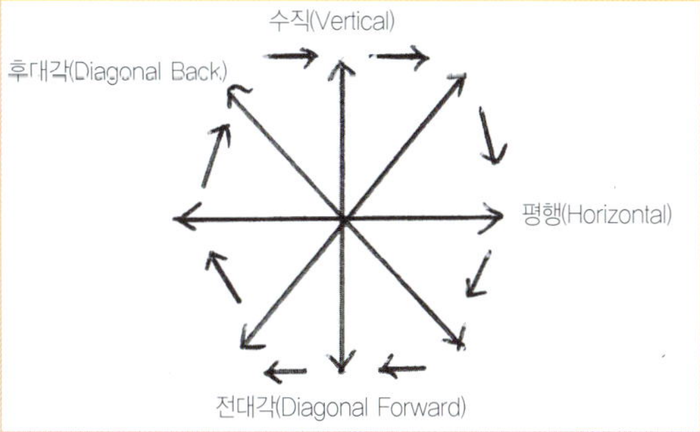

두상의 방향선 긋기

② 전대각형(Concave style)

후면 두발형태를 오목(Concave)하게 커트한 형으로서 후방에서 관찰시 마치 알팔벳 A자형처럼 보여서 A형 커트 혹은 스파니엘(Spaniel)커트라고 불리운다.

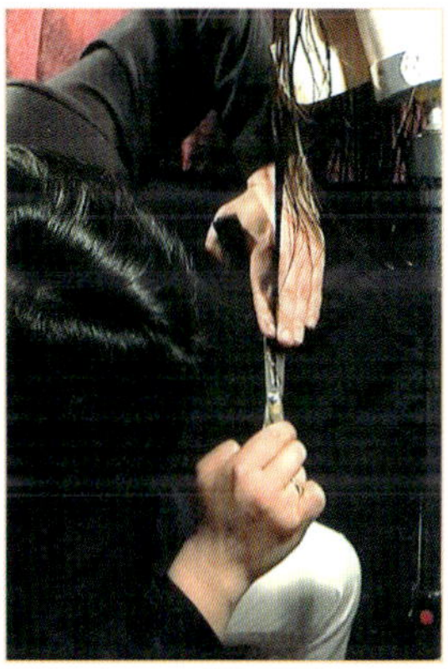

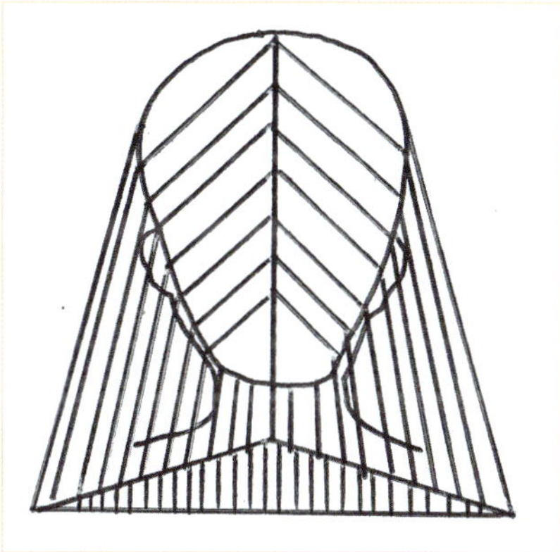

컨케이브는 검정선과 빨간선(A선) 두 선으로 되어있으며 빨간선은 원랭스의 무게감을 유지시키고 검정선은 커트의 층이 나 있어 움푹 들어가 보이게 하는 형으로서 옆선을 전 대각형으로 이어지게 해서 뒤에서 변화를 주는 형이다.

③ 후대각형(Convex style)

후면 두발형태를 볼록(Convex)하게 커트한 형으로서 후방에서 관찰시 마치 알파벳 V자 형처럼 보여서 V자형커트 혹은 이사도라(Esadora)커트라고도 불리운다.

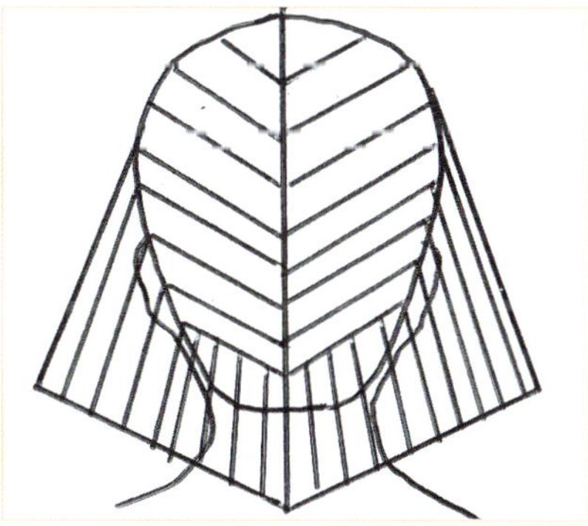

컨백스(Convex) 형으로서 v자형의 헤어스타일로 최대한의 무세삼을 유시한 누발형이다.

④ 수평형(Horizontal style)

모든 커트의 기본형이며 블런트(Blunt) 커트의 대표적이라 볼 수 있고 후면 두발 형태가 일자형이며 무게감이 가장 강한 커트이고 일반적으로 페러렐(Parallel) 커트라고도 한다.

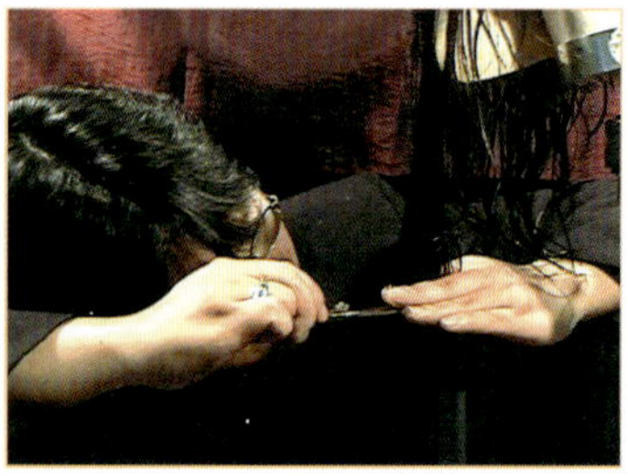

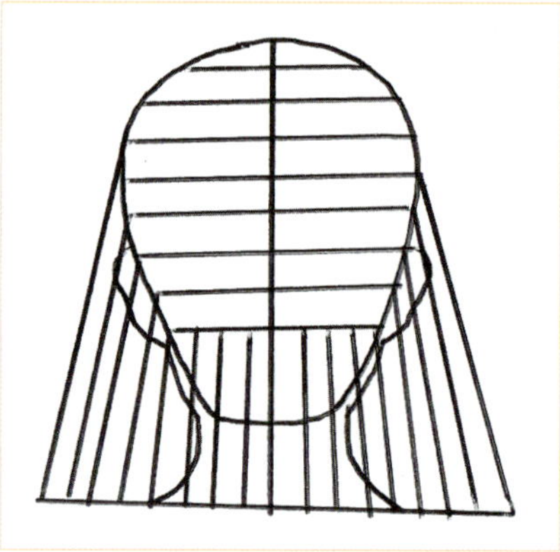

이 커트는 평행(Horizontal)으로 전체적인 볼륨감과 가장 무게감을 느낄 수 있는 헤어스타일로 계란형의 얼굴에 잘 어울린다.

⑤ 레이어(Layer)형 – 단층의 커트

㉠ 유니폼형 (uniform)

⑥ 디자인(Design)형 – 복합커트

㉠ 호리존틀형(horrizontl) 밥스타일

㉡ 그래듀에이션(Graduation)형 : 계단형의 미세한 층을 이루는 입체형 커트라고도 한다.

㉢ 인크리징(Increasing)형 : 두발 상부는 짧게, 하단부위로 점차 길어지는 형태.

㉣ 디크리징(Decreasing)형 : 두발 상부는 길면서 점차로 짧아지는 형태.

㉤ 콤비네이션(Combination)형 : 서로 다른 커트 형태가 복합적으로 이루어진 커트 형태를 말한다.

㉥ 디스코던트(Discordance)형 : 비조화, 언벨런스(Unbalance)한 두발 형태.

2 기술적(Technical) 분류 : 자르는 것 기준

1) 블런트(Blunt) 형 : 가위를 0도로하여 무딘 형태, 일자 형태로 자르는 것

2) 낫칭(Notching)형 : 가위를60도로두고V자 형의 톱니모양 형태로 자르는 것

3) 포인트(Point) 형 : 가위를45도로두고 칼끝처럼 끝이 날카로운 형태로 사선으로 자르는 것

라. 촙형(chop)- 가위를90도로두고 칼끝처럼 끝이 날카로운 형태로 사선으로 자르는 것

4) 딥포인트(Pointing &deep pont cut) : 가위를 머리카락 측면에서 훑어 올리듯이 자르는 기법으로 칼끝처럼 끝이 날카로운 형태로 사선으로 깊게 자르는 것

5) 슬라이딩(Sliding)형 : 머리카락모서리면을 가위를 이용 미끌어지듯이 긁는 것

6) 슬라이스(Slice)형 : 케익 칼날처럼 포인트 형보다 한번 더 사각을 이루는 형태

7) 슬리더링(Slithering)형 : 가위로 두발의 숱을 잘라나가는 것

8) 스트록크(Strock)형 : 머리카락을 가위를 이용 미끌어지듯이 잘라나가는 것

가위에 의한 테이퍼링이라고도 한다.

9) 틴닝(Tinning)형 : 틴닝가위를 이용, 두발의 숱을 감소하는 것

10) 이펙트형(effect) : 머리카락을 90도 들어 가위를 찍듯이 긁어내는것

11) 롤링형(rolling) : 가위를 수평으로두고 돌리듯리 자르는것

12) 디지털형(disital) : 가위를 2개 혹은 3개이상으로 회오리치듯이 잘라나가는형

13) 샤이닝팁형(Shyning tip) : 틴닝가위를 이용하여 스트록크 하는것

14) 레이저팁형(Razor tip) : 레이저를 이용하여 역으로 테이퍼 하는것

15) 클리핑형(disital) : 클리피를 이용하는 빙법

3 형태적 분류

1) 가위를 이용한 커트(Cut) 형태

① 스트록(Strokc) 컷 : 전체적인 두발의 숱을 감소시키는 형태

㉠ 짧은 형(Short type) : 두발과 가위의 각도를 90도로 세운다.

㉡ 중간형(Medium type) : 두발과 가위의 각도를 60도로 눕힌다.

㉢ 긴 형(Long type) : 두발과 가위의 각도를 45도로 눕혀서 한다.

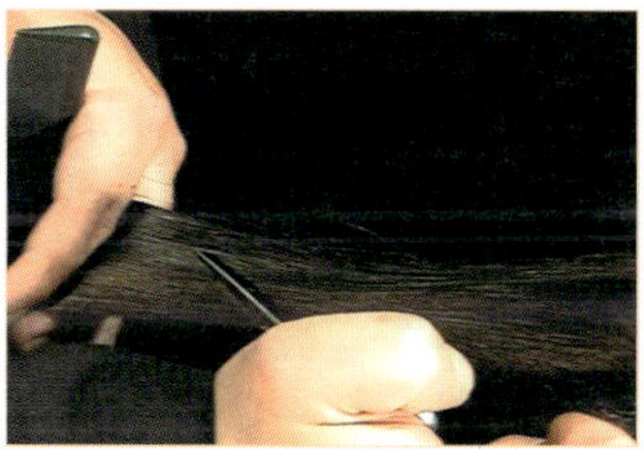
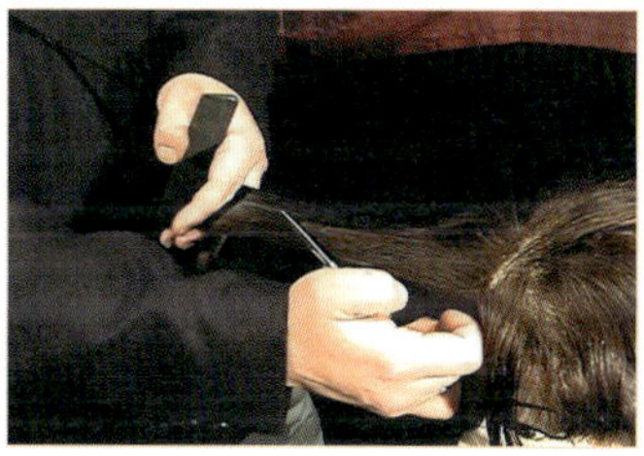
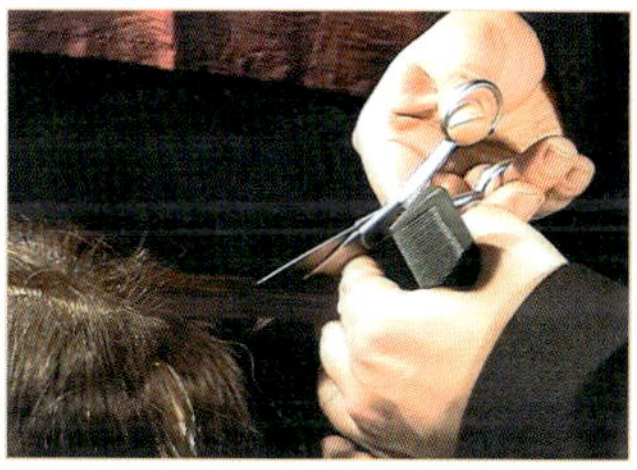

② 틴닝(Thinning) : 얇고 가볍게 하는 말 그대로 틴닝 가위를 이용한 전체적인 두발 숱을 쳐내는 커트 형태. 딥, 노멀, 앤드, 노멀에서 틴닝가위를 사선으로 1, 2, 3법으로 틴닝을 한다.

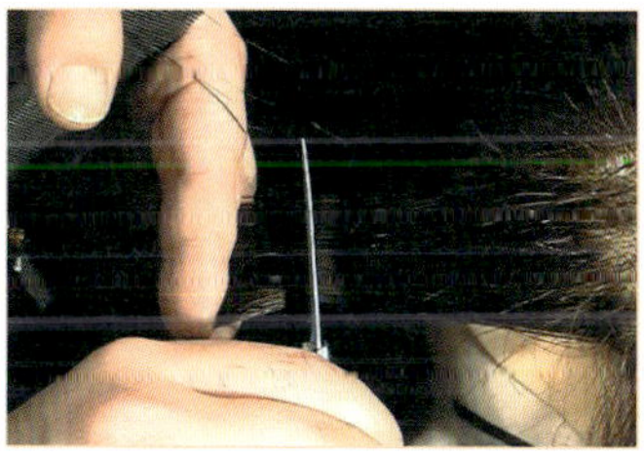
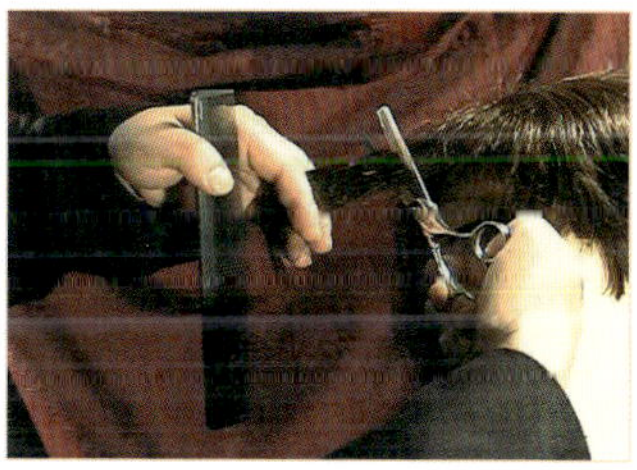

③ 슬리더링(Slithcring) : 가위를 이용해 미끄러져 내리듯 틴닝하는 형태.

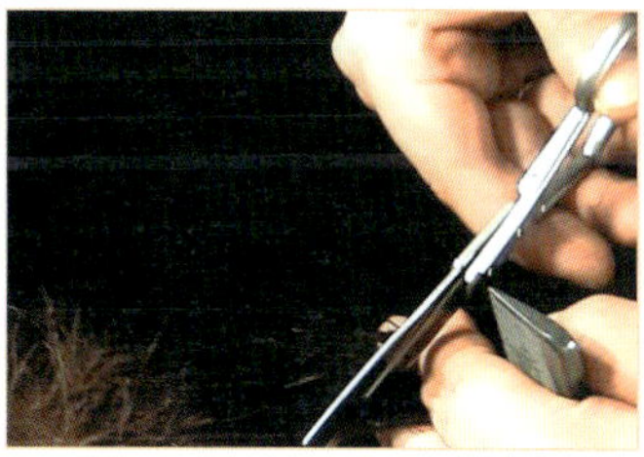

2) 커트 칼(razor)을 이용한 커트 형태

① **테퍼링(Tapering)** : 커트칼을 활용하여 머리카락표면을 미끌어듯이 자르면서 붓처럼 점점 가늘어지게 커트하는 형태

㉠ 끝쪽형(End taper) – 커트 칼(Razor)로 두발 끝을 테이퍼 한다.

㉡ 중간형(Normal taper) – 커트 칼(Razor)로 두발 중간을 테이퍼 한다

㉢ 두피형(Deep taper) – 커트 칼(Razor)로 두피 가까이 있는 두발을 테이퍼 한다.

㉣ 확장형(Extension taper) – 커트 칼(Razor)로 두발을 두피 가까이 중간, 끝까지 모두 테이퍼 한다.

㉤ 회전형 – 회전형 커트 칼(Razor)로서 테이퍼 한다.

② **애칭(Etching)형** : 두발 끝 2~3cm 전에서 커트 칼(Razor)로 머리카락 모서리부분을 위에서 C자형을 그리며 두발의 텐션을 풀어주면서 테이퍼 하는 것.

㉠ 에칭업(Etching up) – 두발 끝 2~3cm 전에서 커트 칼(Razor)로 머리카락 위의 모서리부분을 위에서 C자형을 그리며 두발의 텐션을 풀어주면서 테이퍼 하는 것.

㉡ 에칭다운(Etching down) – 두발 끝 2~3cm 전에서 커트 칼(Razor)로 머리카락 아래 모서리 부분을 위에서 C자형을 그리며 두발의 텐션을 풀어주면서 테이퍼 하는 것.

③ **아칭형(Arching)** : 커트칼을 활용하여 머리카락아래표면을 올려치듯이 자르면서 붓처럼 점점 가늘어지게 커트하는 형태

④ **레이져틱형(Razor tick)** : 커트칼을 활용하여 머리카락옆 모서리를 두피쪽으로 백 코우밍(Back combing) 하듯이 자르면서 붓처럼 점점 가늘어지게 커트하는 형태

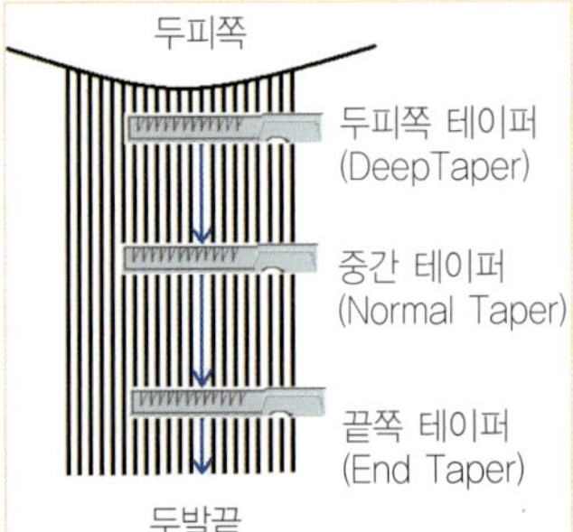

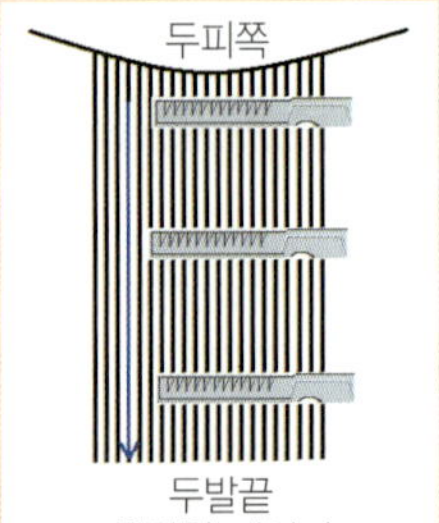

확장형 테이퍼
(Expansuon Taper)

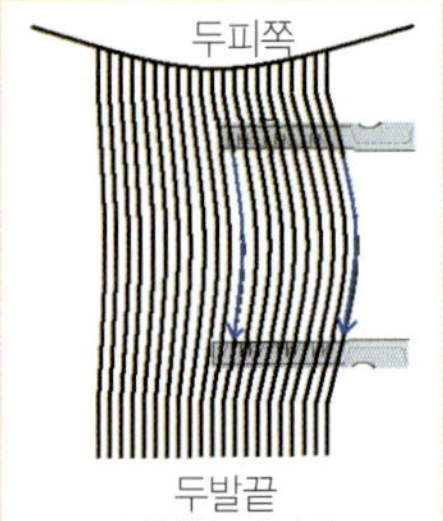

아칭형 테이퍼
(Archjng Taper)

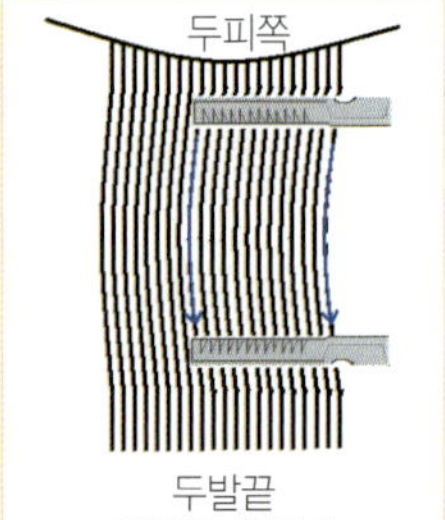

애칭형 테이퍼
(Eching Taper)

2) 클립퍼(Clipper)를 이용한 커트 형태

클립퍼 포인팅(Ear half)

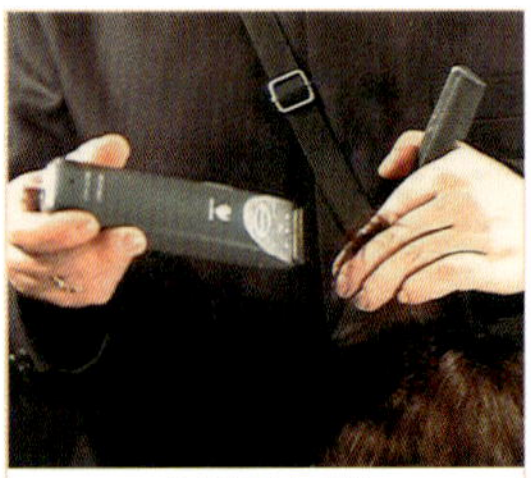

클립퍼 낫칭
(Clipper Notching)

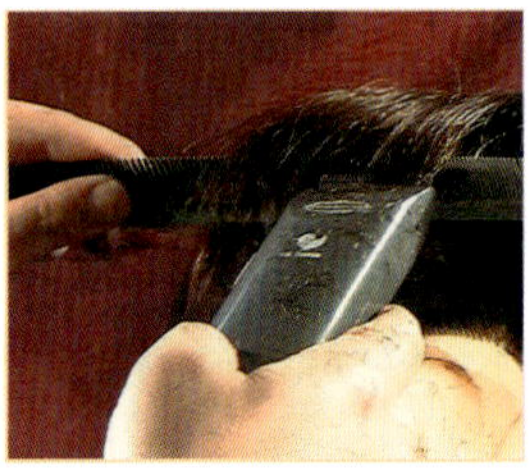

클립퍼 숱치기
(Clipper Technique)

3. 커트(Cut)의 기본자세와 커트도구 쥐는 법

1 기본자세

1) **커트 빗 쥐는 자세** : 90도 커트시 빗 쥐는 자세

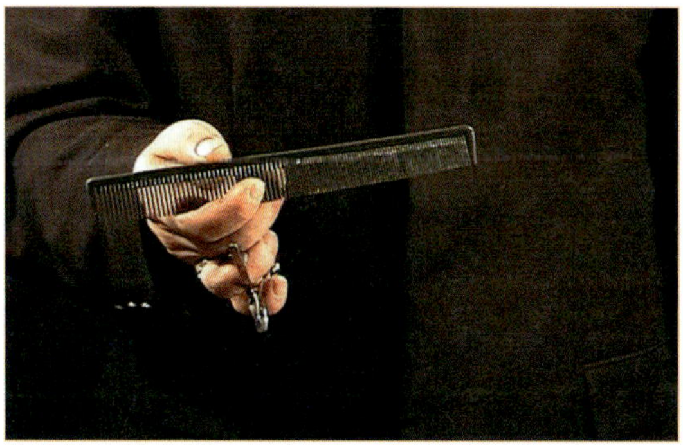

2) **안쪽 빗 쥐는 자세** : 커트 기본자세와 맞물려서 특히 안쪽을 빗질할 때 사용한다.

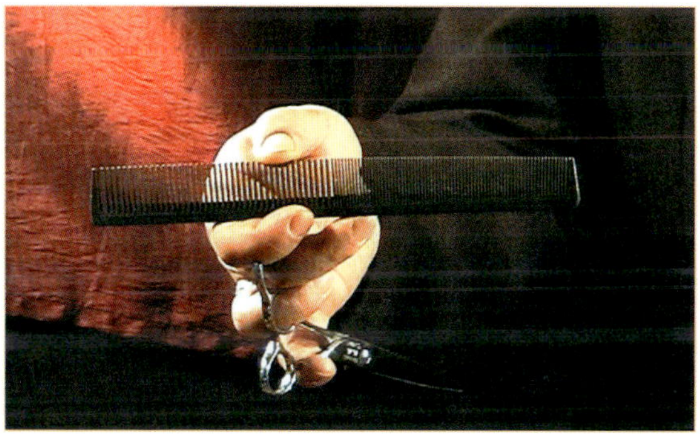

3) **가르마 타는 자세** : 안정감이 중요시 되는 커트 자세로서 팔꿈치가 절대로 벌려져서는 안된다. 빗을 잡을 때 엄지와 검지를 서로 의지되도록 잡아주어서 빗이 흔들리는 것을 방지한다.

2 수평커트(Horizontal)

1) 기본자세

일반적으로 짧은 커트를 하기 위한 자세를 익히는데 있어서 커트가위을 쥐는 방법은 여러가지가 있다. 그 중에서 커트가위의 수평위치를 정확히 숙지하는 것은 대단히 중요하다. 정확한 수평위치를 잡기 위해서는 가급적 손바닥과 커트가위 쥐는 곳이 밀착되어야 정확한 위치를 가름할 수 있다. 만약 손을 웅크려서 커트가위를 잡게 되면 커트가위와 손 사이에 공간이 많이 생기기 때문에 적당한 수평을 잡기가 무척 어려워서 가능한 손을 커트가위에 밀착시켜서 자세를 취해야 한다.

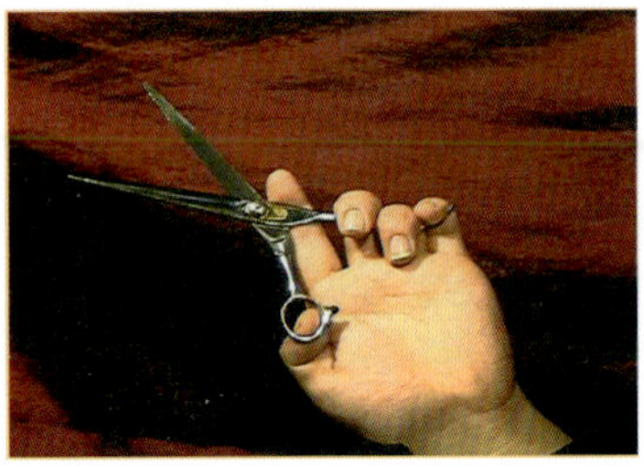

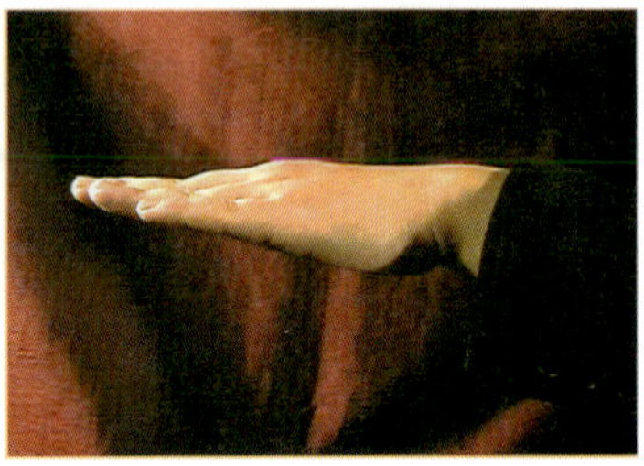

2) 수평커트 손자세(Horizontal)

수평커트 가위 쥐는 시술순서

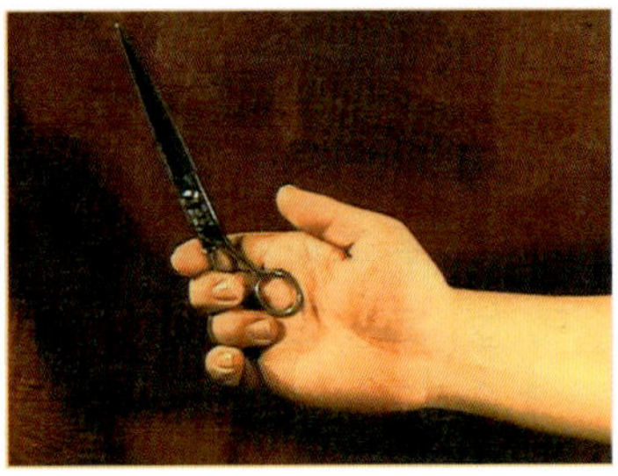
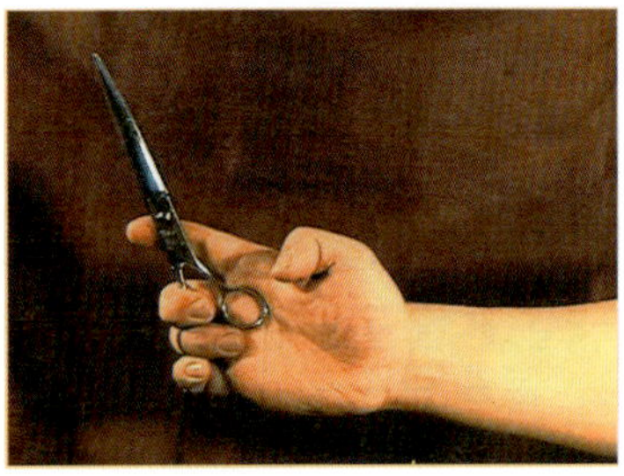
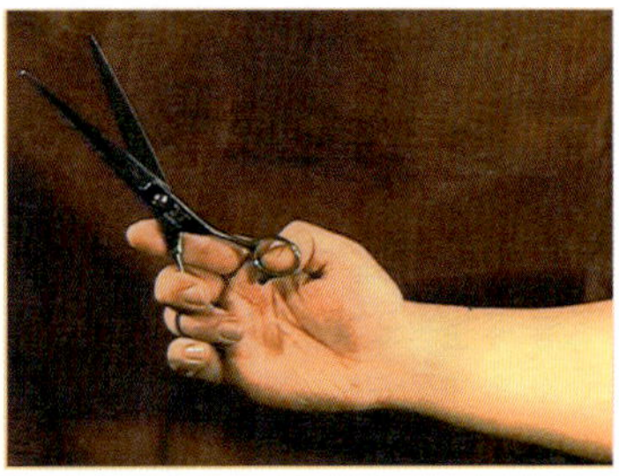

3) 수평커트 정면 자세(Horizontal)

수평커트를 시술하려고 할 때 우측 손과 좌측 손의 상태가 일정해야 하며 팔꿈치와 양 어깨가 일정한 상태가 되도록 주의를 해야 하며, 몸 방향으로 바짝 밀착되도록 한다. 커트가위는 좌측 손의 중지손가락 안쪽 방향 측면에 위치하고 커트가위의 개폐는 빠르고 신속하게 한다. 단, 좌측 손의 손바닥 안방향으로 너무 바짝 접근하면 손바닥을 자를 경우가 있기 때문에 너무 깊숙이 커트가위가 들어가지 않도록 주의한다. 가위의 개폐는 한번에 완전히 자르지 말고 약 3회 정도로 짧게 나누어서 커트한다. 커트의 정밀도 면에서 한번에 완전히 자른 두발보다 두발과 두발의 연결상태를 쉽게 보완하면서 안전하게 커트할 수 있기 때문이다.

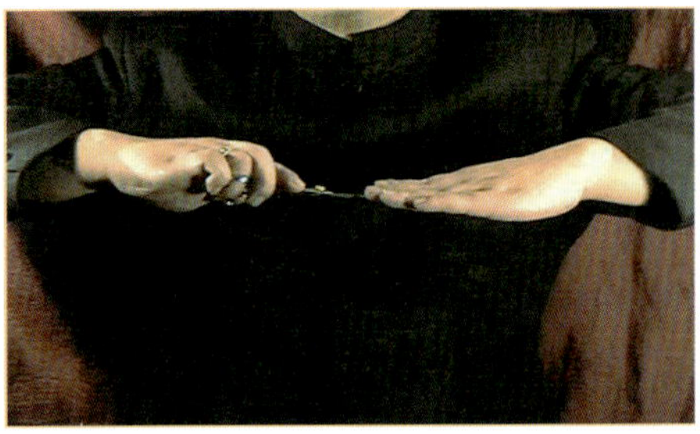

4) 수평커트(Horizontal Cut) 위에서 본 자세

5) 수평커트(Horizontal Cut) 밑에서 본 자세

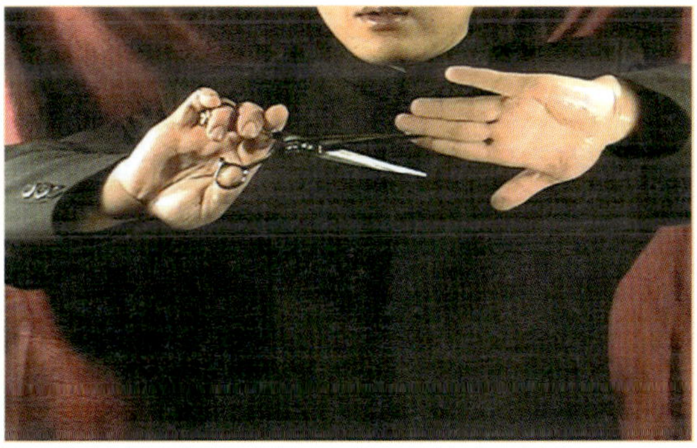

6) 좌측 수평커트(Horizontal Cut) 손 자세

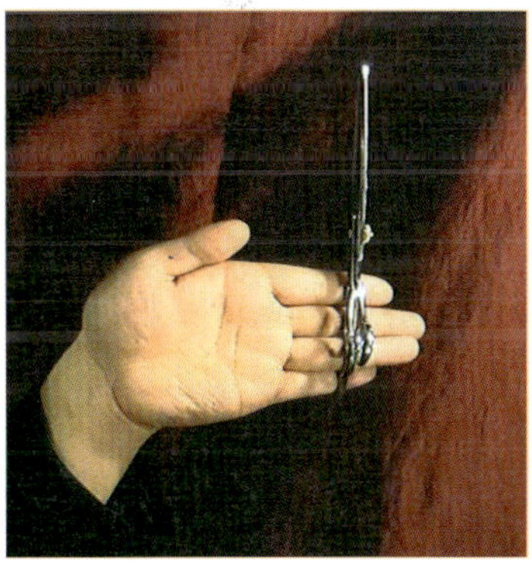

3 수직커트(Vertical Cut)

1) 수직커트 빗질자세

빗질을 할 때는 좌, 우로 빗질을 약 2회 정도 반복해서 하는 것이 효과적이다. 좌측에서 우측으로 빗질을 할 때에는 그 반대방향도 두피 방향에서 커트 하려는 부위(중심부)로 가볍게 들어 올리듯 빗어주는 것이 효과적이다.

2) 수직커트 자세 가위 쥐는 법

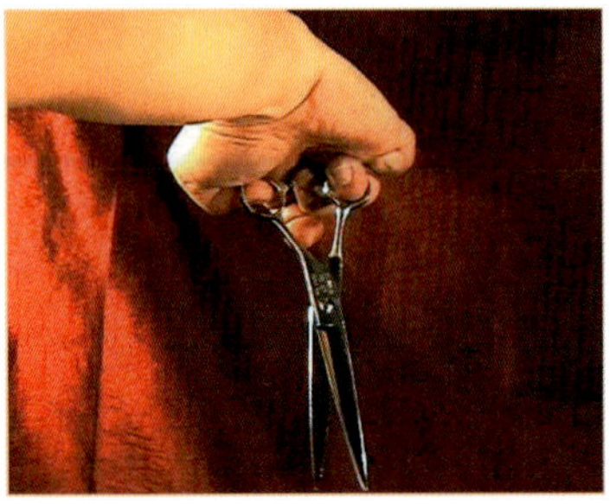
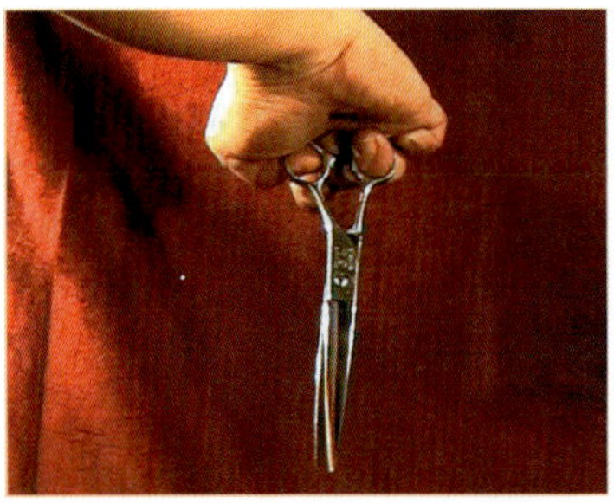
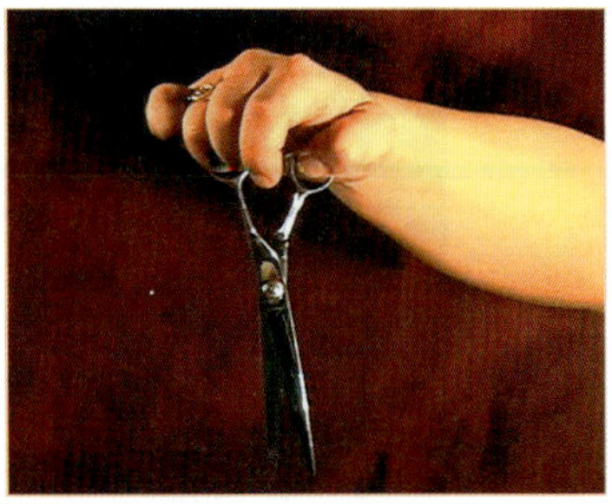

3) 수직커트 자세(Vertical Cut Form)

수직커트는 아래 방향에서 좌측 손으로 전체적인 균형과 안정감을 조율하면서 우측은 팔꿈치를 허공에 떠 있는 상태에서 시술한다. 단, 수직커트 자세는 시술자의 몸의 움직임이 너무 크고 부자연스러운 자세가 되기 대문에 다른 커트에 비해서 피로감이 증가되고 안정감이 떨어지기 때문에 좌, 우 팔꿈치를 몸에서 떨어지지 않게 밀착시키면서 몸의 움직임을 최소화 하면 어느정도 수직커트의 단점을 보완할 수 있다.

4 일자커트(Blunt Cut)

일자커트는 지면과 커트가위가 평행이 되게 수평으로 단면적을 커트하는 것을 말하며 선이 뚜렷하고 일정하게 잘라나가는 것을 특징으로 한다.

1) 일자커트 빗 자세

빗은 '두발과 사이에 직각으로 놓고 힘을 주지 않으면서 일정하게 쓸어 내리듯 빗질해야 한다.

2) 일자커트(Vertical Cut) 손 자세

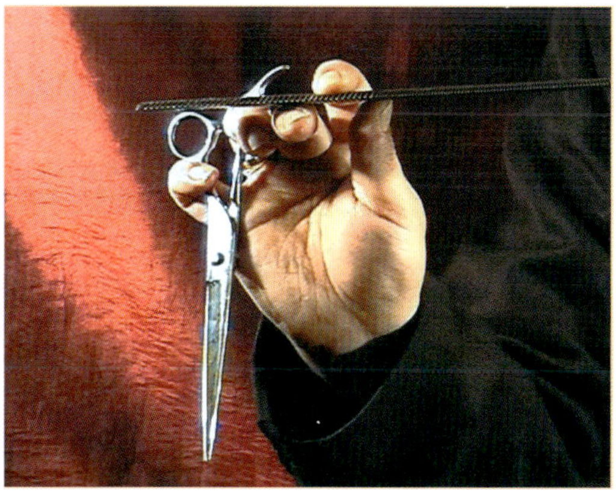

3) 일자커트(Vertical Cut) 실전

5 사선커트(Diagonal)

이 커트는 팔꿈치에 힘을 실어 비행기가 사선으로 날아가듯이 포즈를 취하는 것이 특징이고 양 팔의 간격을 벌려 슬라이스와 일정하게 맞춘 상태에서 기술을 취하는 것이다.

1) 사선커트의 기본자세(Diagonal)

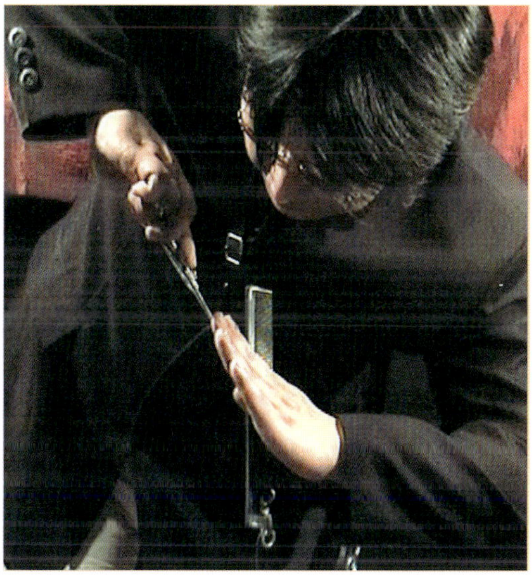

2) 사선커트 실전 손 자세(Diagonal)

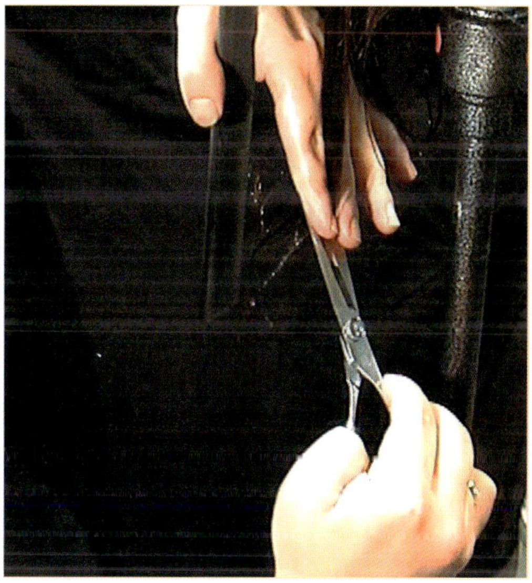

6 단층커트(Layer Cut)

단층커트 시술시 좌측 손의 손바닥 위치는 다른 커트와는 약간의 차이가 있다. 다른 커트의 좌측 손의 두발을 잡았을 때 방향은 좌측 손의 바닥과 지면이 서로 평행이 되도록 손 위치를 잡아야 하는데 비해 단층커트는 손바닥이 시술자의 몸 방향으로 두발 난선에서 90도로 향하고 있어야 한다는 것이다. 왜냐하면 다른 커트는 층을 만들기 보다는 그 형태적 디자인이 중요한데 반해 단층커트는 질감내기가 더 중요함으로 보다 정확한 층을 내기 위해서는 시술자 방향으로 두발이 향해야 보다 정밀한 층을 만들 수 있다.

1) 레이어 커트(Layer Cut) 가위 쥐는 시술 순서

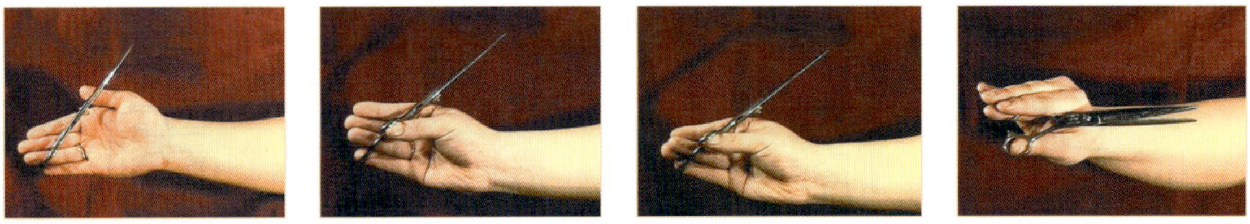

2) 레이어(Layer) 손 자세

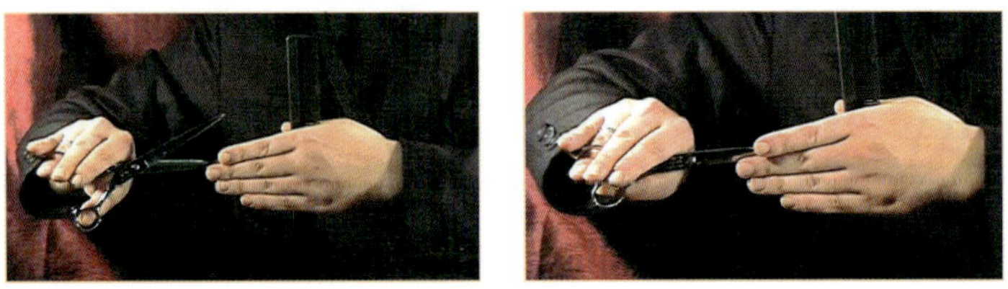

3) 레이어 사선 커트(Layer Digonal Cut)

4) 레이어 수직 커트 자세

(Layer Vertial Cut)

5) 레이어 수평 커트 자세

(Layer Digonal Cut)

6) 레이어 실전 자세

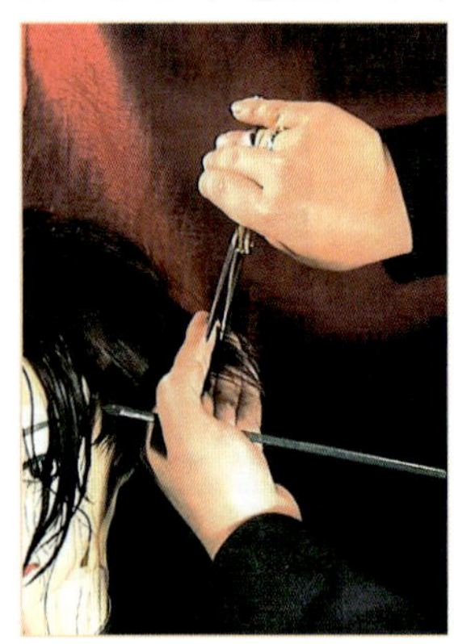

7) 레이어 좌측 손커트(Layer Cut)

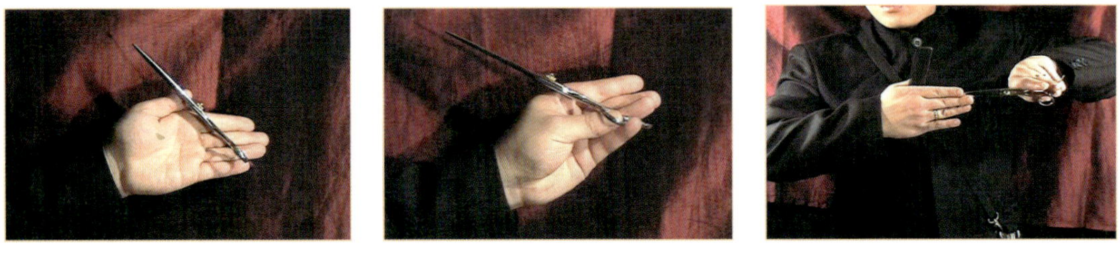

4. 고급 커트기법

1 회전 테이퍼링

레이져 자태가 전기로 되어있으며 머리카락에 대고 회전시키며 커트한다.

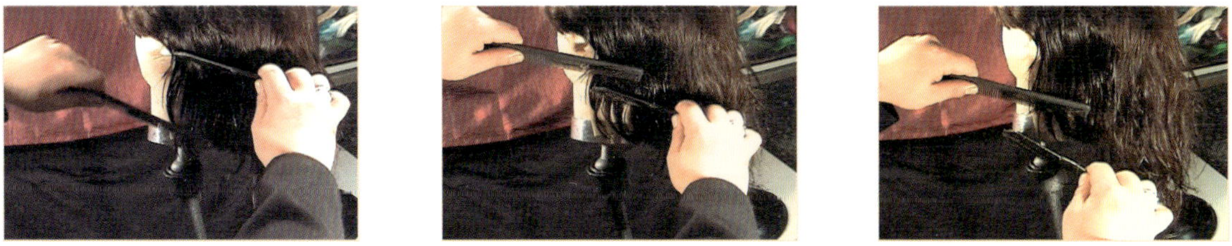

2 기타

커트 시술시 시술자는 고객에게 큰 신뢰감과 믿음감을 주어야 한다. 고객과 시술자가 서로의 교감이 통해야지만 고객은 자신의 두발을 시술자에게 맡길 때 안정감과 편안한 마음을 갖을 수 있다. 시술자는 고객의 믿음을 바탕으로 편안하고 자연스럽고 최선을 다하는 모습을 보여줄 수 있다. 여기에서 나오는 자세들은 기법상의 큰 의의는 없다. 물론 시술자가 이런 기술 등을 숙련한다면 커트 시술 시간을 보다 빨리 단축할 수 있다.(초심자들은 커트 중간 중간에 가위와 빗 기타 커트 도구 사용시 많은 시간을 할애한다.) 또한 가위 돌리기 시술은 현란한 손놀림과 커트 가위의 놀림은 고객으로 하여금 보는 것의 즐거움과 일류 미용사에게 자신의 두발을 맏긴다는 믿음감을 갖게 하기에 충분하다. 그렇다고 기본 커트 시술을 무시한 채 적당한 손놀림만으로 시술에 임한다면 고객을 기만하는 행위일 것이다.

1) 가위 돌리기

가위 돌리기 기술은 커트상에서 크게 중요한 것은 아니지만 커트상에서 간혹 커트 가위의 시술 미숙(빗질시 커트 가위와 빗을 한손에 쥐고 있다.)으로 인한 고객에게 상처를 주는 일이 종종 발생하기 때문에 안전하게 시술울 하려면 커트 가위의 방향이 그림에서 보듯이 고객의 두발과 반대방향으로 향하게 해야 한다. 또한 커트 도구의 빠른 조작으로 커트 시간을 단축할 수 있기 때문에 실전에서 유용한 기술이다.

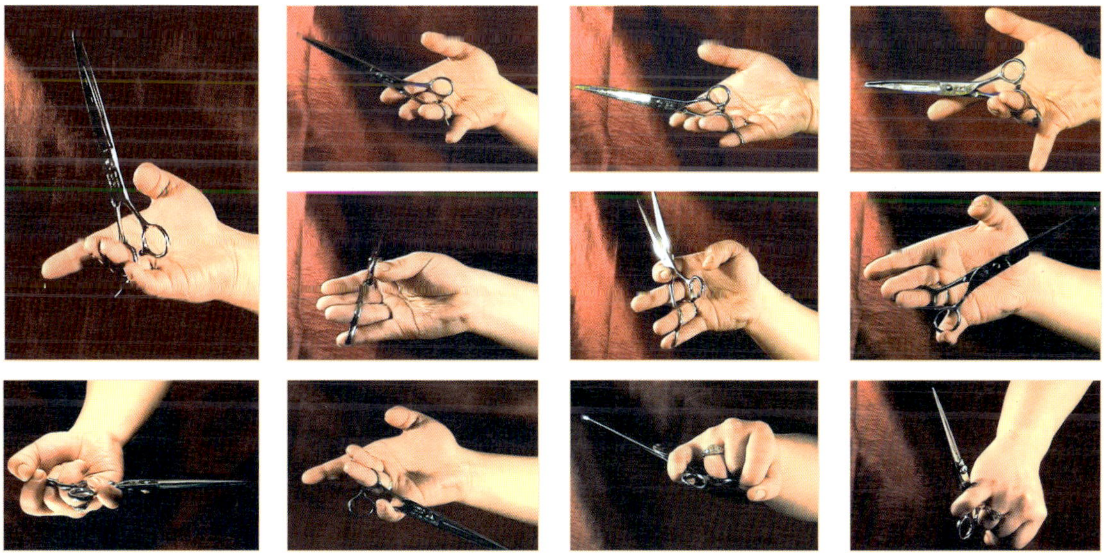

2) 빗 돌리는 자세

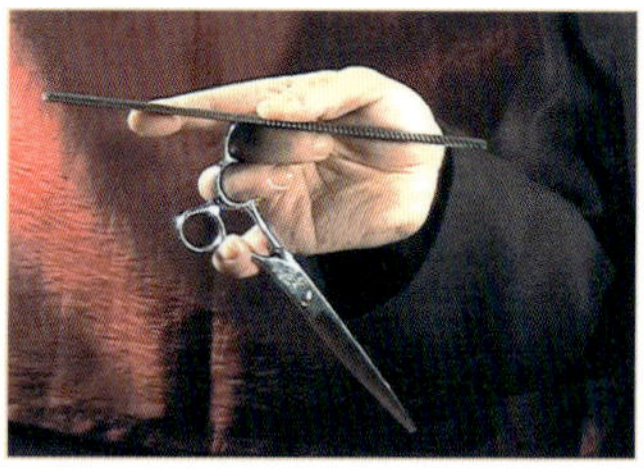
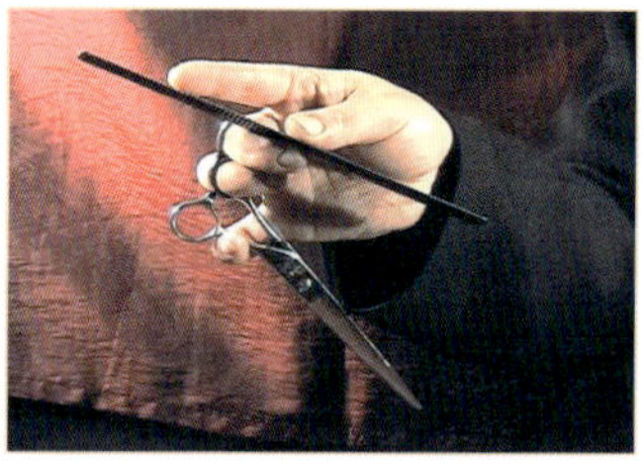

3) 쓰리 시저스(Three scissors) 기법

4) 쓰리 시저스(Three scissors) 기법 실전

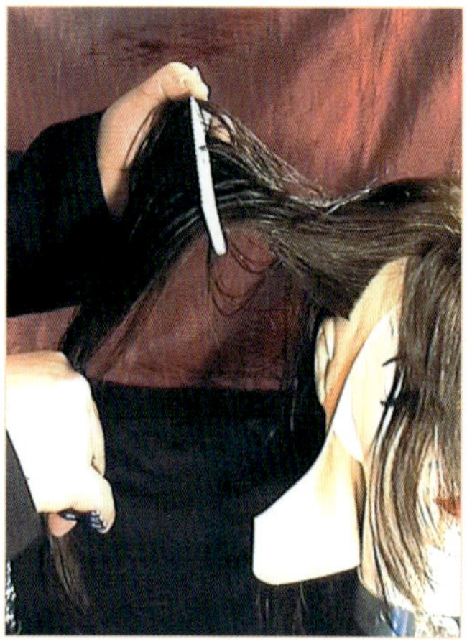

5. 헤어스타일의 분류

1 문화적 분류(감성적 분류)

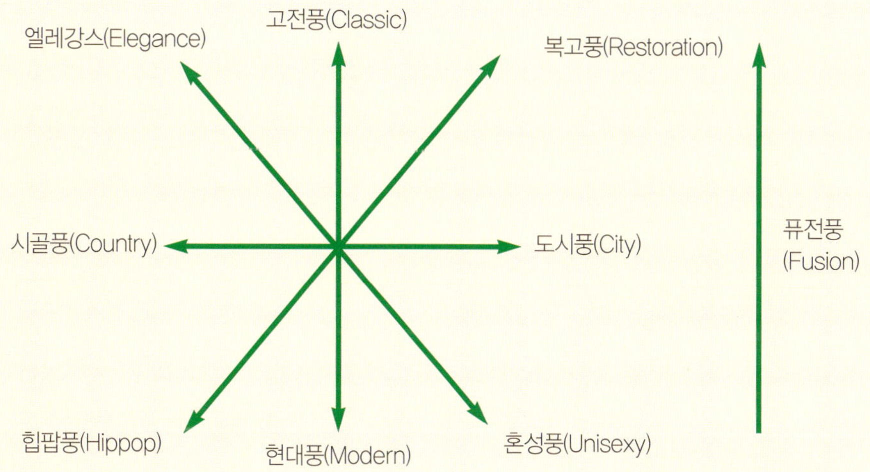

미용이 문화적 감성 도표

1) 고전풍(Classic) 스타일

아프로(Afro), 폼파도르(Pompadour), 메탈 스타일(Metal style), 비하이브(Beehive), 페이지보이(Page boy), 시뇽(Chignon), 편발(Queue), 변발(Plait) 등

2) 엘레강스풍(Elegance) 스타일

플립(Flip), 비하이브(Beehive), 페이지보이(Page boy), 시뇽(Chignon) 등

3) 도시풍(City) 스타일

레전드 커트(Rogond cut), 크루커트(Crew cut), 섀그(Shag), 이탈리안 커트(Italian cut) 등

4) 힙합풍(Hippop) 스타일

드레드 락 스타일(Dreadlocks style), 레이첼 커트(Rachel cut), 아프로(Afro), 밥 스타일(Bob style), 뮬렛 스타일(Mullet style), 제리 컬 스타일(Jheri-cul style) 등

5) 현대풍(Modern) 스타일

비지스 스타일(Bee Gees style), 날개머리카락 커트(Feathered cut), 밥 스타일(Bob style), 섀그(Shag), 플립(Flip), 개민 스타일(Gamine style)

6) 유니섹스(Unisex) 스타일

고슴도치 스타일(Hedgehog style),이탈리안 커트(Italian style)

7) 시골풍(Country) 스타일

펑크 락 스타일(Punk rock style), 피그테일(Pig tail), 포니테일(Pony tail), 삭발 스타일, 비틀 커트(Beetle cut), C.A 스타일(Duck ass style)

8) 복고풍(Restoration 스타일

날개머리카락 커트(Feathered cut), 뮬렛 스타일(Mullet style), 아프로, 비지스 스타일(Bee Gees style), 피그테일(Pig tail), 포니테일(Pony tail

2 질감형 분류

1) 커드가위(Storck)형

스트록(Strok)형, 슬라이스(Slice)형, 포인트(Point)형, 낫칭(Notching)형, 슬리터링(Slidering)형, 슬라이드(Slide)형, 틴닝(Thinning)형,베이스딥포인트형(basis deep point/pointing),롤링형(rolling), 춉형(chop),디지털형(disital)

2) 레이져(Razor)형

태퍼링(Tapering)형, 애칭(Arching)형,레이져틱형(razor)

3) 클립퍼(Clipper)형

브록(Block)형, 슬라이스 커트(Slice cut)형, 클립퍼(Clipper)형, 회전 클립퍼(Clipper)형
클립퍼 틴닝(Clipper Tinning)형, 클립퍼 슬라이스(Clipper Slice)형

6. 얼굴 유형별 헤어디자인의 원칙

1) 역삼각형 얼굴

양방향 이마 부분이 넓고 턱선이 좁아지는 형이기 때문에 위 방향은 앞두발로 커버하도록 하고 뾰족한 턱선은 간혹 차가운 느낌을 주기 때문에 굵고 부드러운 웨이브를 주는 것이 좋다. 생머리카락의 단발커트는 너무 차가워 보이고 턱선이 많이 드러나기 때문에 오히려 차갑고 날카로운 인상으로 보일 수가 있다. 그럼에도 불구하고 만약 단발 커트를 고객이 원한다면 층이 많은 섀그나 레이어 커트보다는 층이 없고 부드러워 보이는 밥스타일을 권하는 것이 나을 것이다. 얼굴의 자체는 넓은 편이지만 빰에서 턱에 걸친 선이 홀쭉하고 가냘픈 얼굴형으로 다소 신경질적으로 보일 수 있다.

2) 둥근형 얼굴

역삼각형 얼굴과는 반대로 얼굴이 둥글기 때문에 약간 길어 보이고 각을 준다는 느낌으로 커트하는 것이 좋다. 만약 둥근 얼굴형에 부드러운 웨이브를 준다면 전체적인 이미지가 둥근 이미지로 남기 때문에 볼륨감 있는 스타일은 피한다. 그리고 이마는 가능한 드러내고 고객이 퍼머를 원한다면 긴 두발을 가진 고객이면 스트레이트 퍼머를 권하는 편이 좋고 짧은 두발을 가진 고객은 옆 두발방향으로 끝부분에 살짝 웨이브를 주어서 옆 턱라인을 약간 가려준다. 둥근형 얼굴의 가장 결점인 볼살을 가려줌으로서 갸름한 얼굴형을 표현할 수 있다. 나이에 비해 어려 보이는 편이나 빰의 면적이 크기 때문에 이목구비가 예뻐보일 수 있다. 또한 지적이거나 세련된 느낌을 주기가 힘들다.

3) 삼각형 얼굴

삼각형 얼굴은 턱이 넓고 아마기 좁아 보이는 얼굴형이다. 그러므로 사람들의 시선을 위쪽으로 가게 하도록 이마는 넓게 보이고 턱을 좁게 보이도록 해서 턱 부위를 덜 강조시키도록 해야 한다. 턱 부위는 부드럽고 좁아 보이게 하기 위해서 귀에서 턱의 위치 쪽으로 빗질을 하고 이마 부위는 귀에서부터 위 방향으로 빗질을 해서 얼굴의 위가 넓어 보이도록 한다. 이 얼굴형의 최고로 어울리는 두발길이는 턱까지 내려오는 정도나 혹은 좀 더 긴 스타일이 좋다. 짧은 두발은 앞두발에 볼륨을 많이 넣지 말고 밥 스타일처럼 약간 짧게 눈썹 위로 잘라 시선이 위에서 모아지게 하고 탑부분의 볼륨을 주면서 커트하면 효과적이다. 중간 두발 정도의 진이타일에서는 앞가르마를 만들 때 가능하면 방향으로 뻗치는 스타일을 고객에게 구해서는 안된다. 왜냐하면 양 방향의 턱이 각이기 때문에 턱이 더 강조되기 때문이다.

4) 사각형 얼굴

사각형 얼굴은 얼굴의 폭과 길이가 비슷하며 양방향 턱이 튀어나와 남성적이고 강한 인상을 주고 여자답고 부드러운 느낌이 부족해 보이는 얼굴형이다 그래서 여성스럽게 부드러운 인상으로 바꾸어 주는 것이 중요한데 중요 포인트는 이마와 턱선을 부드럽게 하고 광대뼈 부위를 강조해야 한다는 것이다. 웨이브가 있는 단발은 피하는 것이 좋다. 왜냐하면 얼굴도 사각형인데 단발에 웨이브까지 있으면 얼굴이 더욱 더 각져 보인다. 긴 두발에서 앞 두발은 일자형 밥 스타일 보다는 층을 주고 좌측과 우측 두발 비율을 6대 4나 7대 3 정도 주면서 옆으로 약간 넘겨서 이마를 가리는 정도가 좋고 웨이브 진 두발보다는 긴 생머리카락이 더 잘 어울린다(자연스럽게 턱선을 가려준다). 짧은 두발의 길이는 턱 아래에서 어깨 바로 위 정도가 좋고 뒤 두발은 가능한 타원형으로 하고 옆 두발은 얼굴 중심쪽으로 두발이 향하도록 각진 윤곽선을 커버할 수 있도록 만든다.

5) 다이아몬드형

다이아몬드 얼굴형은 얼굴 전체에 살이 별로 없으며 광대뼈와 턱이 발달한 얼굴형으로 총명한 인상을 주기도 하지만 지칫하면 나이들어 보이고 날키로워 보일 수 있는 얼굴이기 때문에 광대뼈를 가려주는 포인트로 부드러운 헤어스타일을 연출해야 한다. 특히 앞 두발은 뒤로 완전히 넘겨서 광대뼈가 보이게 하는 짧은 커트는 피하는 편이 좋다. 긴 두발을 광대뼈를 가려주면서 턱선이 너무 날카롭게 보이지 않게 하기 위해 굵은 웨이브로 처리해 주는것이 좋다.

6) 계란형 얼굴

계란형은 가장 완벽한 비율을 가진 이상적인 얼굴형이므로 어떤 스타일도 모두 소화해 낼 수 있다. 그렇기 때문에 가능한 계란형의 얼굴을 돋보이게 하려면 뒤로 두발을 묶어주는 편이 좋다. 긴 두발을 가장 멋지게 보이는 포인트는 어깨선까지 두발이 자연스럽게 내려오게 하고 옆선에 약간의 층을 주어 스트레이트 퍼머로 세련된 부드러움을 주는 것이다. 짧은 두발은 앞 두발을 옆으로 내려 얼굴선을 최대한 살려주고 머리카락이 많은 경우에는 웨이브를 주면 얼굴이 넓어 보이므로 약간의 층을 내주어서 가벼운 느낌이 들도록 한다.

7) 긴 얼굴형

얼굴이 긴 사람은 보통 갸름해 보이기도 한다. 실제 나이보다 더 들어 보이기 쉽고 이지적인 느낌이 덜하다. 침착하고 성숙해 보이지만 전체적으로 쓸쓸한 느낌을 줄 수 있다.

B

솔리드
(Soled)

솔리드(Solid) 무거운 형

1. 원 렝스의 기본

1 솔리드(Solid) : 무거운 형

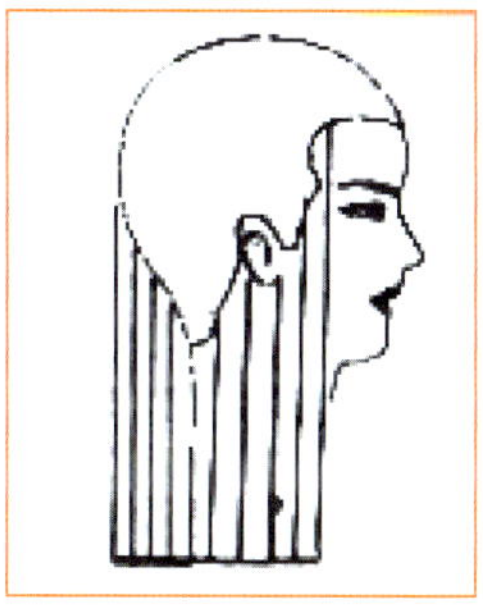

웨이트(weight) : 무게

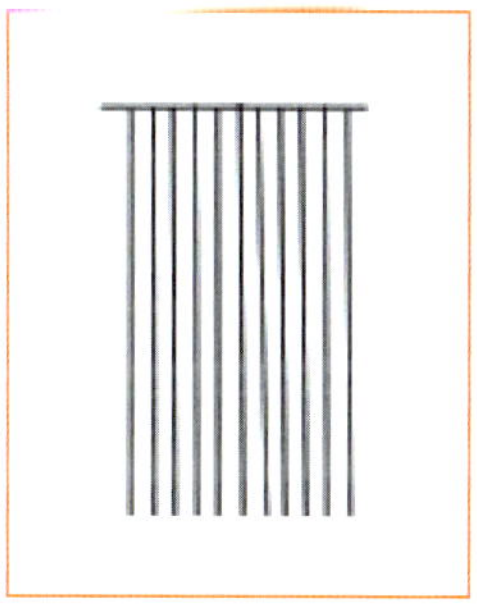

텍스춰(Texture) : 머리결

솔리드(solid)형은 원랭스 커트의 머릿결 진행이 엑스테리어(Exterior)의 크레스트(Crest)아래 두발에서 인테리어(Interior)의 크레스트(Crest)위 두발로 이어진다. 떨어진 두발 길이가 같아서 끊김이 없고 두발끝의 표면에 보이지 않는 머릿결이 된다.

탑(Top)부분에서 이 모양은 곡면을 보여준다. 머리(head)모양의 아래 부분에서는 주변두발에 형성된 무게의 결과로 인해 각이 진 형태선이 만들어진다.

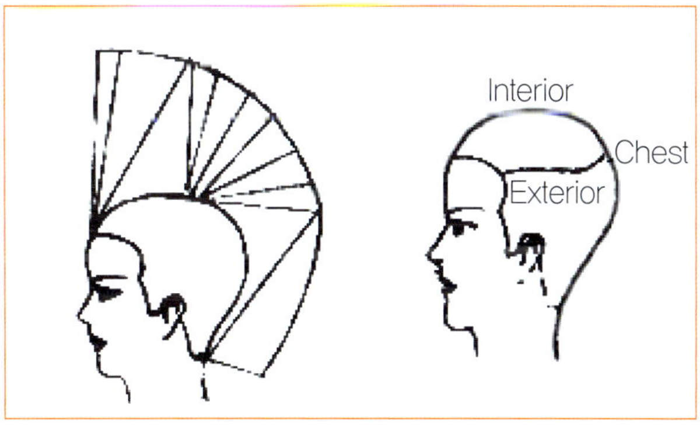

2 밥스타일(Bob style)원랭스

페러렐 밥
전면평행

대부분의 여성에게 잘 어울리는 단발두발의 헤어스타일이다. 곧은 커트라인 스퀘어 한 실루엣은 검은 두발과의 어울림이 어딘가 수수께끼 같은 신비한 매력을 느낄수 있는 패러렐 밥은 귀여운 형이다.

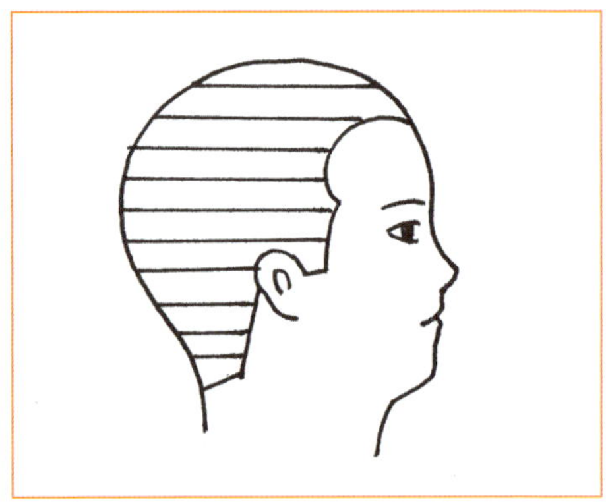
호리존틀 섹션)

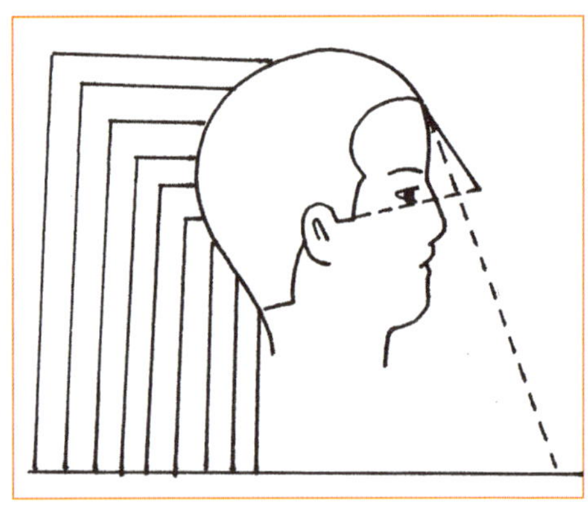
(수평고정디자인라인에서 커트)

1. 네이프에서 베이스를 2-3cm 파팅을 떠서 시술을 시작한다.
2. 길이는 손님이 원하는 대로 정한다.
3. 파팅패턴은 호리존틀 섹션으로 떠가면서 시술한다.
4. 길이가이드를 정하면 정한라인을 고정라인이라 하고 고정라인에 맞추어 커트한다.
5. 계속해서 탑까지 같은 형태로 시술한다.
6. 빗의 각도는 90도로 세워서 세이핑하고 두발의 각도를 0도로 하면 길이의 단차는 생기지 않는다.
7. 손님의 두발을 똑바로 세워서 각도의 움직임이 없어야 한다.(90도)
8. 자연배치로 세이핑해서 텐션없이 커트한다.
9. 빗의 각도를 90도로 세이핑하고 두발 가장 끝부분에서 손가락 사이에 나온 두발을 커트한다.(자연배치)
10. 두상이 둥글기 때문에 두발 난선에서 빗의 각도 90도를 유지시킨다.
11. 앞두발은 호리존틀, 콘케이브, 컨백스형으로 고객이 원하는 형으로 프린지를 연출 시킨다.(그림참조)
12. 커트가 끝나면 헤어드라이어로 콤아웃한다.

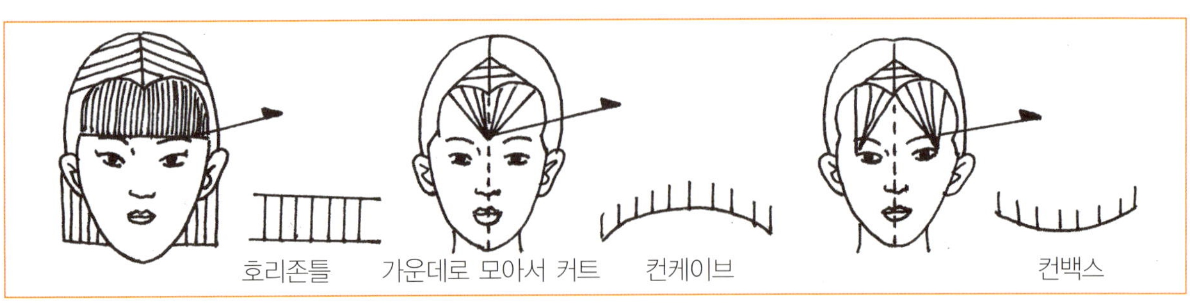

2. 수평 블런트 커트 (Horizontal blunt cut)

1 수평 블런트 커트(Horizontal blunt cut) 기본

수평 블런트 커트(Horizontal blunt cut)의 외형은 활기차고 삼차원적 시각적 관점을 만들어내는 조각한 듯한 매끄럽고 부드럽고 날씬하게 보이며 직선으로 길게 쭉 뻗은 두발과 최소한의 볼륨를 띤 두발의 곡선은 자연스러운 스타일링을 만들어 낸다. 그리고 여기에 여러가지 질감처리가 더해지면 전체적인 얼굴 이미지가 완전히 다른 새로운 모습을 만들어 낼 수 있음으로 수평 블런트 커트(Horizontal blunt cut)다. 모든 커트의 기본 베이스라고 해도 과언(過言)은 아니다. 그리고 그것은 첨가된 볼륨과 확장된 머리(head)형태에서 기인한 것이다 이 커트의 디자인을 함에 있어서 중요 포인트는 두발이 한곳에 전부 매달린 것 처럼 두발의 끝선에 수평을 유지 한다는 것이다.

2 자연 배치(Natural part)와 인위적 파트(Artificial part)

이 헤어 커트에서는 서로 다른 자연 파트(Natural part)와 인위적 파트(Artificial part) 또는 디자인 파트를 배운다. 인위적 파트는 자연배치와는 개념이 다른 배치이다. 예를들어 인위적인 파트(Artificial part)는 한쪽 눈의 중앙 위쪽의 전방 헤어라인에서 파트(Part) 가르기를 인위적으로 만들고 부드럽게 정수리 중앙에서 뒤로 부드럽게 곡선을 주는 반면 자연 파트(Natural part)는 전방 헤어라인에서 후방까지 두발을 빗질할 때 빗질한 부분이 자연적으로 가르마가 나누어질 때까지 전방 헤어라인 방향에서 두발을 빗어 올려야 한다.

페러렐 밥
전면평행

3 머리 위치(Head position)

이 커트를 하는 동안 고객의 머리(head) 자세는 똑바른 자세를 유지해야 한다. 만약 머리(head) 자세가 약간 삐뚤어진 상태로 커트가 되었다면 완성된 두발 상태는 전체적인 평행상태를 이룰 수가 없게 된다. 그리고 정확한 수평라인을 만들기 위해서는 각각의 파트(Part)가 균형을 유지해야 하고 손가락과 파트(Part)를 나눈 선은 서로 평행이 되게끔 맞추면서 커트해야 하다.

4 섹션(Section) 나누기

정수리에서 목선까지 밑으로 머리(head) 후방의 두발을 좌, 우측 정 중앙을 나누며 정확한 파트(Part)를 나누는 것과 커트 시술시 시야를 좋게 해 준다.

수평각 후대각 전대각

전면 평행(Horizontal) 후면 평행(Horizontal)

5 잡는 자세(Holding position)

머리(head)의 곡선을 따라서 두발은 자연스럽게 떨어지는 각도〈자연 배치(Natural distribution〉, 0 도) 를 유지해야 한다. 이것은 같은 길이로 하나의 두발형태 같은 느낌을 주는 이 헤어스타일의 특징(One-hanging-length)을 만드는데 있어서 아주 중요한 것이다. 측면의 두발은 커트라인까지 두발을 빗을 때, 자연배치 라고해서 서서히 빗어 주는 것이 아니라 손가락으로 과감하게 좌,우로 털어서 자연스럽게 두발이 떨어지게 해야 하며 빗질도 과감하게 좌, 우로 이동 시키듯 빗질을 해야 한다. 이때 0도의 각도는 계속 유지해야 한다.

6 커트 자세 (Cutting position)

헤어커트 하는 동안 수평커트자세(바닥과 커트가위가 수평이 되게)가 되도록 손가락을 유지 한다.

7 가위 자세 (Scissor position)

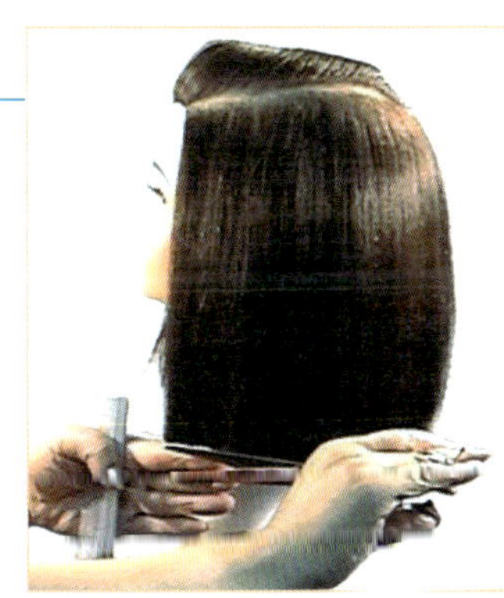

커트가위의 날은 지면과 평형하게 수평을 이루게 해야 함으로 지면(地面)과 손바닥을 서로 마주보게 하는 자세를 취한다. 그리고 커트방향은 우측에서 좌측으로 커트가위를 이동하며(오른 손잡이 기준) 커트한다.

8 길이 가이드(Length guide)

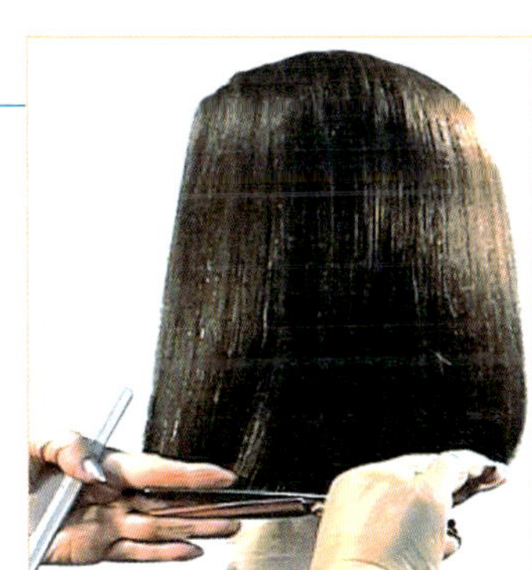

수평 블런트 커트(Horizontal blunt cut)의 길이는 어깨선을 기준으로 롱(Long), 세미롱(Semi-long), 미디움(Medium), 쇼트(Short)등 네가지의 커트 스타일로 적용시킬 수 있다. 이 장에서 커트할 두발은 미디움(Medium) 스타일로 어깨선을 지나서 대략 약 2Cm 정도의 떨어지는 곳에 포인트를 잡으면 된다. 만약 고객이 아닌 위그에서 시술시에는 위그 목 쇠 밴드의 바닥 밑부분까지 길이를 잡아서 커트한다.

9 고정 가이드(Fixing guide)

수평으로 커트 된 첫번째 섹션부위는 다음에 이어서 계속해서 커트하게 될 모든 섹션의 고정가이드(Fixing Guide : 기준이 되어 커트 되는 변하지 않는 길이를 말함.)가 된다. 이 고정가이드는 잡는 자세와 커트자세를 동일하게 해서 항상 일정한 형태를 유지할 수 있게 해주며 0도의 각도(자연 배치〈Natural distribution〉)를 유지해야지만 수평으로 커트가 가능하다.

※ 여기서 주의 할 점은 빗에 각도는 90"를 유지하면서 두발의 상태를 0도의 각도(자연배치 Natural distribution)로 유지하면서 빗질을 해야 한다.

10 적용

두 길이가 같은(One-length) 수평 블런트 커트로 이 스타일은 날씬하게 보여진다. 이 헤어스타일의 특징은 균형이 잡힌 커트이든 또는 비대칭 커트이든 모든 길이는 한 라인으로 떨어진 일자 커트(Blunt cut)여야 한다.

1 인위적 배치(distribution)를 만들기 위해서 앞부분의 헤어라인으로부터 후방까지 두발을 빗어준다.

2 자연적으로 생긴 가르마가 없어질 때까지 자연배치(Natural distribution)한 두발의 주변을 중심으로 밑쪽으로 전방의 두발을 빗어주어 인위적 배치(distribution)를 만들어 준다.

3 인위적인 파트(Artificial part)를 만들 때, 전방의 자연파트(Natural part)된 두부의 정상 위치에 엄지손가락을 대고 전방의 헤어라인에 빗 끝으로 위치를 정하고 전방의 헤어라인으로부터 두부의 정상까지 가르마를 갈라 놓는다.

4 파트(Part)가 정확하게 보이도록 우측은 가위와 빗을 잡고 좌측검지는 파트(Part)를 뜨기 위해 좌측 파트(Part)에 손가락을 대고 두발을 배치한다.

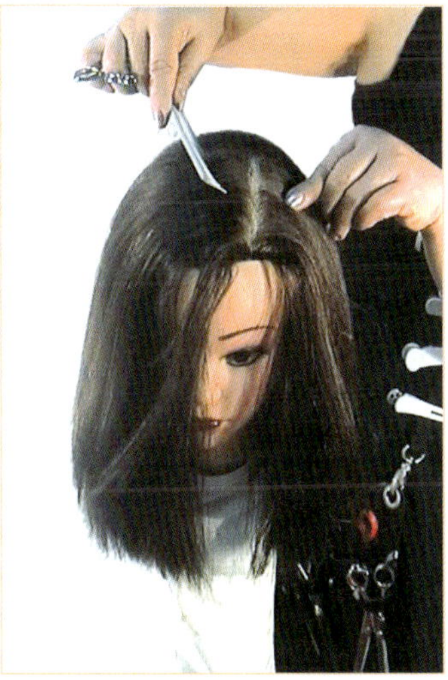

5 자연스럽게 전체 두발을 떨어뜨리기 위해서 탑에서 후방 네이프(Nape)까지 90도로 세워서 전체적으로 빗질한다.

6 두부 정상에서 목선(Nape line)까지 수직(Vertical)으로 똑같은 두갈래의 섹션(Section)을 만든다.

7 목선(Nape line)에서 위로 3Cm 정도에 첫 번째 파트(Part)를 가른다.

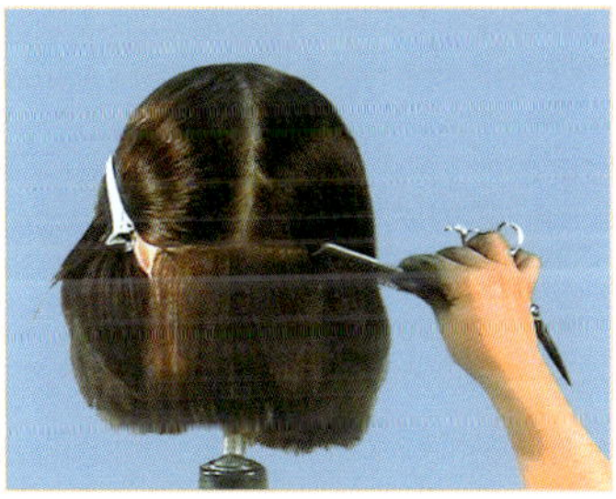

8 첫 번째 파트의 시술을위해 남긴 두발을 제외한 나머지 두발은 귀위 방향으로 올려 넘겨서 클립으로 고정해 준다. 여기서 주위해야 할 점은 첫번째 파트(Part)가 거의 길이가이드가 되는 경우가 많기 때문에 첫번째로 나눈 파트의 평행상태로 유지하는것이 아주 중요하다.

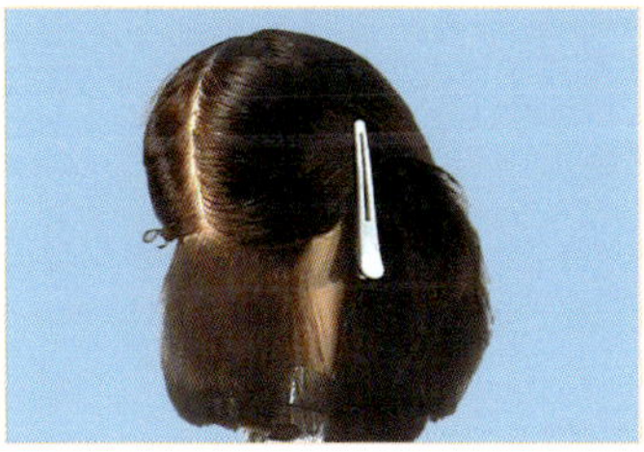

9 첫 번째 파트(Part)라인과 두발을 평행하게 잡고 우측에서 좌측으로 커트 시술을 시작한다. 여기서 중요 포인트는 좌측으로 두발을 당기면서 (텐션〈Tension〉을 주면서) 커트를 해서는 안된다. 왜냐하면 텐션(Tension)을 주면서 커트를 하게 되면 커트가 끝난 후에 미세한 단차가 생기고 다시 수정해야하는 번거로움이 생기기 때문이다.

10 두 번째 파트(Part)는 첫 번째 파트(part)에서 위로 약 2Cm정토 위에 평행하게 파트(part)를 잡아준다. 여기서 두번째 파트(Part)에 떨어진 두발이 처음 커트된 첫번째 두발의 라인을 볼 수 있게 해야지만 그 고정라인에 맞추어 정확하게 두발을 커트할 수 있다.

11 세 번째 파트(Part)부터는 이어 탑(Ear top)위를 파트(part)가 지나가기 때문에 후방의 두발은 물론이고 측면의 두발까지도 같이 하나로 연결해서 커트 시술을 해야 한다. 두번째 파트(Part)에서 위로 2Cm정도 지점에 후방 중앙으로부터 평행으로 전방 까지 파트를 좌, 우측 나누고, 좌우양쪽 전방측 두발을 1Cm씩 안면부 중앙 밑으로 가져와 좌, 우측의 두발의 길이를 맞춘다.

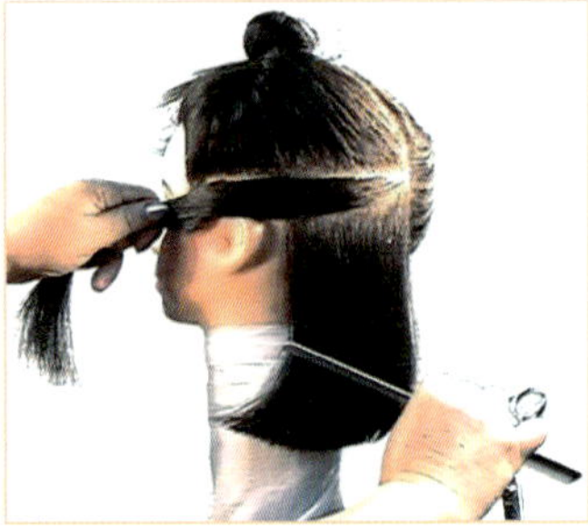

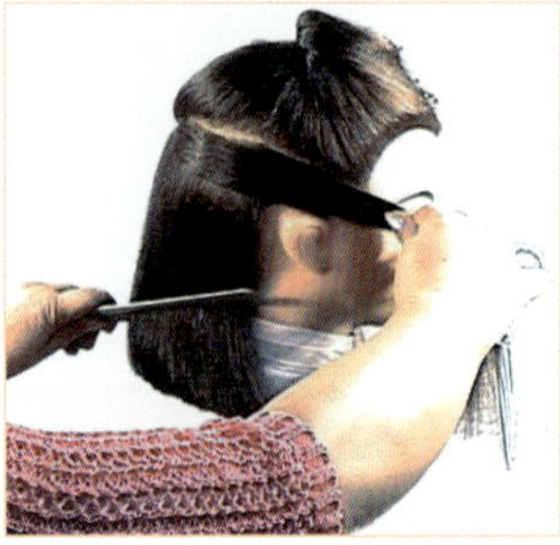

12 세 번째 파트(Part)도 좌, 우측의 길이에 맞추어 커트 시술한다.

13 이어(Ear)에서 1cm 커트한 길이에 맞추어 2cm폭으로 우측파팅을 뜨면서 후방의 두발도 같은 방법으로 커트한다.

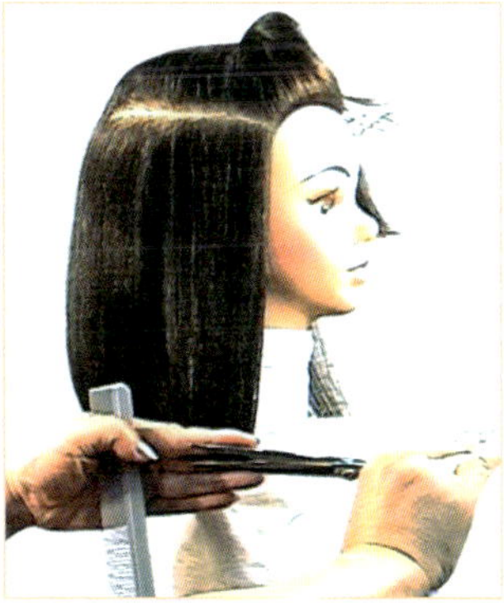

14 눈썹 산에서 두발을 내려 빗질하고 손의 위치와 가위 위치가 평행한지를 살펴보고 우측등은 후면이 보이며 좌측 손바닥이 앞으로 보이게 한다. 빗은 엄지와 검지사이에 쥐고 고정라인에 맞추어 커트한다.

15 좌측과 우측의 두발을 이전 파트(Part)에서 위로 2Cm정도에 파트(Part)를 나누어 두발을 내리고 빗에 각도는 90°로 빗어주고 두발은 텐션을 주지 않으면서 손가락 위치와 가위위치가 평행을 유지하는 커트로서 고정길이에 맞추어 계속해서 전방부터 후방까지 커트한다.

16 좌측 파트일 경우 마지막으로 우측 두발을 내려서 빗에 각도 90도로 빗질을 곱게 빗어준다. 전방 섹션의 클립을 풀고 측면 방향으로 깔끔하게 밑으로 빗어 내린다. 같은 지점에서 전방의 두발은 이마를 지나 측면에서 두발을 잡아준다.

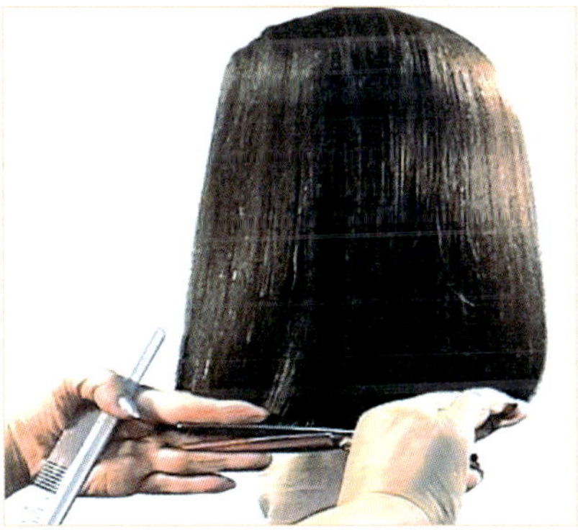

17 집게손가락으로 이마부위의 두발을 잡고 자연스럽게 떨어지는 두발의 잔여부분을 빗질한다.

18 블런트(Blunt) 커트의 마무리가 매끄럽도록 드라이하기 전에 유동성 있는 스타일의 일정한 방식에 적절하게 이용된다.

고정가이드로서 측면에 사용되어지는 그 위치에서 두발을 커트하고, 만약 필요하다면 라인을 정리하고 두부의 앞방향에서 지시 되어지는 목선의 길이를 체크하라.

이 커트는 헤어 길이의 고정라인 변화, 질감처리, 염색에 의한 변화에 의해 여러 가지 헤어스타일을 창출할 수 있다. 옆의 사진은 일자 커트(Blunt cut)의 무게감 있는 긴 두발형이다. 이와 같이 무게감(Solid)을 주는 일자 커트는 좌우 눈썹을 기준으로 위쪽 두발부위(Interior Crest area)는 머리카락이 상대적으로 길고 목선(Nape line)까지 내려오는 밑 부위(Exterior Crest area)는 점차적으로 두발이 짧아진다. 전체 두발을 빗질해서 볼 때 층이 없고(두발 끝의 표면이 보이지 않는 머리 결) 길이가 모두 같아지기 때문에 전체적인 무게감을 느낄 수 있다. 탑(Top) 부분에서 모양은 곡면이 되고 아래 부분은 주변 두발에 형성된 무게의 결과로 각이진 형태 선이 만들어진다.

솔리드 밥 사이드
(Solid bob side)

3. 솔리드 밥사이드
(Solid bob side)

1 사이드 파트(Side Part)

***직각배치(텐션) *자연배치 네츄럴 *변이배치**

1. 그림을 참조하라.
2. 눈 꼬리에서 볼 사이에 길이 가이드를 정한다.
3. 화살표 방향으로 고정 라인에 맞춰 커트(Cut)한다.
4. 좌측 사이드나 우측 사이드 기법은 같다.
5. 1번의 길이와 2번의 길이, 길이가 점점 증가한다.
6. 길이 증가의 폭이 심하다.
7. 우측파트(Right Part)를 하는 사람의 수효가 적다.
8. 사람은 대부분 좌측 파트(Left Part)를 하는 수효가 많다.
9. 장방형, 얼굴의 일부분을 많이 가려준다.
10. 드라이로 안마름(Bevel under)을 한다.
11. 아이론을 이용해 부풀음을 많이 강조한다.
12. 젤이나 무쓰를 사용해 볼륨의 용도를 측정한다.
13. 개성에 따라 드라이, 아이론, 세팅을 사용한다.
14. 커트기법이나 펌, 세팅, 아이론, 드라이 어떤 기구든 이용할 수 있는 파트다.

사용하면 편리하고 손님들의 원하는 대로 만들어진다.

※ 사이드 파트나 센타 파트는 U자형 커트(Cut)나 머시룸 커트(Cut)이기 때문에 라인에서 부풀음을 준다. 드라이, 아이론, 세팅까지 다양하게 기구 이용을 해서 강함과 약한 것을 볼 수 있다.

좌대각

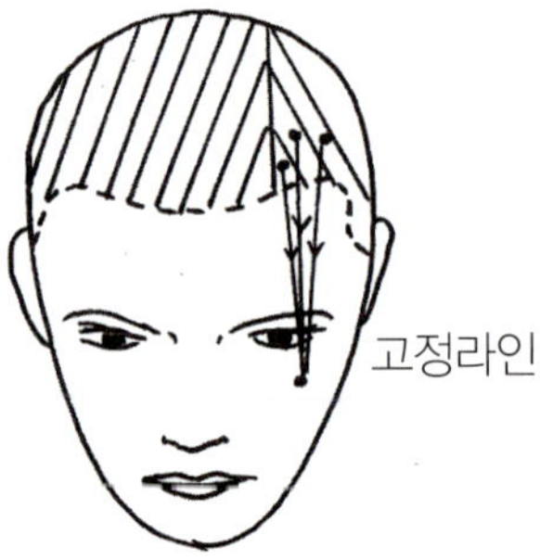

Right part

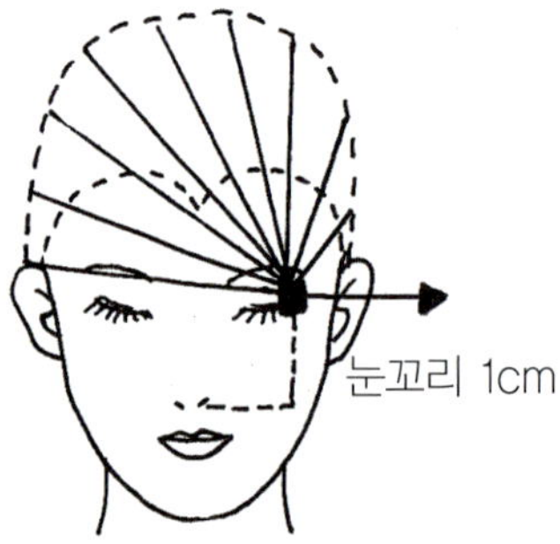

좌측 파트(Left Part)

우대각

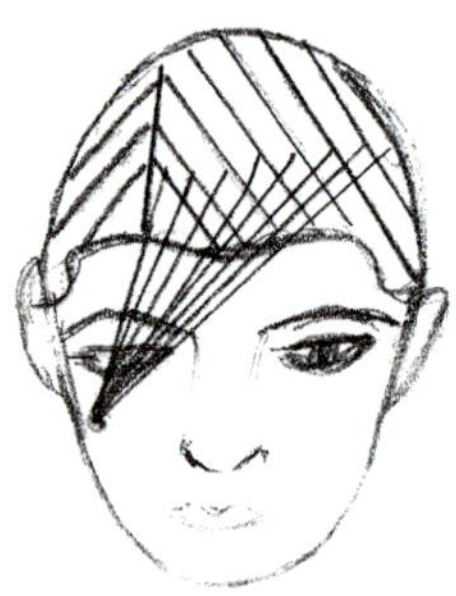

Left Part

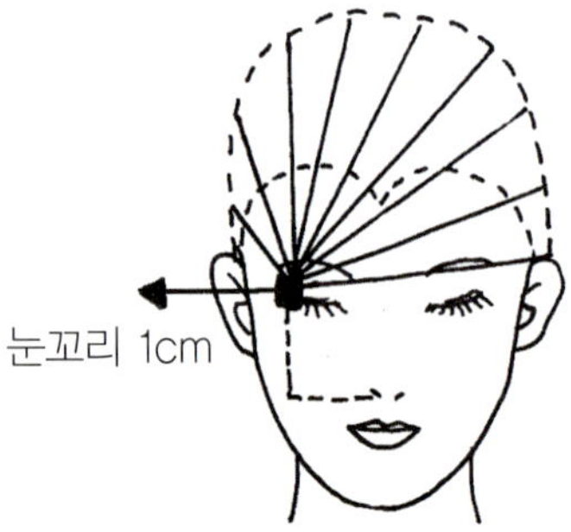

우측 파트(Right Part)

2 솔리드(solid)의 옆가르마 변화형

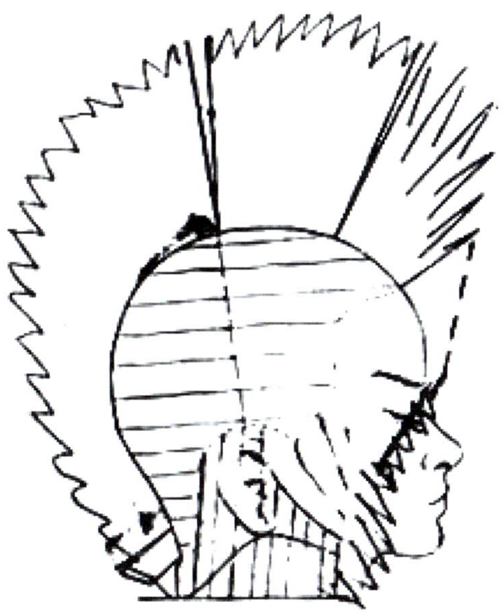

형태 – 1 : 자연배치(Natural : Distribution)

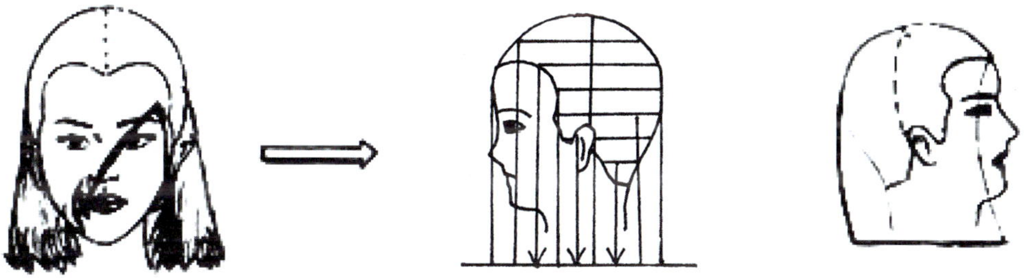

두발 끝이 바깥으로 뻗치는 것을 방지하고 안으로 들어가는 베벨언더(Under) 스타일을 유지하기 위해 아칭(arching) 기법을 사용하여 마무리한다. (레이저 사용)

형태 – 2 : 직각배치 (perpendiculan Distribution)

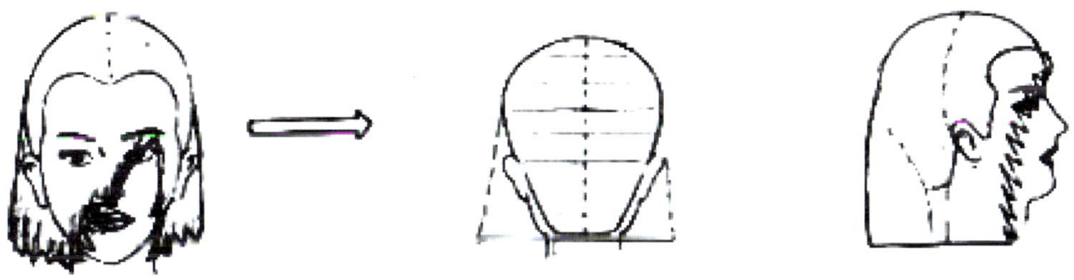

아칭(arching) 기법을 사용하여 두발끝이 뻗치는 것을 자연스럽게 마무리하여 가볍게 처리한다. (레이저 사용)

전체의 길이는 자연배치로 커트하고 사이드파트는 직각배치로 레이저나 시저스로 포인팅커트한다.

※ 아칭(arching) 기법 : 레이저를 머리카락 안쪽에서 긁듯이 가볍게 베벨언더의 느낌으로 처리하는 기법 섹션을 얇게 떠서 두발 밑에서 긁어준다.

3 프린지의 변화

프린지의 변화 – 1

잘자란 느낌을 주는 층이지는 단발, 발랄한 단발이다. 앞두발에 스퀘어파트(Pixed)는 유니폼레이어를 넣어 대담한 사이드 파트로 전두상에 흐름을 주는 것이 포인트다.

불균형(Disproportion)커트해서 젊음을 어필한다. 디자인라인은 그대로 두고 커트의 층을 주어서 가벼운 느낌을 준다. 스트렌드가 많은 사람들에게 잘 어울리는 형이다. (가벼유형)

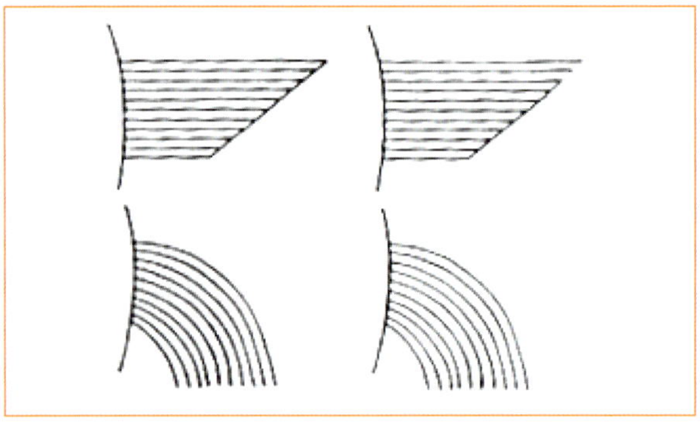

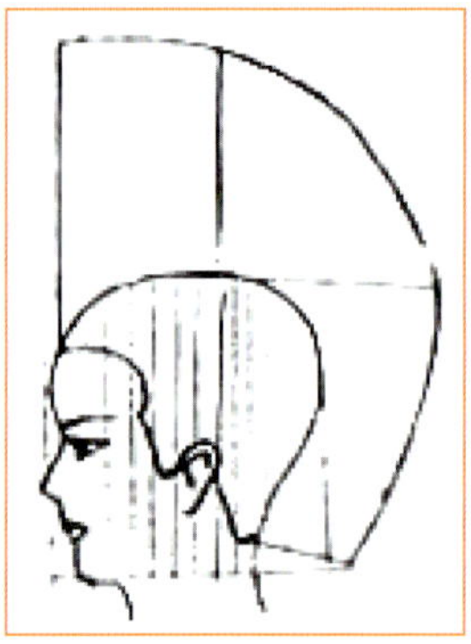

프린지의 변화 – 2

턱선에서 커트한 원랭스는 그대로 두어도 개성이 연출되지만 드라이어로 앞두발 1cm는 언더(under)로 하고 나머지는 가볍게 스탠드업으로 세운다. 또 다른 이미지로 변신하기도 한다. 이렇게 하면 틀에 박힌 원랭스형보다 형태를 벗어난 가볍고 세련된 디자인이다.

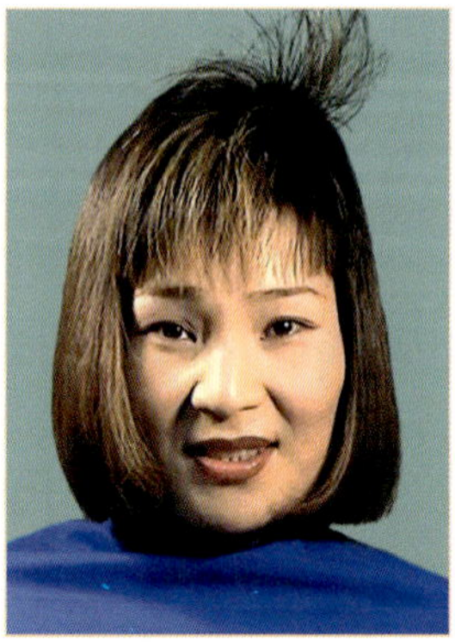

4 짧은 원랭스 사이드의 변화

쇼트(Short)형

입술선에서 커트정리한 짧은 무게감이 마음에 들게 하는 단발헤어이다.
얼굴에 따라 아름다운 원을 그리고 둥글고 두께가 있는 두발 끝이 얼굴을 가려져 임술선을 기준으로 커트한 젊은 형의 스타일이다.

형태

두발 끝이 안쪽 방향으로 들어가게 하기 위해 레져를 사용하여 베벨언더를 만들어 마무리한다.

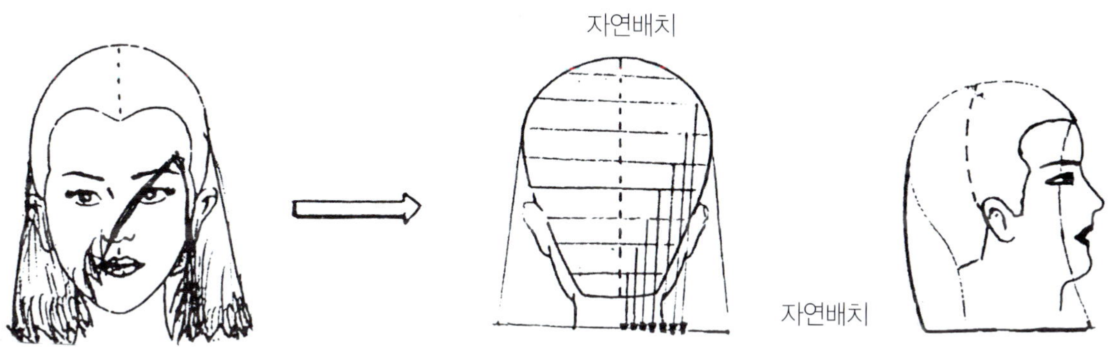

※ 길이의 변화는 고객의 취향에 맞춘다.

형태

애칭(Arching)기법을 사용하여 두발 끝이 뻗치는 것을 자연스럽게 마무리하여 가볍게 처리한다.(레이저사용)전체의 길이는 자연배치로 커트하고 사이드파트는 직각배치로 레이저나 시저스로 포인팅커트한다.

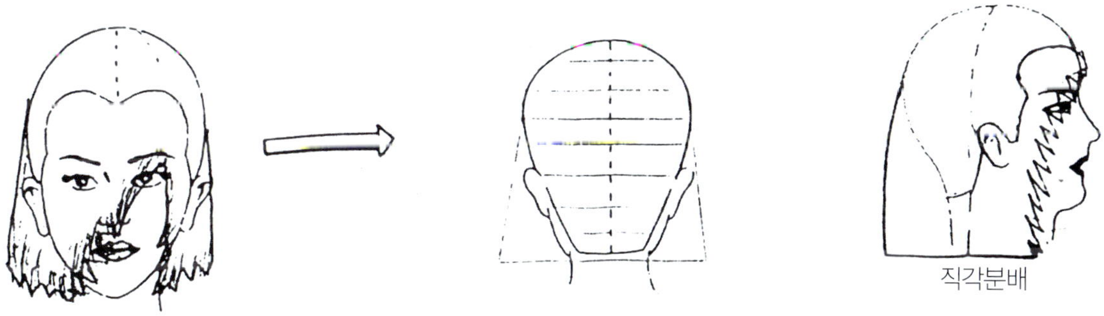

*애칭(Arching)기법; 레이저를 머리카락 바깥에서 긁듯이 가볍게 베벨업의 느낌으로 처리하는 기법(섹션을 얇게 떠서 머리위에서 긁어준다.)

5 두발 끝의 샤기 커트

얼굴에 걸친 질감 처리된 기법을 응용한 커트다.
한 방향은 귀에 걸치고 다른 한 방향은 옆에서는 얼굴을 가려주어 청순한 모습이 보인다.

※ 옆의 두발은 슬리이드 기법을 사용했다.

평행(Horizontal)

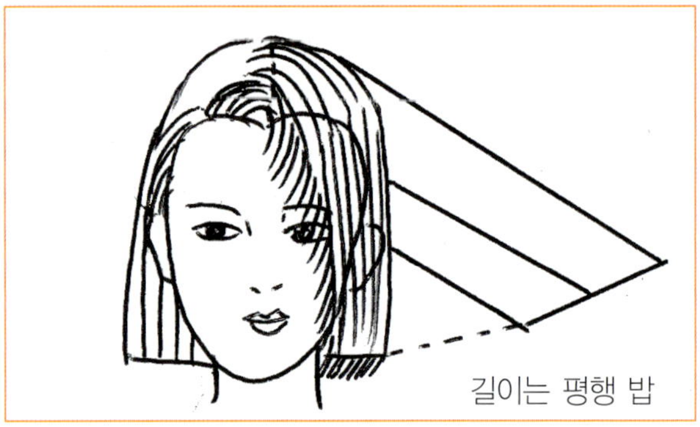

권태로움의 평행두발이 개성이 있어 보이는 가볍게 층을 주었다.

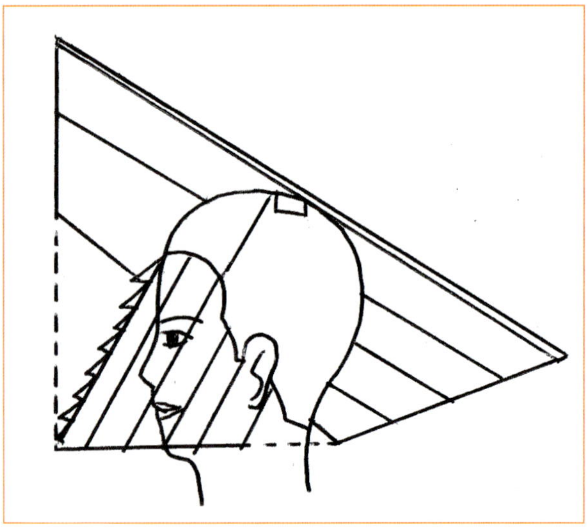

C자형의 프린지와 함께 두발끝을 업으로 드라이 하여 베벨업의 형태를 만들었다.
전면두발은 옆으로 파트를 나누는것이 어울린다.
누구나 쉽게 해 볼 수 있는 형이여서 어느 장소도 부담없는 형이다.

6 적 용

1 두상 전체의 헤드라인을 탑(Top)을 지난 이어 투 이어(Ear to ear : 전후방 횡)〈弦〉로 가르고 그것을 중심으로 수직((Vortical)으로 반을 나눈다.

2 탑에서 목선(Nape line)까지 수직으로 반을 2분의 1로 나누고 그 나눈 파트(Part)에서 첫 파트(Part)로 이어 하프(귀반〈Ear haif〉 좌측, 우측으로 나눈다)선을 기준으로 해서 양 방향 귀를 그은 선에서 반으로 상, 하로 나누고 둘로 나눈 부분 중 목 선 부위와 목선(Nape line) 끝 헤드라인(Head line) 좌측, 우측 모서리 부분을 중심으로 방향을 평행으로 가른다.

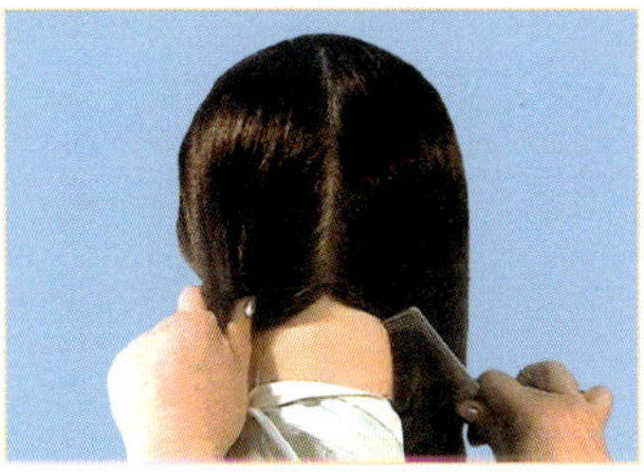
파트의 중간 1

파트의 좌측 2

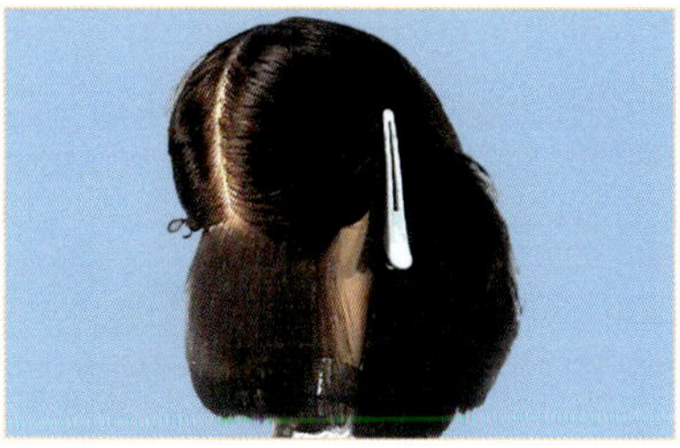
파트의 우측 3

3 이어 하프(Ear haif) 커트 방법이다. 고객이 원하는 목선에 두발 길이를 정한다. 정한 길이를 고정라인으로 정하고 그 길이에 맞추어 계속해서 커트(Cut)한다. 가운데 중심 두발을 처음 커트한 길이 가이드로 맞추어 자연배치로 커트 한 후(각도 0도) ,좌측 파트는 파팅(Parting) 위치와 손가락 위치가 평행을 유지하면서 커트한다. 우측도 좌측과 같은 방법으로 시술하면 기초 베이스가 완성된다.

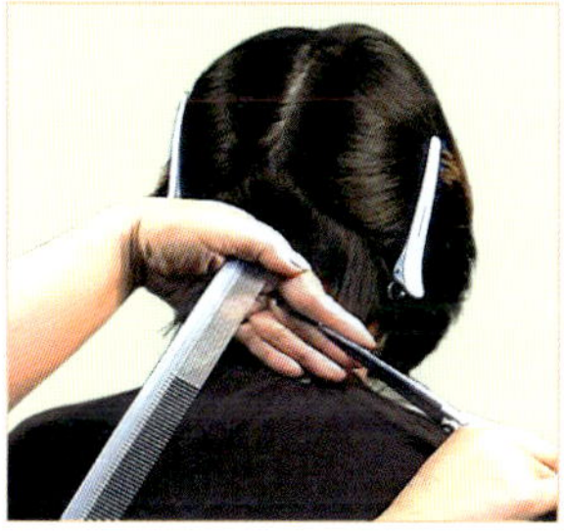

4 이어 탑(Top)의 파트는 네이프(Nape)에 길이를 정한 고정라인에 맞추어 커트 한다. 좌측과 우측의 자세는 파팅(Parting) 위치와 손가락 위치가 평행하게 유지하면서 고정라인에 맞추어 커트한다.

5 능선(Crest) 부분도 자연배치로 빗질하여 직각 배치로 힘을 주어 커트한다.

4. 중간 블런드 커트
(Medium blund cut)

전 대각 (Diagonal forward)은 우리 나라에서 국가고시의 지정 시험과목인 커트이다.
국가고시와 실전 커트와 섹션 나누기에서는 약간의 차이가 있다. 국가고시는 후면의 슬라이스(Slice)를 나눌 때 1Cm에서 1.5Cm 정도로 나눠서 약 8파트로 나누어서 커트 하는 방면 실전에서는 3Cm에서 4Cm 정도로 4파트로 크게 나누어서 커트를 한다. 왜냐하면 실전에서는 손님과 1대1의 시술이 이루어지는데 시간이 너무 지연될 경우 고객관리상의 문제에 많은 고초가 발생되기 때문에 신속하고 정확한 커트기법으로 많이 임상에서 애용되고 있다.

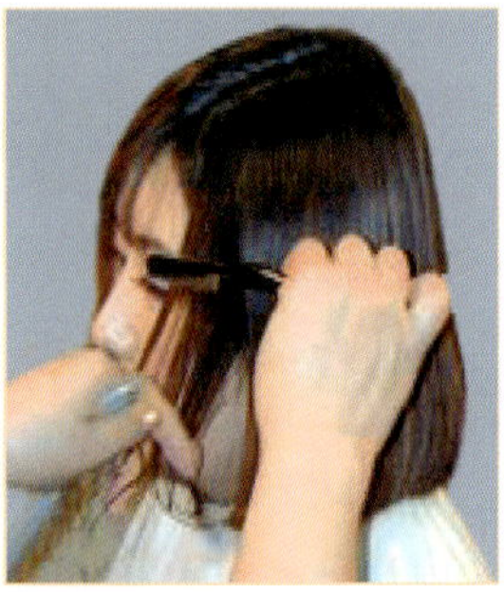

시술 전

무게감이 형성된 정면의 전대각

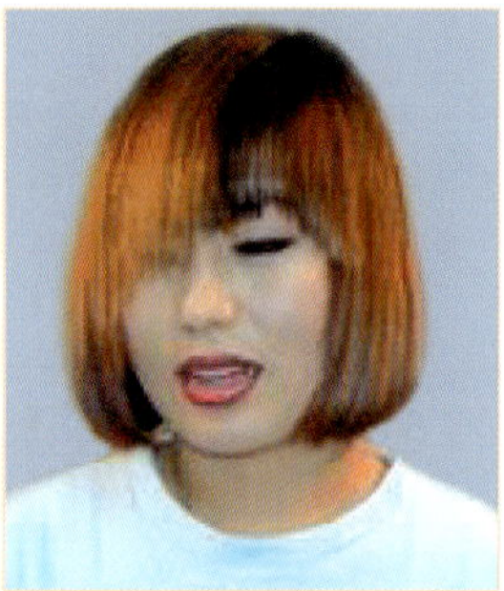

시술 후

1 적 용

1 평행 일자커트 밥(One length parallel Bob)스타일 완성 후 두정부위의 측면 파트(Part)를 가른 후 옆 라인 두발을 약 ICm가량 수직으로 파트(Part)를 가져오고 앞 두발(Fringe)에 커트해 놓은 길이와 수직으로 파트(Part)를 나눈 두발을 모아 연결해서 커트칼(Razor)로 슬라이드 하면서 연결한 자세다.

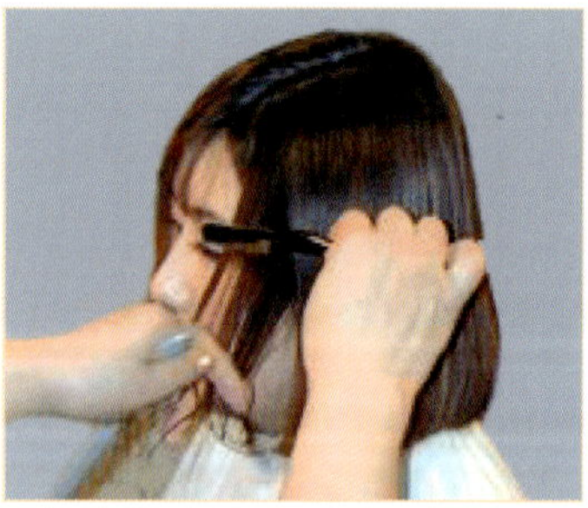

2 미끄러지듯 내려온 커트는 손바닥 하향(下向)자세(palm-down cutting position)이며 머리(head) 자세는 똑바로하고 시술시 좌측의 위치에서 커트칼(Razor)로 테이퍼 (Taper) 한다.

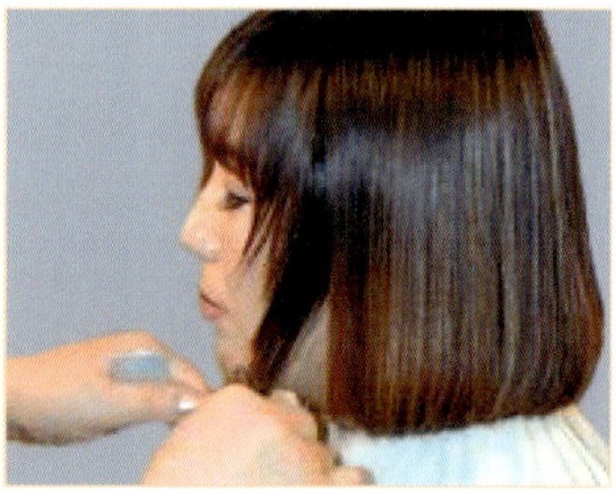

3 좌측 옆은 눈썹 꼬리부분에 파트(Part)를 내려 후방의 커트 한 두발을 연결하면서 커트하며 눈썹 산에 두발을 다시 내려 고정라인에 맞추어 커트한다.

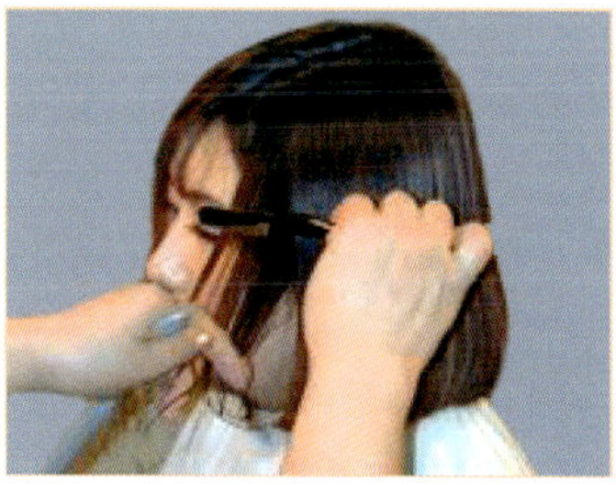

4 탑에 두발을 다 내려서 미리 커트한 선에 맞추어 커트하고 마무리 한다.

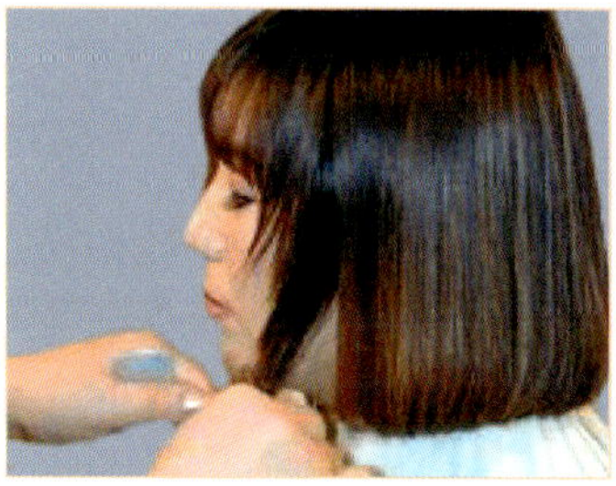

5 전체 디자인의 커트가 끝나면 마무리 빗질을 하여 잘못된 부분이 있는지 확인 커트한다.

6 좌측 두발이 슬라이드로 연결되면서 다시 끝쪽 테이퍼링(End tapering)을 해주어 두발의 무게감을 감소해주고 샤프한 이미지 연출을 할 수 있도록 한다.

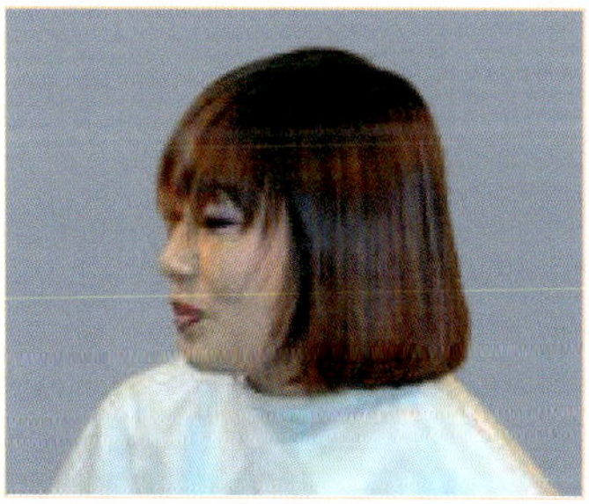

7 탑(Top)에서 남은 2-3cm파트(Part)의 두발을 프린지(Fringe)에서 커트한 두발 길이보다 더 길게 잡고 테이퍼(Taper)를 하여 길이의 변화를 주어 평범하지 않고 개성을 강조하기위한 커트다. 좌측 손바닥이 앞을 보이게 하면서 빗을 엄지와 검지사이에 끼고 우측은 커트칼(Razor)을 잡아 위에서부터 미끄러지듯이 하향으로 테이퍼링 하면서 내려가는 커트이다.

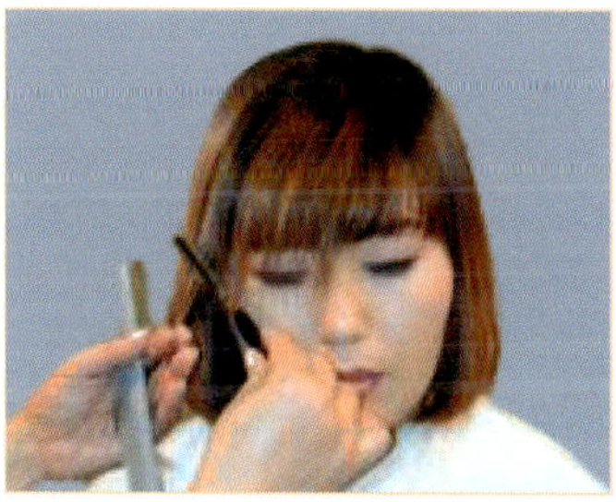

8 정면의 이미지다. 밑에 정돈된 두발보다 탑에서 1cm정도 내려놓은 두발이 길어 보이는 형으로서 세련된 커트의 모습이다.

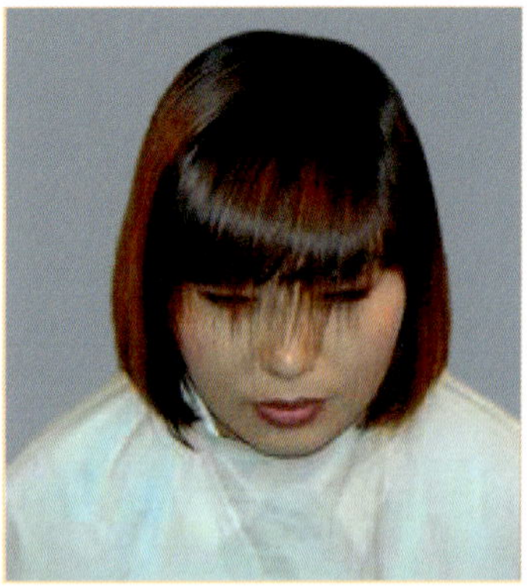

9 우측의 마무리 커트형을 볼 수 있으며 이런 브런트 커트는 좌측이나 우측의 자세는 고객의 취향에 따라 파트의 변화를 줄 수 있다. 이때 시술자는 고객의 개성에 맞추어 프린지의 이미지를 더 짧게 보일수도 있고 길게 할 수 있는 커트다. 이 두발에 브런트형의 디자인을 옆에 두발을 레이저로 슬라이드 해줌으로서 가벼운 질감처리가 되어 주변두발이 강조되는 커트로 이미지 변화를 해준다.

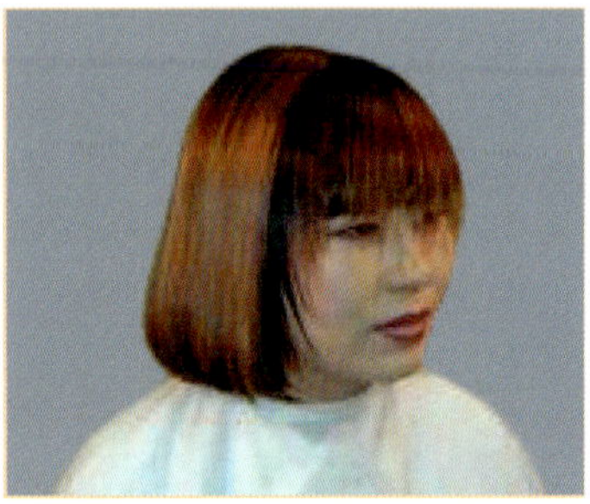

5. 응용편

1 밥스타일(Bob style) 짧은형

1. 네이프 두발 난 선에서부터 탑에 머리 난 선까지의 길이가 다르다.
2. 네이프에서베이스를 2-3Cm 파팅을 떠서 시술을 시작한다.
3. 파팅패턴을 호리존틀 섹션으로 떠가면서 커트(Cut)한다.
4. 네이프에서 원하는 길이 가이드를 정한다.
5. 길이가이드를 정하면 정한라인을 고정라인이라 하고 고정라인에 맞추어 커트(Cut)t한다.
6. 밥스타일은 솔리드 형이라 하고 무거우며 질감이 매끄러움을 나타낸다.(단차가 보이지 않음)
7. 페이스가 넓고 긴 장방형의 형에 어울린다.
8. 빗의 각도는 90도로 세워서 세이핑하고 각도를 0도로 하면 길이에 단차가 생기지 않는나.
9. 모든 두발은 평행고정디자인라인에서 커트한다.
10. 네이프 부분에서 고개를 똑바로 한 상태에서 시작한다.
11. 빗살이 촘촘한 부분을 사용하여 두발을 자연 배치로 빗는다.(프리핸드)
12. 두발을 빗어 내릴 때 손가락은 빗과 함께 아래로 내려 두발을 조절한다.
13. 두상이 둥글기 때문에 두발난선에서 빗의 각도 90°를 유지시킨다.
14. 두발은 호리존틀, 컨케이브, 컨백스형으로 고객이 워하는 형으로 프린치를 연출시킨다.

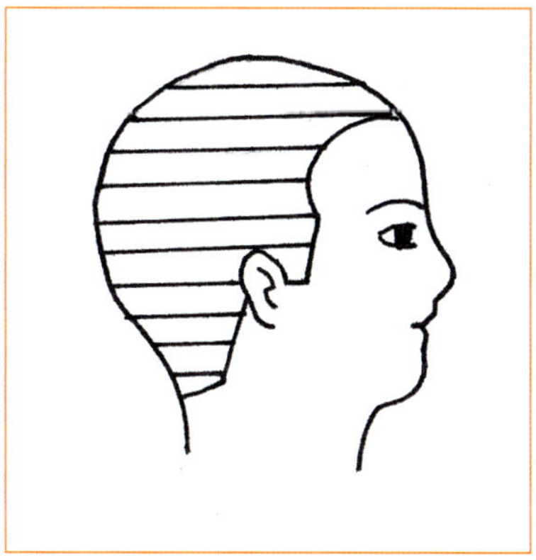

(호리존틀 섹션)

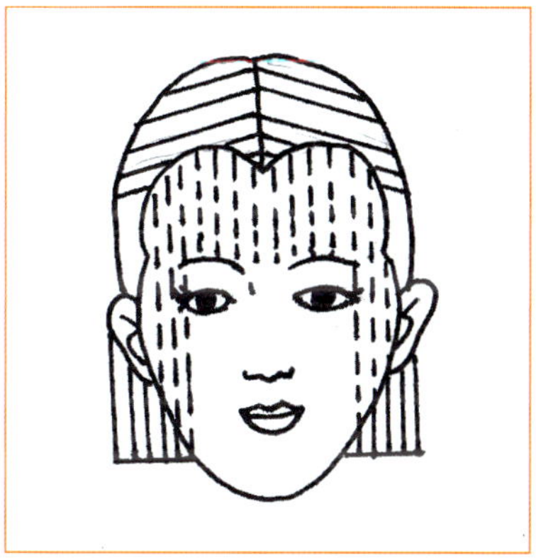

(솔리드 형으로서 단차가 보이지 않는 무게감)

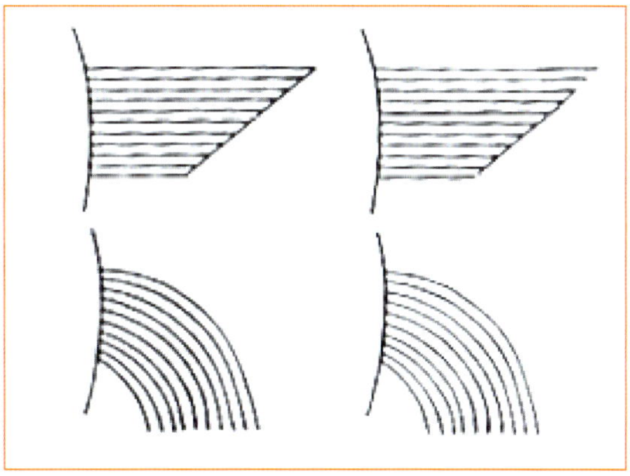

그림 참조

2 밥스타일(Bob style)솔리드 형의 두발길이와 앞두발 변화

숏스타일(Style)

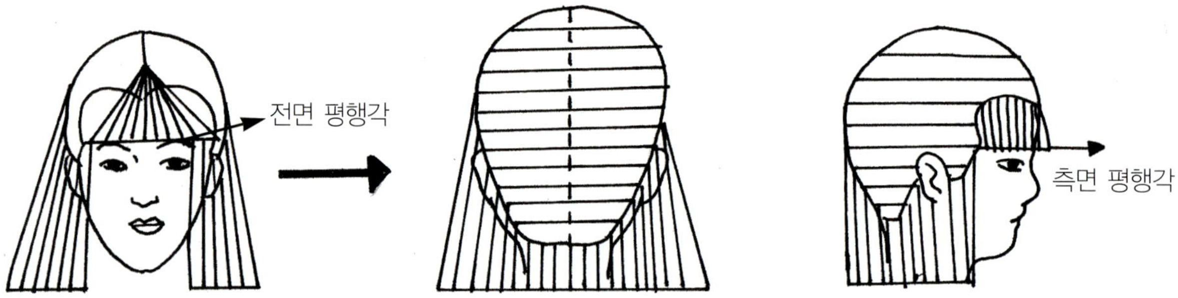

호리존틀(평행)
전면의 변형

후면
네이프에서 원하는 길이 가이드를 정한다.

미디움 스타일(Style)

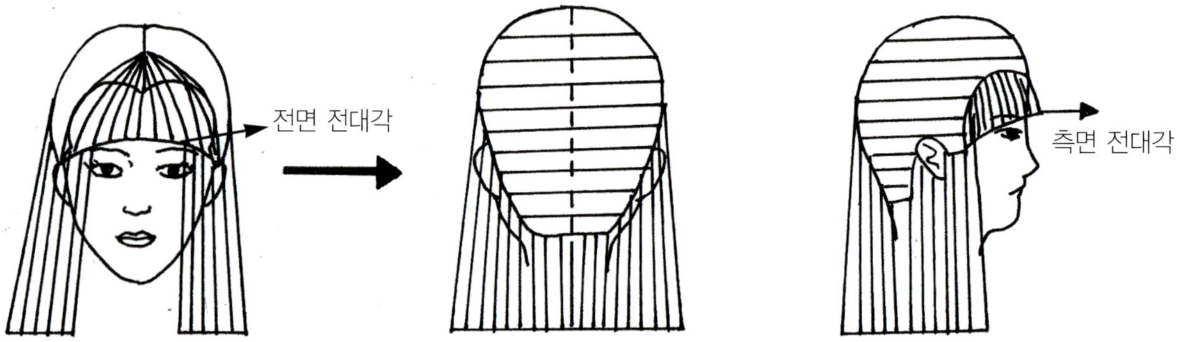

컨케이브(움푹 들어감)
전면의 변형

밥스타일은 솔리드형이라 하고 무거우며 질감이 매끄러움을 나타낸다.

롱 Style

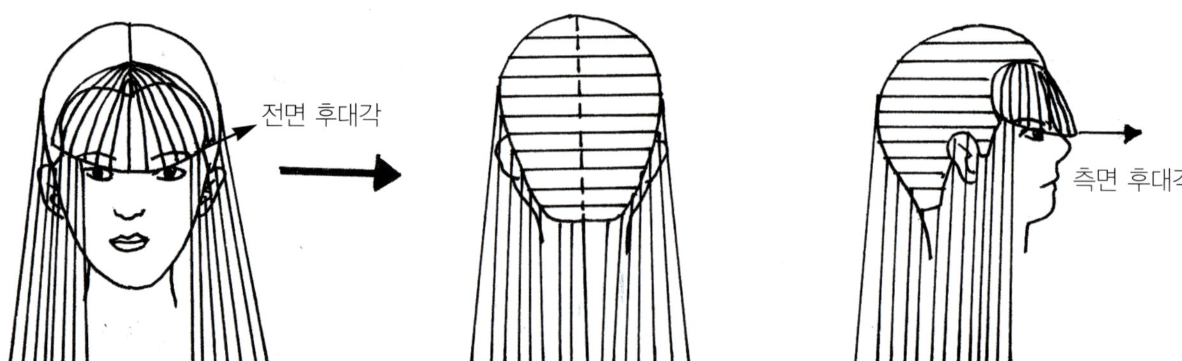

평행

평행

컨백스(볼록 나옴)
전면의 변형

페이스가 넓고 긴 장방형의 형에 어울린다.

무거운 미디움
(Solid medium)

6. 무거운 미디움(Solid medium)

1 밥 스타일 앞 두발의 기본변화 (Fringe style)

❶ 일자 커트(Horizontal Style)형 프린지(Fringe)

짧은 일자커트로서 두발의 프린지(Fringe)스타일은 평행(Horizontal)으로 커트하고 옆의 두발은 턱선에 맞추어 커트한다. 전체의 두발 흐름이 잘 정돈된 헤어스타일(hare-style)이며 청순한 소녀스타일의 귀여운 이미지로서 알려져 있는 스타일이다.

※ 눈과 이마사이의 변화

❷ 오목 커트(concave style)형 프린지(Fringe)

어깨선을 기준선으로 앞의 프린지(Fringe)는 오목형(Concave)으로 커트한다. 두발이 전체적으로 무거워 보이며 질감의 매끄러움을 나타낸 층이 없는 커트이다.

※ 이미와 눈꼬리의 변화

2 수평 블런트 커트의 적용 (Horizontal Brunt cut)

❶ 형태

두발 끝이 바깥으로 뻗치는 것을 방지하기 위해서 안으로 들어가는 베벨 언더(Bevel under)가 되게끔 커트 칼(Razor)을 이용하여 약 3cm정도 두발 안방향에서 두발 끝방향으로 내려오면서 커트칼(Razor)을 사용하여 커트 한다······>일명 아칭(Arching)기법

전체의 두발길이는 자연배치 상태로 커트하고 측면 파트(Part)는 직각 배치로 커트칼(Razor)로 미끄러지듯이 쳐 내리듯 커트한다.

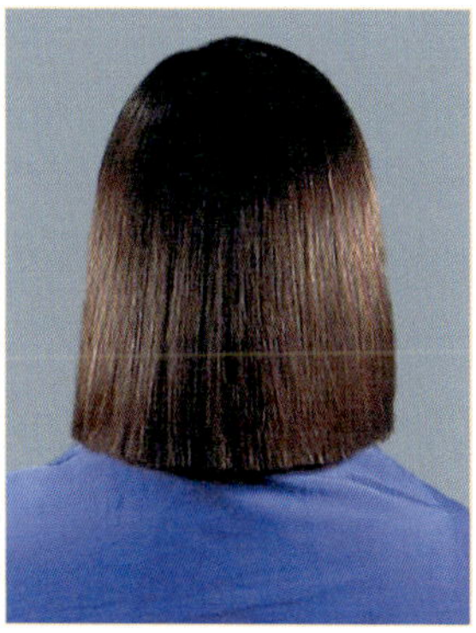

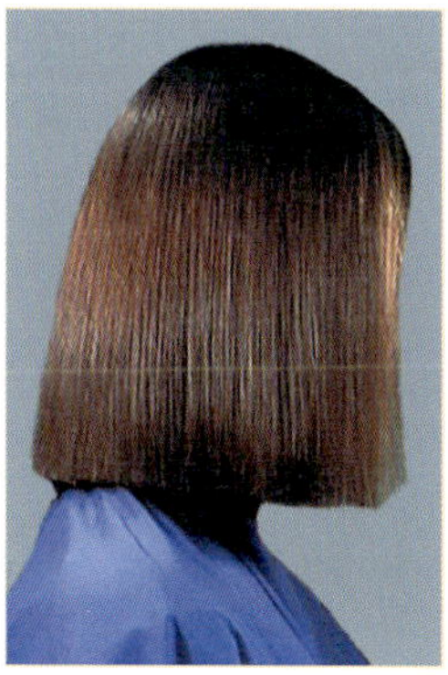

❷ 종류

솔리드(Solid)형은 두발의 층이 없는 단면이 매끄러운 형으로서 무게감을 주며 머리결 진행의 변화가 있고 거의 일정하나. 떨어신 누발의 길이도 동일하며 두발 끝의 표면이 보이지 않는 머리카락의 결이 되며 끊어짐이 없어 보이는 곡면을 보여준다. 두발의 모양은 아래 부분에서는 주변 두발의 형성된 무게의 결과로 인해 각이 진 형태의 선이 만들어진다.

❸ 무거운 세미롱(Solid semilong)형

무거운 세미롱(Solid semilong)형은 길이에 있어서 특별한 기준이 있는 것이 아니고 일단 어깨선 밑으로 내려와야 하며 길이는 고객과의 상담 후에 결정되어진다. 일반적으로 얼굴이 작은형인 여성들에게 어울리는 커트형이다.

❹ 무거운 미디움(Solid Medium)형

턱밑

이 커트는 얼굴형이 장방향이나 각이 진 얼굴형에 잘 어울린다. 어깨정도의 길이이고 정상(Top)에서부터 목선(Nape line)까지의 길이를 유지하며 일반적으로 무거운 롱(Solid Long)형을 제외한 무거운 미디움(Solid Medium)형과 무거운 짧은(Solid Short)형을 일자형(One length) 단발두발형 이라고도 한다 앞 두발의 길이 변화에 따라서 다양한 얼굴형이나 이미지 변신을 만들 수 있는 헤어이다.

❺ 무거운 짧은(Solid Short)형

턱 선을 기준으로 하는 커트형인 이 커트는 얼굴형에 따라 아름다운 원을 그리고 둥글고 두께가 있는 머릿결로 계란형에 잘 어울리는 형의 커트다.

3 수평 블런트 커트의 응용(Votical)

❶ 평행 일자 단발 커트(One length parallel bob cut)

밥(Bob)이란 밥베드 헤어(Bobbed hair)의 준말로서 단발 커트를 이르는데 평행 단발커트(Parallel Bob) 스타일은 프린지(Fringe, 美 : 이마 위로 드리운 두발, 뱅(Bang, 英)를 눈썹 선에 기준을 두어 커트하면 양쪽의 길게 늘어진 두발 부분과 이마 부위의 짧은 일지 커트의 분명한 대조형태의 커트가 이루어진다. 이 스타일의 커트는 힘을 주어 커트 직각배치(Distribution)를 하면 두발이 끝나고 난 후 두발이 약간씩 삐져나오기 때문에 커트를 할 때 빗의 각도는 90도를 주고 손가락은 힘을 전혀 주지 않고(자연배치(Nayural distribution)로 편안하게 커트를 하는 것이 특징이다.

❷ 블록 커트(Convex cut)형

롱 스타일(Long style)은 다른 스타일과 달리 뒤 두발의 길이에 많은 변화가 생긴다. 왜냐하면 긴 두발에서는 고객들이 원하는 길이가 모두 같지 않기 때문에 고객과의 충분한 상담이 있은 후에 길이가 정해져야한다 하지만 프린지 (Fringe)부분은 볼록(Convex)형으로 커트하고 스트레이트나 매직으로하여 취향에 맞도록 한다.

❸ 밥 스타일(bob-style) 전면 두발의 응용 변화 (Bang style)

(1) 변화 1

잘 자란 느낌을 주는 프린지의 질감처리된 발랄한 단발이다. 앞 두발에 레이어 층을 주어 대담한 싸이드 파트(Side Part)로 흐름을 주는 것이 포인트다. 불균형하게 커트하여 독특한 개성연출을 한 주니어형, 가벼운 느낌을 주는 형의 커트이다.

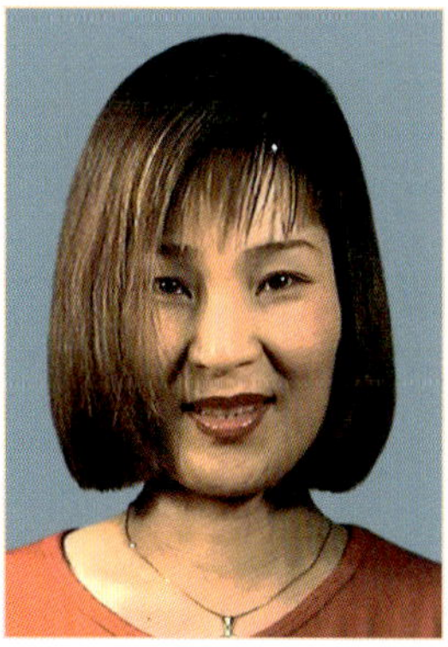

(2) 변화 2

턱선에서 고객이 원하는 두발길이를 커트한다. 그리고 프린지(Fringe) 두발을 짧게 커드하고 앞 두발의 질감을 감소시키기 위하여 싸이드 파트 (Side Part)의 두발을 정상(Top)에서 우측의 눈꼬리까지 파트(Part)를 나누어 그 파트(Part)부분만 레이저로 앤드테이퍼(End taper)로 질감처리한다,

※ 1번과 2번의 모델은 같다. 헤어스타일에 따라 많은 변화를 줄 수 있다.

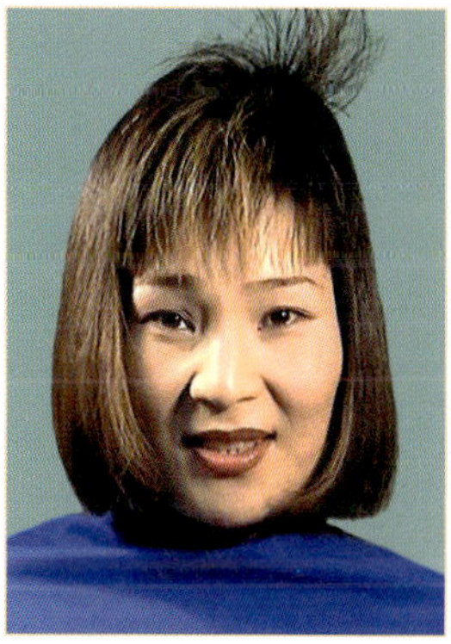

작업과정 Check List

주제 : 솔리드(Soled)

<table>
<tr><th>작업 단계</th><th colspan="6">작 업 내 용</th><th>준비물
(재료 및 제품)</th></tr>
<tr><td>준비단계</td><td colspan="6">Tip</td><td></td></tr>
<tr><td>제작</td><td colspan="6">Tip</td><td></td></tr>
<tr><td>사후작업</td><td colspan="6">Tip
헤어드라이 사용 유/무
시술순서
헤어 아이론 스트레이트 유/무, 헤어 아이론 볼륨 유/무
시술순서
헤어컬러링 활용 유/무
시술순서
제품활용 유/무
1. 왁스(   ) 2. 헤어무스(   ) 3. 헤어젤(   ) 4. 헤어스프레이(   )
5. 헤어오일( )</td><td></td></tr>
<tr><td rowspan="2">점검사항</td><td>☐디자인라인</td><td>☐섹션</td><td>☐머리위치</td><td>☐파팅</td><td>☐배치</td><td colspan="2">☐판넬각</td></tr>
<tr><td>☐시술각</td><td>☐공상각</td><td>☐두상각</td><td>☐베이스</td><td>☐텍스쳐관리</td><td colspan="2">☐텍스쳐테크닉</td></tr>
<tr><td>기억하기</td><td colspan="7"></td></tr>
</table>

C

머시룸(Mushroom)
U 혹은 V

1. 응용편

1 머시룸(Mushroom)6단계 길이 변화 전면의 중앙점

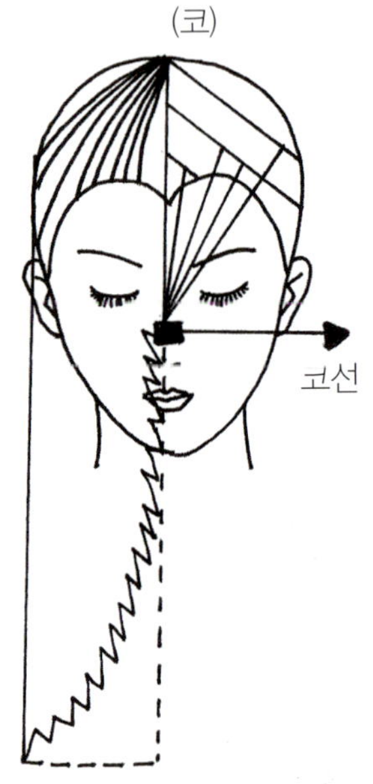

커트 포인트(Cut Point)

전면 파트 커트(Front Part Cut)－1

앞두발을 따라 커트된 두발은 얼굴 주변 두발을 이루고 뒤방향을 향해 감소하는 머리결은 후대각 레이어로 흘러가 보인다.

사이드 완성작

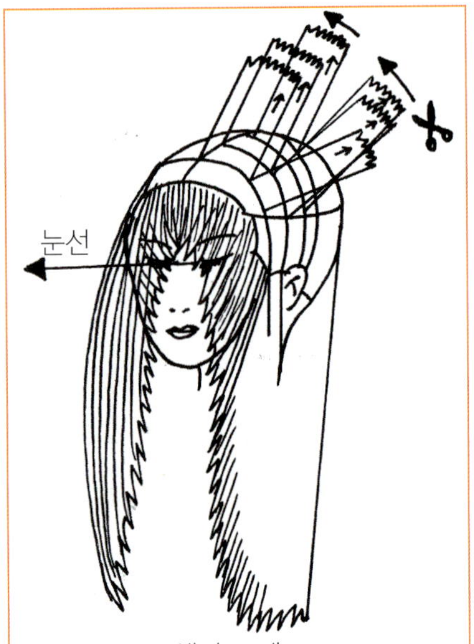

센터 도예도

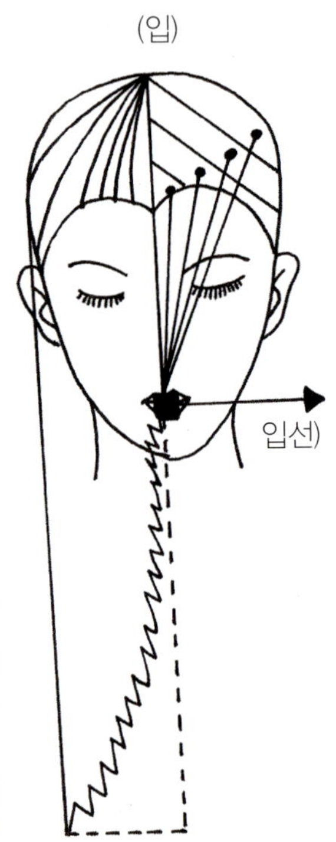

커트 포인트(Cut Point)

전면 파트 커트
(Front Part Cut)－2

전면을 중심으로 커트된 것이다.

인크리스 레이어
전체 길이와 인크리스형

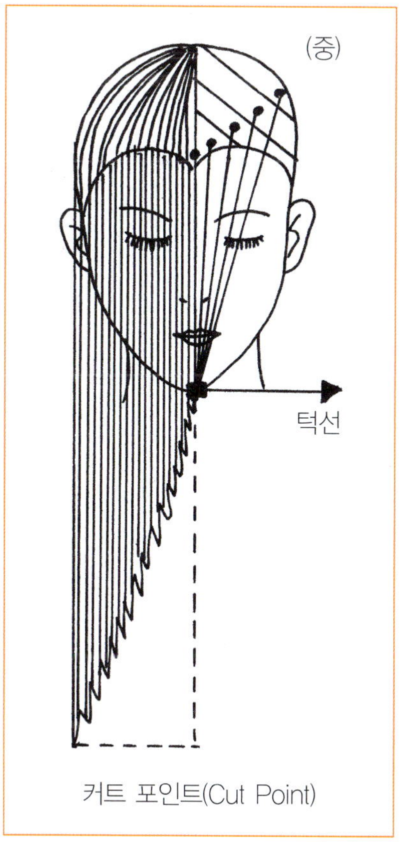

전면 파트 커트 (Front Part Cut)-3

턱선 두발길이에 맞추어 커트한다.

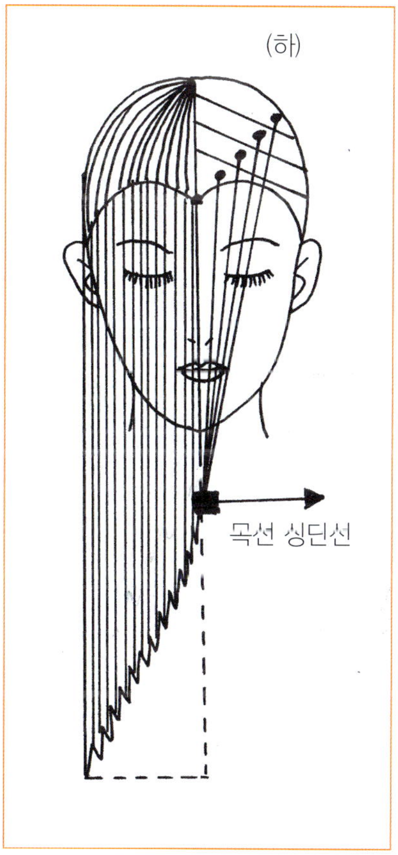

전면 파트 커트 (Front Part Cut)-4

목선 두발길이에 맞추어 커트한다.

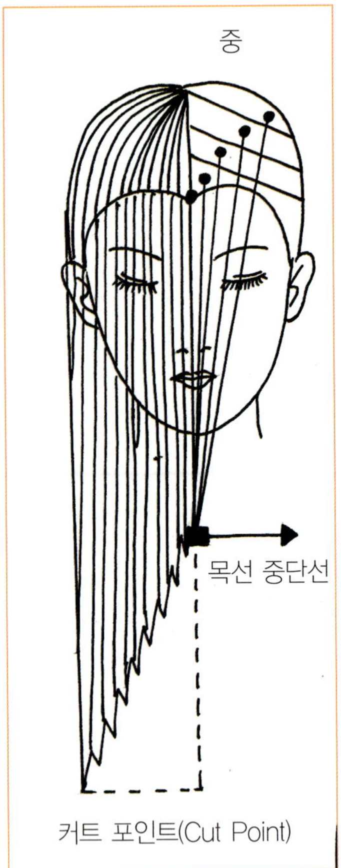

전면 파트 커트 (Front Part Cut)-5

목선 중간길이에 맞추어 커트한다.

전면 파트 커트 (Front Part Cut)-6

목선의 두발 길이를 어깨선 밑으로 커트한다.

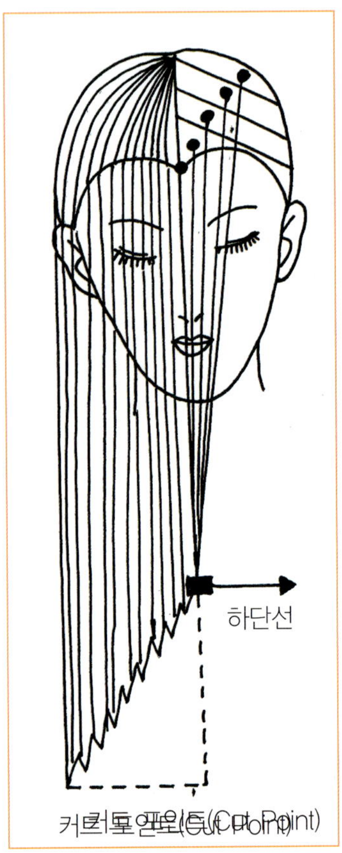

머시룸(Mushroom)
U 혹은 V

2. 머시룸(Mushroom) U 혹은 V

파팅(Parting)은 비평행의 커트자세다. 수평(Horizontal), 수직(Vertical), 좌, 우측, 사선(Diagonal)의 3가지가 쓰인다. 전방에서 길이 가이드를 정한다. 하단, 중단, 상단, 턱, 입, 코 여섯 단계로 분리를 해 길이를 정해서 커트를 하면 편리하다. 머시룸(Mushroom) U나, V 커트에서 중요한 커팅 포인트는 커트 시술시 원하는 길이 보다 약2-3cm 하단 아래에서 커트를 한다는 것이다. 왜냐하면 여기서는 주로 텐션(Tension)을 주어 직각배치와 변이배치로 빗질하고 커트한다. 두발이 젖었을 때의 두발의 길이는 길다. 수 분이 제거 된 후의 커트 길이는 예상했던 디자인 길이보다 짧다. 그래서 디자인 길이보다 약간 길게 커트 시술해야 한다. 커트(Cut)가 끝난 디자인 라인은 후방(Behind)에서 U 나 V형의 머릿결로 보여지며 전방에서 볼 때의 형은 후 대각의 롱 헤어로 얼굴이 커 보이는 사람에게 가장 잘 어울리는 형으로 많이 하는 커트형이다.

1 커트자세 및 배치형식

길이가 먼저 결정이 되면 그 길이에 맞추어 커트한다. 섹션은 사선(Diagonal)으로 하고 길이는 2-3Cm정도 간격을 유지하면서 변이배치와 직각배치를 주면서 빗질하고 커트의 자세는 평행[Horizontal]을 유지한다.

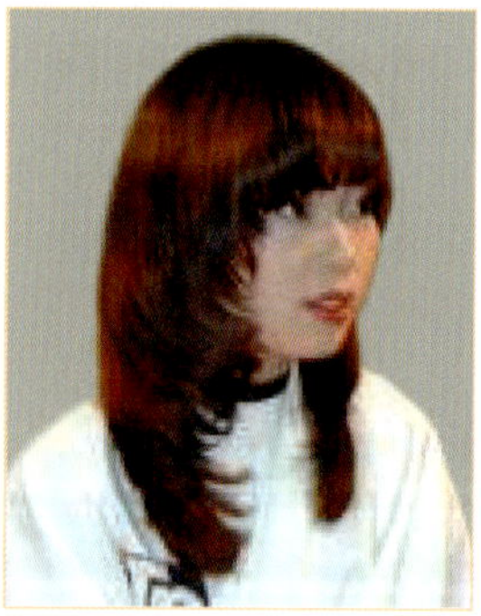

거의 대부분의 커트에서 변이배치로 빗질을 할 때는 직각배치의 빗질은 같이한다. 단, 직각배치로 빗질 할 때는 반드시 변이배치를 하는 것은 아니다. *

2 커트 포인트

머시룸(Mushrooml) 헤어스타일의 커트 포인트란 고객의 두발 길이와 고객이 원하는 길이의 두발을 커트하기 위해서 임의로 두발커트 길이를 6단계로 정하여 포인트를 정하고 그 기준이 되는 길이에 맞추어 가면서 커트한다. 이 장에서는 코에 커트포인트를 맞추어 커트 시술한다.

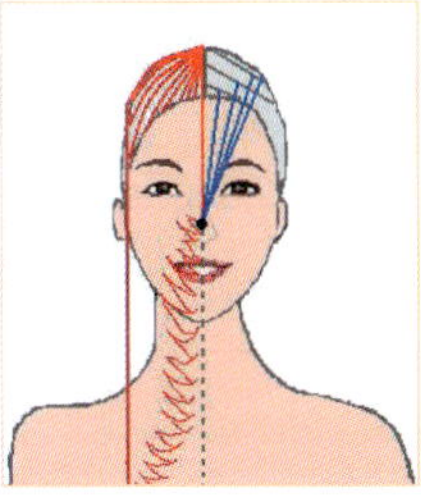

커트 포인트 ➡ 코

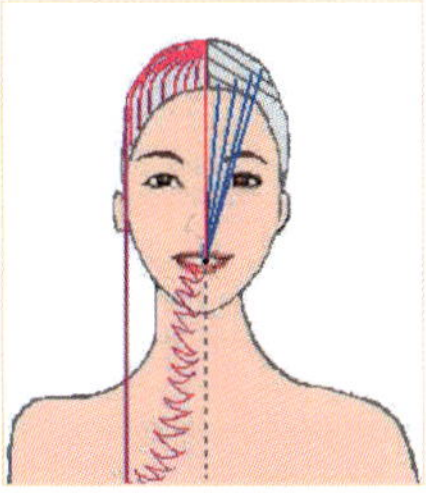

커트 포인트 ➡ 입

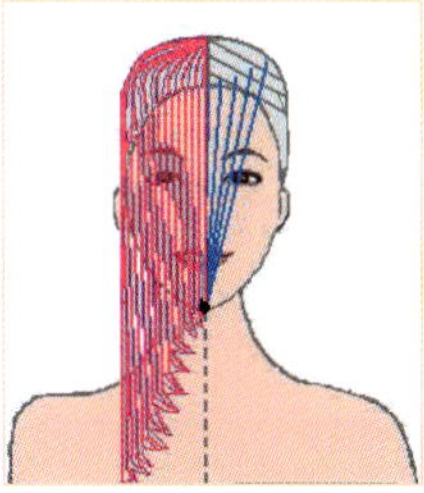

커트 포인트 ➡ 턱

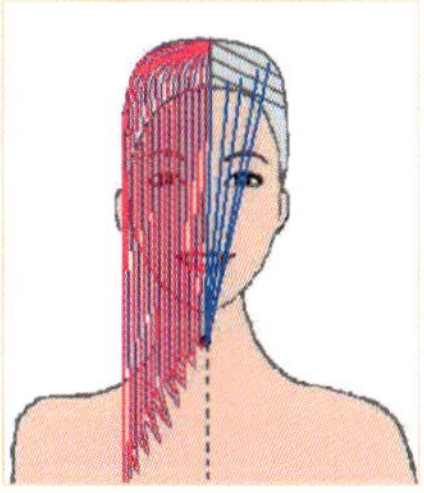

커트 포인트 ➡ 상(上)

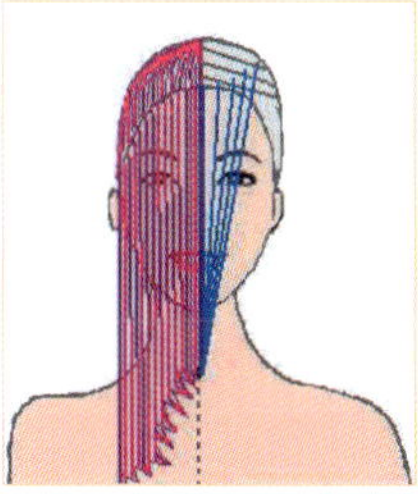

커트 포인트 ➡ 중(中)

커트 포인트 6단계 도해도

3 두발의 각도 및 시술자의 자세

두발(Hair)의 각도는 0도로하고 빗에 각도는 90도를 유지하며 시술자의 자세는 커트(Cut)하는 방향에 정지해야 한다.

4 적 용

이 장에서는 커트 포인트를 코에 잡고 길이를 정한다
커트 포인트와 길이를 잘 인지하면서 커트 시술하는 얼굴과 두발의 디자인에서 발생되는 약간의 길이 변화는 인정된다. 하지만 기본적으로 정한 커트 포인트에서 너무 큰 변화는 없도록 주의한다.

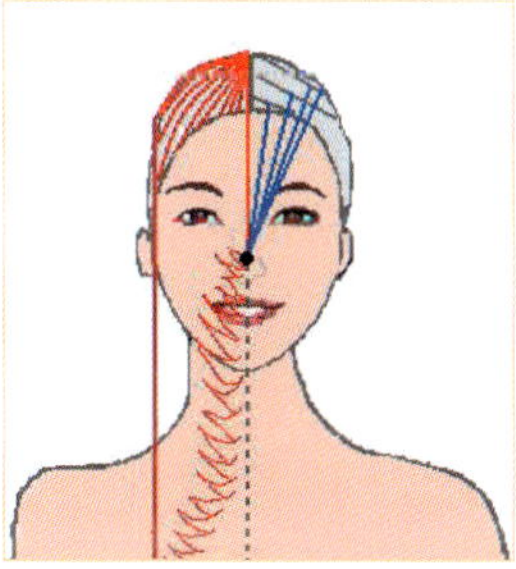

커트 포인트 ➡ 코

1 중앙 가르마에서 좌측과 우측에 1cm씩 두발을 집어서 미간 아래 코 선에 대고 평행(Horizontal)으로 커트한다.(그림참조)

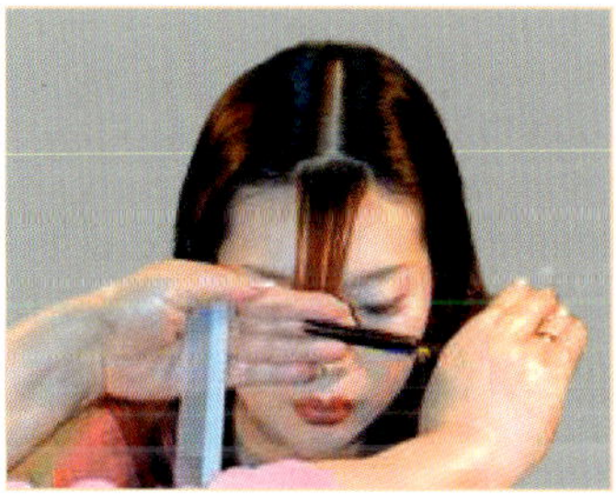

2 우측의 고정라인에 맞추이 두번째 파드는 사신(Vertical)으로 나누고 각도와 빗질은 0°로 한다. 손가락 위치와 커트는 수직(Vertical)으로 시술한다.

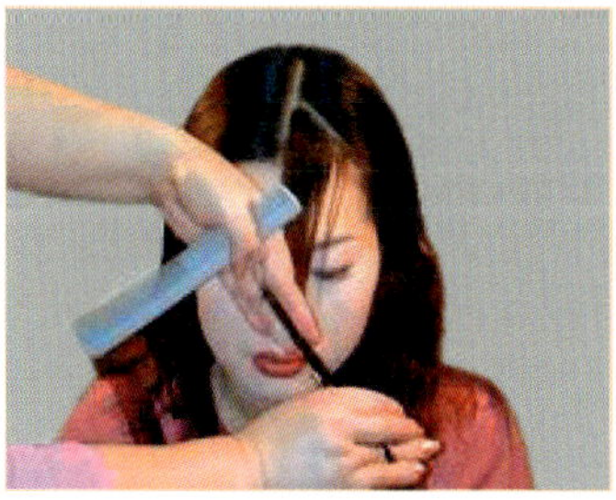

3 세번째도 사선(Diagonal)으로 떠서 고정라인에 맞추어 커트한다.

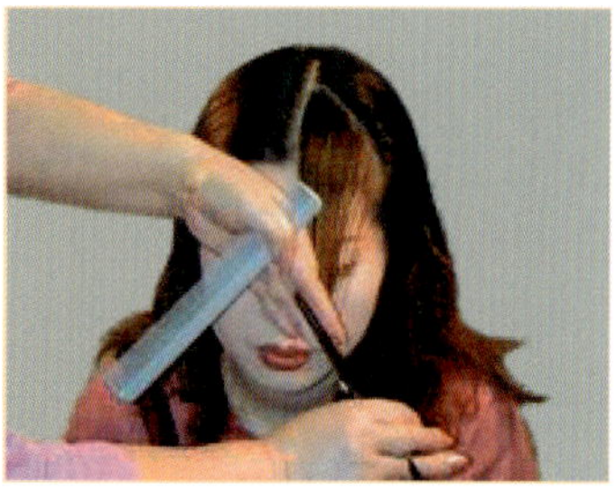

4 네번째 사선(Diagonal)은 귀선까지 파트를 떠서 고정라인에 맞추어 커트한다.

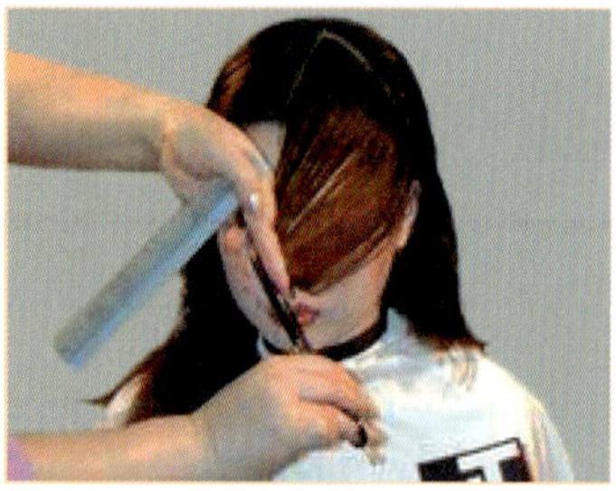

5 다섯번째는 귀 후방선까지 끌어와 정중앙선에 맞추어 커트한다.

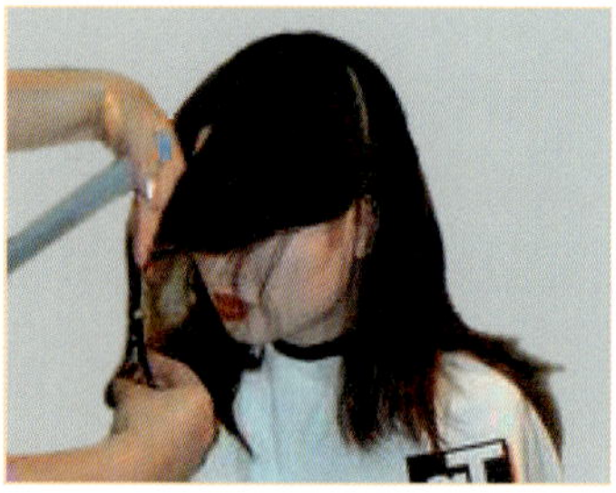

6 여섯번째는 후방 중앙의 두발까지 커트하려는 두발을 가져와 곱게 빗질로 형태를 만들고 (Shaping) 고정 라인에서 마무리 커트한다.

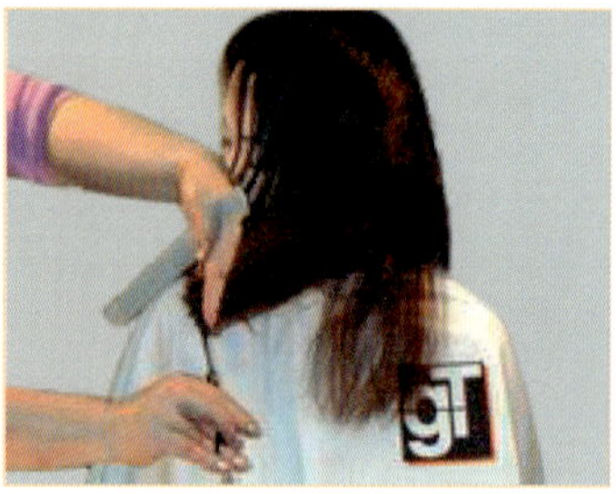

주의 – 디자이너의 자세는 커트 하는 반대편에 서서 시술한다. 왜냐하면 얼굴 턱선이 강하게 나온 사람에게 있어서 같은 편 그러니까 우측을 커트시 시술자는 좌측에서 커트해야 정확한 커트선이 나온다. 만약 같은 편에서 시술을 하게 되면 정면의 모습이 A자형으로 나오기 때문에 충분히 턱선(정면측)을 가려줄 수가 없다.

7 좌측과 우측의 커트 시술이 끝난 상태의 두발상태.

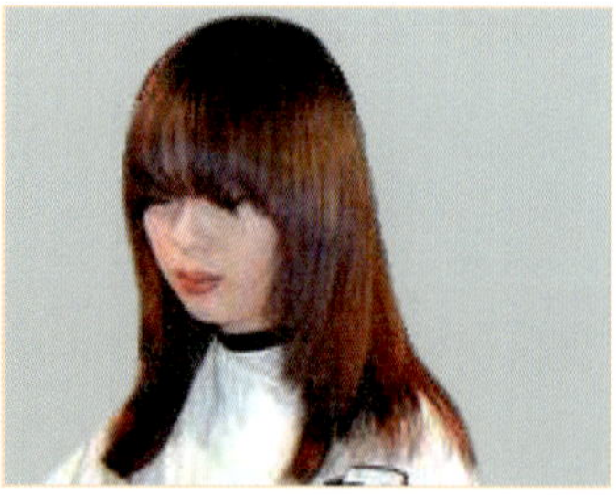

8 마무리를 안 마름(Bevel Under)으로 디자인 한 후 대각(Back diagonal)형 스 타일의 커트가 완성됐다.

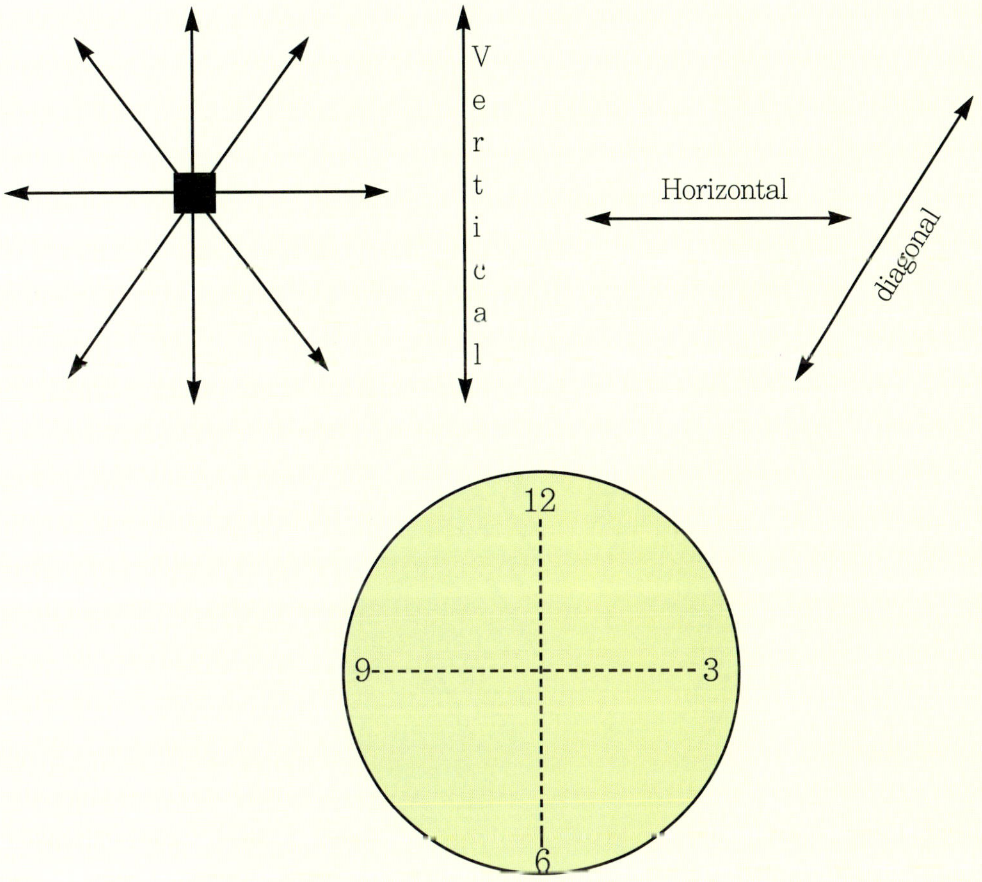

시계를 생각하면서 각도나 방향을 이해하면 커트 기법은 쉽다.

5 머시룸(Mushroom)6단계 길이 변화 전면의 중앙점

앞두발을 따라 커트된 두발은 얼굴 주변 두발을 이루고 뒤방향을 향해 감소하는 머리결은 후대각 레이어로 흘러가 보인다.

6 머시룸(Mushroom) 우 파트(Part)와 좌 파트(Part)

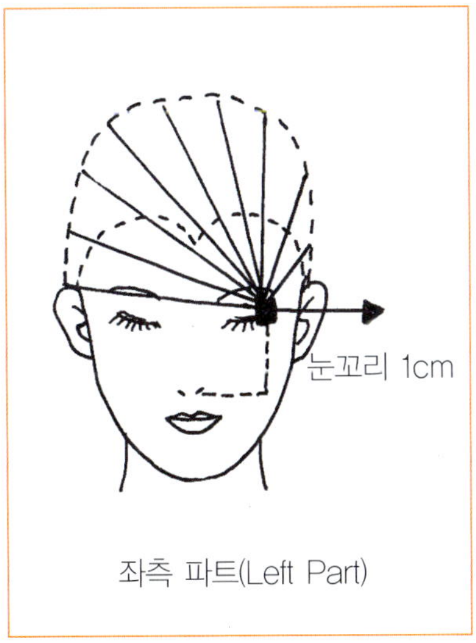

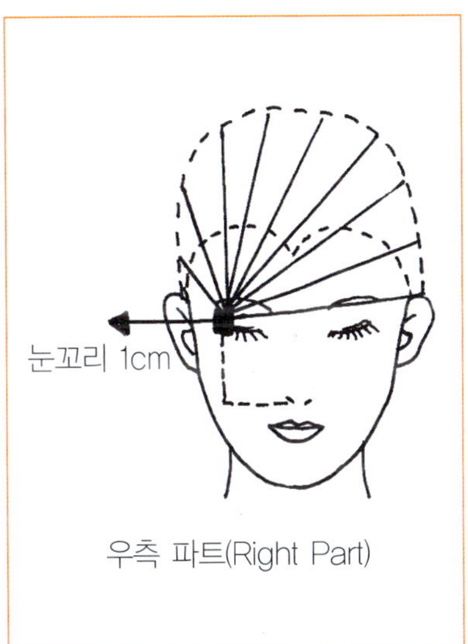

배치 : 변이 배치, 직각 배치
파팅 패턴 : 다이애 거널(Diagonal) 우측 파트

1. 코, 입, 턱선은 인테리어(Interior)와 솔리드(Solid)형의 엑스테리어(Exterior)가 결합된 주변의 두발이 최대한 무개를 지닌 전체적으로 두발 끝의 표면이 보이는 착각을 일으키게 된다.

2. 크레스트(Crest) 아래부분과 위부분에 결합된 그형은 두발주변의 무게가 유지되면서 확대된다.

3. 옆선도 눈 꼬리에서 코선을 중심으로 볼사이에 커트(Cut)를 할 때 주변두발의 정리와 선간의 두발이 뚜렸하면서 사이드 파트(Side Part)의 (좌,우) 윤곽이 선명한 개성을 연출시키는 두발결이다.

7 머시룸(Mushroom) 유 브이 커트(U.V CUT – I)

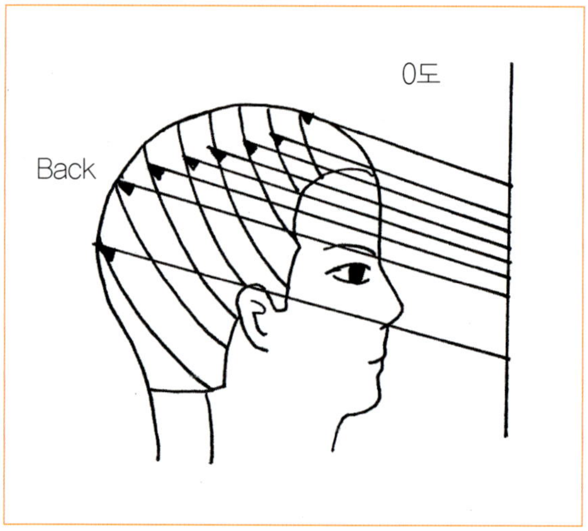

파팅(Parting)은 비 평행 파팅(Parting)으로, 커트자세는 호리존틀(Horizontal) 버티컬(Vertical), 다이에거널(Diagonal)이 사용된다.

1. 파팅(Parting)은 비 평행으로 하고 커트(Cut)의 자세는 호리존틀(Horizontal) 버티컬(Vertical) 다이에거널(Diagonal)등 (좌,우)에 쓰인다.
2. 길이 가이드(Guide)를 정할 때 하단, 중단, 상단, 턱, 입, 코의 여섯 단계가 있으며 원하는 길이에 정해서 커트한다. 이때는 원하는 길이보다 한단 2~3cm 아래에서 텐션을 주어 커트해야 한다. 텐션을 주어 늘어난 길이와 젖었을 때의 늘어난 길이를 계산해야 히므로 주의해야 한다.
3. 센터파트(Center Part)일 경우 시계바늘 12시와 6시, 3시와 9시로 선을 정한다. 좌,우 파트는(다이애거널) 1시와 7시, 11시, 5시 방향으로 정해 커트(Cut)한다.
4. 파팅(Parting)을 2-3cm정도 떠서 정한 길이와 방향에 맞추어 고정라인을 정하고 정한 고정라인에 맞추어 내이프(Nape)의 두발까지 끌어서 커트(Cut)한다.

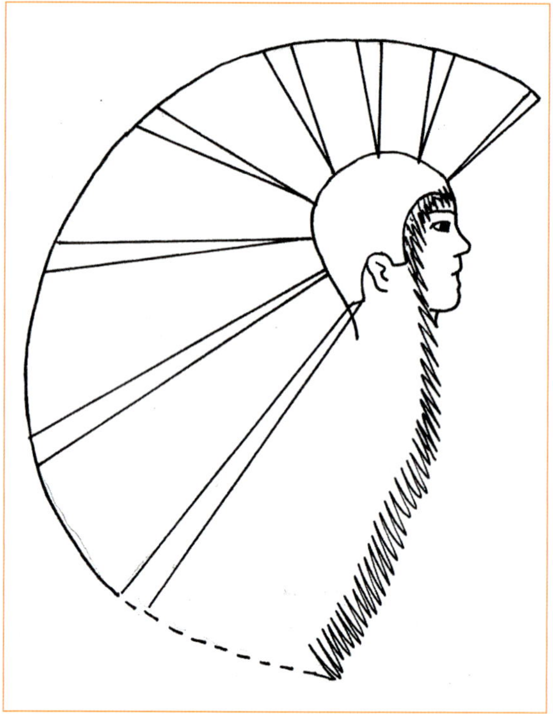

액티베이티드한 끝두발 단차가 네츄럴(Natural)해 보인다.

머시룸(Mushroom)의 옆모습

3. 후 대각 긴 헤어스타일 머시룸(Mushroom) 좌 파트 & 우 파트

1 적 용

1 전 대각 롱 헤어 우리나라에서는 머시룸(Mushroom) 좌측 가르마선 양옆에서ICm 슬라이스를 떠서 눈 꼬리에 길이를 정한다.

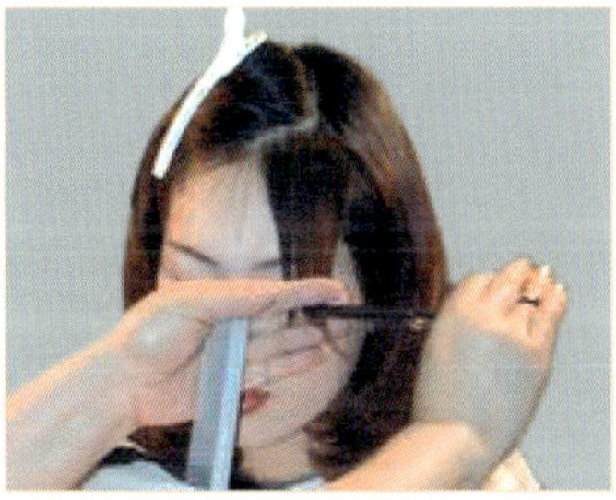

2 귀선의 두발도 고정길이에 맞추어 라인밖으로 나오는 두발은 전부 커트한다 .(수직파트)

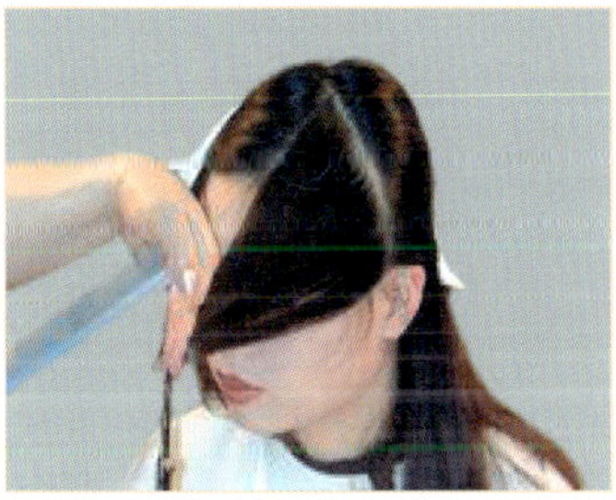

3 후방 중심부의 두발을 전부 앞으로 가져와 고정라인에 맞추어 커트한다.(수직파트)

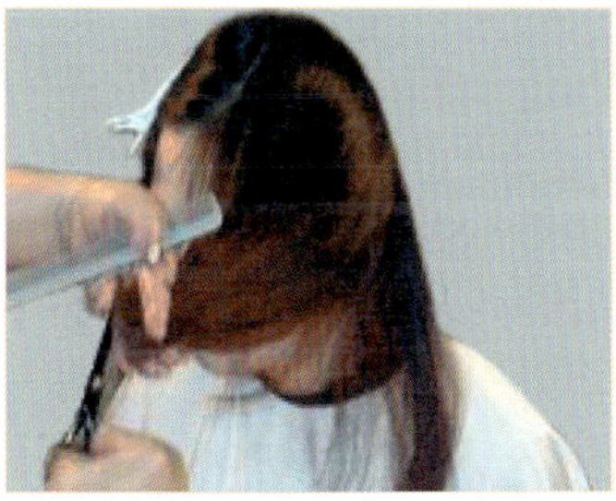

4 우측방향 파트의 두발도 눈꼬리의 밖으로 나오는 것은 커트한다.(사선파트)

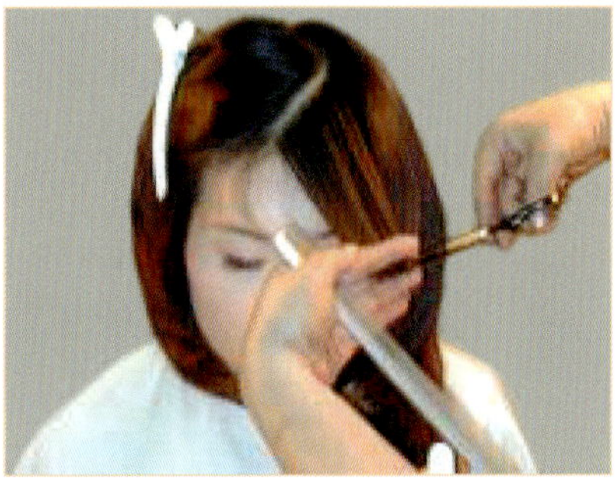

5 이 그림의 파트도 사선(Diagonal)으로 떠서 커트한다. 두발의 각도는 0° 도로 하고 빗의 각도는 90도를 한다.

6 이 그림도 사선(Diagonal)파트를 나누어 고정길이에 맞추어 커트한다.

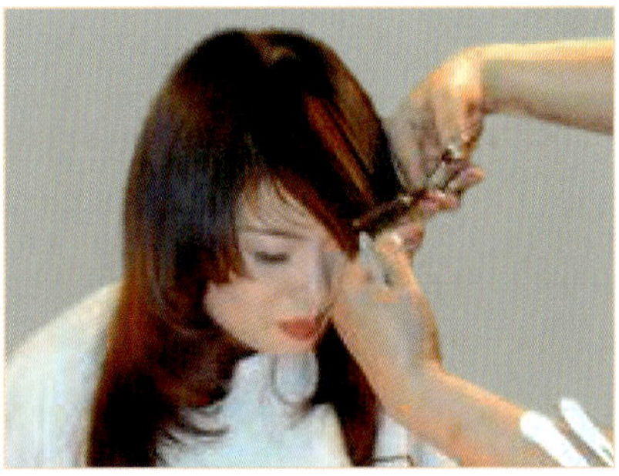

7 사선(Diagonal)파트를 떠서 6번의 방법으로 커트한다.

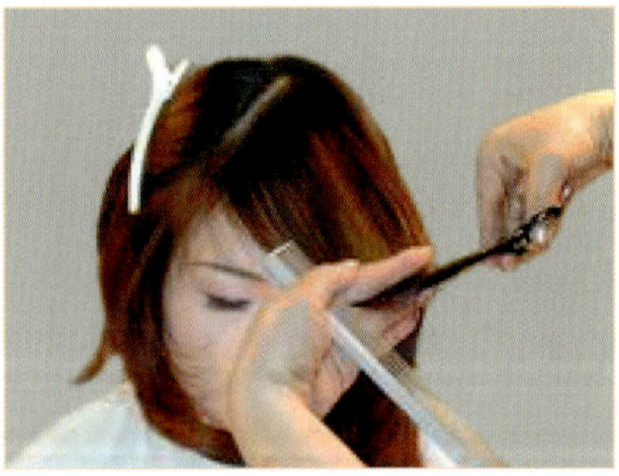

8 마지막으로 후방의 두발도 고정길이에 맞추어 0° 도로 빗질하여 고정길이에 밖에 나오는 두발은 전부 커트한다.

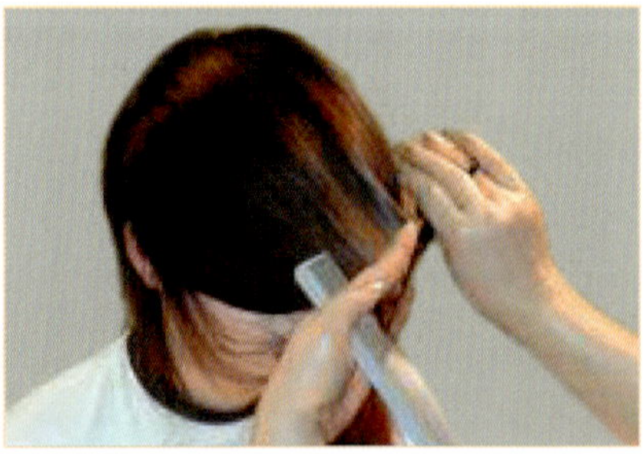

8 이 그림은 드라이어를 겉마름(Bevel up) 의형으로써 마무리 한 하프컬이다.

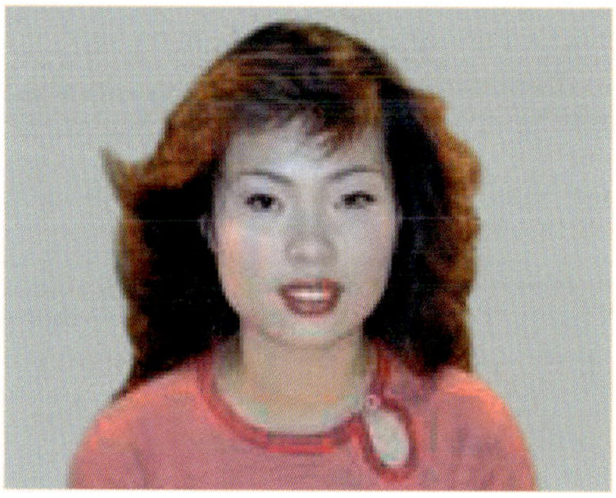

8 좌, 우측의 마무리형 커트로서 겉마름 드라이어를 해서 콤 아웃 한 형이다.

8 흔하지는 않지만 고객에 따라서 우측 파트(Part)를 선호하는 고객이 있다.
이럴때는 우측의 도해도처럼 디자인을 잡아주고 위의 좌측 파트(Part)의 방법으로 동일하게 커트 시술해주면 된다.

작업과정 Check List

주제 : 머시룸(Mushroom) U 혹은 V

<table>
<tr><th>작업
단계</th><th>작 업 내 용</th><th>준비물
(재료 및 제품)</th></tr>
<tr><td>준비단계</td><td>Tip</td><td></td></tr>
<tr><td>제작</td><td>Tip</td><td></td></tr>
<tr><td>사후작업</td><td>Tip
헤어드라이 사용 유/무
시술순서
헤어 아이론 스트레이트 유/무, 헤어 아이론 볼륨 유/무
시술순서
헤어컬러링 활용 유/무
시술순서
제품활용 유/무
1. 왁스(　) 2. 헤어무스(　) 3. 헤어젤(　) 4. 헤어스프레이(　)
5. 헤어오일(　)</td><td></td></tr>
<tr><td>점검사항</td><td colspan="2">□디자인라인 □섹션 □머리위치 □파팅 □배치 □판넬각
□시술각 □공상각 □두상각 □베이스 □텍스쳐관리 □텍스쳐테크닉</td></tr>
<tr><td>기억하기</td><td colspan="2"></td></tr>
</table>

D

인크리스레이어 (Increase layer)

1. 인크리스 레이어(Increase layer)

클래식한 두발 형태로서 다른 무게감 있는 블런트(Blunt) 커트와는 달리 무게감을 감소시켜 주는 커트형으로서 후방의 두발 길이를 길게하고, 탑(Top)에 두발은 짧게 단차가 심하게 보이게 하며 전면에서는 눈이 가리지 않게 하는 커트이다. 어깨 아래로 늘어지며 주변 머리결의 두발이 날카로워 보이는 샤프한 효과를 볼 수 있다. 롱 레이어(Long layer) 커트이다. 두상에 무게감을 감소시키는 다양한 종류의 머릿결로 증가형의 층(Increase layer)은 고객에 따라 다양한 디자인을 연출할 수 있다

우선 고객이 원하는 길이와 전체의 디자인을 결정하면 롱 레이어(Long layer)는 두상 안(Interior)에서 커트를 시작하는데, 커트 시작점은 탑(ToP)에서부터 시작한다. 탑(top)에서 두발의 길이는 약 5-7cm를 커트하고 그 길이를 고정라인(Feed line)으로 정하고 고정라인에 맞추어 방사선으로 돌아가면서 커트한다. 전체적으로 두발 층이 선명하게 보이는 커트로서 두발 전체에 무게감을 감소시켜 가벼운 느낌과 생동감을 줄 수도 있다. 커트 칼(Razor)이나 틴닝 가위 등을 이용하여 두피의 길이나 앞 두발 길이에 질감처리(Texture)를 하여 여러가지 다른 느낌의 헤어스타일을 연출할 수도 있다. 커트가 끝나면 아이론이나 드라이어로 겉 마름(Bevel up)과 안 마름(Bevel under)으로 마무리하여 고객이 만족할 수 있도록 연출한다. 두발 길이가 너무 짧은 것을 원하지 않을 경우 이어 하프(Ear half) 밑 선은 펴주고 이어 하프(Ear half) 위에서부터는 올려서 혼합형태로 마무리할 수도 있다.

시술 전

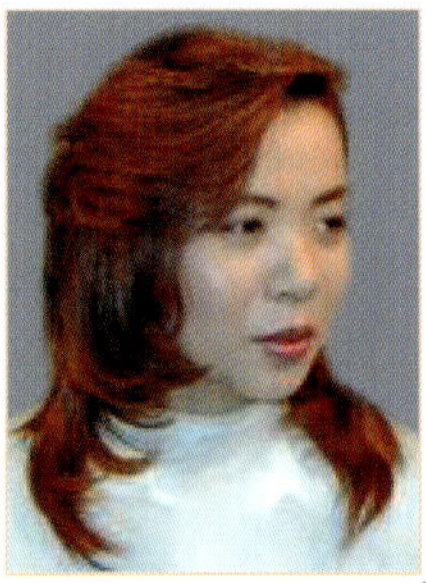
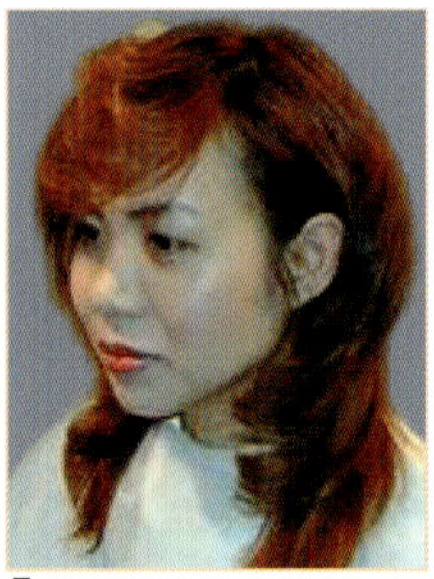
시술 후

1 적 용

1 고객이 원하는 전체의 디자인 라인을 먼저 구상하고 전체의 커트형이 정해지면 레이어(Layer)를 하기 위해서는 디자인 라인을 먼저 정해야한다. 디자인 라인은 앞의 두발을 탑(Top)에서부터 한번에 붙들고 빗질을 한 다음 코를 중심으로 방향을 잡아 길이를 정하고 커트 시술한다.

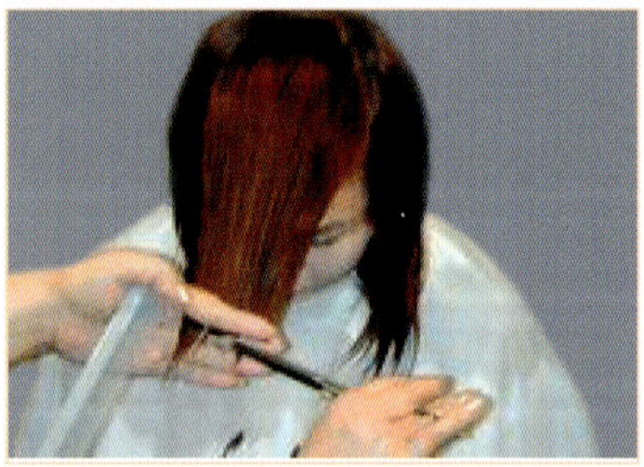

2 좌측 귀 선에 파트(Part)를 잡고 앞에서 커트한 두발과 연결하여 빗 질한 후 커트한다.

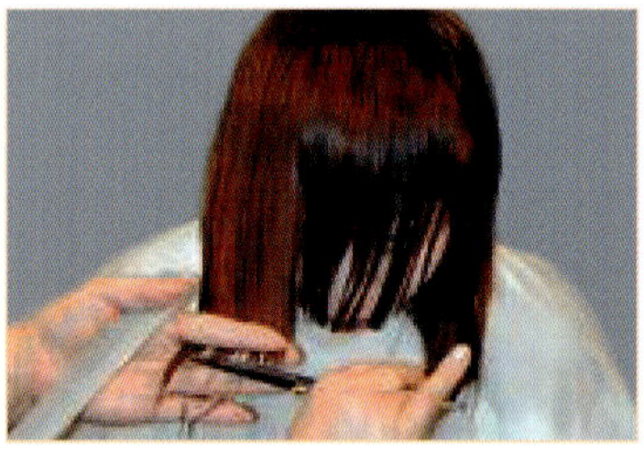

3 우측 그림과 같이 정면의 커트형이 나오며 좌측과 우측의 커트기법이 같으므로 앞과 좌, 우측 3단계로 나누어 커트하면 정면의 커트가 끝나며 후방의 두발과도 연결 되는 고객이 원하는 길이가 결정된다.

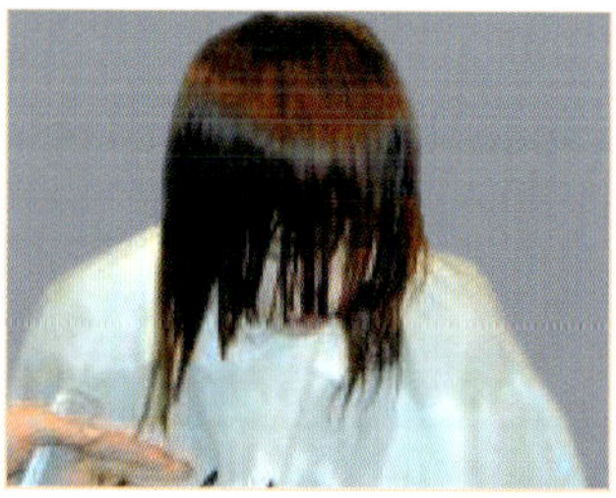

4 전체의 디자인 라인이 결정되면 능선(Crest) 위 부분(Interior)에서 커트 층을 주기 위해 정수리(ToP)에서 다시 길이를 약 5-7cm로 정하고 5-7Cm 각도는 90도 들어 커트한다.

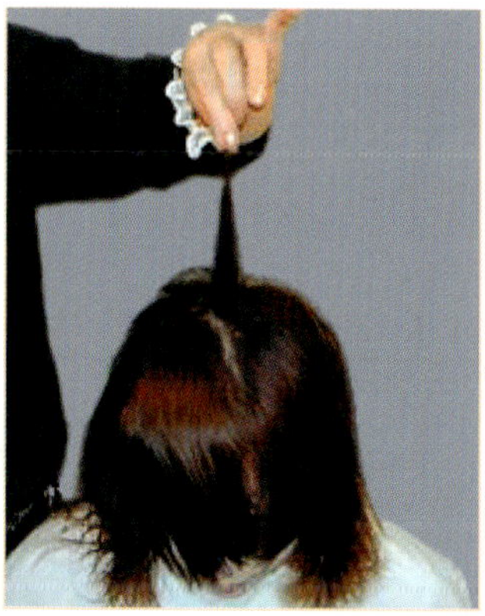

5 탑(Top)에 길이가 결정되면 그 길이를 고정라인으로 정하고 고정라인에 맞추어 방사선으로 탑(Top)을 중심으로 향하여 커트 한다. 선체의 두발 길이의 진행이 능선(Crest)위에서부터(Interior) 아래방향으로(Exterior) 연결되는 커트로서 증가하는 길이의 폭이 전체적으로 보이는 표면 머릿결이 된다.

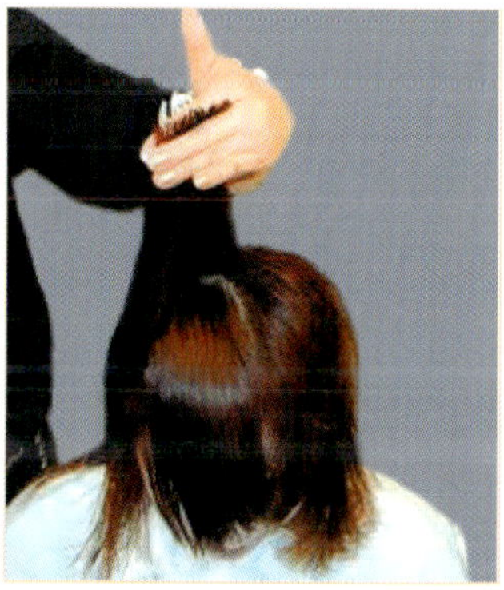

6 전체커트가 끝나면 드라이어를 해서 마무리(Comb out) 한다.

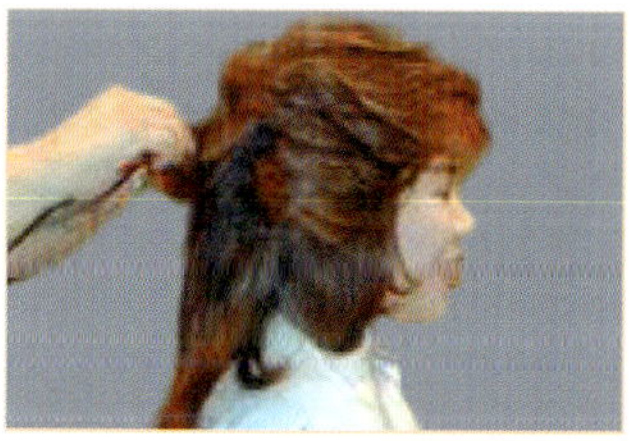

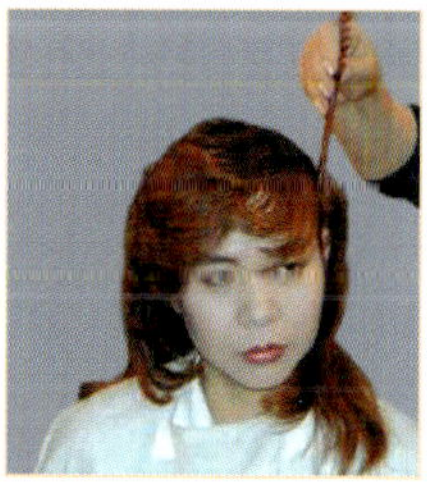

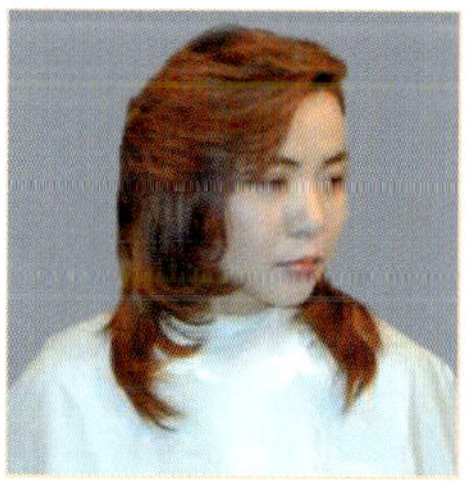

겉마름(Bevel Up)형의 후방의 형태를 볼 수 있으며 귀밑선은 스트레이트로 드라이를 펴주어 겉마름(Bevel Up)과 펴지는(straight) 누발의 혼합형 누 가지의 기법을 이 스타일에서 볼 수 있다. 드라이어 시술이 끝나면 자기의 개성에 따라 앞의 두발을 내리거나 혹은 C-컬을 주어서 앞이마를 노출시켜 자기만의 개성연출을 할 수 있다. 우측 부위는 빗으로 귀를 보이게 하면서 스프레이를 뿌려 마무리(Comb out) 완료 한다. 앞 두발의 드라이어는 겉마름(Bevel Up)으로 드라이를 해서 일반적으로 인크리스레이어(Increase-Layer)형의 길이의 단차가 심하며 롱 머시룸(Long Mushroom)과 레이어(Layer)의 혼합형으로 불균형 커트다. 우리나라에서는 거지커트라고도 한다.

2. 갈대형 커트 패션 커트

헤러라인의 2~3cm는 길게(Long Hair) 남기고 층을 준다.
두상 안의 두발은 이동라인으로 짧게 커트한다.
두발 숱이 가벼운 가을의 갈대같은 자유로운 형태로 만들어진 쇼트컷과 롱의 비대층 커트이다.
이 커트의 완성(Clever) 작품은 콤비네이션(Combination)이다.

3. 응용편

1 인크리스 –레이어(Increase-Layer) 변화 – 1

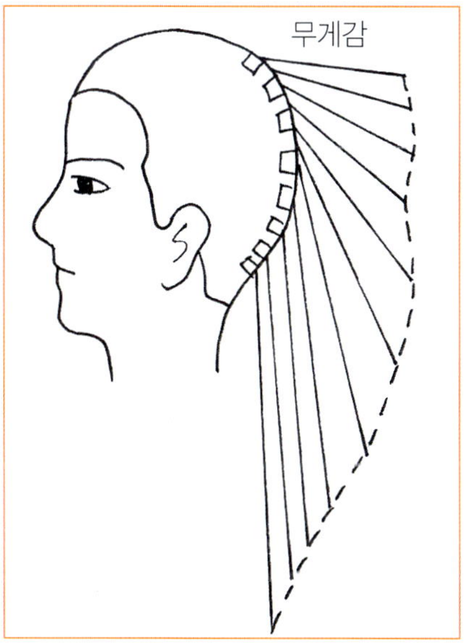

Texture(텍스쳐)

인크리스 – 레이어(Increase-Layer)형은 두발 길이의 진행형 인테리어(Interior)에서 엑스테어리어(Exterior)로 이어져 무게가 보이지 않은 머리끝이 전체적으로 보이는 표면 두발결이 된다. 일반적으로 인크리스 – 레이어(Increase-Layer)의 모양은 길어진 단차가 심하다.

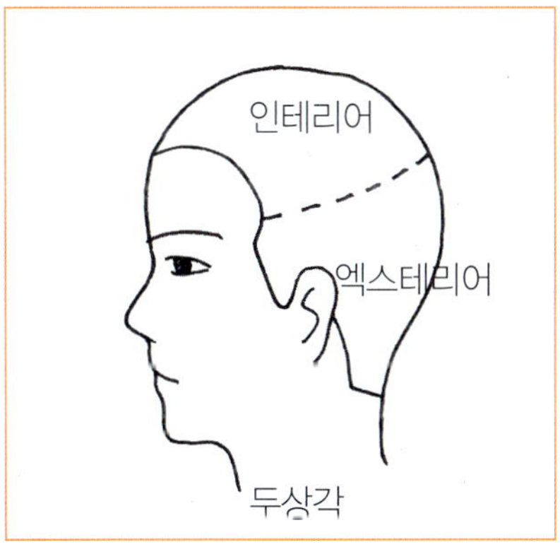

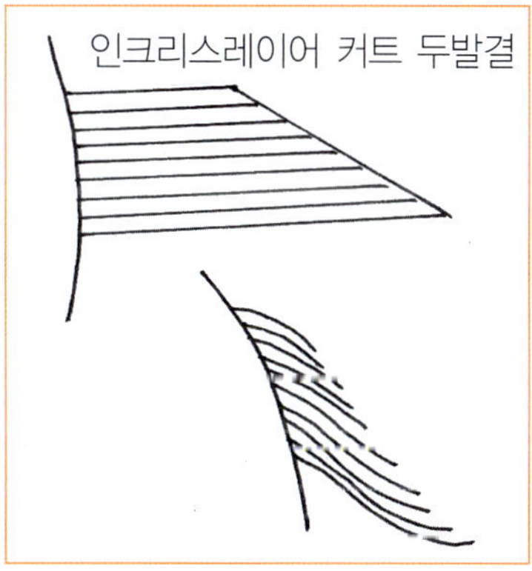

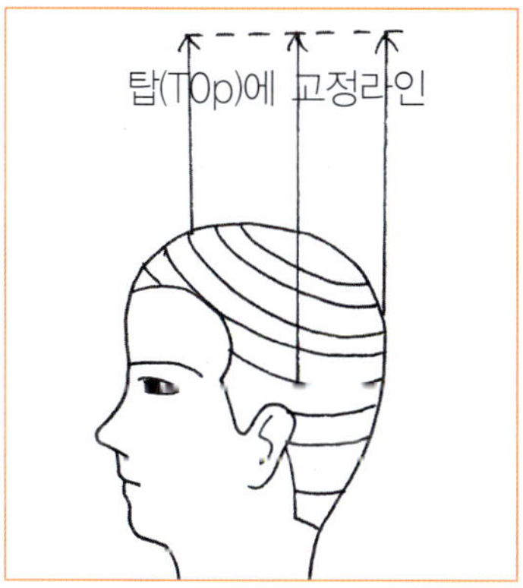

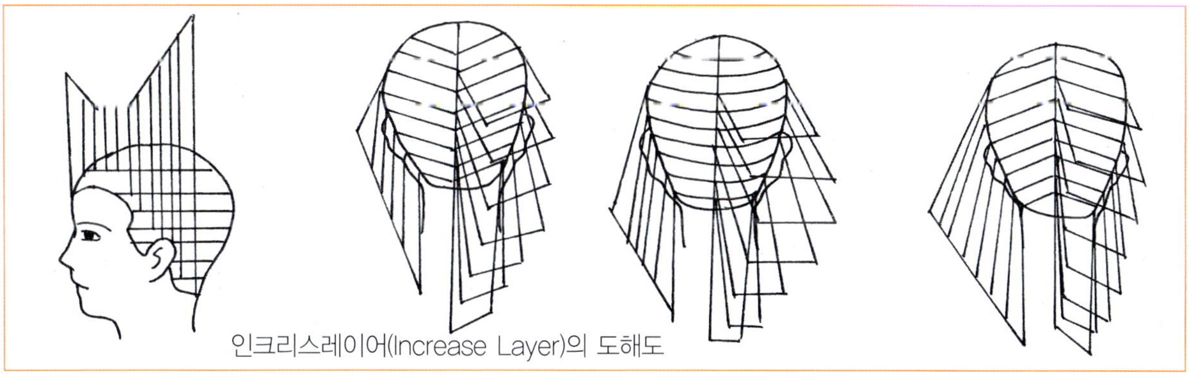

인크리스레이어(Increase Layer)의 도해도

2 인크리스 -레이어(Increase-Layer) 변화 - 2

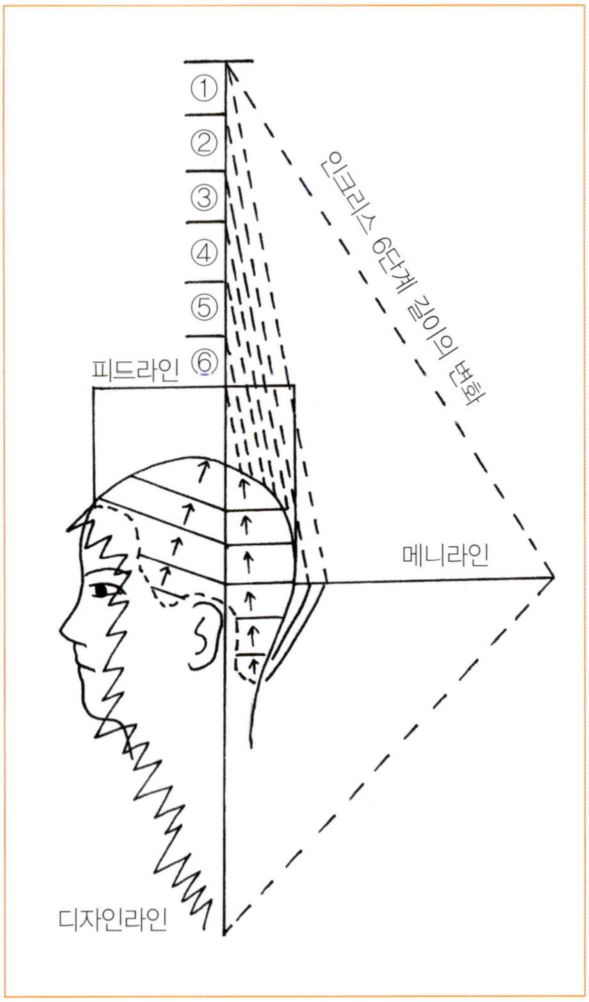

1. 탑(Top)에서 길이가이드를 정한다음 커트(Cut)를 한다.
2. 파팅을 3-4cm 정도를 탑으로 올려 세이핑 한다. 탑(Top)에 고정라인에 맞추어 커트(Cut)한다.
3. 탑(Top)에서 1번부터 6번까지 두발 길이에 단차를 내고 싶은 번호에 맞추어 커트(Cut)하면 손님이 원하는 단차의 층을 낼 수 있다.
4. 예를 들어 딥(Top) 길이의 1번을 커드를 하면 두발의 마지막 길이의 단차가 조금 나면서 손상된 두발만 정리된다. 무거운 형의 차이가 심하지 않고 거의 원상태로 보인다.
5. 그림의 2-3번도 크게 단차가 없다.(언엑티베이티드, 엑티베이티드)
6. 그림의 4,5,6번은 엑티베이티드 하게 끝 두발이 보인다.(헤어층이 보인다.)
7. 인테리어와 엑스테리어를 구분해서 어느 방향으로 선정하든 자유롭게 할 수 있다.
8. 인크리스 레이어는 고정라인에 맞추어 커트(Cut)할 때는 엑스테어리어 방향이 무게감을 더해준다.
9. 엑스테리어 방향도 가볍게 커트하고자 할 때는 다중라인을 정한다음 다중라인에 맞추어 커트(Cut)하면 전체의 두발이 가볍다.
10. 앞 두발은 탑에 두발과 멧치커트한다.
11. 최대한의 길이를 유지하는 긴 두발을 만들기 위해 움직임이 부드럽고 흐르듯 이어져 보이는 커트이다.
12. 라인에 무거움을 남긴 레이어커트(layered-cut)이다.
13. 앞에서 뒤까지 균등하게 균형잡힌 레이어는 표면의 두발끝이 드러나게 하며 볼륨을 만들어 준다.

3 인크리스 레이어 전체길이와 인크리스형 전면(Increase-Layer) 변화 - 3

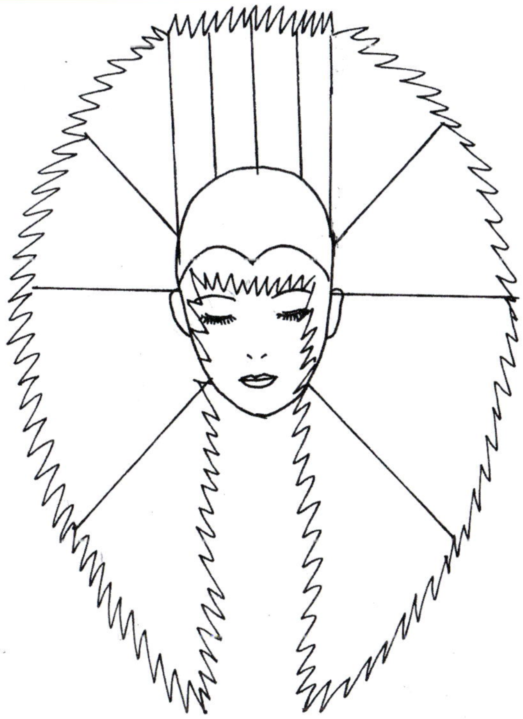

14. 헤어라인 주위의 앞 두발을 커트하기 위하여 시술 각을 더 많이 보이게한다.
15. 인테리어의 길이를 더 길게 하거나 프린지를 더 짧게 할 수도 있다.
16. 비율은 기준의 인테리어와 엑스테리어의 두발 길이와 원하는 길이에 따라 변할 수 있다. 여기에서 이 실습에서 사용된 두발비율을 볼 수 있다.
17. 인테리어와 엑스테리어의 두발길이를 비교한다. 엑스테리어의 두발길이가 인테리어의 디자인라인에 이를 만큼 충분히 길지 않다는 것을 알 수 있다.(다중라인에서)

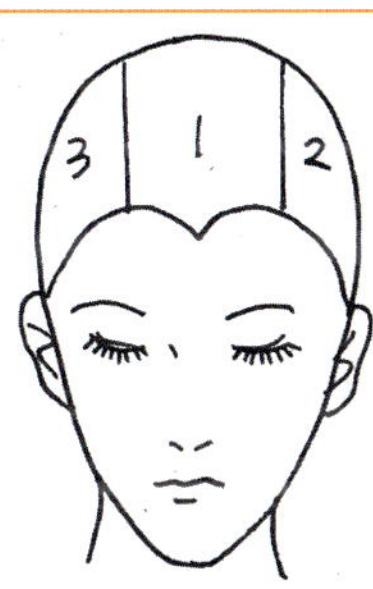

두상베치 전면

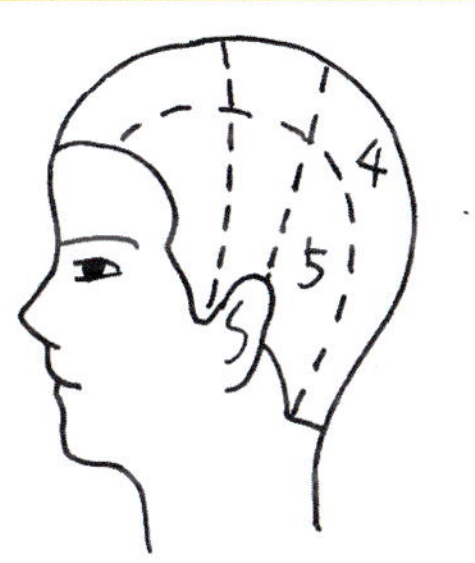

두상베치 측면

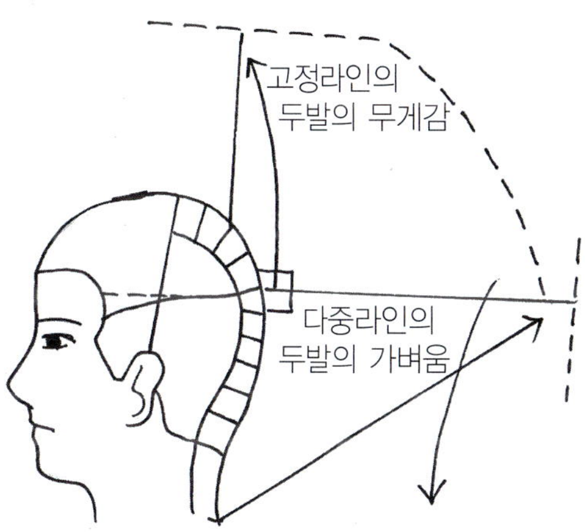

*롱 헤어에서 쇼트까지 여러가지 길이 변화로 실습 내기를 할 수 있다.

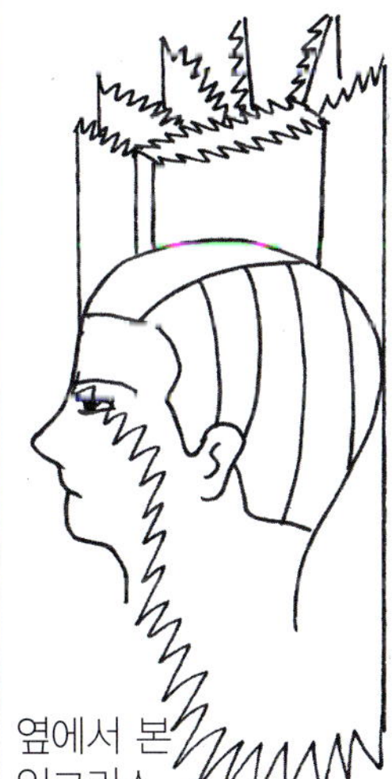

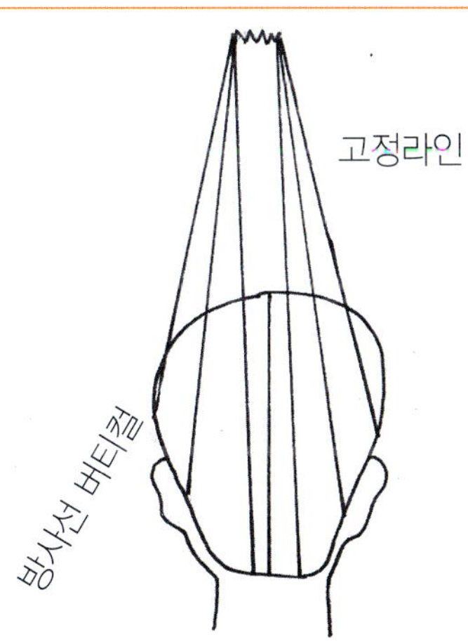

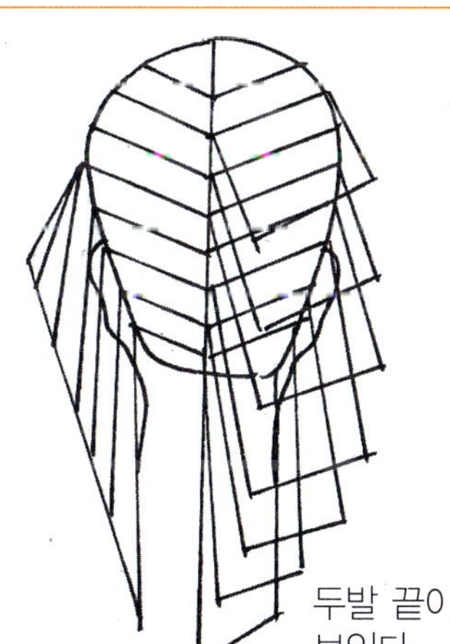

작업과정 Check List

주제 : 인크리스레이어(Increase layer)

작업 단계	작 업 내 용	준비물 (재료 및 제품)
준비단계	Tip	
제작	Tip	
사후작업	Tip 헤어드라이 사용 유/무 시술순서 헤어 아이론 스트레이트 유/무, 헤어 아이론 볼륨 유/무 시술순서 헤어컬러링 활용 유/무 시술순서 제품활용 유/무 1. 왁스(　) 2. 헤어무스(　) 3. 헤어젤(　) 4. 헤어스프레이(　) 5. 헤어오일(　)	
점검사항	□디자인라인 □섹션 □머리위치 □파팅 □배치 □판넬각 □시술각 □공상각 □두상각 □베이스 □텍스쳐관리 □텍스쳐테크닉	
기억하기		

E

후대각 커트
(Convex cut)

1. 후 대각 블런트 커트

후 대각 블런트 커트는(The Diagonal Back Blunt Cut) 유동적으로 보이게 만들어주는 연속적인 2차원적 선의 곡선을 가지고 있다. 전방은 더 짧게 보이고 그때 상대적으로 후방의 중심부는 더 길어 보여서 여성스러운 이미지를 더욱 극대화 시켜준다. 이 스타일의 헤어라인은 단순 간단해 보이면서도 움직임이 대단히 자연스럽고 유선형의 무한 곡선을 자아내기 때문이다. 그 이유는 초기의 비달사순(Vidal Sassoon)은 스타일을 유난히 고집했고 그것은 세계적인 무용가였던 이사도라 던칸(Isadora Duncan)의 헤어스타일에 접목되면서 영혼을 불사르는 듯한 그녀의 무용은 동작 하나 하나에 있어 무용의 시적 감흥과 고전적인 미를 증폭시켰으며 '이사도라' 커트라는 별칭으로 세계적으로 이름이 알려지는 계기가 되기도 했다. 후에 후 대각 일자커트(The Diagonal Back Blunt Cut)는 비달사순〈Vidal Sassoon〉으로 하여금 영감을 고무시켜 커트를 응용한 새로운 이름의 밥(Bob)이라는 그 만의 새롭고 독특한 스타일을 만들어 내는 밑걸음이 되기도 하였다.

참고

① 블런트 커 트(Blunt cut)란

블런트(Blunt)의 사전적 의미가 '둔하고 무디다'라는 의미가 있는 것처럼 두발을 줄여 가면서 커트하는 것이 아니고 한꺼번에 머리카락을 잘라서 질감이 날카로움 보다는 무디고 둔한 느낌을 주는 커트다. 일직선 커트라고도 하고 원랭스(One length) 커트라고도 한다. 그리고 대부분의 커트가 질감이 둔하며 무게감이 느껴지기 때문에 솔리드(Solid)형 커트라고도 한다.

② 이사도라 던칸(Isadora Duncan, 1878–1927)

미국의 샌프란시스코에서 1878년에 태어난 그녀는 세계적으로 유명한 무용가였다. 댄스(Dance)를 단순히 무희(舞姬)가 아닌 철학으로 승화시킨 사람이다. 처음에 그녀의 고향인 미국에서 그녀는 단지 술집의 무희(舞姬)에 지나지 않았다. 하지만 그녀의 춤에 삶과 영혼이 담겨 있는 것을 발견한 영국의 켐벨이라는 극장 메니저는 그녀를 발탁해서 그녀를 영국과 프랑스로 데려가서 무대에 선을 보이게 했다. 공연은 대 성공이었고 관객들에게 많은 지지와 호응을 받았다. 영혼의 날개 짓을 하듯 활개치는 그녀의 춤 세계는 그녀를 이해 못했던 미국의 관객과는 달리 유럽의 관객들은 그녀의 춤 세계를 극찬 했던 것이다. 특히 파도나 바람 같은 자연 현상에서 영감을 얻어 유연한 동작으로 내적 감정을 표출했던 그녀는 특히 대영박물관에서 고대 그리스의 조각들을 보고 흐르는 인체 곡선의 아름다움을 자연과 접목시키면서 그녀의 예술세계는 더욱더 빛을 바랬으며, 독일에서는 니체의 사상에 깨우침을 받아 춤에 접목시킨 그녀는 춤은 인간의 영혼을 가장 자유롭게 표현하여 종교의 경지에까지 이르는 고도의 예술임을 선언했다 부모의 불행한 결혼을 보고서 이미 열두 살 때 독신을 맹세한 그녀였지만, 사랑이 없는 춤은 거짓이라는 것을 알게 된 그녀는 다가오는 사랑 앞에 물불을 가리지 않는 그녀가 되었다. 1906년에 런던의 무대 디자이너 고든 크레이그와의 사이에서 첫 딸을 낳게 되었고, 1910년에는 미국의 부호 파리스 싱어에게서 아들을 낳았다. 그리곤 1913년에는 두 아이가 유모와 함께 자동차에 탄 체 세느강에 익사하는 비운도 겪게 되었다. 불행을 딛고 하리에 다시 학교를 열려던 계획이 제1차 세계대전의 발발로 무산되자 미국으로 돌아갔던 그녀는 세 번째 아이를 사산했고, 종전 후 남아메리카, 독일, 프랑스 등지에서 순회공연을 계속했지만 이전만한 성공은 거두지 못했다. 1920년에는 모스크바 무용학교 설립을 위촉 받아 러시아에 갔다가 17세나 연하인 천재시인 에세닌을 만나 결혼했으나, 당시 반공산주의 분위기가 팽배해 있던 미국에서 두사람은 '볼셰비키' 로 낙인 찍혀 다시금 방랑길에 올라야 했다. 프랑스 남부의 항구 도시인 니스(Nice)에서 그녀는 뜻밖에도 그녀의 스포츠카 안에서 목뼈가 부서진 채로 그녀의 목에 걸린 스카프와 그 스카프가 자동차 바퀴와 얽혀 메어진 채 1927년 자동차 안에서 운명을 다했다.

두발 길이의 장단(長短)과 컬러링(Coloring) 그리고 아이론(Curling iron)등의 효과로 다양한 후 대각 블런트 커트(The Diagonal Back Blunt Cut)의 변화를 볼 수 있다.

1 디자인 파트 잡기

전방의 가름마부터 중앙 정수리 부분까지 인위적으로 디자인 파트를 잡아 준다.(샌터 파트)

2 잡는 자세(Holding position)

시술하는 동안 두발을 밑으로 당기지 않는 상태에서 0°의 각도(두발이 자연스럽게 떨어진 상태〈자연배치〉)로 빗질하고 잡는다. 전방의 헤어라인 주위를 사이드 파트로 나눈 두발을 가져와 클립으로 고정하고 커트는 옆선 헤드라인 곡선을 따라 커트한다. 이때 커트가위를 들지 않고 손등과 목이 마주보게 두발을 잡고 목부위의 두발을 커트함으로서 무딘(Blunt)효과를 나타낼 수 있다.

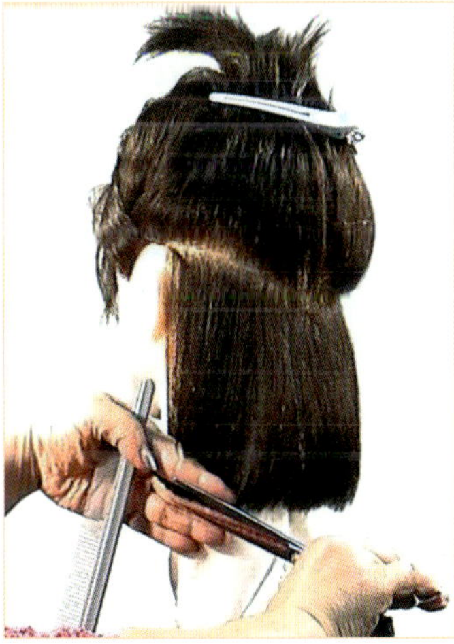

3 두상 자세 (Head position)

시술자가 시술시에는 손님의 두상위치를 후두부부터 정상까지 일직선으로 똑바로 세운 자세가 필요하다. 그 이유는 나눠지는 파트가 후방에서 전방의 헤어라인까지 연장하기 때문에 전체적인 파트의 균형이 여기서 좌우되기 때문이다. 후대각 라인을 만드는데 있어 적절한 균형을 유지하기 위해서는 시술자 또한 똑바른 자세를 유지하여야 한다.

4 커트자세 (Cutting position)

목부위의 어느 한쪽에 후 대각라인을 따라서 손을 정렬하고 새끼손가락 끝 밑선을 따라서 커트한다. 목선위로 사선을 따라서 손가락 사이로 두발을 잡는다.

5 가위자세(Scissor Position) 커트가위를 쥔 손(우측 손)을 기준

두부의 좌측 부분은 좌측 전체를 손바닥을 하향 가위 자세(Pdlm-down scissor Position)를 취하고, 우측은 두번 자세를 바꾸어야하는데 목선(Nape line)의 우측은 손바닥 상향 가위자세(Pdlm-up scissor position)를 취하고 우측 전방부위에 커트되지 않은 부분은 손바닥 하향 가위자세(Pdlm-down scissor position)로 돌아가서 커트한다.

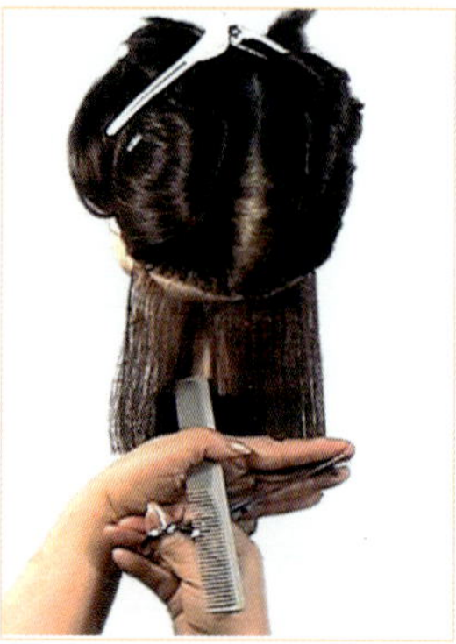

6 고정 가이드(Stable guide)

길이 가이드(길이는 유동성이 있다.)를 먼저 정하고 그 다음 파트부터는 길이 가이드에 맞추어 커트한다. 이때 이 길이 가이드를 고정가이드라고 한다. 고정가이드는 무딘(Blunt)효과를 표현할 두발을 첨부터 끝까지 안정되게 커트할 수 있다.

7 적용

후 대각의 도해 평면은 턱 선에서 두부 후방의 옷의 칼라(color)부위까지 움직인다. 파트(Part) 나누기는 목선에서부터 사선(V자형)으로 약 2cm 정도 간격을 두면서(약 8등분 현재 미용사 국가 고시 기준) 두부의 가장 정수리까지 연장해서 나누고 측면의 두발도 같은 방법으로 파트를 나누면서 커트 시술한다. (업소에서는 대부분 4등분으로 넓게 파트를 나누어준다.) 후방 중앙부위의 목선(Nape line)에서 위로 약 1Cm정도, 좌, 우측 목선(Nape line)의 각각의 귀반에서 위로 약 3Cm 정도로 첫 파트(Part)를 잡는다. (V자형의 후 대각라인을 형성할 수 있게 된다.)

1. 먼저 후방부위의 두발을 전방에 갈라놓은 가르마에 맞추어 좌우로 크게 두발의 섹션을 가르고 첫번째로 커트 할 파트(Part)를 V자형으로 나누어 주고 그 파트를 종(縱)으로 반 가른 후 시술자가 고객과 상의한 두발의 커트 길이만큼 중앙에서 좌측으로 미리 나눈 V자형 파트(Part)에 맞추어 평행하게 커트한다. 여기서 시술자 몸은 가르마(parting) 위치와 똑바로 선 상태에서 커트할 우측은 손바닥 하향(下向)자세(palm-down cutting position)로 커트하면 시술이 간편하다. 중앙에서 측면까지 사선으로 커트하는 방향은 마지막 파트(Part)까지 시술방법이 동일하다. 네이프의 길이는 9-10cm로 커트 한다.

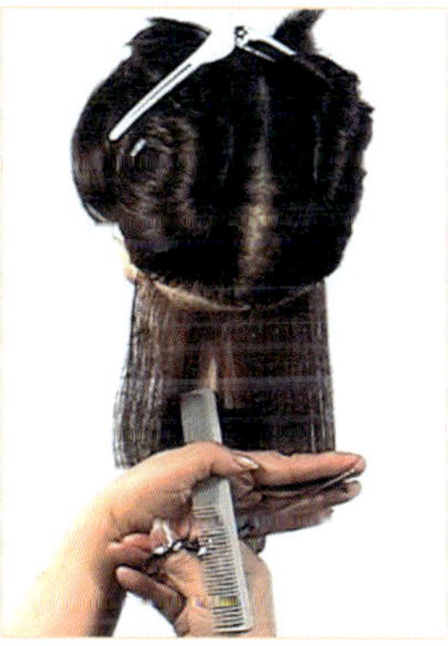

2. 우측은 앞에서 서술한 것처럼 커트가위를 쥔 손의 위치는 손바닥 상향(上向)자세로서(palm-upcutting position)커트 시술한다. 단, 이어 탑(Ear top) 전이 모든 파트(part)에서는 측면의 두발을 커트할 필요가 없기 때문에 손바닥 하향사세(palm-down cutting position)는 생략한다. 커트를 할 때는 빗의 각도를 90도로 세워서 두발을 빗질하면 두발의 난 선이 그대로 유지되며 커트 시술시 불균형한 길이가 나오지 않기 때문에 정확한 디자인 선을 구할 수 있다. 커트는 두발 중앙에서 우측으로 미리 나눈 사선형 파트(Part)와 손가락 위치가 평행하게 커트한다.

3 두번째 파트(part)는 첫번째 파트에서 위로 약 2Cm정도 위에 파트(Part)를 다시 잡아주고 첫번째 커트해 놓은 길이에 맞추어(《Stable guide고정가이드》) 사선형으로 좌, 우측을 커트한다.

4 세번째 파트(part)도 역시 두번째 파트에서 위로 약 2Cm정도 위에 파트(Part)를 다시 잡아주고 첫번째 커트해 놓은 길이에 맞추어(《Stable guide 고정가이드》) 사선형으로 좌, 우측을 커트한다.

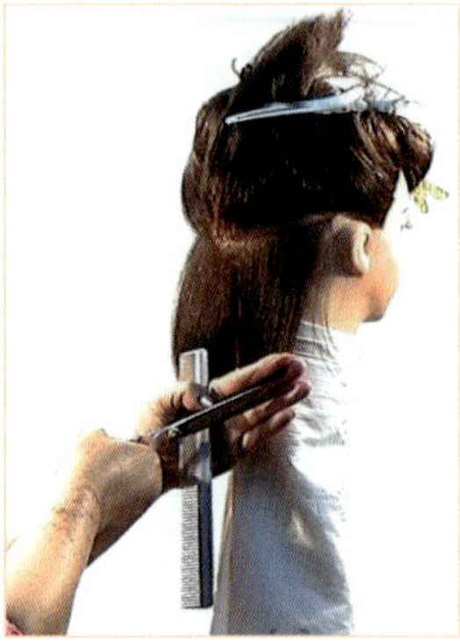

11 세 번째 파트(Part)부터는 이어 탑(Ear top)위를 파트(part)가 지나가기 때문에 후방의 두발은 물론이고 측면의 두발까지도 같이 하나로 연결해서 커트 시술을 해야 한다. 두번째 파트(Part)에서 위로 2Cm정도 지점에 후방 중앙으로부터 평행으로 전방 까지 파트를 좌, 우측 나누고, 좌우양쪽 전방측 두발을 1Cm씩 안면부 중앙 밑으로 가져와 좌, 우측의 두발의 길이를 맞춘다.

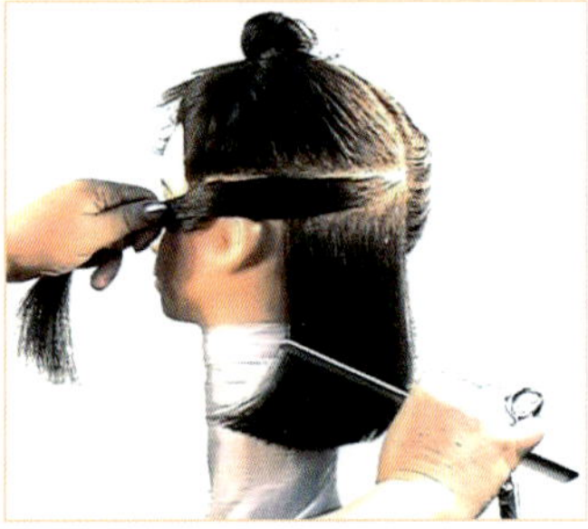
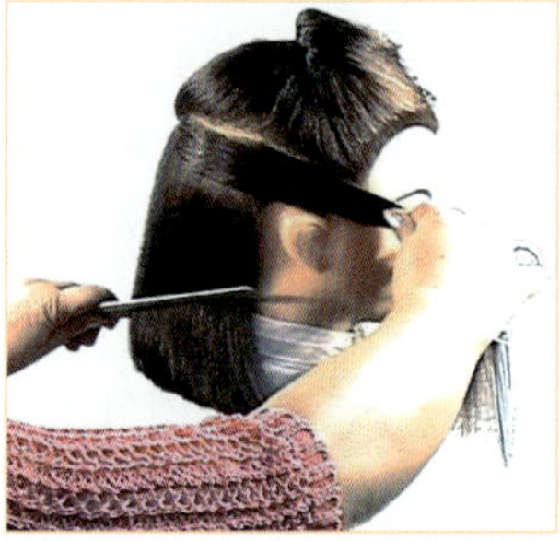

6 다섯번째 파트(Part)는 네번째 파트(Part)와 동일하게 2Cm 위로 올려서 파트(part)를 잡은 다음 커트를 계속 좌, 우측을 시술한다.

7 여섯번째 파트(Part)도 역시 다섯번째 파트(Part)와 동일하게 2Cm 위로 올려서 파트(Part)를 잡은 후 커트를 계속 좌, 우측을 시술한다.

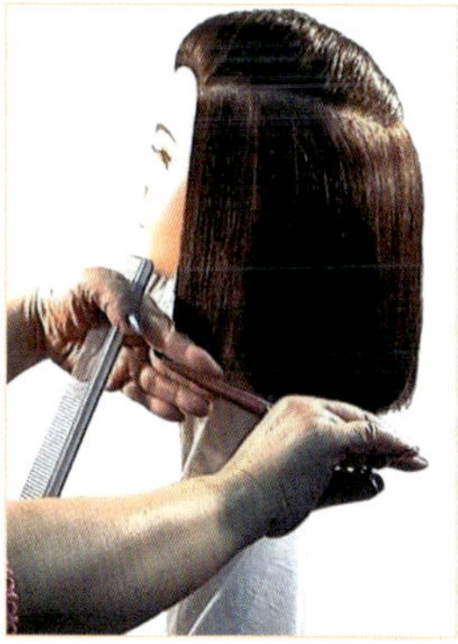
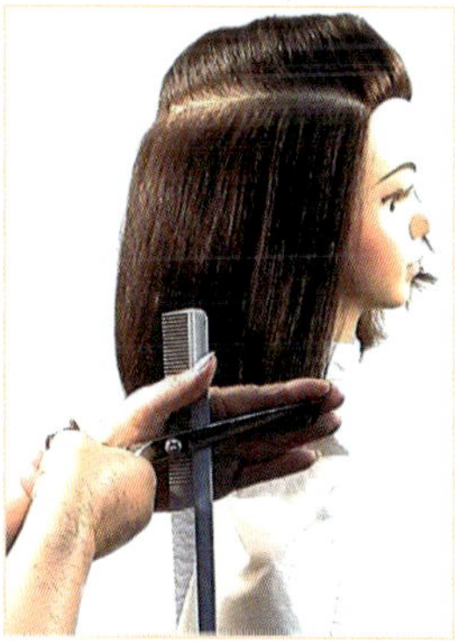

8 일곱번째 파트(Part)도 역시 여섯번째 파트(Part)와 동일하게 2Cm 위로 올려서 파트(Part)를 잡은 후 커트를 계속 좌, 우측을 시술한다.

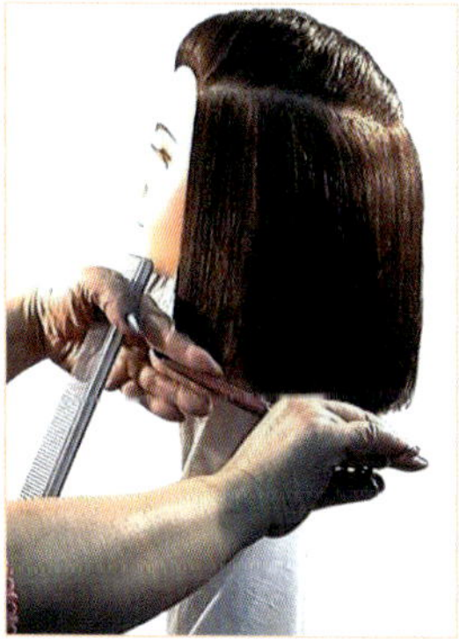
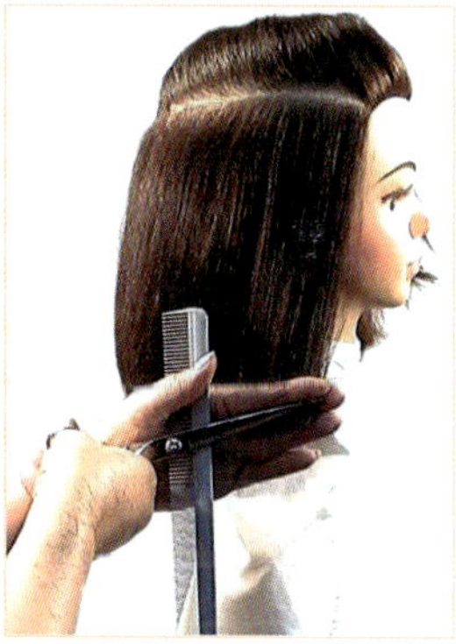

9 여덟번째 파트(Part)는 정상에서 완전히 두발을 내리고 전방 주위 두발과 측면 부위의 두발를 함께 잡고 고정 길이에 맞추어 커트한다.
여기서 측면에서 후방의 중앙으로 떨어지는 후 대각라인(Diagonal ack line)과 전방의 두발 끝라인이 자연스러운 연결이 되도록 해야하며 고객의 머리(head)를 똑바로 세웠을 때 두발이 자연스럽게 후 대각라인(Diagonal back line)을 형성하는 기본적인 커트다.

마무리 된 커트에서 확실한 후 대각선 라인이 나타남을 볼 수 있다.

2. 응용편

1 후대각(Convex)

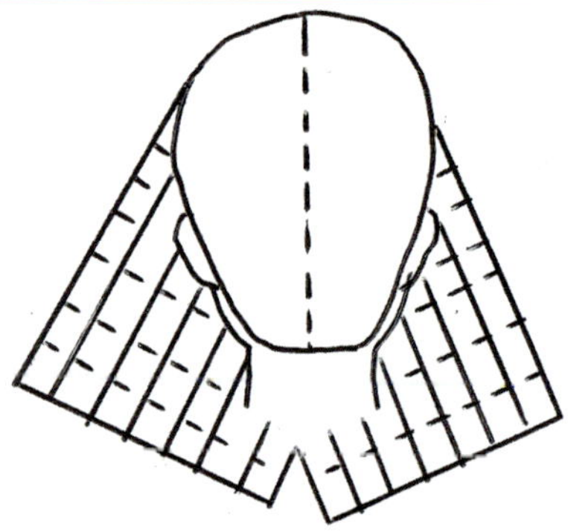

컨백스라인은 반구의 바깥방향처럼
바깥으로 굽어있다.

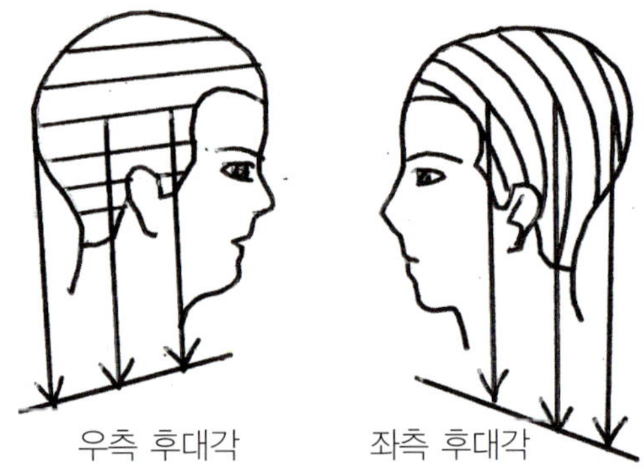

평행각(Diagunal Right)

볼록곡선(U자라인)
(Convex)

버티칼 방사선 빗질
래미랄 섹션(Radial Section)

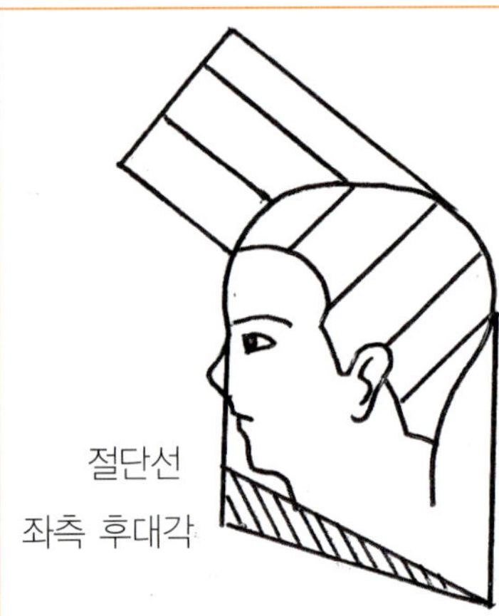

정면(Front)수직빗질 자연배치(Natural Inversion)

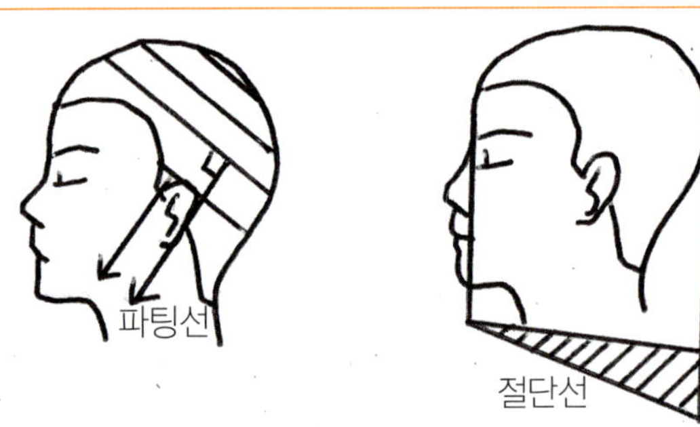

컨백스(Convex)

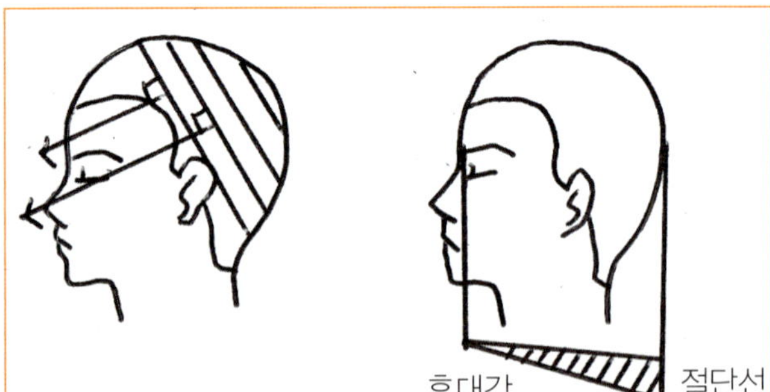

2 후대각 컨백스(Convex Cut)

애서매티트릭(beloved)한 귀여운형
매력이 가득한 원랭스 헤어이다. 어려보이는 형 옆두발끝이 올려 보이면서 귀여워 보이는 매력이 있는 커트이다. 얼굴이 작아보이는 것이 특징이다.

시험용(medium)

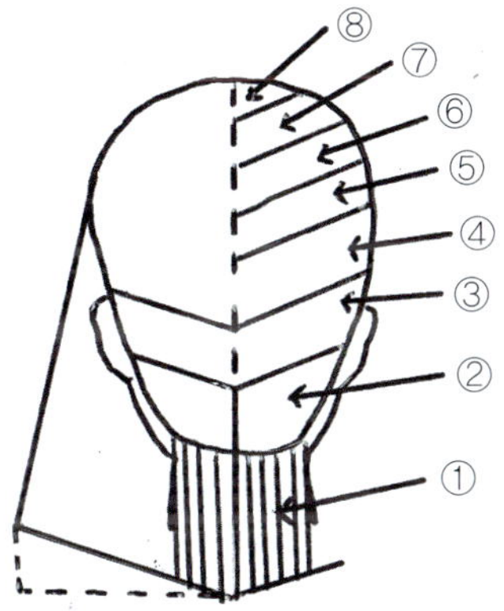

(1~8까지 베이스 나누기)

1. 브로킹을 4등분으로 나눈다.
2. 1번부터 8번까지 베이스를 1-2cm로 나눈다.
3. 네이프에서 길이 가이드를 8-9cm를 커트(Cut)한다.
4. 8-9cm 커트기준선을 잡는다.
5. 빗의 각도는 90도로 세운다.
6. 후대각파팅으로 파팅을 뜬다.
7. 파팅 위치와 손가락 위치와 평행하게 커트(Cut)한다.
8. 후대각 라인에서 커트하되 후면의 길이가 증가되면서 주변두발의 무게감과 부드러운 표면이 유지된다.

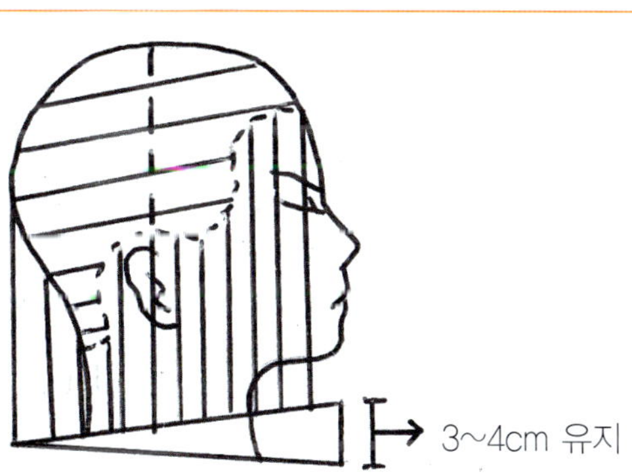

(후대각파팅)

(옆 헤어라인은 약간의 곡선을 만들어 배치)

(귀 위에서 텐션은 자연각)

3 후대각(Convex)

이마를 보여주는게 효과적

직장에서 누구에게나 호감을 주는 단발이라면 바로 이 스타일이다. 정면의 두발을 뒤로 넘기고 뒤에서 고정시키며 이마는 팽팽함을 주기 위해 젤이나 스프레이를 발라서 콤아웃한다.

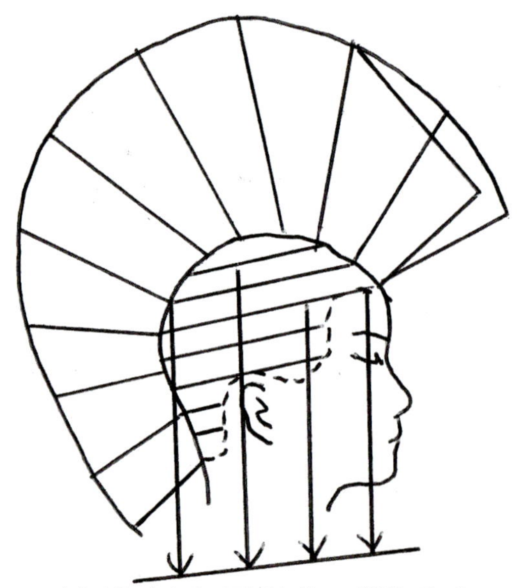

(파팅위치와 손가락 위치는 평행을 유지)

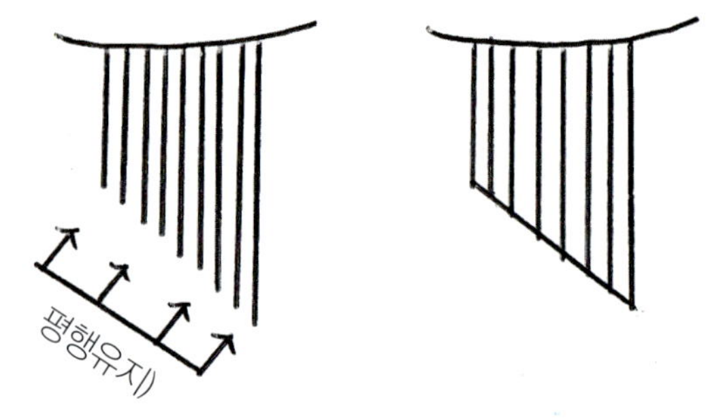

9. 이어의 파팅들은 처음의 디자인 라인에 평행하게 된다.
10. 앞부분의 헤어라인을 커트할 때 머리(head)를 약간 곡선을 만들어 배치한다.
11. 이렇게 함으로써 사이드에서 무게선을 유지할 수 있다.
12. 두발은 커트할 때 이배치를 흐트러뜨리지 않도록 한다.
13. 자연시술각과 사선 파팅을 사용하면서 계속해서 커트한다.
14. 손가락을 기본 파팅에 평행하게 놓고 U라인의 중앙을 커트하고 비평행으로 하여 사이드 대각으로 커트한다.
15. 계속 커트해 갈 때 사이드가 평행한지를 확인한다.
16. 백과 사이드섹션을 끝내면서 직각배치를 유지한다.
17. 솔리드형의 특징적인 표면모양은 후면의 U라인을 돋보이게 할 것이다.
18. 앞두발의 대각선들은 이형을 더 아름답게 하며 우아한 느낌을 준다.

4 컨백스(Convex)

부드러운 분위기에 세련된 감각

커트의 대단함이 결정되는 와일드한 형

노파트에서 정면으로 향한 두발끝의 생동감이 포인트다. 레이저로 앤드테이퍼해서 약간의 디스코넥션 스타일 생동감이 있고 발랄해 보인다.

미디움 커트 마무리

외국인을 느끼게 하는 부드러운 컨백스라인은 모든 여성들이 동경하는 헤어스타일이다. 옆으로 나눠 정성스럽게 드라이한다면 앞두발은 스트레이트로 펴서 만들고 옆선은 베벨언더로 콤아웃 하면 된다.

자유로운 새그커트(Shag cut)

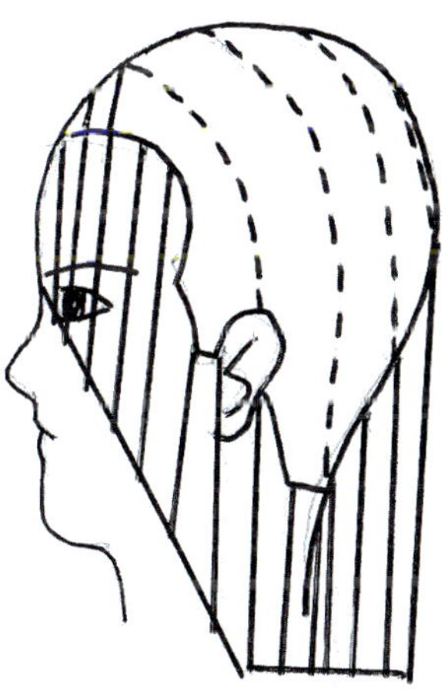

솔리드라인 포인트커트
(slide lene point cut)

5 짧은 후대각 커트(Short Convex Cut)

미용사들은 미술적인 윤곽과 기울어진 라인 또는 무게감을 주는 커트이다. 젊어보이는 커트로 쉽게 적응하기는 어렵겠지만 어울리는 고객에게는 한 번쯤 해 볼만 하다.
아이론이나 작은 브러시, 드라이어 같은 기구를 사용하여 마무리한다.

3. 후 대각 블런트 커트(Covex back blunt cut)의 변형 주니어(Junior)형

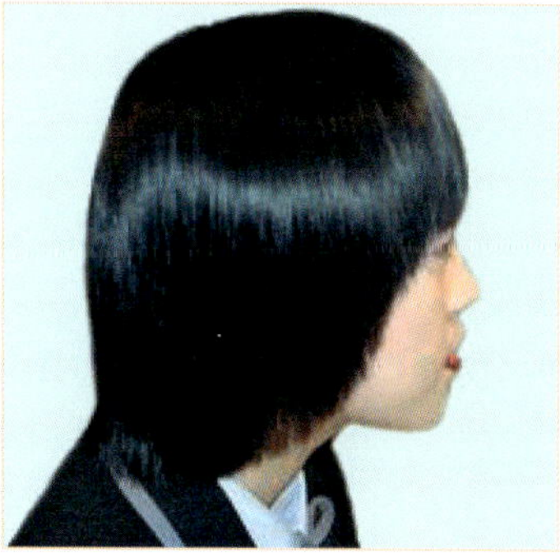
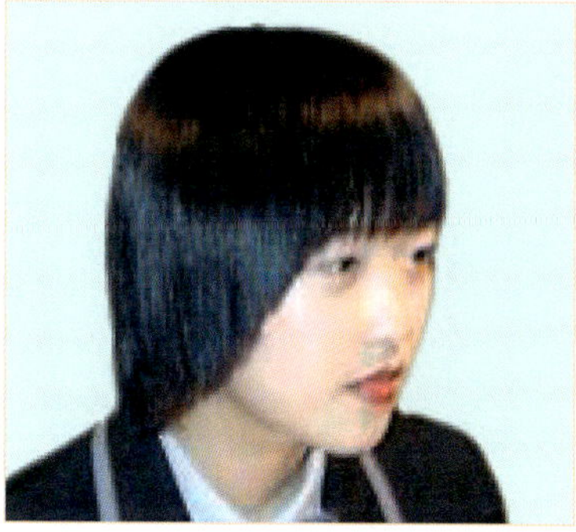

이 커트는 후 대각 블런트 커트(Convex back blunt cut)의 변형 스타일로서 눈썹 밑에서부터 옆 측면을 따라 목선까지의 자연스럽게 하나로 연결되어지는 짧은 디자인으로서 귀엽고 깜찍한 헤어스타일이며 특히, 얼굴에 각이 많이 진 사람에게 잘 어울리는 스타일이기도 하다.

1 적 용

1 먼저 두발을 수직으로 반을 갈라 두개의 섹션(Section)을 만들고 다시 양쪽의 이어 하프(Ear half)라인을 중심으로 후대 각(Diagonal back) 형태가 될 수 있도록 첫번째 파트(Part)를 만들어 주고 남은 두발을 위로 올려서 클립으로 고정한다. 그리고 머리(head)자세는 똑바로 해야지만 정확한 후 대각라인을(Diagonal back) 만들 수 있다.

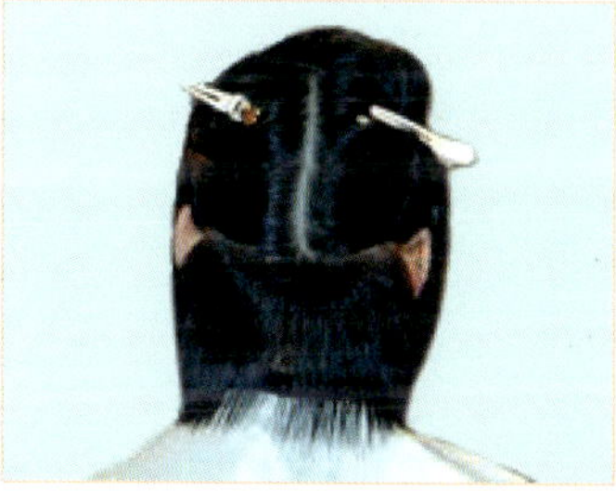

2 첫번째 파트(Part)에서 고객과 미리 상담한 두발의 길이에 맞추어 커트가위로 데이퍼링(Tapering) 효과를 주면서 커트를 시작한다.

3 두번째 파트(Part)는 이어 탑(Ear top) 라인에서 두발을 내려서 첫번째 파트(Part)에서 먼저 정한 길이(Fixed)에 맞추어 후방 중앙에서부터 시작하여 좌, 우측을 커트한다. 커트 가위자세와 커트라인(V형)은 후대각 블런트 커트(Convex back blunt cut)와 동일하게 시술함을 원칙으로 한다.

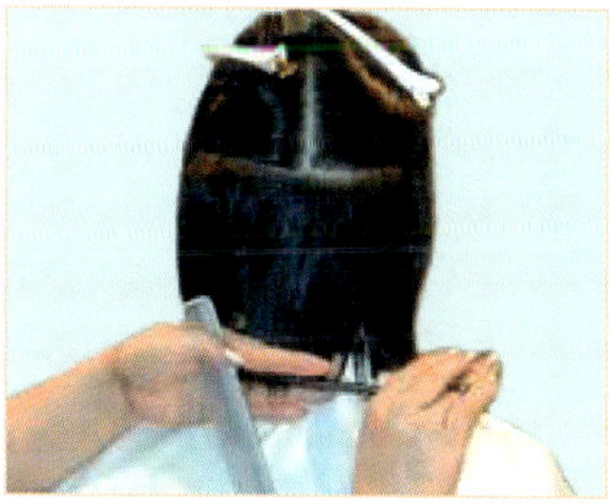

4 세번째 파트(Part)는 크라운(Crown)까지 파트를 떠서 고정라인(Fixed)에 맞추어 커트한다. 시술 방법은 두번째 파트(Part)와 동일하게 커트한다.

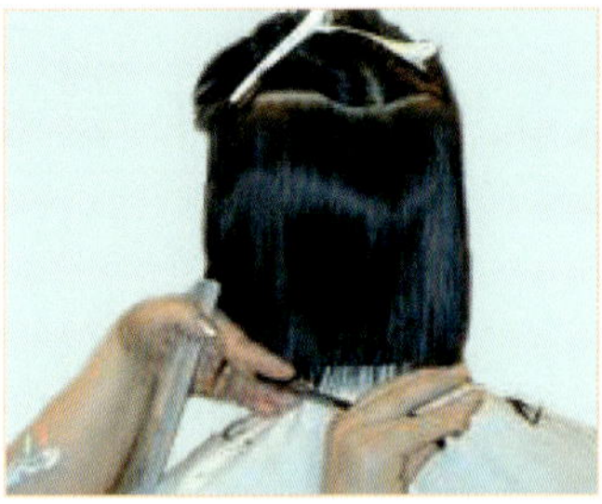

5 이번 파트(part)에서부터 후대각 블런트 커트(Diagonal back blunt cut)의 시술 변화가 시작된다. 이 헤어스타일에서 가장 중요한 포인트는 전방부터 측면에 이어 후방까지 모두 하나의 연결선으로 계속 이어지는 커트라는 점이다. 먼저 전방 좌, 우측의 크라운(Crown)주변에 후 대각 (Convex back)라인에 맞추어 파트(Part)를 나눈다. 나눈 파트(Part)와 두발을 쥔 좌측의 손가락 위치가 서로 평행을 이루게 하면서 후방의 두발을 약간 붙들어 전방 두발과 측면 두발이 끊어짐이 없이 잘 연결되도록 커트 시술한다.

6 탑(Top)의 두발을 내려서 변이배치(Shifted Distribution)로 빗질을 하고 손의 자세는 하향자세로 가위는 상향으로 사선(Diaguna)이 되게 하여 커트한다.

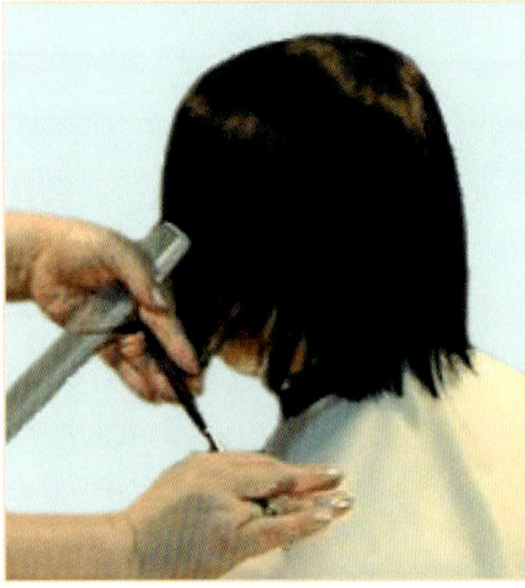

7 변이배치(Shifted Distribution)로 빗질하여 이어 파트(Ear part)에서 커트한 두발과 연결하면서 앞 방향으로 이동하면서 커트한다.

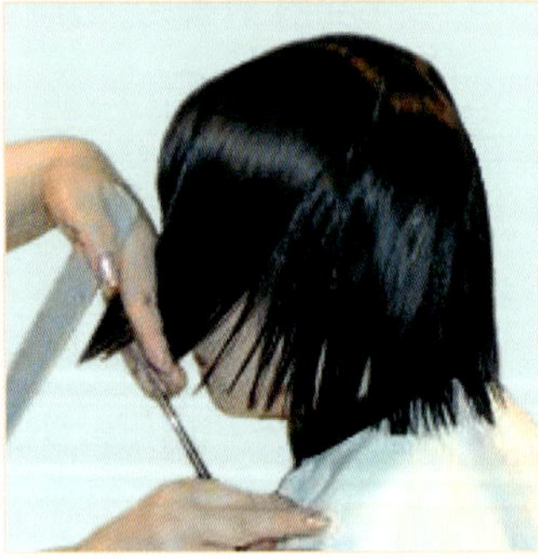

8 좌측의 커트가 끝나면 우측으로 돌아와 시술을 한다. 손의 자세는 좌측바닥은 전 대각 파팅으로 하고 우측 손등은 후 대각으로 올라가는 자세로 커트한다.

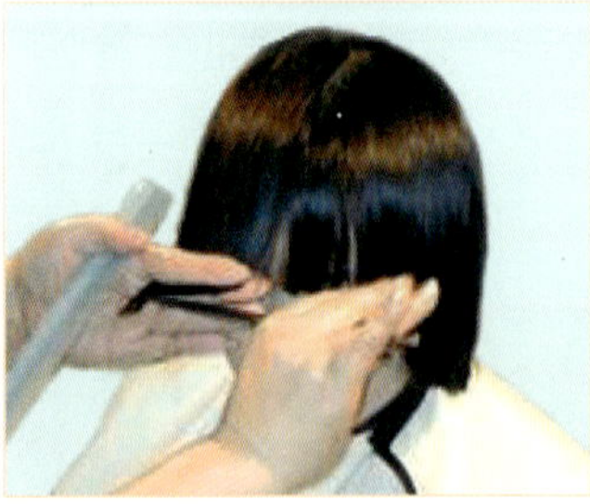

9 앞에 커트한 길이의 판넬을 이동하면서 붙들어 이동하면서 시술한다. 빗질은 변이배치를 한다. 두발에 텐션을 주면서 손가락 위치와 가위 위치가 정확한지를 확인 후 커트한다.

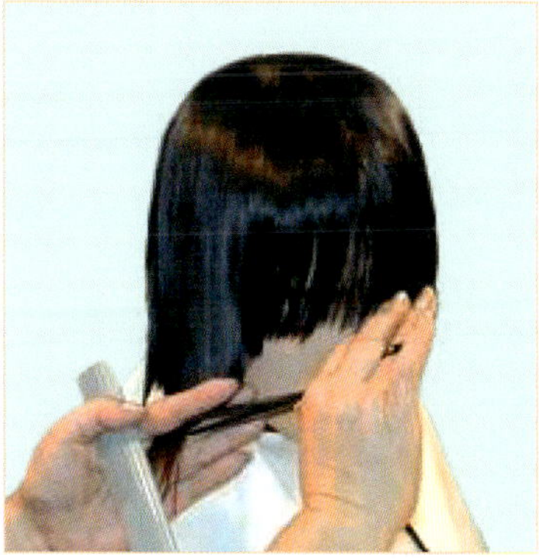

10 전방의 커트한 두발을 연결하고 귀선까지 이동하는 커트다. 좌측 손과 우측 손의 자세를 잘 관찰 하면서 시술한다.

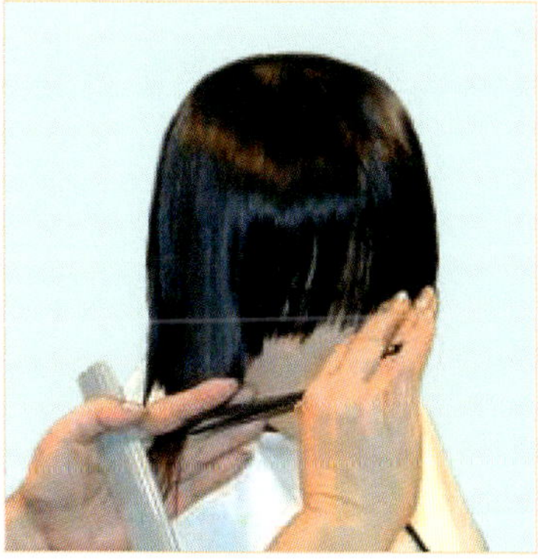

11 전방과 측면 라인의 커트가 끝나면 목선(Nape)의 두발까지 연결의 선이 정확한지를 확인 후 커트한다.

12 머리(head)를 약간 숙이고 우측손의 가위자세는 커트가 끝난 밑선에서 자연(Natural)스럽게 체크하면서 마무리를 한다.

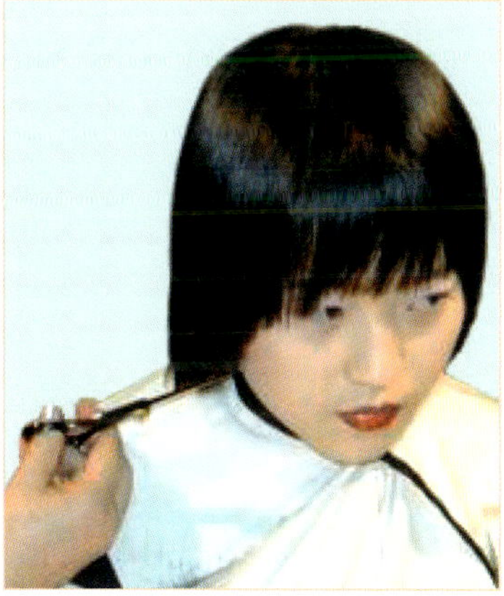

13 머리(head)를 똑바로 하고 좌측파트의 길이도 체크한다.

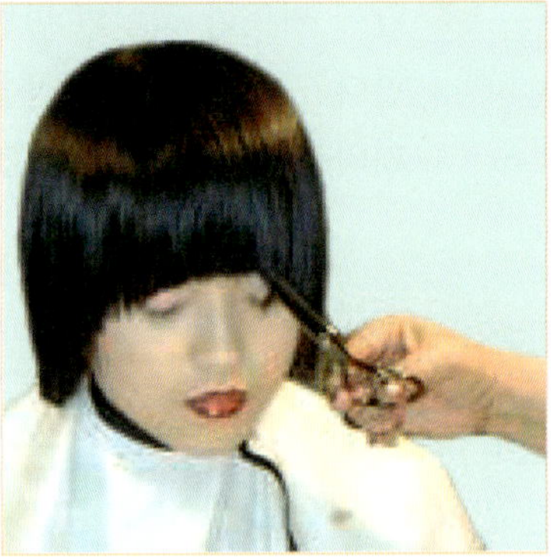

14 앞의 두발이 무거워 보이기 때문에 탑(Top)에서 길이를 다시 설정하여 커 트를 한다.

15 설정한 길이와 그다음 파트의 길이를 만들기 위해 길이가 정확한가를 맞추어 본다.

16 고정라인(Fixed)을 확인했으면 질감 처리를 하기위해 날린 커트(Deep point cut)로 커트하면 된다.

17 앞에 두발도 커트한 길이 가이드에 맞추어 이동하면서 커트한다.

18 정면의 커트가 끝나면 사이드 탑(Side top)에 와서 전에 자른 두발을 연결한다.

19 이 자세도 이동하면서 날린 커트(Deep point cut, Pointing)로 커트한다.

정면과 측면의 마무리신 상태의 두발형이다.

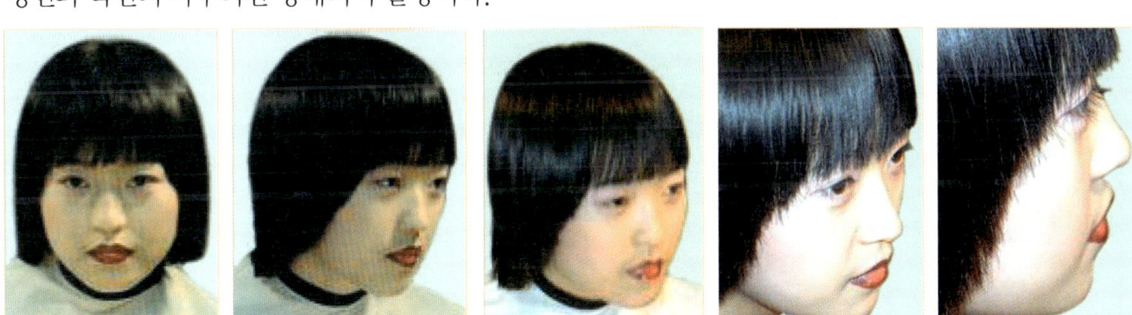

작업과정 Check List

주제 : 후 대각 커트(Convex cut)

작업 단계	작 업 내 용	준비물 (재료 및 제품)
준비단계	Tip	
제작	Tip	
사후작업	Tip 헤어드라이 사용 유/무 시술순서 헤어 아이론 스트레이트 유/무, 헤어 아이론 볼륨 유/무 시술순서 헤어컬러링 활용 유/무 시술순서 제품활용 유/무 1. 왁스( ) 2. 헤어무스( ) 3. 헤어젤( ) 4. 헤어스프레이( ) 5. 헤어오일( )	
점검사항	□디자인라인 □섹션 □머리위치 □파팅 □배치 □판넬각 □시술각 □공상각 □두상각 □베이스 □텍스쳐관리 □텍스쳐테크닉	
기억하기		

F

전대각 커트 (Concave)

1. 전 대각 블런트 커트(Concave blut cut)

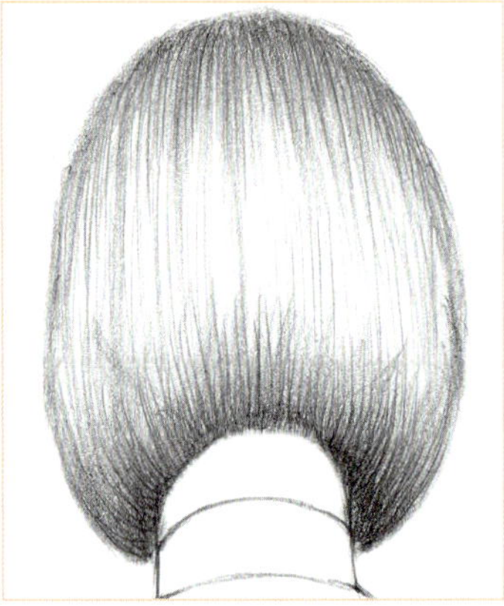

후면형

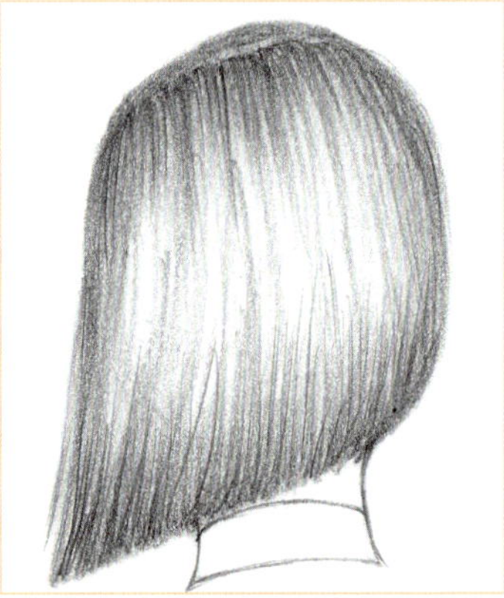

측면형

진정한 고전 커트인 이 커트는 비달 사순(Vidal Sassoon)에 의해 최초로 소개되었다. 다이나믹(Dynamic)한 사선 라인은 출렁거리듯 자연스러운 움직임을 연출하고 후방 중앙 부위를 더 짧게 커트한다. 전방으로 이동되면서 그 길이는 길어지게 커트하는 뒤 모습이 알파벳 A자와 비슷한 헤어스타일로 보여서 "A"라인 혹은 사선라인으로 언급되었다. 뒤 두발이 짧고 전방으로 이동하면서 점점 더 길어지는 스타일로 측면에서 떨어져 흐르듯이 내려오는 라인은 정면의 모습을 보다 극적이고 도발적인 시선으로 보이게끔 만들어 준다. 스파니엘(Spaniel)이라고 불리우는 이 헤어스타일은 본래 프랑스의 고어인 에스파뇰(Espaignol)어와 라틴어 히스파니올(Hispaniol)어의 고대 스페인어로서 "스페인의 개"를 의미한다. 스파니엘 개의 귀 모양에서 따온 듯한 이 용어는 언제부터 사용되어 졌는가에 대한 기원은 정확히 알 수 없다. 그리고 스파니엘 개의 귀 형이 반드시 전 대각의 형태를 띄는 것만은 아니기 때문에 스파니엘이라는 용어가 여기서 사용되어지는 미용용어로서 정확한 표현인지도 의구심을 갖는다. 그래서 정확한 명칭은 "전 대각형 커트"라는 명칭이 옳다고 볼 수 있겠다.

※ 컨케이브형이라 불리우며 외국에서는 스파니엘 단어를 쓰지 않는다.

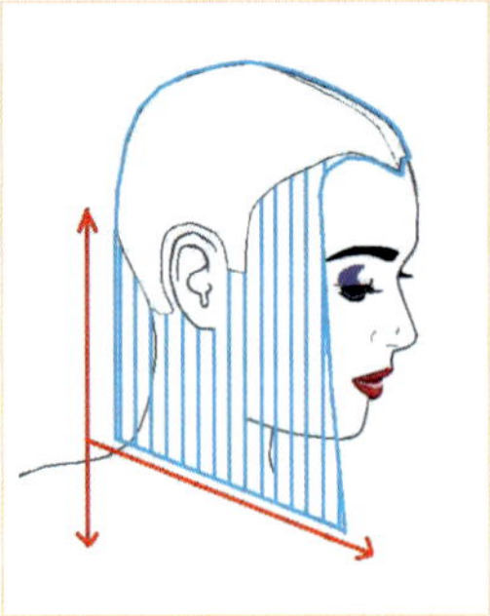

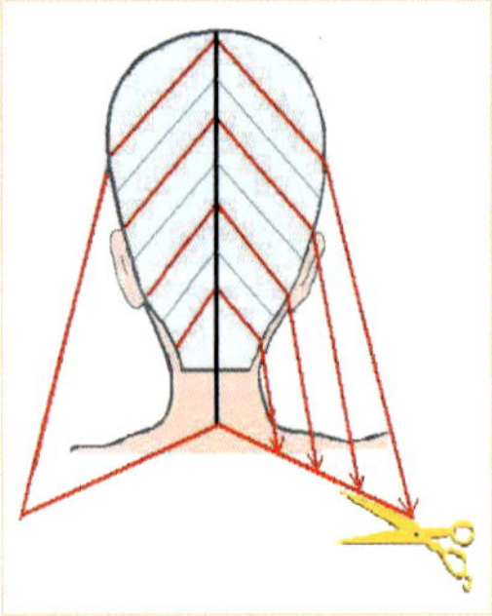

1 디자인 파트 잡기

두부 정상 부위에서 전방 헤어라인으로 측면 가르마를 잡는다.

2 자연스런 배치형태(Natural Distribution)

만들어진 측면 가르마의 두상으로부터 떨어지는 곡선 부분 주위를 아래 방향으로 두발을 빗질해 준다.

3 머리 자세(head position)

목선을 커트 하는데 있어서 똑바로 A파트형으로 두발의 길이를 정한다

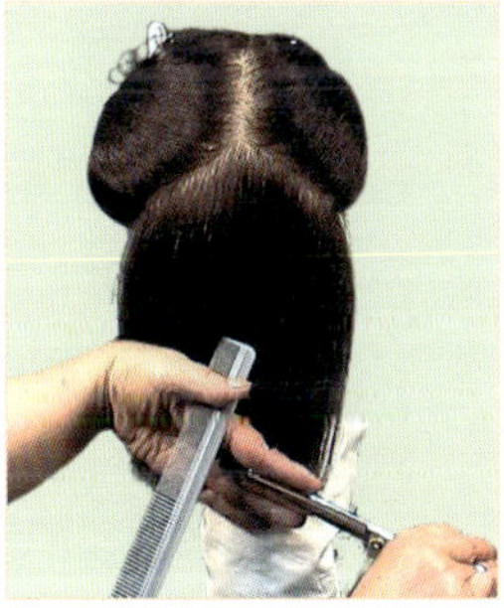

4 시술자의 자세(Designer position)

작업하려고 하는 두상(head) 부위에 대해서 항상 똑바른 자세를 유지해야 한다. 왜냐하면, 이것은 정확하고 균형 있는 시술을 하는데 있어서 아주 중요 포인트인 것이다.

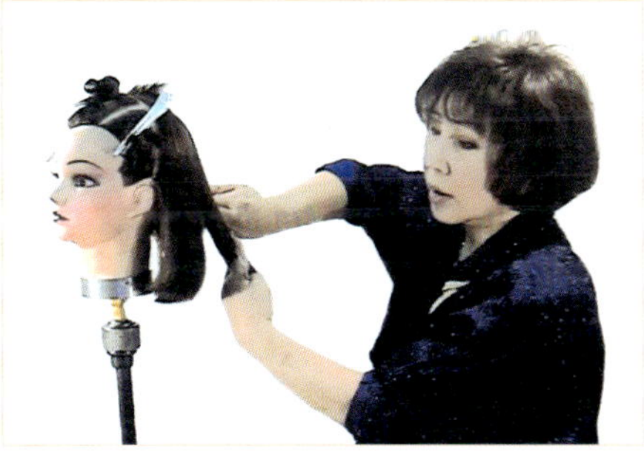

5 커트 자세(Cut position)

이 커트는 좌, 우측 모두 사선 커트 자세를 취하며, 사선 라인(Diagonal line)은 후방 중앙 부위에서 시작하여. 반대편 전방향으로 이동한다. 목 부위를 지나 두피 위에서 커트 하는 동안 두발을 반대편 방향으로 장력과 압력을 가하여 손을 후방으로 당기며 직각배치로 비스듬하게 정렬시켜 새끼손가락 밑을 따라서 커트 가위를 이동한다.

왜 직각배치를 하는가?
전 대각은 후 대각과 마찬가지로 측면이 사선으로 떨어지기 때문에 약간 두발을 당기듯 두발을 잡아서 직각배치로 커트하면 두발 난선에 상관없이 항상 같은 힘으로 배치되기 때문에 어느 상대에서든지 자연스러운 두발 상태를 유지할 수 있다. 이에 반해 지연베치(두발 난선에서 두발이 자연스럽게 내려온 상태 0도로) 커트하게 되면 뒤로 넘기거나 앞방향으로 치우치게 될 때 두발의 길이가 틀려지게 되므로 언제나 자연스러운 상태를 유지하기가 힘들게 된다.

6 가위 자세(Scissor Position) : 커트가위를 쥔 손(우측 손)을 기준

손가락 사이에 두발을 잡은 위치는 손가락 위치와 파팅한 위치가 사선으로 평행하게 잡아야 하고 고객이 원하는 디자인 라인과 길이에 맞추어 커트 시술한다. 이때 가위 자세는 좌, 우측 모두 손바닥 하향 자세(Use the palm-down position)를 취한다.

7 고정 가이던스(Fit guidance)

커트 하는 동안 고객의 두상에서 너무 떨어져서 두발을 들어 올려서는 안된다.(커트 마무리 후에 길이가 틀려진다.) 고정가이드로 커트시 반드시 미리 섹션을 잡아주어야 한다. 왜냐하면 남아있는 모든 파트를 정확히 잡아줄 수 있다. 무딘 효과(Blunt effect)을 만드는데 있어서 정확한 결과를 얻을 수 있다. 그리고 항상 새로운 파트를 가르기 전에 앞서 갈랐던 파트를 정확히 인지해서 다음에 나누어야 한다. 파트와의 간격 및 전체적인 디자인 구성을 잘 이해해야 한다. 그렇게 하기 위해서는 주변의 두발을 잘 정리해서 정확한 파트를 눈으로 확인할 수 있도록 유의하면서 커트해야 한다.

8 적 용

전 대각 블런트 커트(Diagonal forward blunt cut)에서 길이는 바깥 방향에서 안쪽 방향으로 진행한다. 모든 길이는 사선 주변 앞쪽 방향에서 처음 잡은 고정가이드 길이에 맞추어 떨어진다. 단 가위 쥐는 손에 따라 가위자세는 바꾸어 질 수도 있다.

1 측면 파트[Part]의 전 대각 사선라인을 정한다. 두발을 수직으로 잡고 그 부위를 부드럽게 빗질한다. 자연스럽게 떨어뜨린 주변 두발을 말끔하게 빗질한다.

2 두 갈래로 파트[Part]를 나누고 두부의 정상[Top]부위에서 수직[Vertical]으로 목선[Nepe]까지 파트를 나눈다.

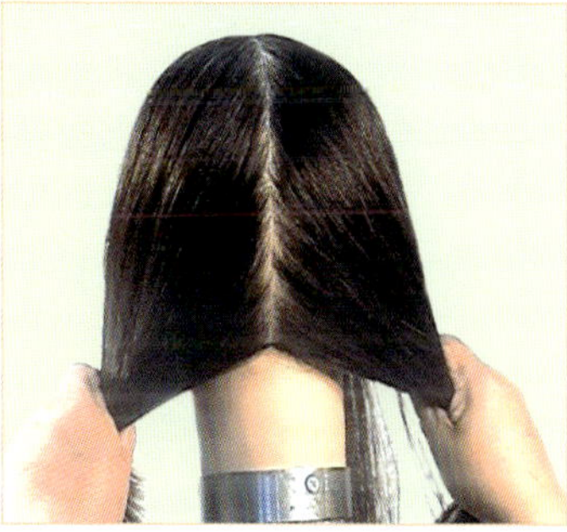

3 탑에서 수직[Vertical]로 파트[Part]를 나눈 후 귀 중앙으로부터 약 3~4cm 정도 사선 파트를 나누어 빗질한다.(업소용 커트는 후방 4등분)

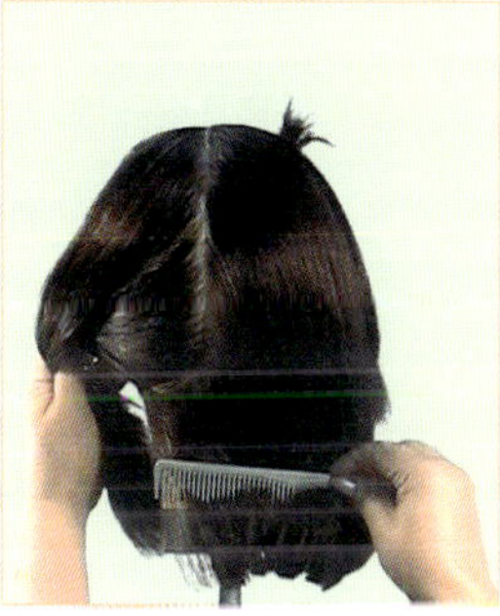

4 색션[Section]을 가른 후 중심 파트[Part]의 길이를 커트한다. 측면의 중앙으로부터 시술자 방향으로 커트할 때 지속적인 직각배치[Perpend : Distribution]을주고, 커트가위는 손바닥 상향자세(Palm-adwn position) 를 취한다. 중심에 커트한 길이 1cm를 붙들어 좌측이나 우측 파트의 두발을 파팅 위치와 손가락 위치가 평행하게 자세를 취한다. 두발을 손가락 사이에 넣고 가위 자세는 상향 자세에서 하향 자세로 커트한다.

좌측선

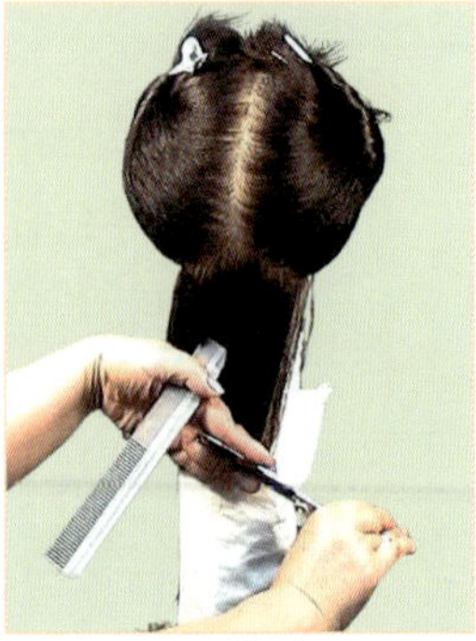

우측선

5 좌측의 커트길이와 우측 커트길이를 중심으로 1Cm되게끔 모아 좌, 우 평행이 되는지를 확인하고 길이가 잘못되었을 경우에는 다시 커트를 해준다. 그리고 이 길이를 고정 가이드로 정한다. 빗질을 해서 나는 상태의 A자 형이다.

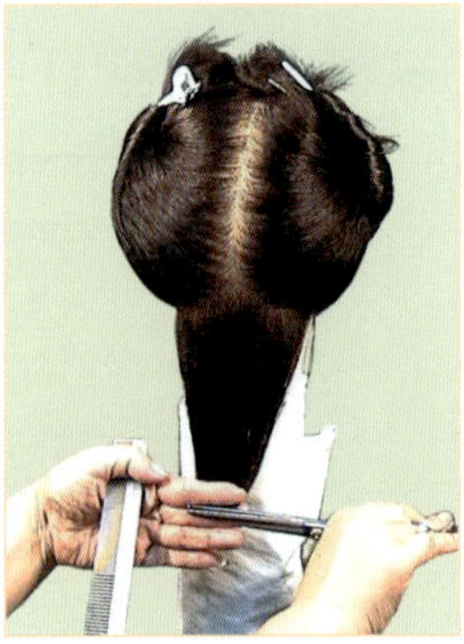

목선 중앙

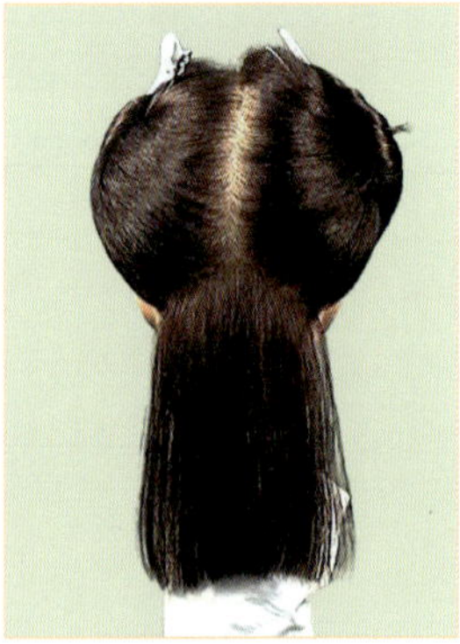

빗질 후

6 파트[Part]와 손가락 위치가 평행[Horizontal]하게 하고 가위자세는 사선[Diagona]방향으로 한다. 좌측 손바닥 자세와 우측의 가위자세는 직각배치가 이루어지는지를 확인하고 커트한다.

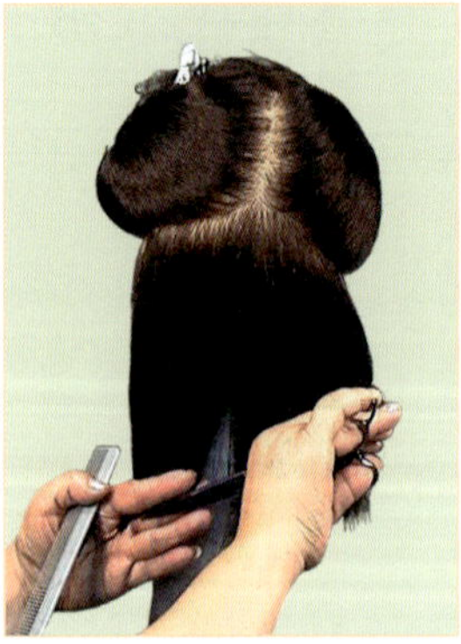

좌측선

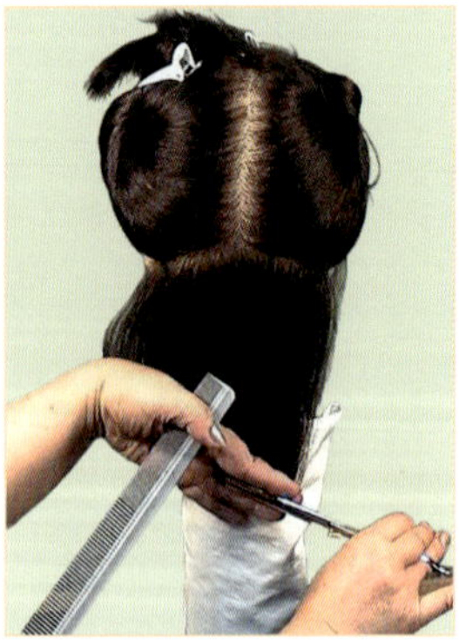

우측선

7 귀 부위에 도달했을 시 측면쪽으로 이동한다. 집게손가락과 가운데 손가락 사이에 두발을 잡고 전체를 커트한다. 2cm 간격으로 이어서 계속함으로서 사선을 연결하는 커트이다.

능선 우측

능선 좌측

8 눈 꼬리에 도달했을 때도 좌측의 손자세와 우측의 가위자세는 그림을 보고 커트하면 된다. 두부능선까지 시술되었을때 손님의 앞방향에서 후방 중앙으로 지나 전방까지 이동되는 사선[Diagona] 파트라인을 잡는다.

양각선 우측

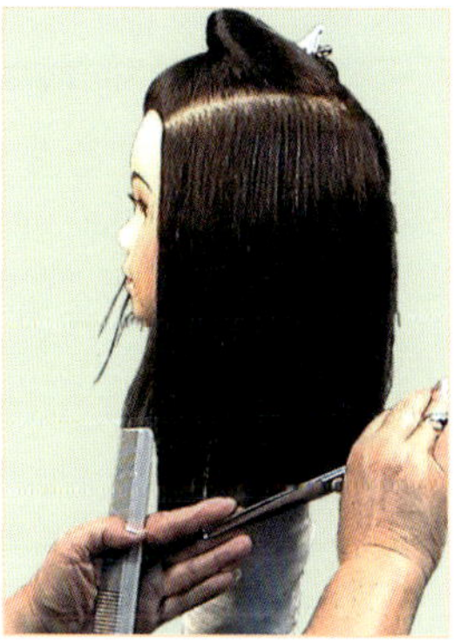

양각선 좌측

9 좌측의 손바닥이 앞을 보이게 하고 우측의 손과 가위의 방향은 상향자세로 커트한다. 우측의 방향도 좌측의 커트방법과 같다.

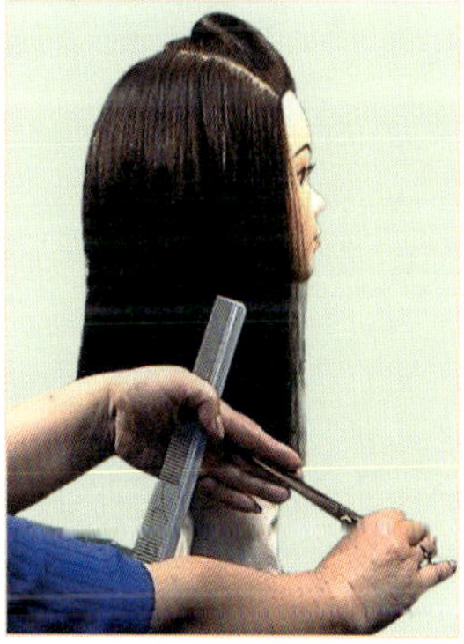

눈십산 우측

눈섭산 좌측

10 좌측 가르마 능선(Crest) 부분과 정상부위를 마지막으로 내려서 빗질한다. 손가락 위치와 가위 잡은 손의 위치가 사선으로 정확하게 보이는지 확인한 후 커트한다. 우측 두발도 전 대각 형태의 커트기법이 좌측의 두발 길이와 똑같이 정확하게 떨어진다. 주변 두발의 선을 유지하는 데 도움을 준 측면부위를 완성한다. 자연스럽게 두발을 떨어지게 빗질한 전방향 부위와 이미 정해진 라인을 서로 잘 조화되도록 사선[Diagona]으로 계속해서 커트한다.

11 눈의 꼬리부분으로부터 후방부위 위쪽에 도달할 때까지 계속해서 커트한다. 여기서 중요한 포인트는 중심선에 가르마를 가르는 두발을 빗으로 형태를 잡아주면 전대각의 라인이 정확하게 떨어져 있는 것을 볼 수 있다. 주변 두발이 확실한지를 확인할 수 있다.

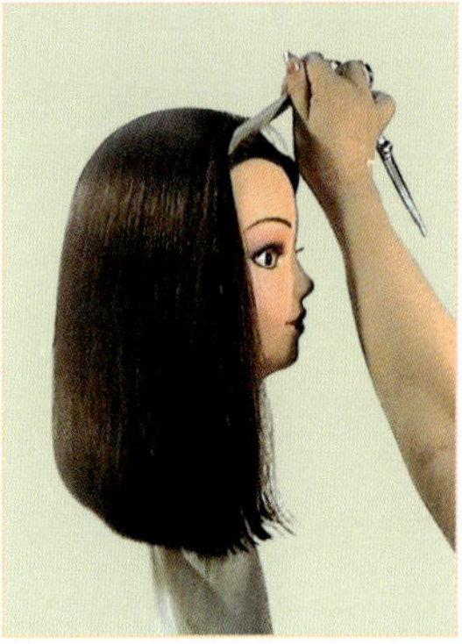

12 마지막 커트라인을 체크하고 반대편도 같은 형식의 커트라인을 체크한다. 앞 가르마 우측, 좌측 두발을 이마에서 1cm까지 올려 빗질해 만들어 놓고 옆에서 사선[Diagona]으로 길게 내려온 옆 라인은 움직임의 자연스러움[Natural]을 표출한다.

이 헤어스타일은 길이와 염색, 그리고 질감의 여러 변화로 수많은 작품세계를 연출할 수 있다.

전대각 레이저 커트
(Concave razor cut)

2. 전대각 레이저 커트(Concave razor style)

커트 칼(Razor)을 이용해서 끝의 두발을 가볍게 날려버린 컨케이브(Concave)형의 커트다. 무게감을 많이 축소한 것이다. 날린 커트는 두발에 수분을 충분히 적셔주어야 한다. 커트 칼(Razor)을 사용하기 때문에 커트 가위는 커트 칼(Razor)보다 날이 무디다. 커트 레이져(Razor)는 칼날이 커트 가위에 비해 더 날카롭지만 날 하나로 시술되어야 하는 단점이 있다. 수분이 단면 두발의 심한 손상을 막기 위해 커트 칼날이 두발에 닿았을 때 매끄럽게 잘 시술이 된다. 커트 칼(Razor)의 사용 시에는 반드시 두발에 수분을 충분히 적셔서 커트 시술해야 한다.

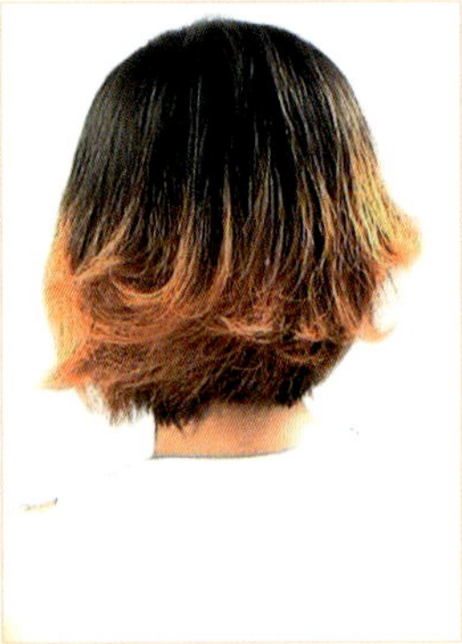

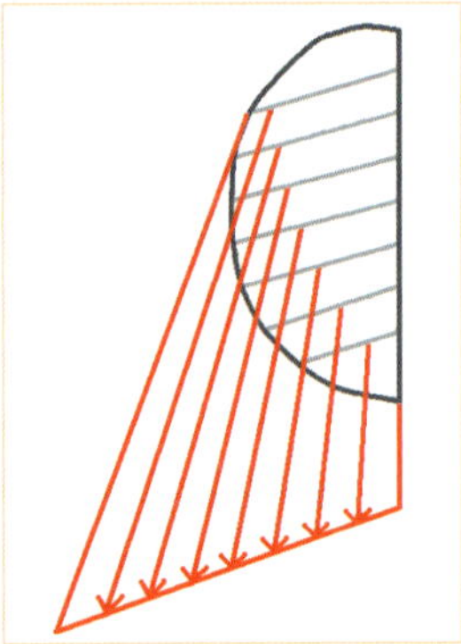

사선(Diagonal)

1 전대각의 기본 변화

손님에게 있어서 기술적 단계에서 우선적으로 상담이 뒤 따라야 하고 편안함을 느낄 수 있게 한다. 컨디션 두발관리 및 염색처리 등은 커트 전에 선행(先行)되어져야 한다. 커트를 위한 준비 및 부드럽게 두발을 건조시켜 주어야 하는것도 잊지 말아야 한다 이 커트 기법이 사용되기 전의 두발의 기존 내부 층은 블런트 중량라인(Blunt weight line)에서 만들어진다. 벤 자리 커트(Notching) 질감내기 기법으로 형성된 전방쪽의 두발라인은 블런트리(Bluntly : 무디게)하게 커트된다.

2 머리 자세(Head distribution)

머리(head)를 약간 뒤로 기울이고 얼굴 위에 두발을 빗질하고 들어 앞 두발(Fringe)을 벤 자리 커트(Notching)를 질감내기 한다. 두발이 이마에서 턱 라인으로 내려온다. 옆에서 안면부위 중앙 방향으로 들어올려 질감처리 한다. 한쪽을 커트하려면 반대편의 고개를 약간 기울여 주는 것이 좋다. 반대편 두발 시술시에도 같은 방법으로 시술한다. 블런트 후방라인(Blunt back line) 시술시에는 자연스럽게 두발이 떨어지도록 고개를 똑바로 있게 한다.

3 커트 자세(Cut distribution)

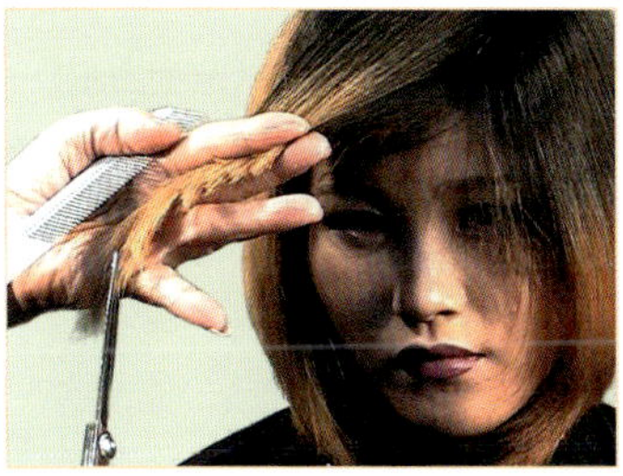

피부를 마주보고 평행하게 V자형 질감을 내도록 두발을 커트 한다. 그리고 자연스럽게 떨어지도록 목선과 마주보게 후방 주위를 블런트 커트한다.

4 커트 가위 자세(Cut scissor distribution)

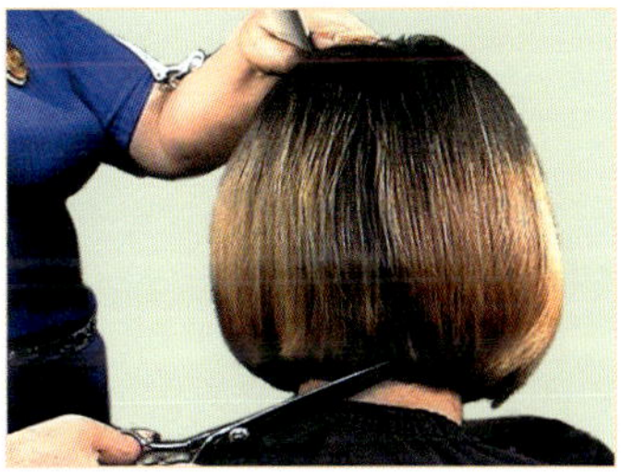

두상의 좌측편에 시술시에는 손바닥 하향 커트 가위자세(Palm-down scissor position)를 사용하고, 벤 자리 커트(Notching)기법 시술시에는 손바닥 상향자세 (Palm-up position)를 취한다.

5 길이 가이드(Size guide)

앞 두발(Fringe) 부분에 가이드라인으로서 눈과 코를 기준으로 해서 귀 밑에서 볼을 따라 사선으로 두발 형태의 틀을 잡는다. 후방에는 목 중앙에서 블런트(Blunt) 라인을 만든다.

6 벤 자리 커트(Notching A자형의 새김)기법 질감내기

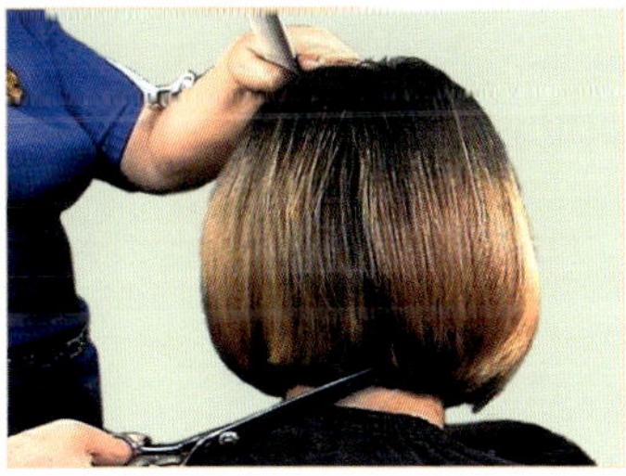

벤 자리 커트(Notching)는 두발의 끝을 따라서 톱니 모양의 끝 날 같이 만든 커트 형태이다. 얼굴 주위로 얼굴 피부에 반대편 방향으로 두발을 손가 락 사이로 두발을 빗어주고 A자형으로 질감 처리하여 커트하고, 낫칭(Notching)질감내기의 깊이와 양을 조절함으로서 신비스러움과 드라마틱한 스타일을 자아내는 작품을 완성할 수 있다.

7 블런트 중량 라인(Blunt weight line)

블런트 중량라인(Blunt weight line)은 두상의 해부학적 골 각도에 의해 떨어진다.
블런트(Blunt) 형태의 겉 외형은 부드러우면서도 끊어지지 않는 라인을 말한다.

8 적 용

1 이어 하프(Ear half)에서 파트(Part)를 나누어 나눈 파트(Part)를 후방의 중심 두발부터 커트 칼(Razor)로 끝을 테이퍼(End taper)한다.

2 이어하프(Ear half)에서 파트(Part)를 나누고 파트(Part)의 중심부터 두발을 약1cm 간격으로 슬라이스를 뜨면서 끝쪽 테이퍼링(End Tapering)을 한다.

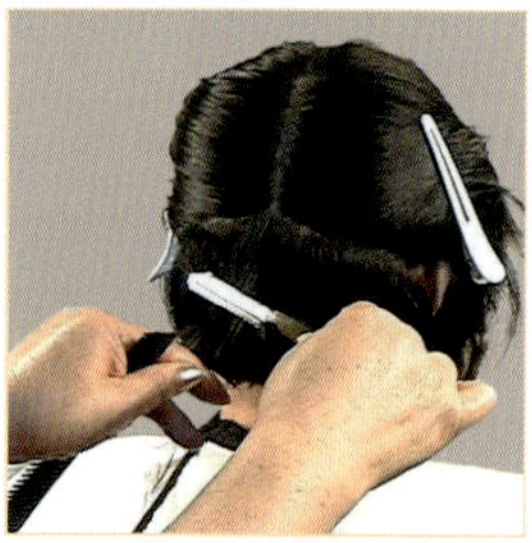

3 이어하프(Ear half)에서 좌, 우측의 두발을 커트 칼(Razor)로 중간과 끝만 날려버려서 질감(Texture) 처리하여 불균형하게 테이퍼링(Tapering)한다.

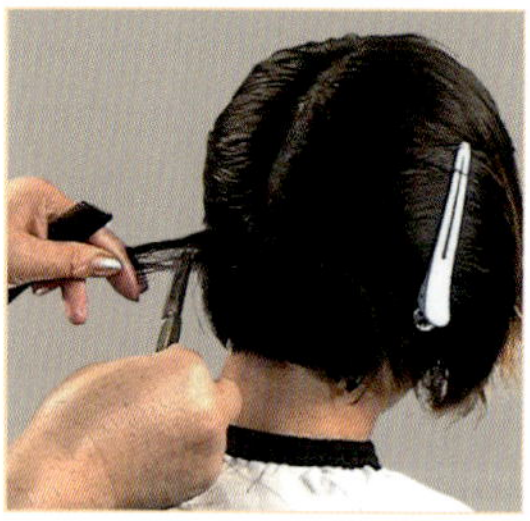

4 이어 탑(Ear Top)의 평행파트(Horizontal Part)를 1cm 폭으로 슬라이스(Slice)를 가볍게 떠서 커트칼(Razor)로 끝쪽 테이퍼(End Taper)를 하여 끝의 두발을 날카롭게 또는 불균형하게 날려버린다.
이어 탑(Ear top)의 파트(Part)에서는 평행으로 레이저 기법을 사용할 수있지만 수직으로도 끝쪽 테이퍼(End Taper)를 할 수도 있다.

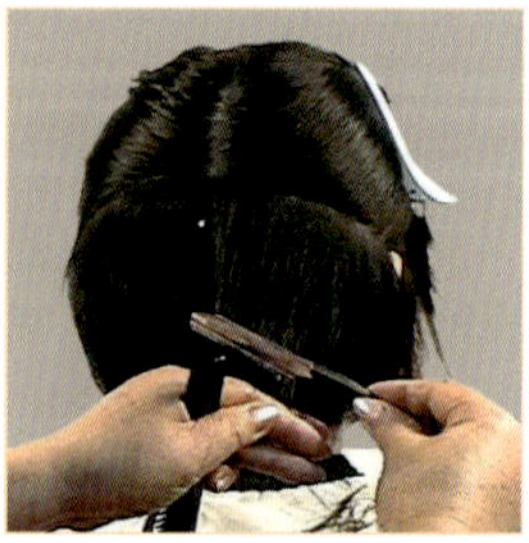

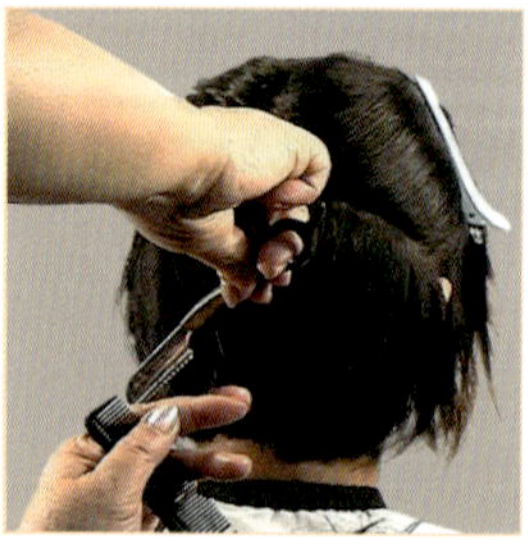

5 두부 능선(Crest area : 두상에서 가장 넓은 지역)의 파트(Part)에서는 이전 파트(part)에 비해서 상대적으로 두발 길이가 길기 때문에 중간 테이퍼(Normal cut : 커트 칼(Razor)로 중간테이퍼 하는 것.)나 끝쪽 테이퍼(End taper)를 번갈아 가면서 미끄러지듯이 커트칼(Razor)로 테이퍼링(Tapering) 하면서 후방에서부터 좌, 우의 커트 방법을 같게 한다.

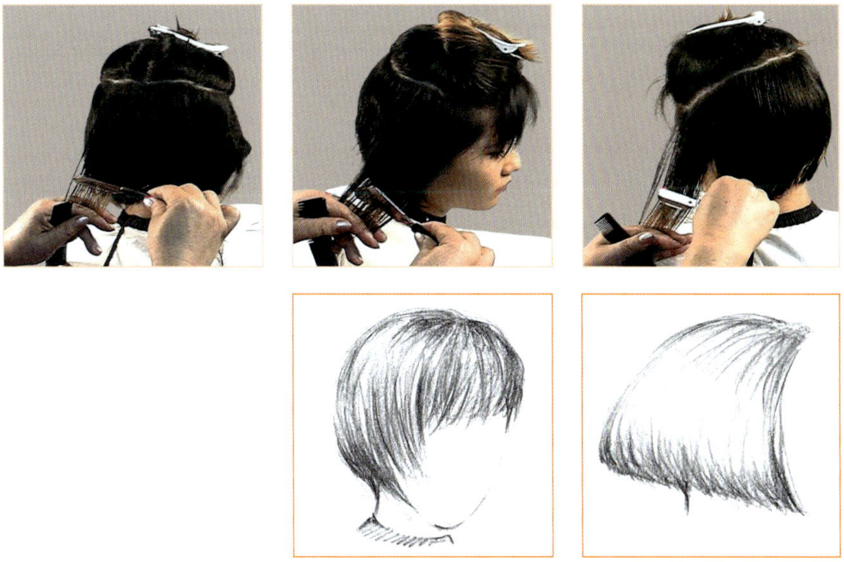

6 탑(Top)의 파트(Part)다. 중간테이퍼(Normal Taper)와 끝 쪽 테이퍼 (End Taper)를 미끄러지듯이 커트 칼(Razor)을 사용하여 테이퍼링(Tapering)하면서 가벼운 형태로 날리는커트 형을 만든다. 후방과 좌, 우측의 방향도 레이저 커트방법은 동일하다.

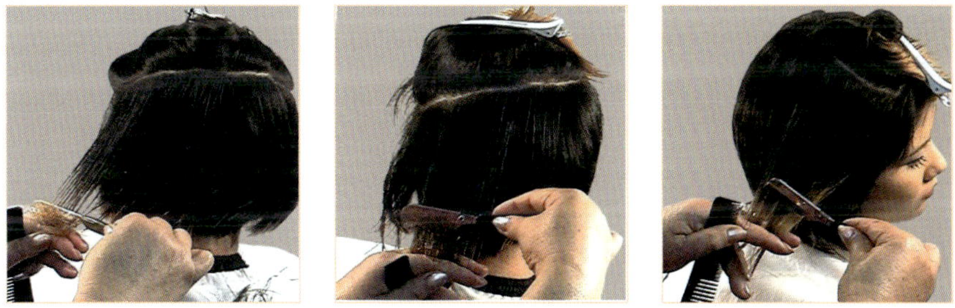

7 탑(Top)으로 올라 갈수록 데이퍼(Taper)하는 기법을 이전 파트(part)보다 강하게 해주어야한다. 왜냐하면 두발의 길이가 더 길기 때문에 테이퍼(Taper)를 충분히 하지 않으면 무게감이 그대로 유지되기 때문에이 커트의 효과 즉 가볍게 날린 듯한 느낌이 없어지기 때문이다

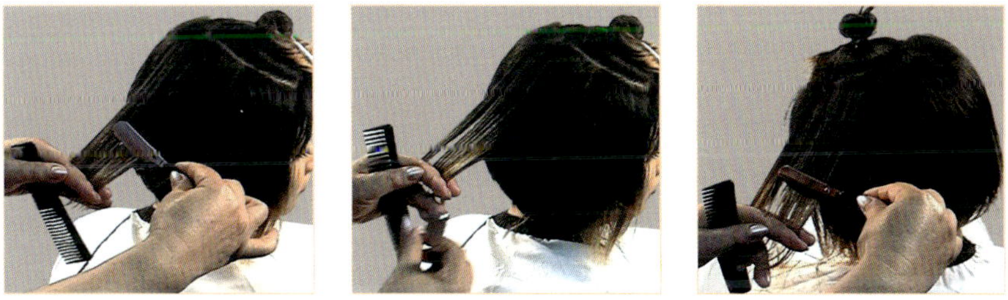

※ 커트를 하는 동안에 두발이 장시간의 시술로 인해 수분부족 현상이 생길 수 있다. 반드시 능선(Crest)부위가 아니더라도 두발이 건조해지면 그때그때 적절히 두발에 수분을 적셔 주어야 한다. 레이저에는 두발의 손상이 많기 때문에 레이저커트를 할 때에는 두발의 수분이 있어야 칼(Razor)로 테이퍼(Taper)를 해도 두발의 손상이 덜하다.

8 아래의 3개의 사진은 마지막으로 내린 두발을 테이퍼(Taper)한 것으로서 이전 파트(Part)와 시술방법을 동일하게 한다.

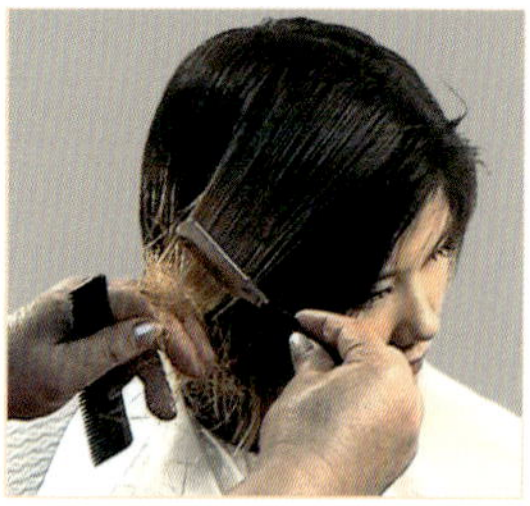

9 끝쪽·중간 테이퍼(End Normal taper)를 이용한 레이저 커트로 마무리 작업을 완료한 상태이다. 여기에 컬러링(Coloring)효과를 더함으로서 오목형의 날린 헤어스타일이 완성된다.

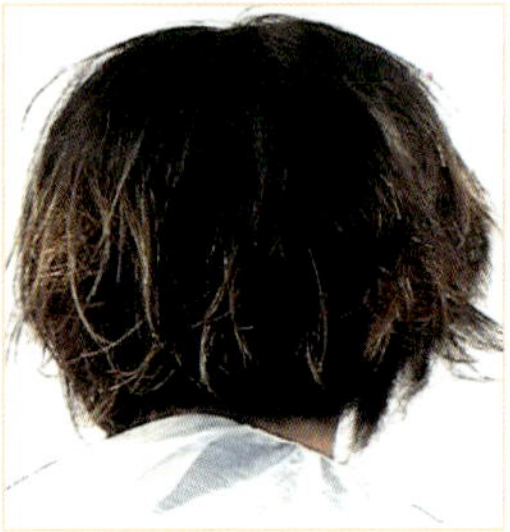

전대각 변형

3. 전대각 변형, 층이 진 사선 커트
(Graduated Diagunal cut)

커트는 길이의 패션에 따라 두 가지의 특징적인 다른 형태로 어울릴 것이다. 층을 준 목선부위는 다자인의 전방 측면은 사선으로 흐르게 한다. 커트 시술시에 몇가지 새로운 기술을 익혀야 한다. 주변라인은 물론 층을 주면서 세련되게 날린 커트(Deep point cut, Pointing : 두발을 불규칙한 길이로 만드는 기법을 사용해야 하고 목부위에 층을 주어야 한다. 층이 진 블런트 커트, 층이 진 단발〈The graduated bob〉이라고도 불리운다는 실루엣(Silhouette) 그림자, 윤곽)풍의 현내적이고 경사진 진방라인은 움직임의 대단한 사유스러움을 준다. 층이 지게 커트된 목부위의 시술은 아주 자연스러운 볼륨을 만들어 줄 수 있다.

1 커트 자세

커트자세는 전체 후방부위와 양 측면은 모두 사선(Diagunal)으로 시술한다

2 가위 자세

층이 진 부위를 시술할 때 좌, 우측 모두를 양쪽 손바닥과 손바닥이 서로 마주 보는 가위자세(Palm to palm scissor position)는 커트기법을 취한다.

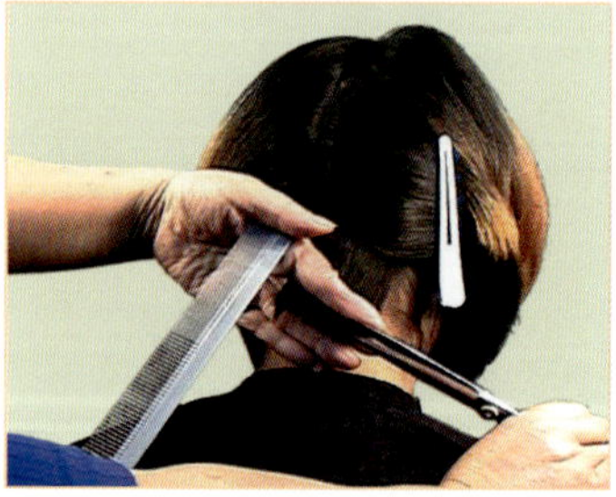

3 고정 가이드

층이 진 부위의 길이를 먼저 정하고 그 길이에 맞추어 시술하는데 그 길이가 여기서 고정가이드가 된다.

4 층이 진 블런트 커트(Graduated blunt cut)의 적용

층이 진 블런트 커트는 복고풍을 현대적 분위기에 맞춘 헤어스타일이다. 아름답게 목선으로 떨어지는 조각같은 층은 측면에서 중량감을 보다 뚜렷하게 해 준다. 단발형의 스타일에 고정관념을 가지고 있는 고객 중에서 변화를 하고자 하는 고객을 위해 후방에서만 변화를 주는 전방 길이의 변화는 없는 스타일이다.

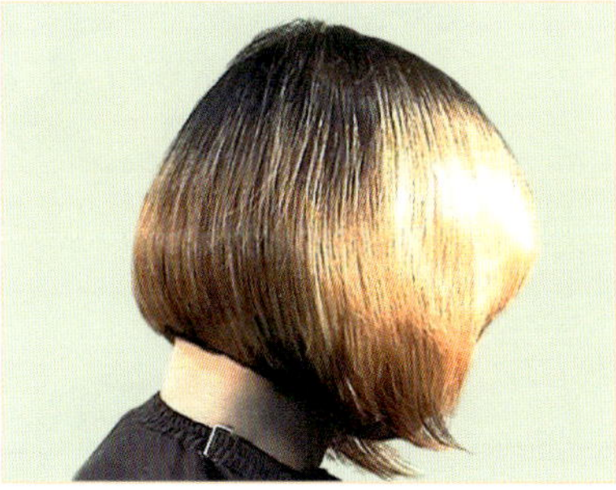

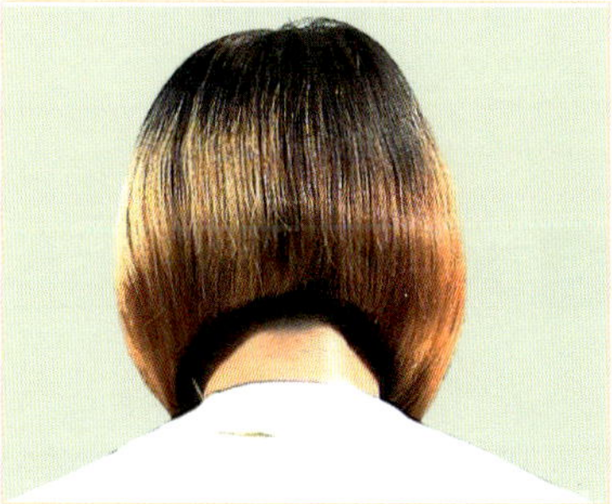

5 목부위의 층이 진 효과(The Graduated Nape) - 낮은 그레듀에이티드 헤어커트

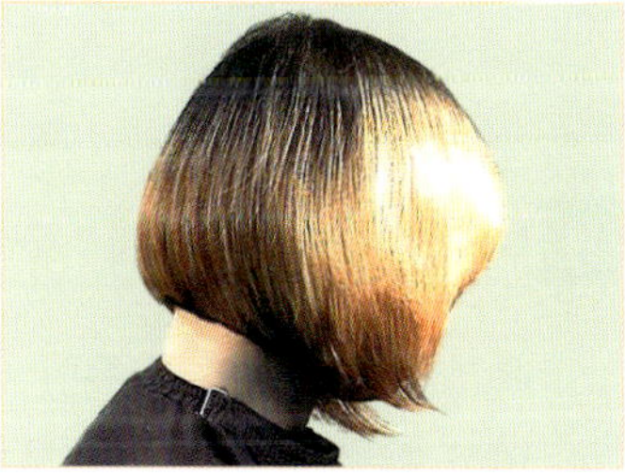

낮은 층의 효과를 만들도록 목 부위를 거트한다. 낮은 10° 각도로(손가락 하나 정 도) 바낕 방향으로 첫 섹선(Section)을 가져와서 경사지게 전방의 파트를 시술하고 후방부의 후두골 위로 섹션(Section)을 따라서 가이드를 만들어 커트한다.
낮게 각도를 잡은 최초의 고정 가이드로 계속해서 시술되는 섹션을 잡아준다. 이것은 층이진 효과를 만들 수 있다. 후두골에서 층이 진 고정 가이드의 길이로 모든 시술을 하는 것은 양감을 증강시키도록 만들어 주는 작용을 한다. 커트할 때는 밑 방향으로 두발을 잡는다. 이것을 만들려고 하는 형태가 삐뚤어질 경우에 자연스럽게 떨어지는 두발이 움직이지 않게 잘 잡아주는 역할을 한다. 이 커트는 가운데 손가락이 목선에다 대고 직각 배치 힘(Tension)을 주어 커트하면 똑같은 길이로 커트를 해도 약간의 층이 보이면서 낮은 그레듀에이티드 헤어 커트로 보이게 된다. 주의 (손가락 하나를 둔 10° 의 각도)

6 날린 커트(Deep point cut) - 포인팅 기법(Pointing Technique)

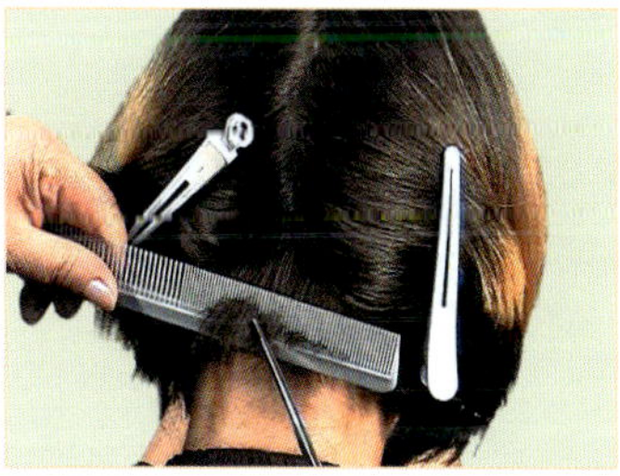

날린커트(Deep point cut, Pointing Technique)라 하면 전체 두발을 불규칙한 길이로 만드는 기법으로서 커트가위나 커트칼(Razor)등을 이용하여 주로 머리카락 중간 부분의 숱을 제거시 사용된다. 커트 된 주변라인과 층이 진 부위가 보다 세련되게 커트될 수 있도록 사용되어진다. 이 기법은 빗위로 두발을 들어서 시술하거나 혹은 빗없이 손을 이용하여 시술할 수도 있다. 빗으로 목 부위의 두발을 위로 들어올린 후 커트 가위 끝으로 두발을 훑터 날리듯 커트 한다. 이것은 두발 끝이 날카롭게 혹은 부드럽게 그리고 자연스럽게 보이게 하는 라인을 만들어준다. 날린 커트(Deep point cut, Pointing Technique)는 여러가지 변형된 스타일과 응용할 수 있는 범위의 한계를 보다 넓게 해 준다.

7 파팅 혹은 섹션(Parting or Section)

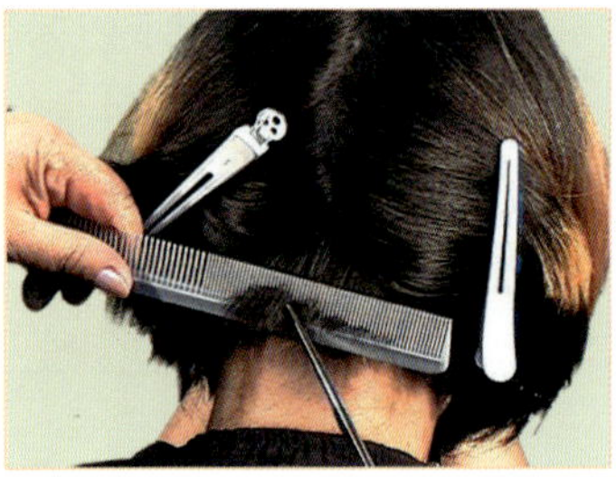

전방 헤어라인 부위부터 두부 정상 부위까지 그리고 후방 부위의 중앙 밑 부분까지 연장하여 인위적으로 측면 파트(Part)를 만들어준다. 커트 하는 동안 두발에 섹션(Section)을 상하로 연장시킨 목선에서 중앙 파트(Part)를 시작해서 사선으로 파트(Part)를 나누어 준다

8 길이 잡기

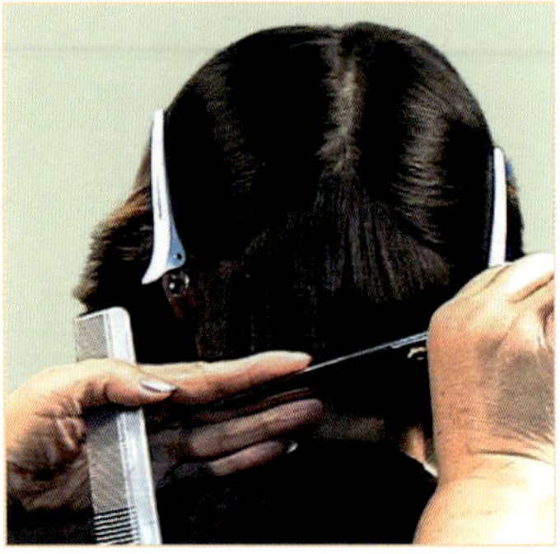

길이 층이 시작되는 후방 목 부위의 길이는 대략 2-3Cm정도이다. 그리고 두발은 좀 더 긴 위쪽 층이 진 길이방향으로 빠르게 경사진다. 고객을 위해 적용할 수 있는 중요한 요소는 턱선 밑으로 약 3.-4Cm 측면 앞방향의길이이다. 주위를 시술함에 있어 이를 해부학적인 형태나 각도로 안면에 사용된다.

9 머리(head) 자세

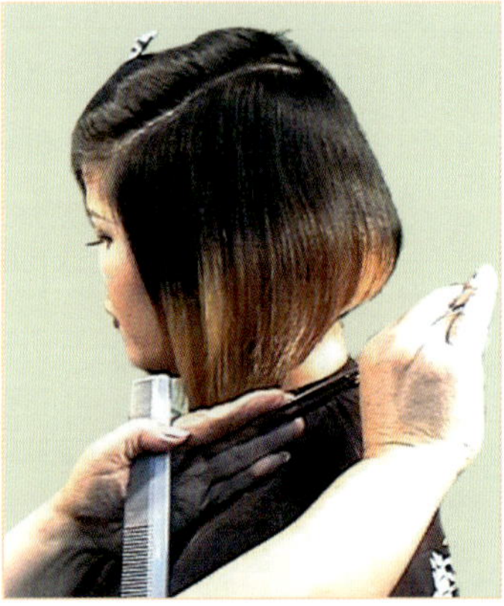

목부위를 커트하는 동안 머리(head)는 약간 앞 방향에 위치시킨다. 그리고 두발의 나머지 부분을 커트할 때 머리(head)의 위치는 똑바른 자세로 되돌린다.

10 잡는 자세

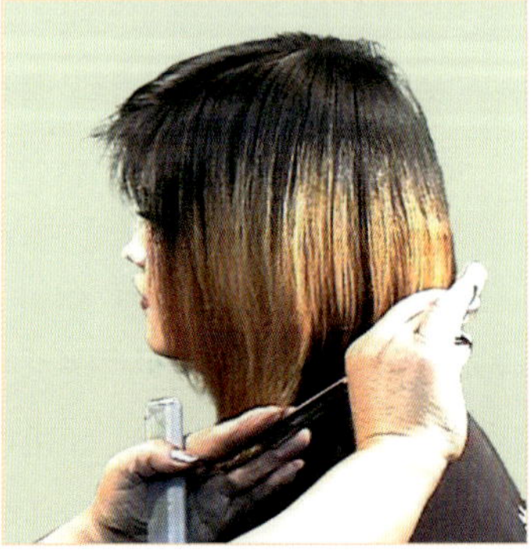

목부위에서 헤어라인은 자연배치(Natural distribution)없이 두발을 잡은 상태에서 잡은 각도는 손목이 낮은 위치(또는 손가락 하나 정도의 높이)로 사용한다. 이 고정가이드로 이어지는 다음 과정의 섹션(Section)을 잡아준다. 후방부위의 잔여 두발을 시술하기 위해서, 후두부에서 마지막으로 올려진 섹션(Section) 아래 방향에서 후두부 위 방향으로 두발을 가져온다. 측면에서 시술하는 동안은 시술자의 자세는 자연배치(Natural distribution) 상태여야 한다.

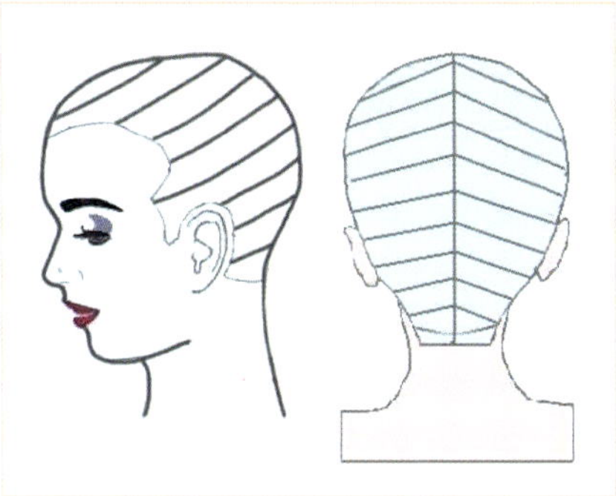

시술 전

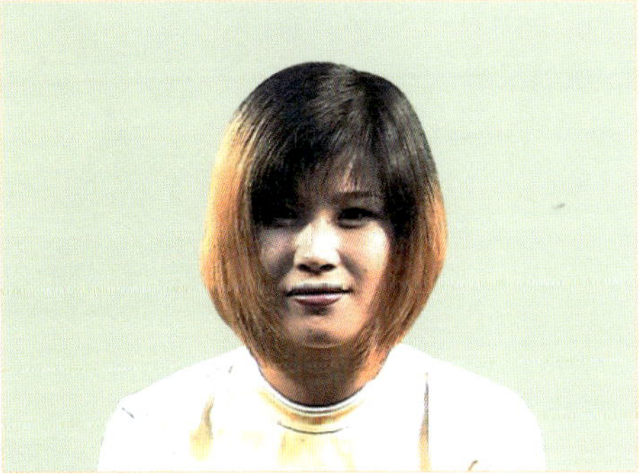

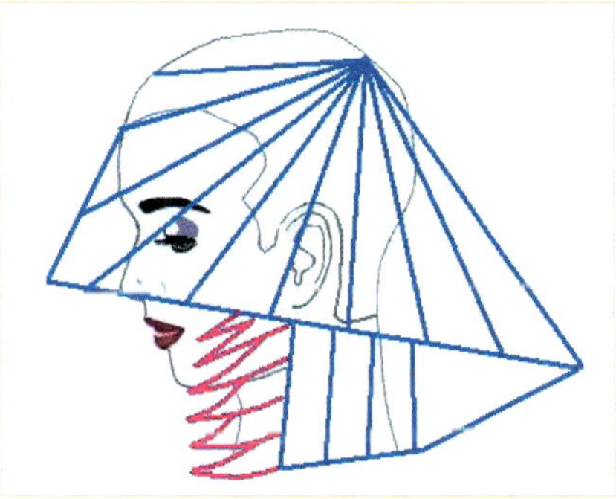

시술 후

11 적 용

1. 우선 뒤 두발을 좌측 귀와 우측 귀의 중간부분(Ear half) 에 횡선(橫線)으로 첫째 파트를 나누고, 나눈 파트를 종선(縱線)의 같은 비율로 다시 3등분 한다.

2. 3등분 한 두발 중에서 가운데 두발을 90도 수직(Vertical)으로 들어서 사선(Diagonal)으로 커트하면 첫번째 층(Layer)을 만들 수 있다.

3. 종축(種軸)으로 3등분한 나머지 좌측과 우측의 두발도 2번 시술과 같은 방법 90도로 들어 커트하면 이어하프(Ear half) 선의 자연스런 층(Layer)이 만들어지면서 첫 번째 파트의 형태가 완성된다.

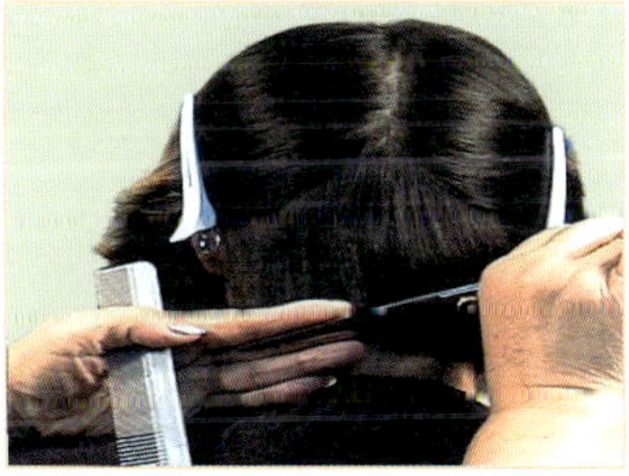

4 드라이(Brow drye) 한 후에 드라이 커팅을 하기 위해 두발을 부드럽게 조절하고 곧게 뻗게 하기위해 드라이 랩 테크닉을 사용한다. 머리 주위의 건조상태의 모든 두발을 빗질하고 드라이 또는 랩 한 두발을 드라이어로 고정하고 두발에 힘을 없애준다.

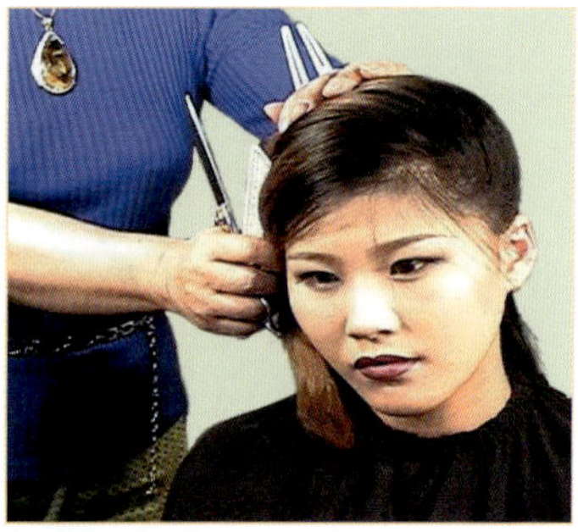

5 이것은 일반적으로 화학적인 작용으로 생긴 이완상태 즉, 드라이어(Brow dryer)나 혹은 아이론(Curling iron)으로 처리한 두발에서 얻을 수 있는 웨이브 형태를 말하는 것이다. 마무리 진 두발의 외형에 약간의 움직임을 준 곡선 모양이 자연스럽게 보이도록 만드는 것이다.

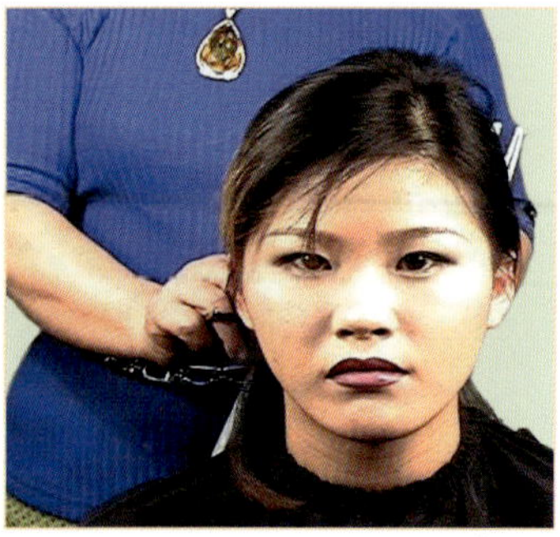

6 이제 두발은 드라이를 한 두발과 빗질을 하고 커트를 위해 준비해야한다.

7 전면의 빗질을 원하는 커트의 방향으로 두발을 빗어 준다.

8 사선으로 좌측 눈 위의 라인을 블런트(Blunt) 커트한다. 이 라인의 각각의 측면을 벤 자리 커트(Notching) 질감내기를 할 수 있다. 이 기법은 약간 불규칙적인 간격으로 측정된 전방의 헤어라인 주위의 길이만큼 벤 자리 커트(Notching) 질감내기 해주는 자연스러운 자유형태를 만드는 헤어기법이다.

4. 전 대각 오목형

(Diagonal forward concave blunt cut

1 A형 커트 목적

A자형으로 파트(Part)를 나누고 나눈 위치(가르마)와 손가락 위치가 평행하게 하며 직각배치(Parpendicular distribution : 두발이 기본 파팅(Parting)에서 90도로 빗어질 때의 방향을 말한다.) 로 커트 시술해야 하며 이렇게 커트 시술하면 A자 형의 이중(Graduation)의 층이 생기기 때문에 자연스러운 스타일을 연출할 수 있다. 목선(Nape line)의 두발 끝 부분은 일자커트(Blunt cut)로 평행하게 커트하고 나누어진 좌, 우측의 두발부터는 A자 형으로 커트하므로서 오목(Concave)형을 표현할 수 있다. 전 대각(Diagonal forward)의 형이기도 한 이 커트는 위에는 풍성하고 볼륨있는 무게감과 중량감의 형태를 나타내고 미지막 두발에 단락되어 떨어지는 일자커트 (Blunt cut)의 과감한 형태이다. 기존의 헤어스타일을 어느정도 유지하면 약간의 변화를 원하는 여성들에게 당당함과 정숙미 그리고 깜찍힘을 표현한 헤어스타일이기도 하며, 갸름한 형의 얼굴이나 고전적인 얼굴 표현 연출에 자주 쓰이는 헤어형이다.

커트 시술 전

커트시술 후

2 적 용

- 후면 두상의 중심선을 수직(Vertical)으로 나눈다. 그리고 좌, 우측을 사선(Diagonal)으로 나눈다.
- 이어하프에서 네이프 코너까지 A파트로 나눈다. 파트를 A자로 선이 뚜렸하게 하고 네프에서 가위로 두발을 일자커트로 길이 가이드를 정한다.

1 두발의 블런트 헤어커트 시작은 후방부위 좌측에서 시작된다 베이스가 되는 부분에서 두발을 손가락 하나 길이 정도 되게 잡고 두발을 90° 로 들어올려 빗질한다. 이것은 손가락 하나 정도의 길이를 들어 올리거나 혹은 만들려고 하는 층을 잡는 자세이다. 이 커트에서 처음으로 취하는 자세는 양 손바닥과 손바닥이 서로 마주 보는 자세 (paihrto pbbh Scisscr Position)가 되게끔 한 다.

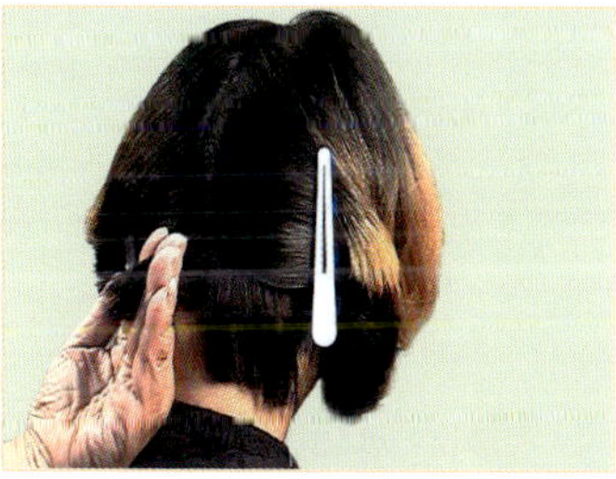

2 두발을 잡고 있는 좌측손 중지의 안쪽을 따라서 사선(Diagunal)으로 커트한다. 주의할 점은 좌측손을 어떻게 좌측에서 밑으로 각을 주느냐 하는 것이다. 우측은 반대방향으로(중앙에서 우측으로) 두발을 커트, 시술을 반 복한다.

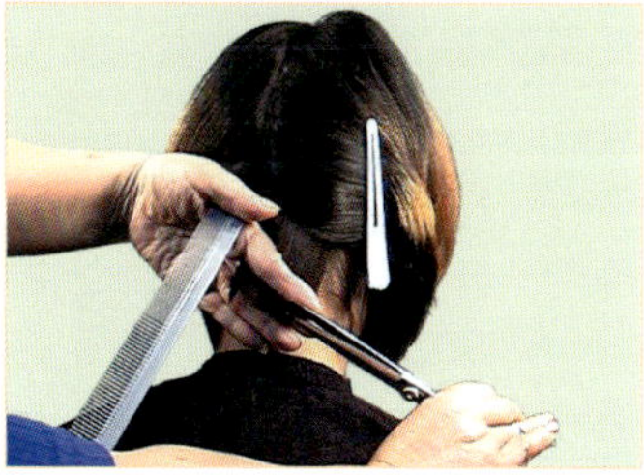

3 목부위의 주변모양을 세련되게 하기 위해 빗으로 섹션아웃(Section out :섹션을 풀어주는 것을 말한다.)을 시켜주고 날린 커트(Deep point cut, Pointing) 기법을 한다.

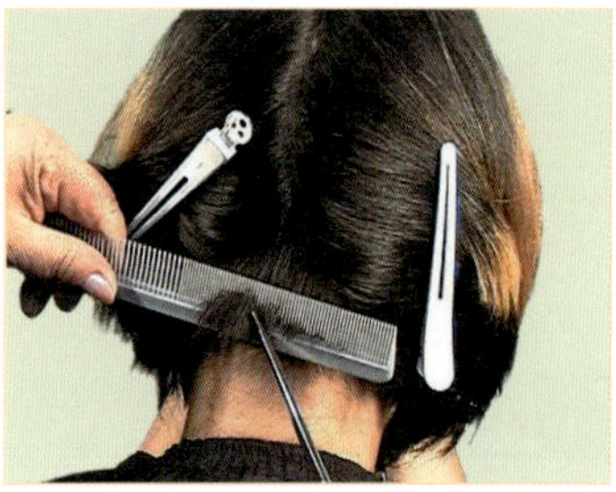

4 완성되었을 때 첫 섹션(Section)은 이미 층이진 것처럼 보이며 두발이 평평하게 달라붙는 느낌보다 오히려 두발은 커트된 층진 각을 따라서 쌓아올려진 것처럼 보인다.

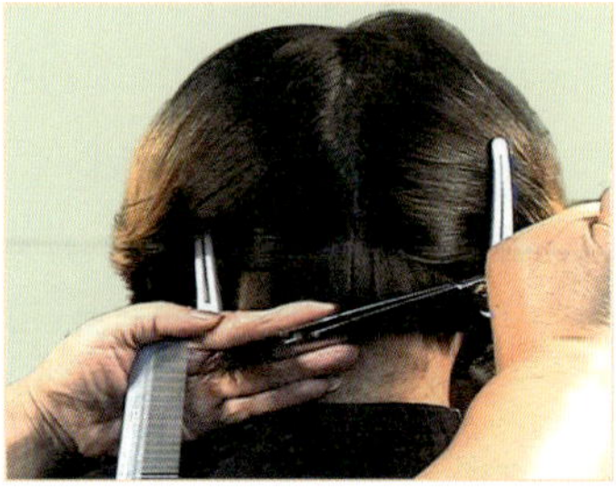

5 처음 커트 되었던 고정가이드를 볼 수 있게 하면서 다음에 오는 섹션(Section)을 2-3Cm간격으로 나누어 준다.

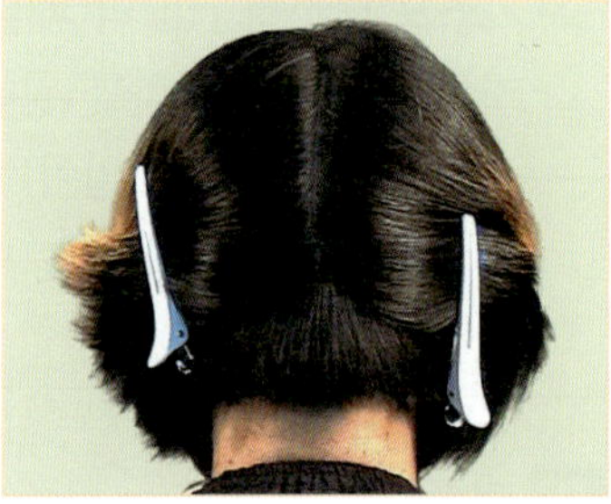

6 이어하프의 커트가 끝나면 이어 탑에 두발을 좌, 우측 모두 내린다. 내려진 두발을 먼저 커트한 길이에 맞춰 좌측과 우측의 두발을 연결하여 사선으로 커트 시술한다.

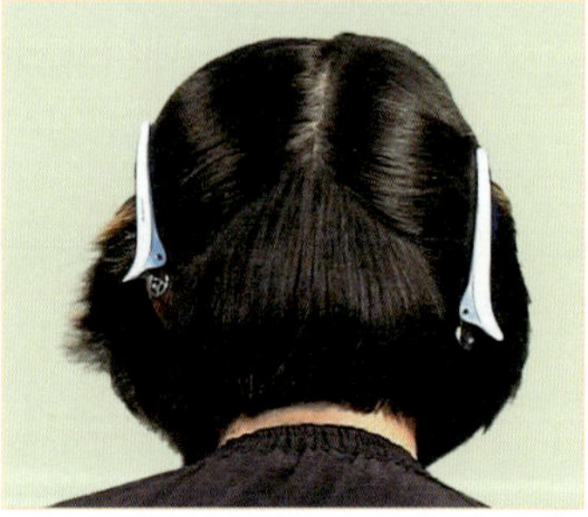

7 목선에서 두발 길이를 정한다. 첫 단의 두발 길이를 수직으로 커트 한다.(on the base 90°)

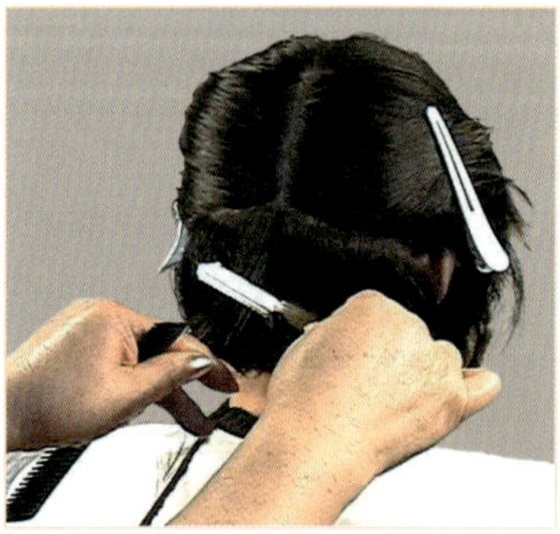

8 두발을 중심 파트에 커트한 길이에 맞추어 좌측이나 우측의 두발을 중심에 모아서 커트하면 자연스러운 사선이 된다.

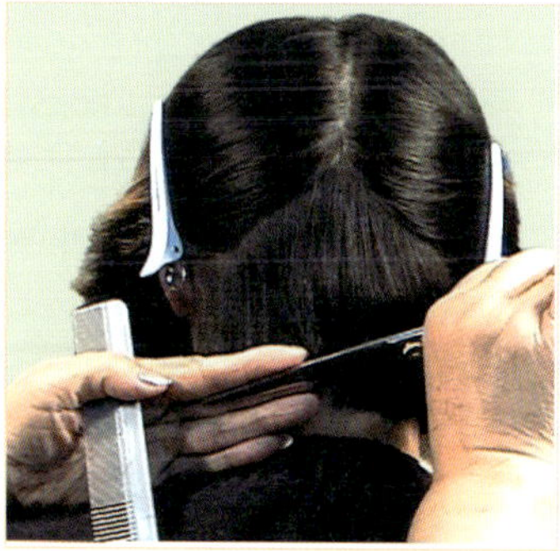

9 크라운 부위에 좌, 우측의 두발을 내려서 빗질하고 층진 효과를 만들면서 커트를 시작한다. 후방 부위에 반대편 방향 쪽으로 윤곽을 잡으면서 고정가이드 길이에 맞추어 시술한다.

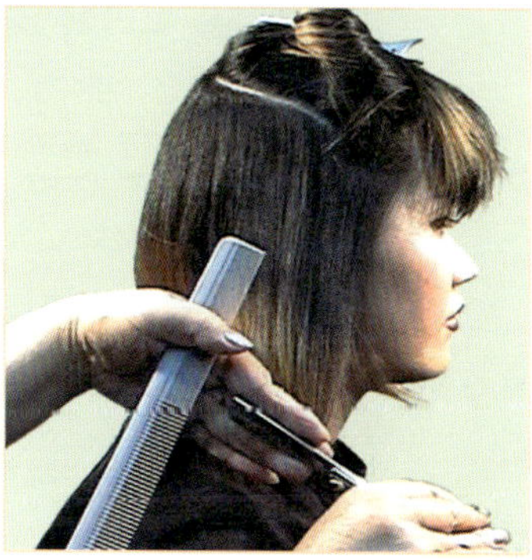

10 앞 두발 부위를 완성한 후에 우측을 시술한다. 벤 자리 커트(Notrhing) 질감내기 기법을 사용한 얼굴 주위를 디자인 커트한다. 좌측도 같은 방법으로 시술한다.

11 반대편으로 이동하여 귀 위로 2-3Cm정도 간격으로 경사지게 나누어 준다. 머리(head)자세는 똑바로 하고 두발의 밑부분을 잡고 커트한다. 자연스럽게 밑으로 떨어지게 두발을 경사지게 앞쪽으로 커트한다. 결정된 길이에 맞추어 손가락을 위치하고 사선라인을 만든다. 측면 전체를 커트하고 가능한 피부에 가깝게 시술한다.

12 측면으로 이동하여 자연배치(Natural distribution)로 커트한다.

13 좌측으로 돌아와 2-3Cm정도 간격으로 경사지게 나누어준다. 결정된 고정라인을 따라서 커트한다. 측면을 커트하는 동안은 가능한 낮게 두발을 잡아서 자연배치 상태를 항상 유지해야 한다.
※ 우측 두발길이와 좌측 길이 확인

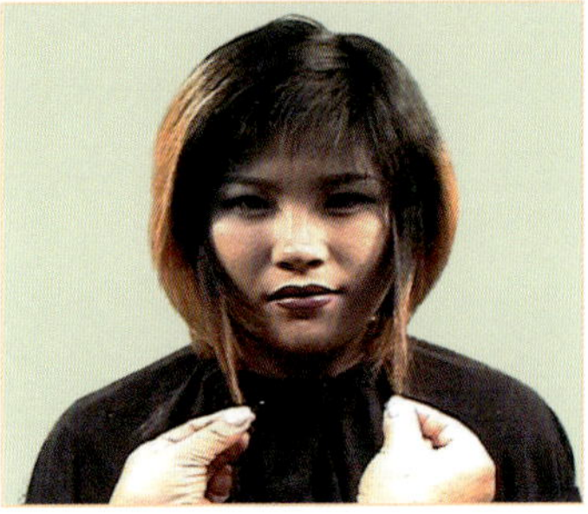

14 고정라인을 따라서 측면을 커트 하는 동안에 자연배치를 유지한다. 고정라인을 따라서 계속해서 전방부위와 측면 부위를 경사지게 커트한다.

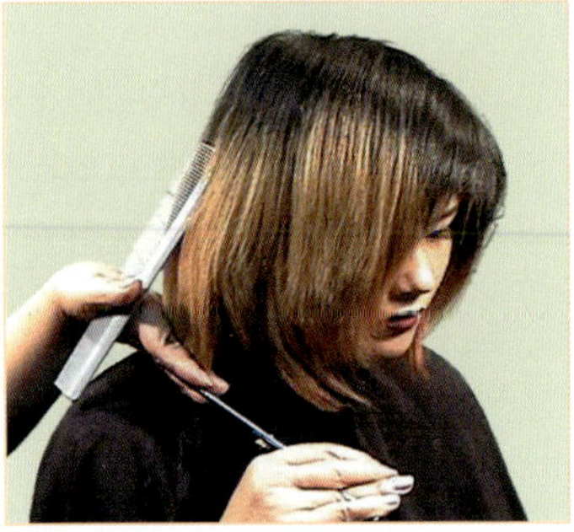

15 우측도 계속해서 섹션(Section)을 떠서 사선으로 파트를 나누어 커트한다. 좌측 가르마선에서 귀선(Ear half)으로 섹션(Section)을 떠서 가위로 날린 커트(Deep point cut, Pointing) 해주면 가벼운 두발 의 결을 볼 수 있다.

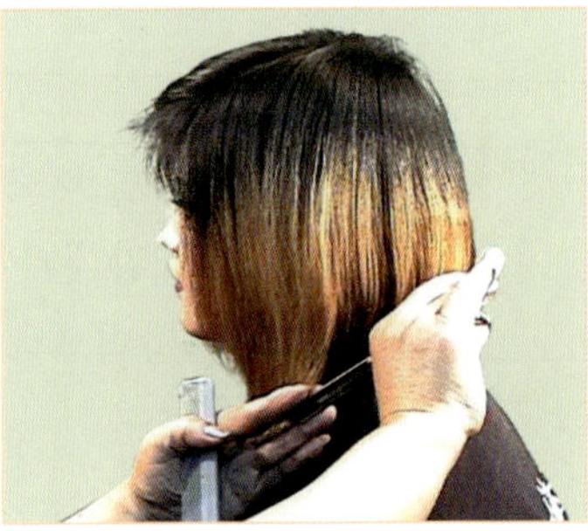

16 전방에 앞이마 부위의 정상부위를 섹션(Section)을 떠주고 우측을 빗질한 측면에서 전방을 통하여 이어지는 각에 맞추어 커트한다. 두부의 정상부 위의 파트(Part)를 만들어 커트한다.

17 날린 커트(Deep point cut, Pointing)기법을 사용하여 두발 전체 주변을 마무리 체 크한다.

18 다양한 형태의 마치 조각과도 같은 외형의 실루엣은 예술적인 작품을 보는 듯 하다. 정밀함과 다양성을 가진 이 헤어스타일은 최신 감각의 매력적인 스타일을 표현할 수 있도록 한다.

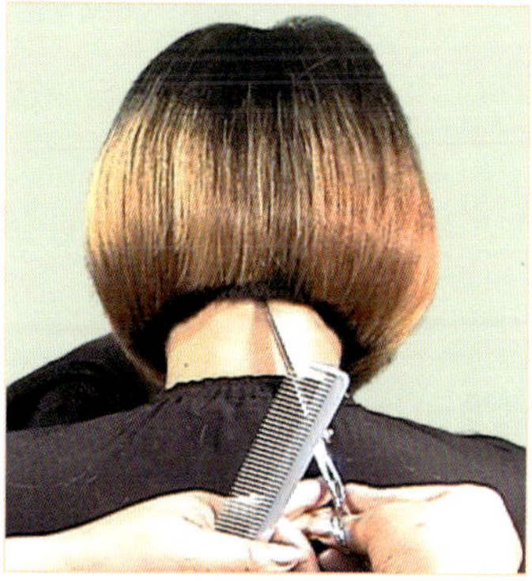

19 좌, 우측이 완성되면 계획했던 블런트 중량라인(Blunt weight line)을 후방부위에도 계속해서 체크커트 한다.

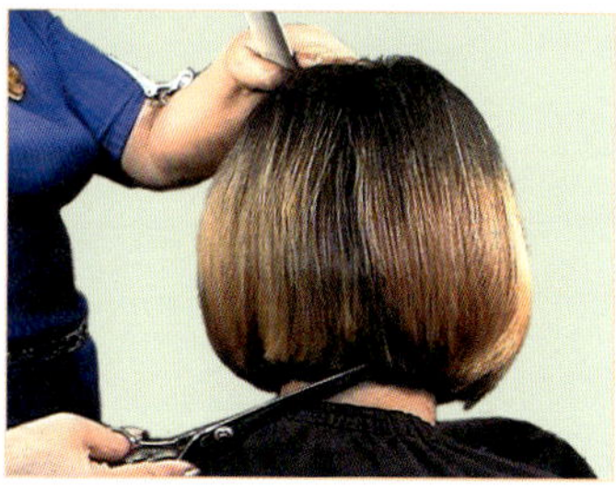

20 두부 정상 부위에 양감을 주기 위해서 머리의 정상부분의 두발을 거꾸로 빗어 세워(티즈〈Tease, 미국〉, 백 코움〈Backcomb, 영국〉) 준다. 거꾸로 빗어 세워(Tease, Backcomb) 두발을 생기발랄하고 부드러운 전체의 두발을 가질 수 있다.

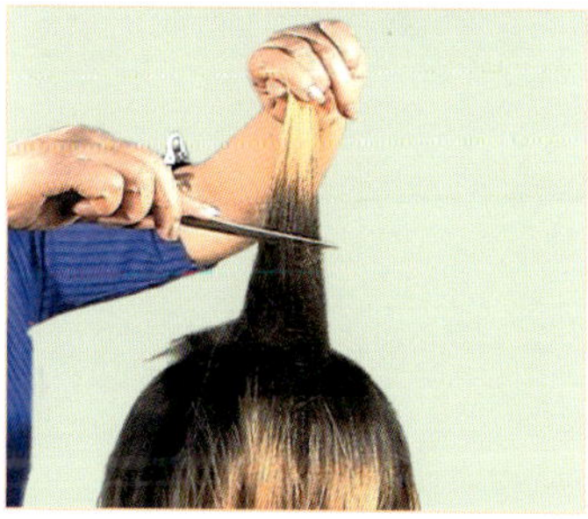

21 두발을 고정시키기 위해서 얼굴주위로 세밀하고 손가락을 사용해서 스프레이 한다. 이렇게 시술함으로서 헤어 디자이너가 원하는 고객의 스타일이 완성 된다.

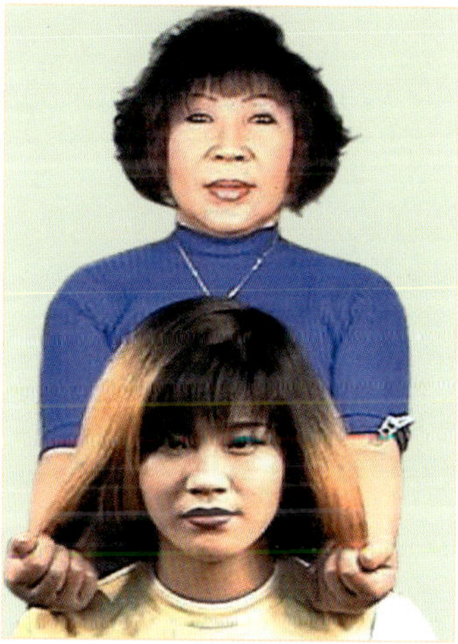

22 가깝게 외형적인 블런트 형태를 일관된 질감처리와 부드러운 움직임으로 보완하는 것은 드라이 랩핑과 커팅 기법을 통해 강조되어진 결과이다. 최종적인 스타일은 빛나고, 부드럽고 매끄러운 두발로 진보적인 고전 스타일이다.

23 좌측, 우측의 벨런스가 조화롭게 커트 되었는지 체크한다. 옆 두발의 전 대각선을 경사지게 얼굴 주변을 연결해 주는 커트이며 이 커트는 옆부분의 코너 부위에 부드럽게 중량감을 줄 수 있다. 옆면 부위의 커트선을 대조적으로 보여지게 한다. 1~2cm의 간격으로 갈라서 커트하며 0° 도의 각을 유지한다. 헤어라인을 중심으로 커트한다.

3 마무리(Com Aush)

레이저 사용 후 커트

커트시술 후

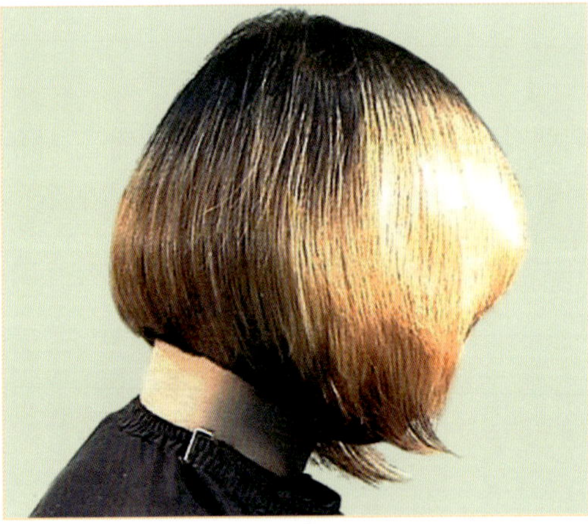
브런트의 무게 측면

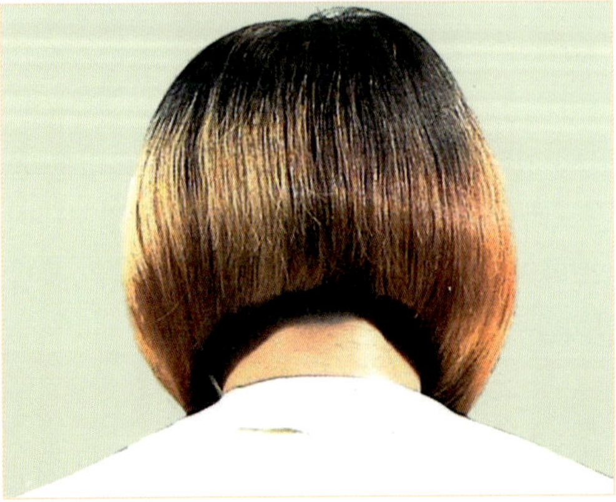
브런트의 무게 후면

5. 응용편

1 전대각(Concave) A

정교한 시점에 나오는 A형의 컨케이브이다.
딱딱해 보이지만 어려 보이면서 개성이 뚜렸해 보인다.

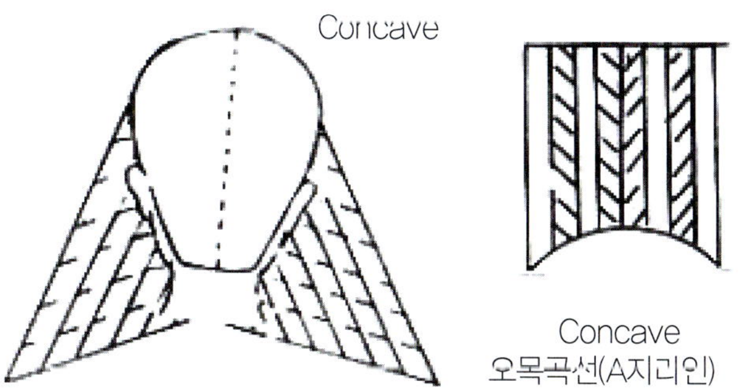

컨케이브 라인은 반구의 안쪽처럼 안쏙으로 굽어있다.

1, 파팅은 4등분 한다.
2. 파팅패턴은 다이애거널 파팅을 A라인으로 뜬다.
3. 네이프에서 이어투이어하프선에서 코너까지 A파팅을 뜬다.
4. 두발길이를 8-9Cm 길이가이드를 잡는다.
5. 빗의 각도는 90도로 세이핑한다.
6. 베이스는 1-2Cm정도 뜬다.

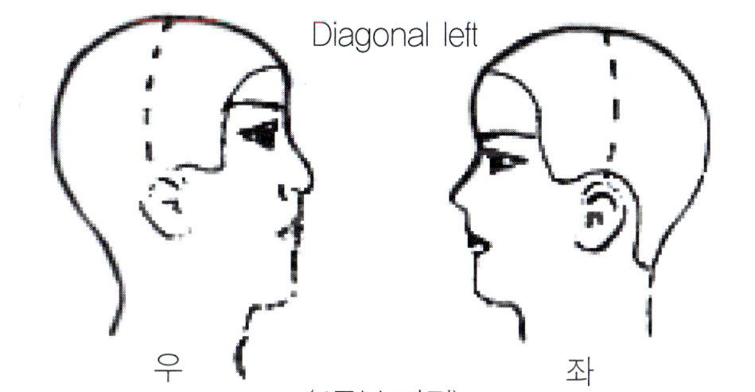

(4등분 파팅)

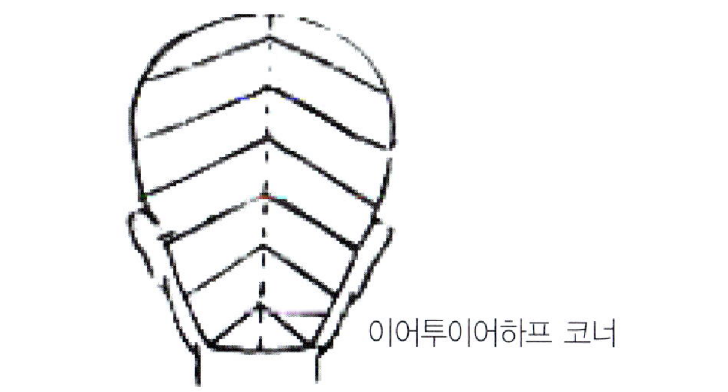

7파트(A파팅한 두상)

두발 끝에 포인트가 있다.
세미롱 스타일로 정면에서 옆으로 산뜻하게 표정이 밝게 보여 주도록 한다.

2 전대각(Concave) B

프린지는 호리존틀(평행)로 커트하고 우측은 짧게 좌측은 길게 언바란스로 커트했다.
개성이 강하지만 매력이 있어 보인다.

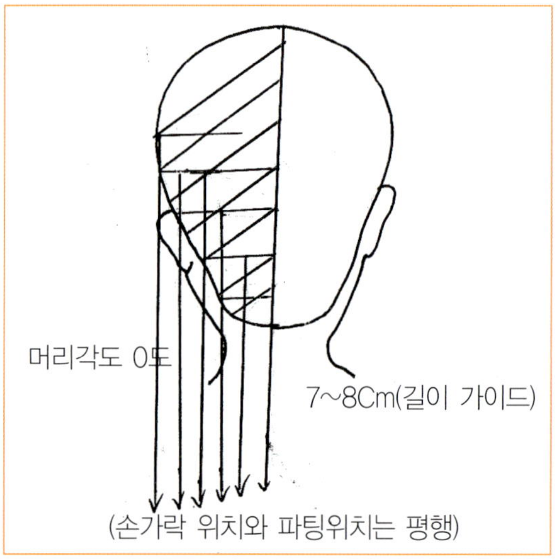

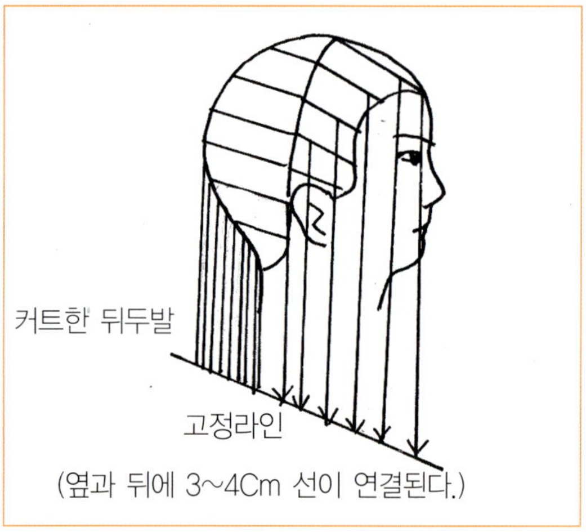

07. 두발의 각도는 0도로하고 손가락 위치와 파팅 위치가 평행하게 한다.
08. 네이프에서 톱까지 7-8파트로 나누어 커트한다.
09. 옆 두발은 뒤의 커트한 두발 1Cm를 고정라인으로 정하고 그 라인에 맞추어 파팅 위치와 손가락 위치가 평행하게 한다.
10. 좌측 두발과 우측 두발길이가 길어지면서 두발결이 매끄럽게 유지된다.
11. 파팅패턴의 각도는 의도하는 디자인라인에 평행해야한다.
12. 머리를 똑바로 든다. 시술각 없이 자연배치한다. 손가락과 가위를 기본 파팅에 평행하게 한다. 필요하면 파팅을 두 섹션으로 나누어 두발을 쉽게 조절할 수 있도록 한다.
13. 자연배치를 유지하며 기본 파팅에 평행하게 파팅한다. 좌대각이나 우대각 라인을 따라 무게감이 형성되는 것을 알 수 있다.
14. 두상의 곡선 부분을 커트할 때 정확한 배치를 유지하고 시술각에 특별히 주의한다.

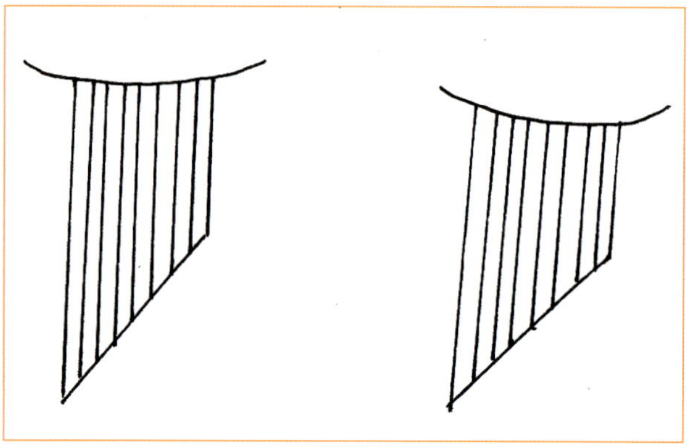

3 전대각(Concave) C

1. 전형적이 아닌 단발형(밥스타일)에 변화를 주는 스타일이다.(도예도 참조)
2. 변화를 싫어하는 사람에게 후면서만 변형해 주는 커트이다.
3. 브로킹은 4등분하고 네이프에서 이어하프까지 시술한다.
4. 먼저 손님이 원하는 네이프에 길이 가이드를 정한다.
5. 네이프와 이어 하프선을 1파트를 만들어 이 파트를 다시 3등분으로 나눈다.
6. 나눈 파트를 다시 3등분으로 나누어 가운데 파트를 버디컬로 커트(Cut)한다.
7. 양 옆의 두발중심을 모아 커트(Cut)한 고정라인에 맞추어 커트하면 A형이 가볍게 보인다.
8. 2번 파트로부터는 1번에 정한 라인을 고정라인이라 하고 고정라인에 맞추어 커트(Cut)한다.
9. 2번 파트의 두발 중앙의 고정라인 길이에 맞추어 커트(Cut)한다.
10. 3, 4, 5번 도 같은 방법으로 고정라인에 맞추어 계속해서 커트(Cut)한다.
11. 밑에 길이에 맞추어 연결하는 커트를 한다.

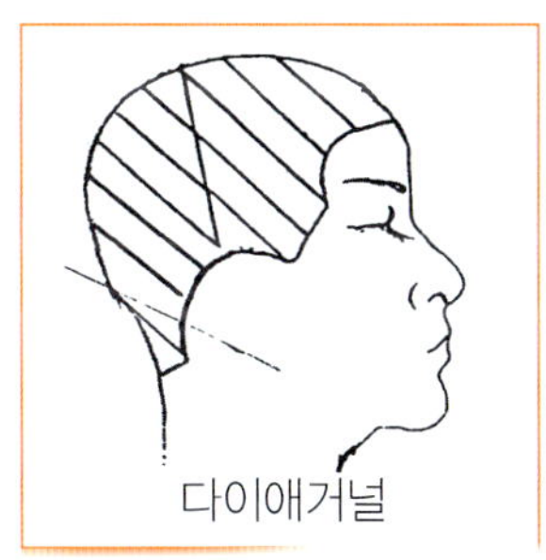

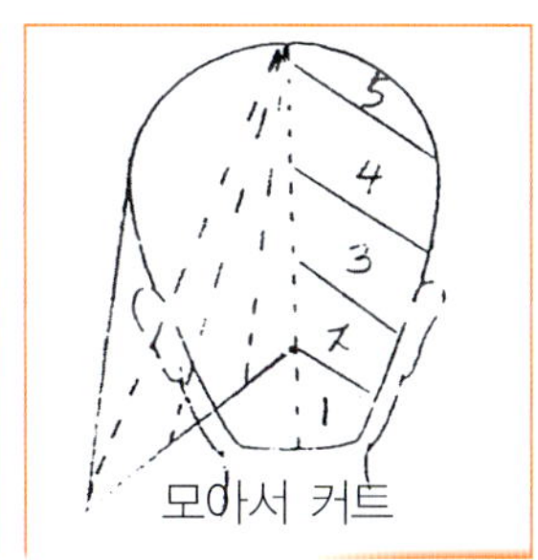

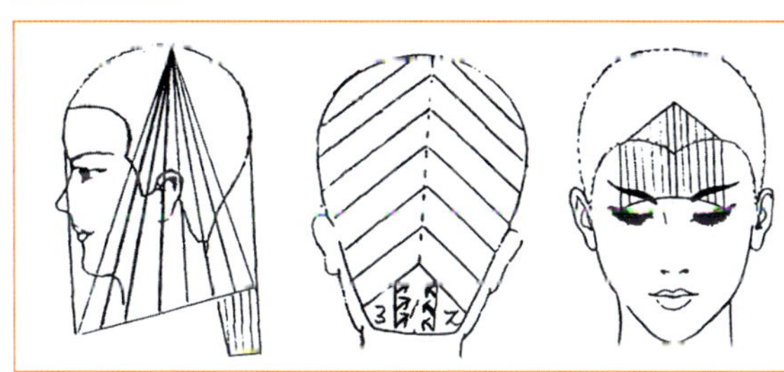

(네이프와 이어하프선을 3등분)

4 전대각(Concave) D

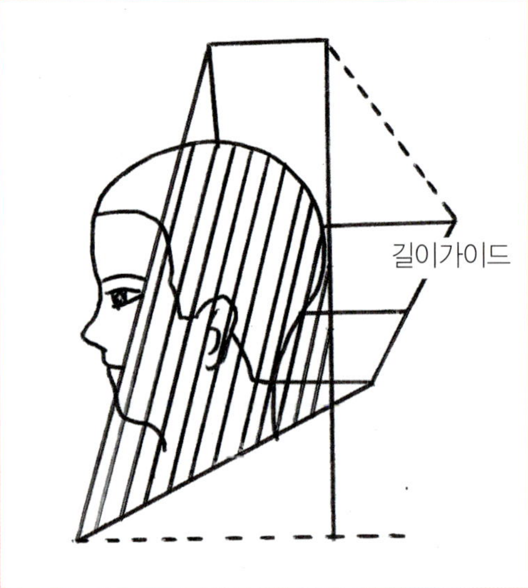

(뒤는 짧고 옆 두발은 긴 A형)

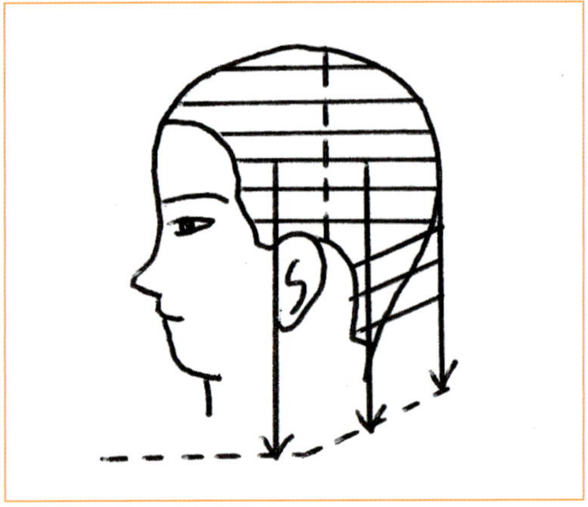

(크라운에서 직각배치를 유지)

12. 이어탑부터의 두발은 이어하프의 길이에 맞추어 커트하되 탑까지 같은 형태로 두발을 결을 만들면서 커트하면 뒤 두발은 길어 보이고 아래 두발은 짧아 보이면서 전체의 형태는 퍼스트와 세컨 두 개의 선이 이루어 진다. 컨케이브 형태를 보이며 크라운 부위에서 직각배치를 유지하되 텐션과 시술각이 있는 파팅의 커트이다.
13. 측면 두발에서 백까지 연결되는 다이애거널 파팅을 뜬다. 이렇게 함으로서 뒤 방향에서 앞 방향으로 계속되는 선을 유지할 수 있으며 기본 파팅에 다이애거널이 되게 커트하면서 시술각이 있는 직각 배치를 유지해도 된다.
14. 그러면 전체의 두발은 뒤는 짧고 앞 두발은 길게 보이는 A자 형이다. 커트가 끝나면 드라이어나 아이론으로 콤아웃 한다.
15. 드라이어나 아이론을 할 때 커트방향으로 세이핑한다.
16. 드라이어를 할 때 두발의 끝에 롤을 두바퀴 와인딩하고 열처리한다. 천천히 움직이듯 끝까지 열을 주면서 내려오면 두발은 광택이 나며 커트형태가 선명해 보인다.
17. 커트된 머리결이 매끄러운 컨케이브형은 심플한 형을 만들어내며, 앞가르마나 옆가르마를 떠서 만들 수 있다. 현대적인 요소들이 균형을 이루기 위해 혼합되어 있다.

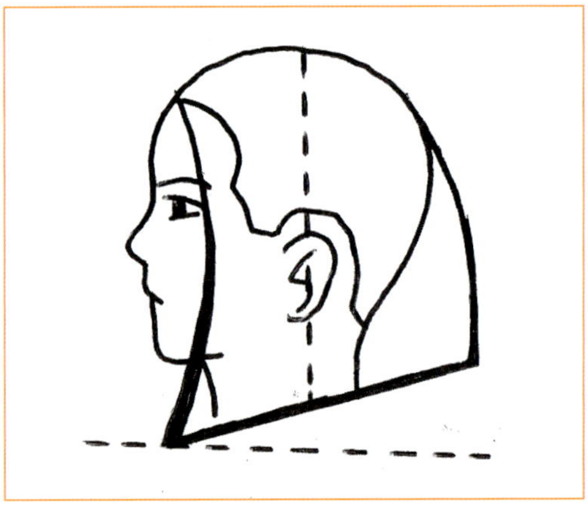

(헤어라인을 따라 약간의 곡선을 이룬 모양)

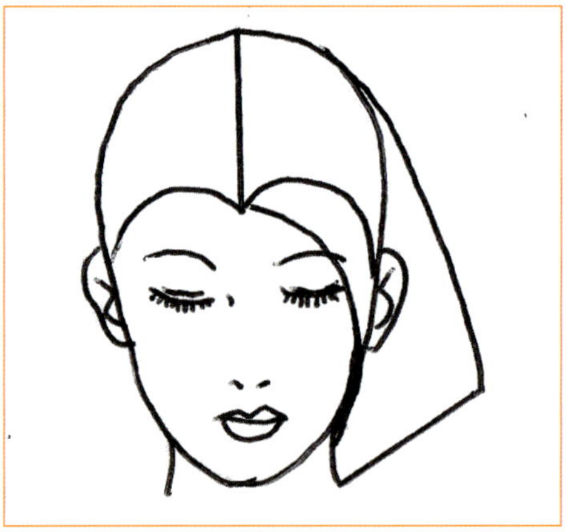

(귀 위 방향에서 텐션을 주지않도록 한다)

5 전대각(Concave) E

18. 이 형을 커트할 때 쓰이는 다이애거널 파팅 패턴을 보여준다.

19. 크라운 부위에서 직각배치를 유지한다. 텐션과 시술각이 있는 파팅 커트이다.

20. 옆 두발에서 백까지 연결되는 다이애거널 파팅을 뜬다. 이렇게 함으로서 뒤 방향에서 앞 방향으로 계속되는 선을 유지할 수 있다. 기본 파팅에 다이애거널이 되게 커트하면서 시술각이 있는 직각배치를 유지한다.

21. 옆 두발의 위쪽에서 커트하기 전의 자연스러운 두발흐름을 따라 배치한다. 어떤 경우는 헤어라인을 따라 약간의 곡선을 이룬다. 이렇게 함으로서 얼굴 방향에서 두발 길이를 유지하고 마지막 완성된 디자인에서 커트 한 머리결 부분이 보이는 것을 피할 수 있다.

22. 이전 파팅들의 수평선을 따라 텐션을 수어 마지막 섹션을 커트한다.

23. 반내편으로 가서 먼저 다이애거널 파팅을 뜬다. 이것을 백 방향까지 연장하고 그 반대쪽과 같은 절차로 커트하며 귀 위쪽에서 텐션을 주지 않도록 주의한다.

24. 계속해서 전에 양쪽이 대칭이 되는지 확인하고 마무리한다.

작업과정 Check List

주제 : 전 대각 커트(Concave blunt cut)

작업 단계	작 업 내 용	준비물 (재료 및 제품)
준비단계	Tip	
제작	Tip	
사후작업	Tip 헤어드라이 사용 유/무 시술순서 헤어 아이론 스트레이트 유/무, 헤어 아이론 볼륨 유/무 시술순서 헤어컬러링 활용 유/무 시술순서 제품활용 유/무 1. 왁스( ) 2. 헤어무스( ) 3. 헤어젤( ) 4. 헤어스프레이( ) 5. 헤어오일( )	
점검사항	□디자인라인 □섹션 □머리위치 □파팅 □배치 □판넬각 □시술각 □공상각 □두상각 □베이스 □텍스쳐관리 □텍스쳐테크닉	
기억하기		

G

그래듀에이티드 커트 (Graduated cut)

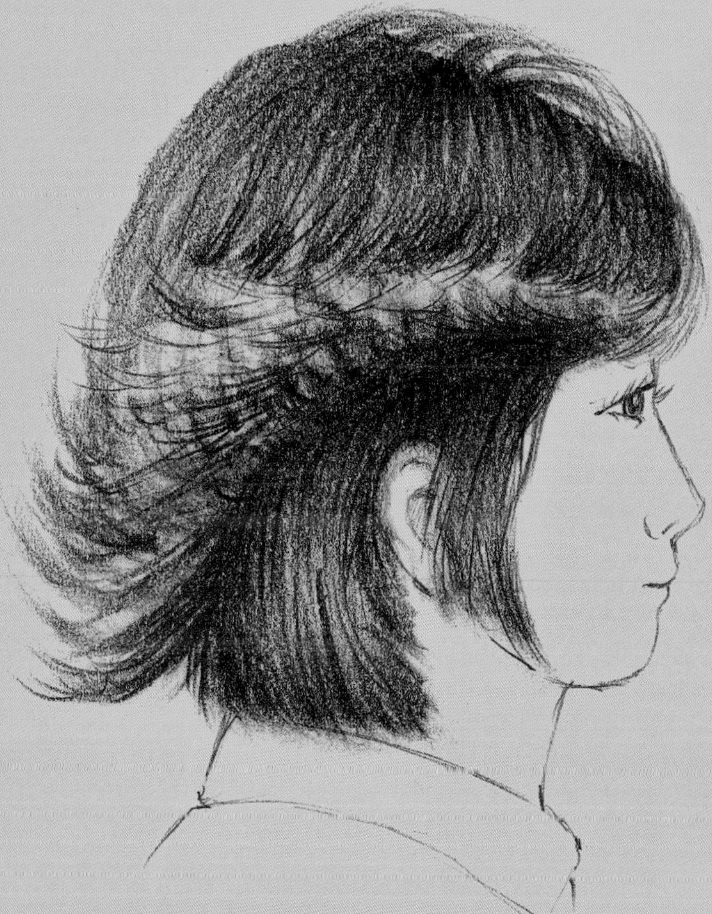

1. 그래듀에이션 미디움 변형

1 그래듀에션 미디움(Graduation Medium) 변형

탑에서 이어포인트까지는 컨백스형으로 커트한다. 퍼스트라인과 세컨라인의 2계층의 라인성을 가지고 있다. 퍼스트는 유니폼 레이어층으로 커트하고 세컨라인은 둥근 단발형으로 커트한다. 2단층의 조화미가 독특한 개성 연출로 커트된 그래듀에이션이다. (동양계열에 잘 어울림)

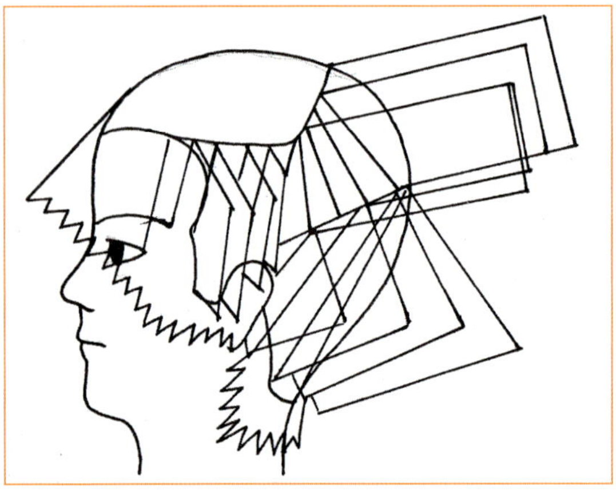

그래듀에이션(Graduation) 측면

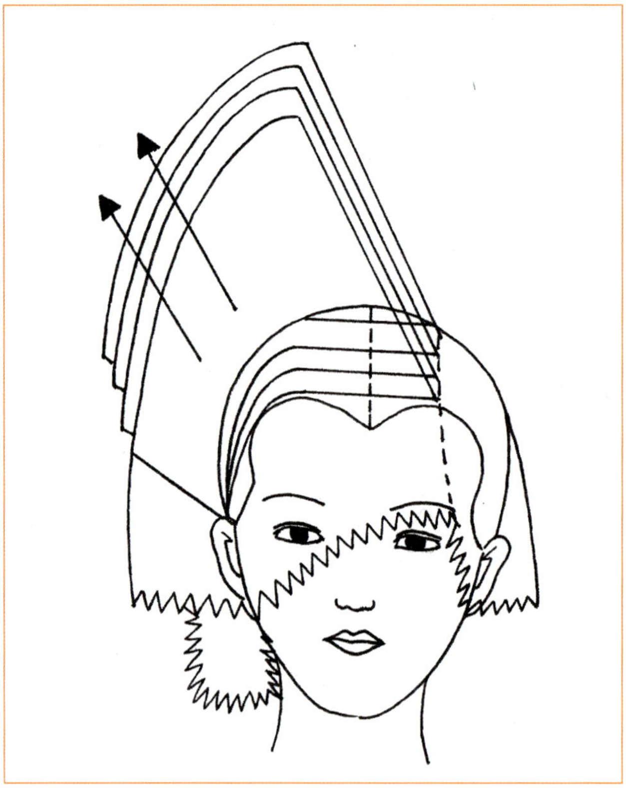

그래듀에이션(Graduation) 정면

후면은 그래듀에이션(Graduation) 커트를 먼저하고 옆선은 이어포인트와 얼굴사이를 전대각형(선)으로 길이를 정하고 전체를 레이저나 혹은 틴닝가위로 디스코넥션하게 커트하고 주변 두발의 질감이 샤푸하게 떨어지게 한다. 보여지는 선은 세련미가 있어 보여 진다.

2 그래듀에이션(Graduation)

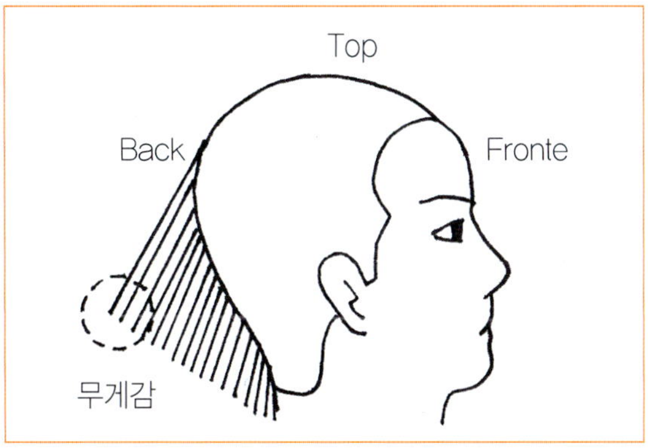

그래듀에이션(Graduation)의 완성된 모습은 특정된 부분에서 인테어리어(Interior)방향에서 두발이 점점 길어지는 것을 의미한다.
웨이브(Wave)가 있는 두발이나 곱슬두발에서는 볼륨이 강조된다.

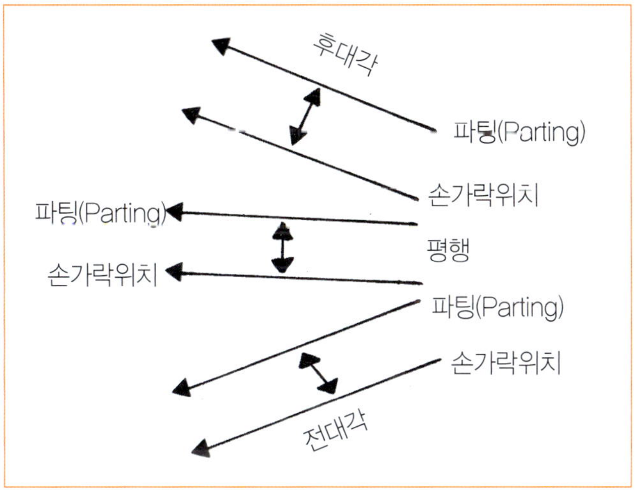

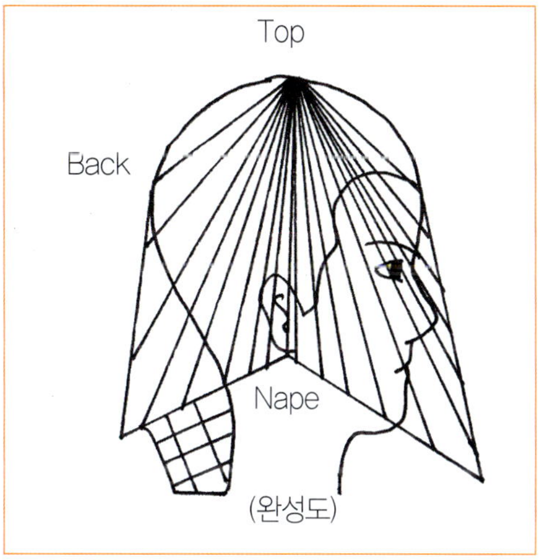

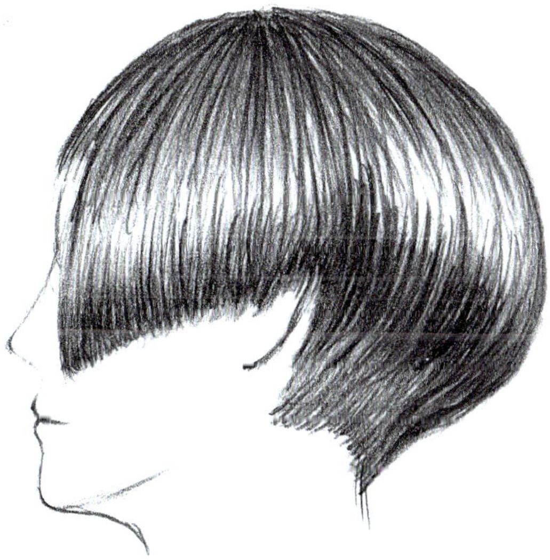

위의 두발길이는 길고 귀밑부분은 짧은 형이다. 그래듀에이션 커트로서 측면에서는 컨케이브형으로 커트한다.

2. 하이 그래듀에이션 변형
(High Graduation)

그래듀에이션(Graduation)은 두발 숱을 줄여주는 테이퍼링(Taperinf) 없는 커트 시술로 진행한다. 때문에 다른 커트보다 더 풍만한 두발의 양감을 주는 커트 시술과정을 통한 균형 있는 길이의 그래듀에이션을 만들 수 있다. 그래듀에이션 커트에서 사용되어질 때 주의해야할 기법은 볼륨의 풍만한 양감이 마무리 질 수 있도록 많은 양의 모발 무게중심으로 이동할 수 있도록 해야 한다. 그리고 이 헤어 커트에서 중요 포인트는 정확한 높이의 각도를 인지해야 한다. 즉, 이어하프(Ear half) 중앙선을 지난 후방부위의 이어 투 이어(Ear to Ear)선을 중심으로 위쪽 방향은 길어지고 무게감을 유지하는 반면 아래쪽 방향은 레이어 효과를 주어서 가벼운 느낌을 주어야 하기 때분이다.

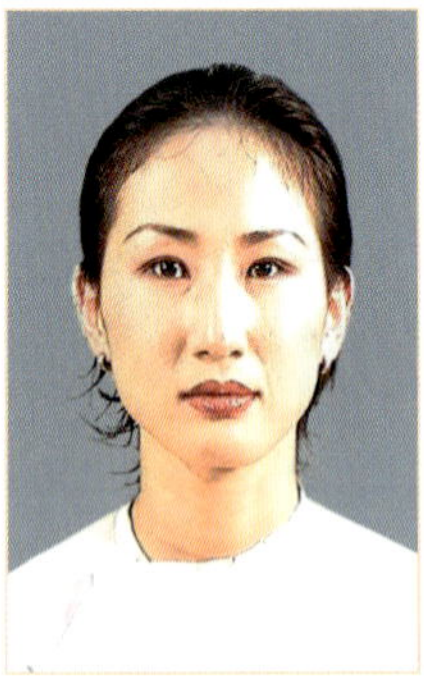
시술 전

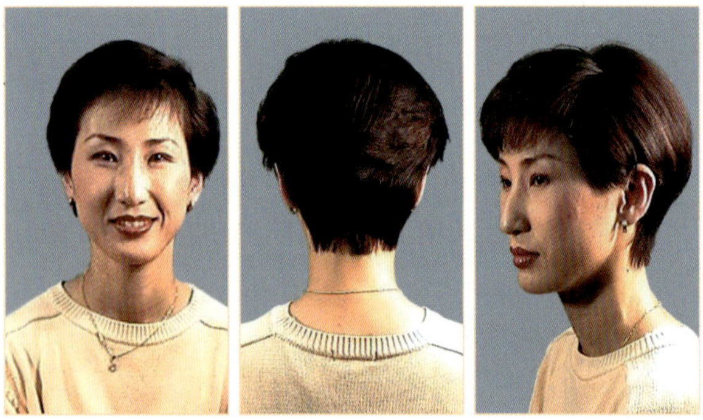
시술 후

1 연결(CONNECT)

그래듀에이션(Graduation)

모델의 헤어 커트는 길이의 정도나 혹은 단계적으로 미세하게 층이진 그래듀에이션에 의해서 강조되는 헤어스타일이다. 이것은 마무리 디자인 된 커트 정도가 아주 미세하게 층을 이루게된다. 외형은 머리카락의 앞부분 반 정도가 더 긴 길이로 보이도록 강조됨으로서 하나로 보이게끔 한다.

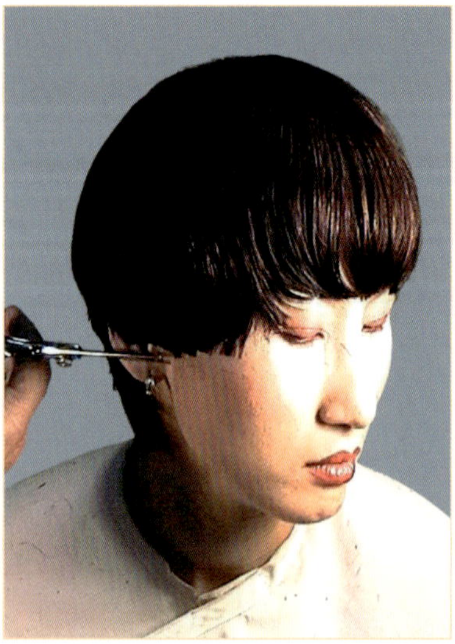

2 초점 (Focus)

1) 똑같은 텐션(Even Tension)

똑같이 평행(Horizontal)하게 텐션(tension)을 유지한다.

2) 고정 길이 가이 드(Fixed determined length)

이 기법에서는 손만을 사용해서(Free hand) 시술할 수 있고 그래듀에이션 효과를 만들기 전에 원하는 길이를 선정 할 수 있다.

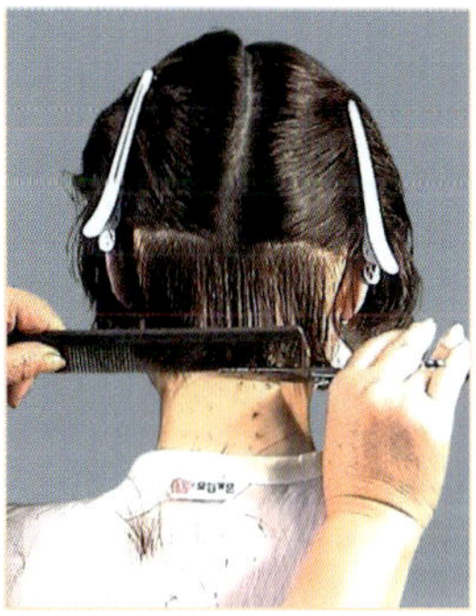

3 적용

짧은 두발 그래듀에이션 커트는 두발을 원하는 여성고객을 위한 또는 남성 고객에게도 적응할 수 있는 고전적 실루엣의 헤어스타일이다. 길이는 무게감이 느껴지는 최징싱 부위 쪽에서 아래쪽으로 내려갈수록 층이 지면서 떨어지는 길이가 유지된다.

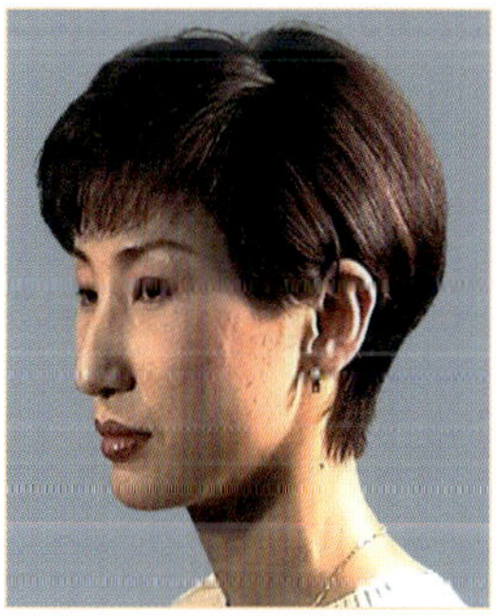

1 네이프 부분의 나누어진 수직(Vertical) 섹션(Section)을 다시 이어하프(Ear half)선에 맞추어 나누어준다. 머리(head) 위방향으로 나머지 두발을 헤어클립으로 고정한다. 파트(Part)에서 내려진 두발을 파트(Part) 선에 맞추어 수평 라인으로 커트 한다. 여기서 빗은 길이를 조절해주고 커트라인을 만들어주는 역할과 두발 주변을 깨끗하게 하고 모든 길이를 평행하게 해주는 데 도움이 된다.

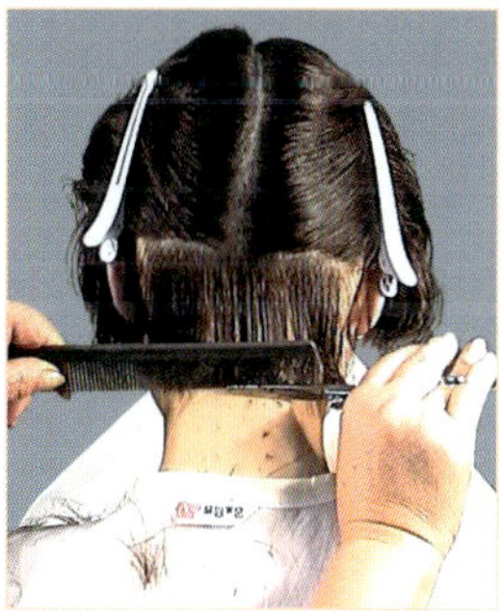

2 첫단은 평행하게 커트한다. 두발 난선에서 바깥방향으로 90° 로 들어올려 그 길이에 맞춰 사선(Diagonal)으로 커트한다.

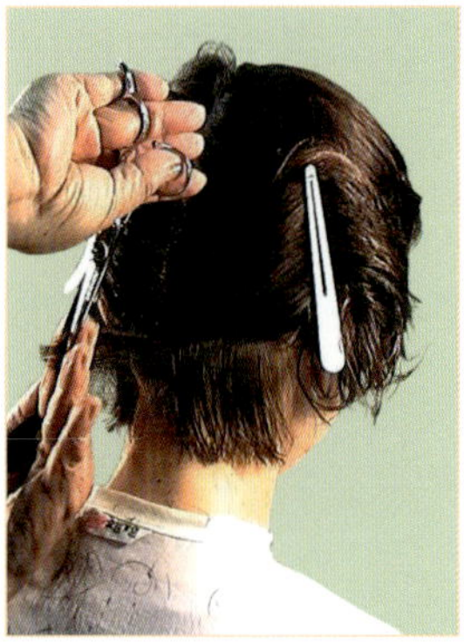

3 포인트에서 탑포인트까지 파트(Part)를 나눈 후 90 각도로 모발을 들어 올려 계속해서 커트한다, 네이프 중앙으로부터 좌, 우측으로 시 술한다.

4 필요한 만큼의 구레나룻을 잡아서 귀선을 중심으로 좌,우측 커트 시술한다.

5 백포인트Crest)의 파트(Part)를 지나 뒤 부분에서 수직(Vertical)으로 파트를 가르고 손과 빗의 각도를 45도로 시술한다.

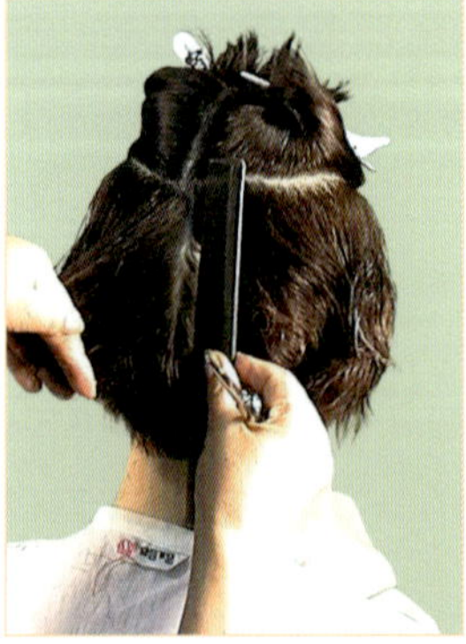

6 정상(Top) 두발을 헤어클립으로 고정하고 측면 부위를 평행하게 파트(Part)를 나눔 후에 뒤쪽에서 앞쪽 헤어라인으로 이동하면서 커트 시술한다.

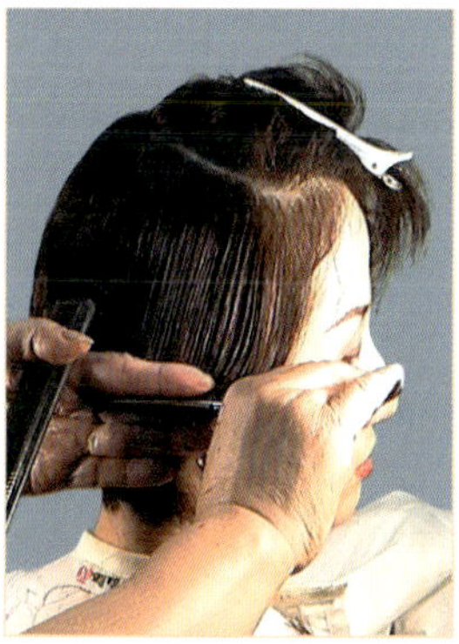

7 커트 한 최초의 길이가 똑바로 곧게 잡아서 능선(Crest)의 밑 부분(Exterior) 길이의 섹션(Section) 후방에서 측면으로 나머지 후방과 측면 부위를 하나로 연결하여 커트한다.

능선(Crest) : 한쪽 관자놀이에서 후두부위의 가장 볼록한 부분을 지나 다른 편 한쪽 관자놀이까지 가장 두부의 넓은 둘레를 말한다.

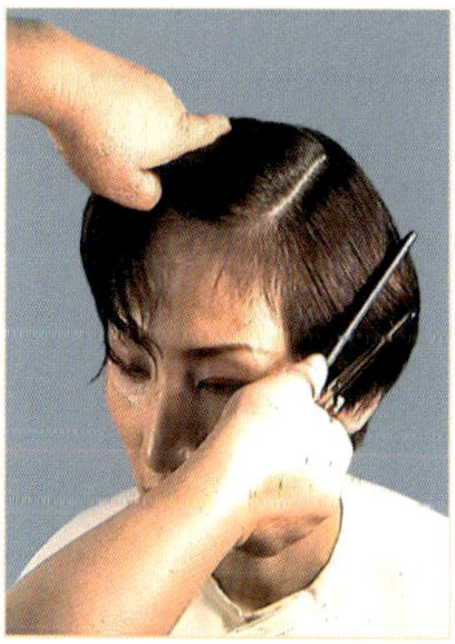

8 좌측 가르마 중심으로 1cm 두발을 눈꼬리에 기준점을 두고 커트한다. (그림 참조)

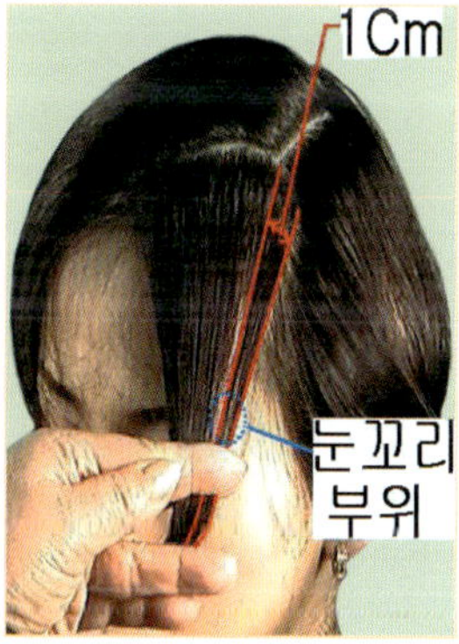

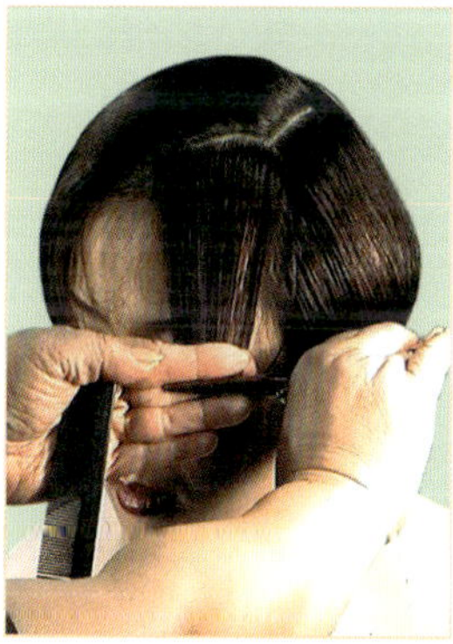

9 좌측 가르마 중심으로 양옆 1cm 커트한 길이에 맞추어 눈꼬리 중심의 두발에 1cm씩 파트를 나누어 계속해서 커트 한다.

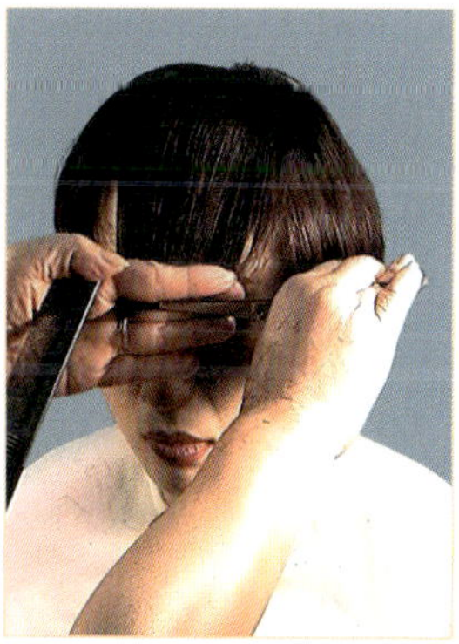

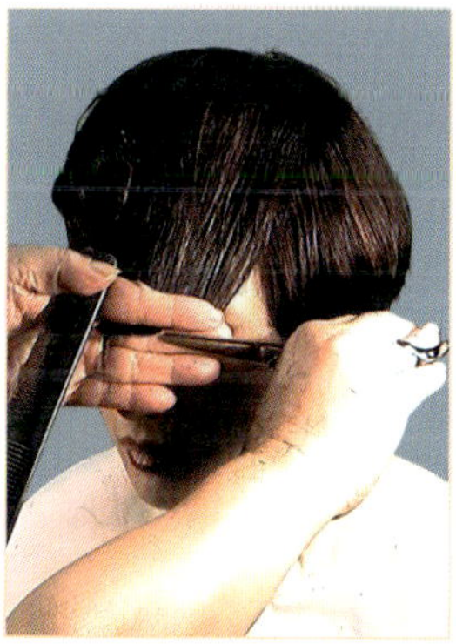

10 좌측에서 중앙으로 이동해서 우측파트까지 전방 앞 두발을 연결하면서 커트 시술한다.

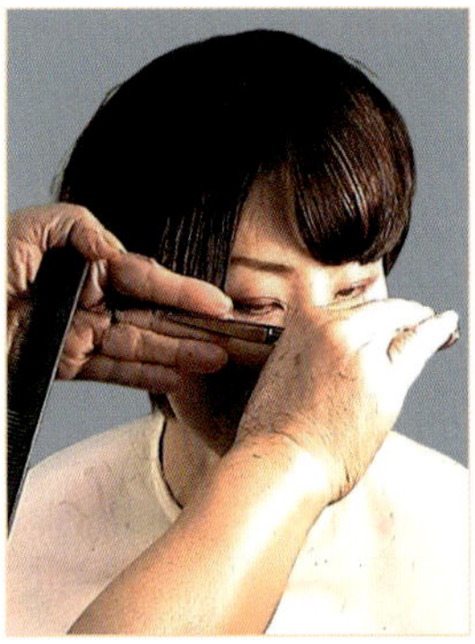

11 전방의 앞 두발과 좌측면 두발의 연결선이 정확한지를 확인 하기위해서 가위로 체크 커드하여 좌우측 마무리 체크커트한다.

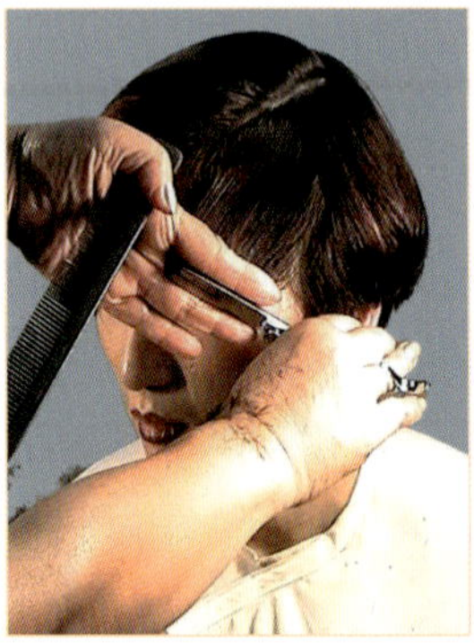

12 좌측의 두발을 우측의 커트한 두발길이에 맞추어 마무리 커트 시술한다.

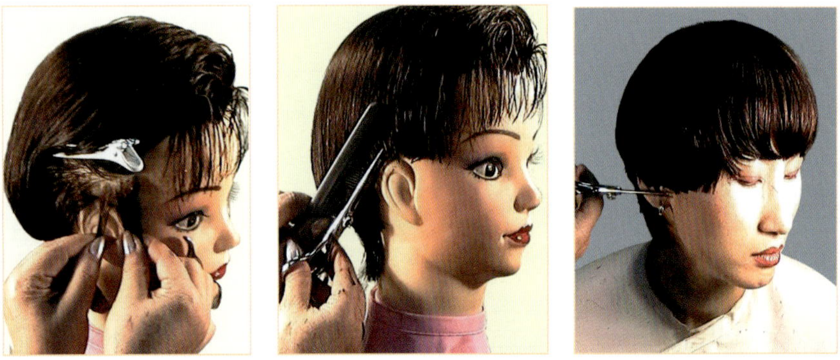

13 커트가 완료된 후 마무리 된 상태의 정면, 측면, 후면의 두발 상태이다.

커트 스타일은 헤어길이의 고저(高低)변화, 질감처리, 염색에 의한 변화에 의해 여러가지 헤어스타일을 창출할 수 있고 남,녀가 같이 공유할 수 있는 커트 스타일로서 그래듀에이션 효과가 두드러지게 연출하면 멋진 스타일링을 연출할 수 있다.

3. 그래듀에이션(Graduation) V 커트

목선에서 일자커트를 고집하는 고객에게 변화를 주는 형으로 옆선에서도 수직파트를 0°로 커트함으로서 커트의 단차가 전혀 생기지 않는다. 좌, 우측 이어파트도 0°로 커트하고 네이프도 0°로 하여 커트단차가 없는 커트로서 자연배치로 빗질을 하면 브이커트("V" Cut)의 형으로 고객의 이미지를 드라이어로 업이나 언더로 변형줄 수 있는 개성을 연출할 수 있다.

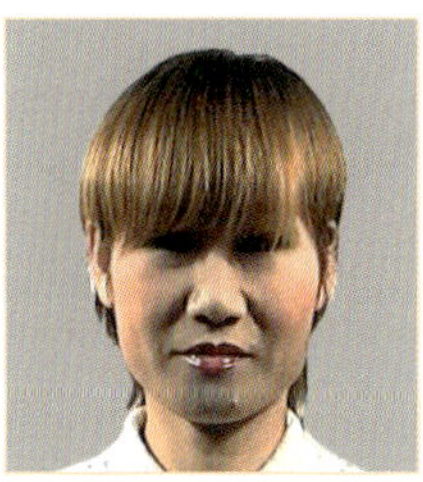
시술 전

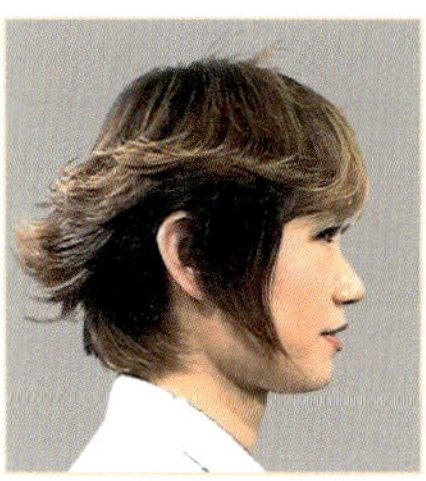
시술 후

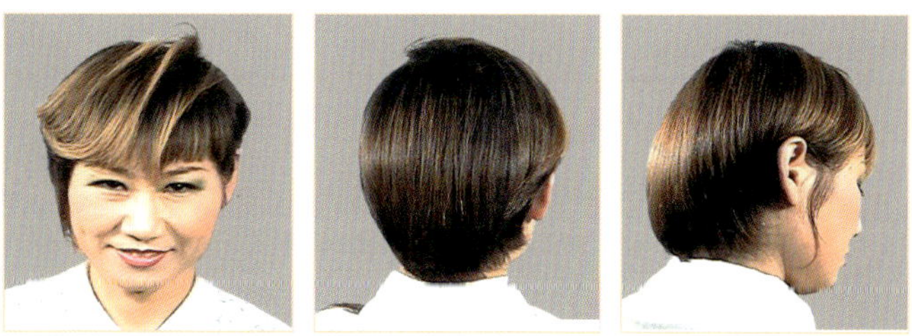
전면과 후면, 측면의 모습

적 용

후방에서 목선에 고객이 원하는 길이를 정하고 길이가 정해지면 탑에서 네이프까지 수직으로 섹션을 뜬다. 디자인어의 자세가 고객의 옆으로 서서 옆선에서부터 수직으로 파트를 귀선에서 네이프 코너까지의 파트를 뜬 다음 코너의 길이를 중심으로 코너길이에 맞추어 0도의 각도를 주어 커트 한다. 그다음 파트도 먼저 커트한 고정가이드에 맞추어 커트를 한다. 후방 중앙까지의 두발도 똑같은 방법으로 커트 한다. 후방에 커트가 끝나면 자연배치로 빗질하여 보면 V형의 커트(Cut)가 보여진다. 브이커트(V Cut)를 한 이유는 단발형의 변형을 주기위해 네이프의 일자형을 고집하는 고객에게 권해줄 수 있는 커트 기법이다.

1 탑(Top)에서 목선(Nape)까지 수직으로 섹션(Section)을 나누어 헤어 클립으로 고정시키고 이어하프(Ear half)선을 기준으로 사선파트(Part)를 나눈 다음 좌측 손등을 목선(Nape)에 닿게하고 좌, 우측 같은 방법으로 일자 커트한다. 네이프에서는 일자형 커트이다.

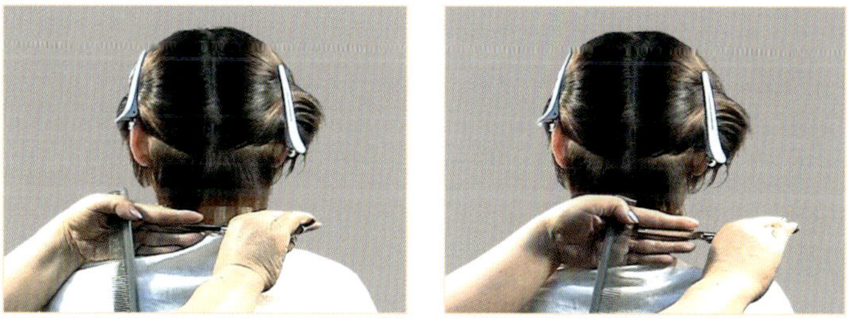

2 목선(Nape line)에 길이를 커트하고 디자이너는 좌측으로 돌아와 수직으로 파트(Part)를 나누고 변이배치로 빗질하고 0°로 커트한다. 우측도 같은 방법으로 커트 시술한다. 1번 시술에서 직각배치 후에 수직으로 커트하고 여기서 변이배치로 빗질하여 0도로 커트한 후 자연 상태로 두발을 두었을 때 두발의 형태는 자연스러운 V형의 커트를 볼 수 있다.

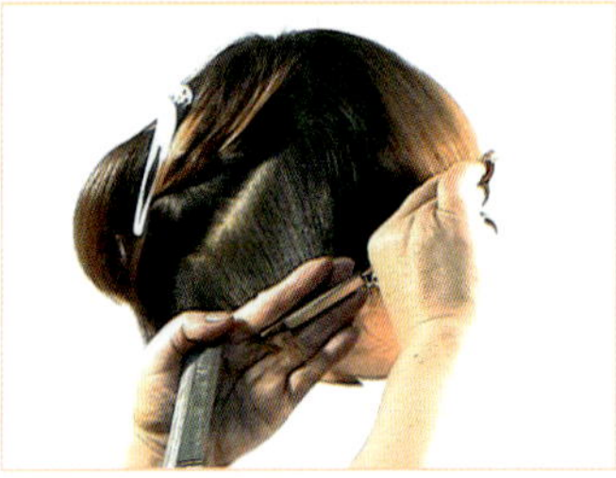

3 두발을 모두 내려 후방부위의 두발을 변이배치로 빗질하여 커트를 한다. 브이커트(V Cut)는 다른 커트와는 다르게 측면 부위에서 단지 두 파트의 커트만으로 측면부위를 끝낼 수 있고 신속하고 정확하게 마무리 할 수 있는 커트이다.

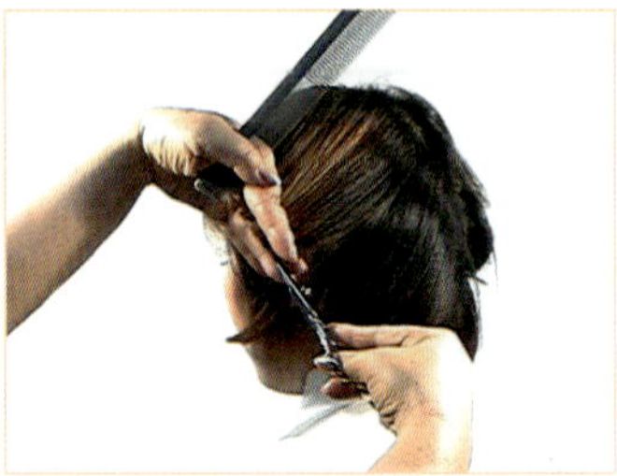

4 후방의 중앙파트의 커트가 끝나면 측면을 커트하기 위해서 능선(Crest) 파트(Part)를 나누어 측면과 후방부위의 연결상태가 정확한지 체크한다.

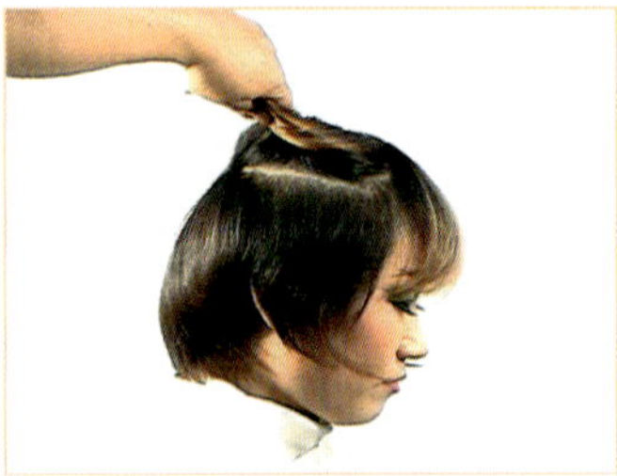

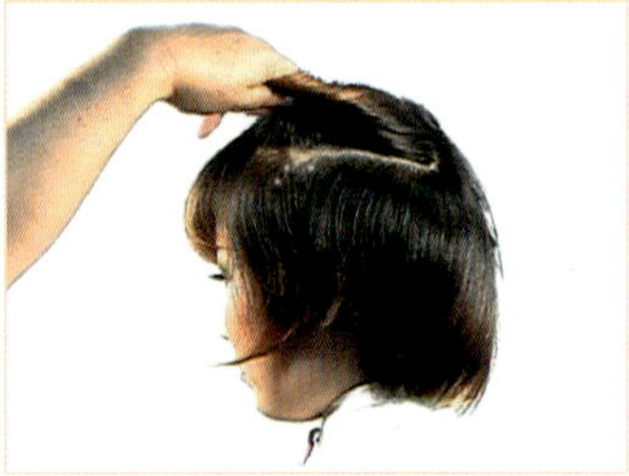

5 구레나룻 효과를 보이기 위해서 측면의 두발을 길게 빼서 디자인 형태를 보여준다. 좌측의 손가락은 두피방향으로 가위의 위치는 하향 자세로 커트한다.

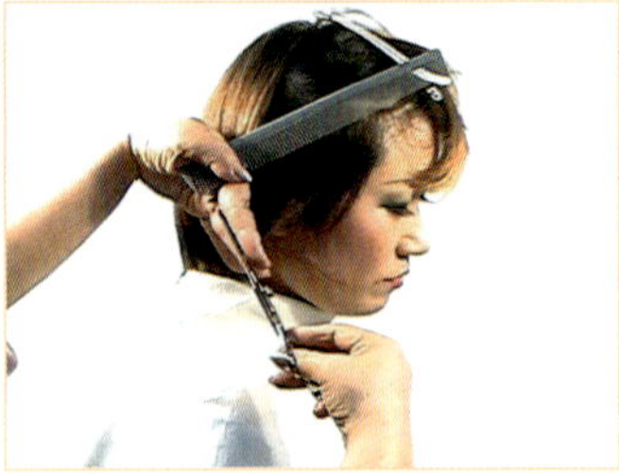

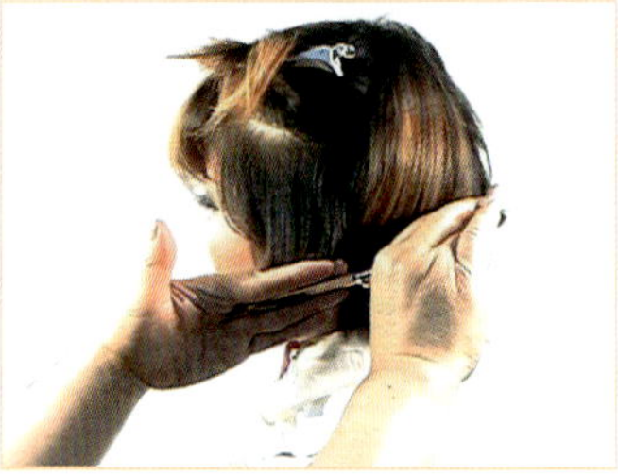

6 커트 된 구레나룻의 두발을 남겨놓고 그 위의 파트(part) 두발을 후방과 연결하여 커트한다

7 측면과 후방의 커트가 끝나면 구레나룻을 1cm 남기고 눈썹 꼬리에서 이어포인트에서 탑포인트의 라인을 지나 후방의 두발과 연결을 주면서 짧게 커트하여 기하학적인 2개의 라인이 보일 수 있도록 디자인 커트한다.

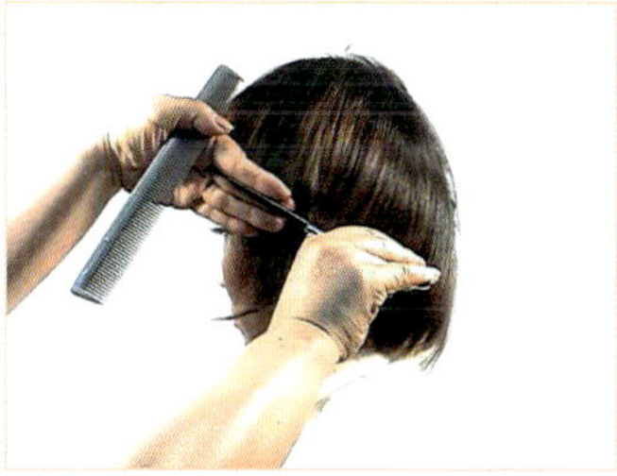

8 좌측과 우측의 커트디자인이 끝나면 좌측 사이드 파트를 1cm내려 커트가위를(커트 칼〈Razor〉 활용 가능) 이용해서 커트한다. 우측커트의 방법도 좌측과 같은 방법으로 커트할 수 있다.

전방과 후방의 두발을 여러 가지로 드라이어를 하여 마무리(Comb out) 한다.

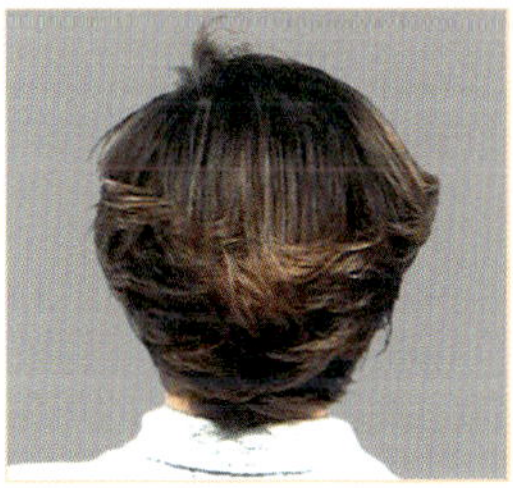

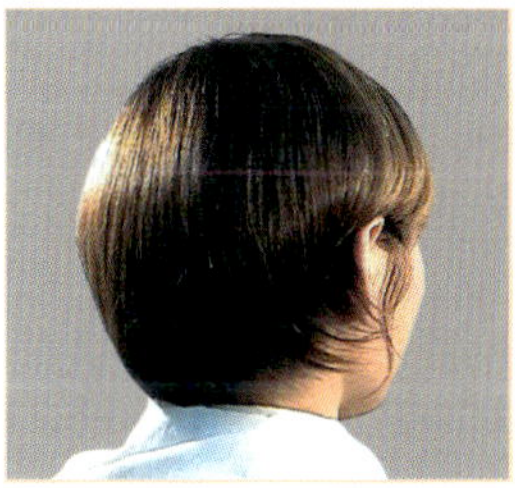

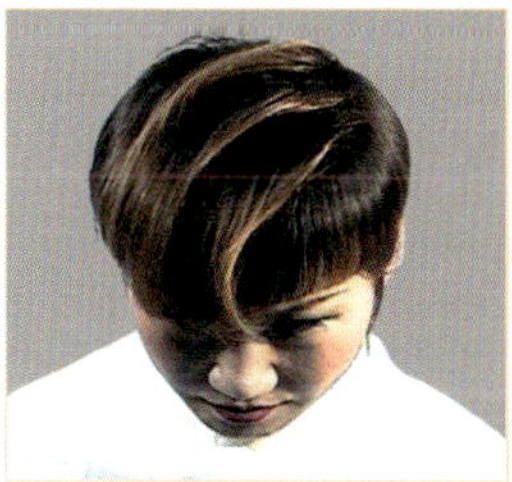

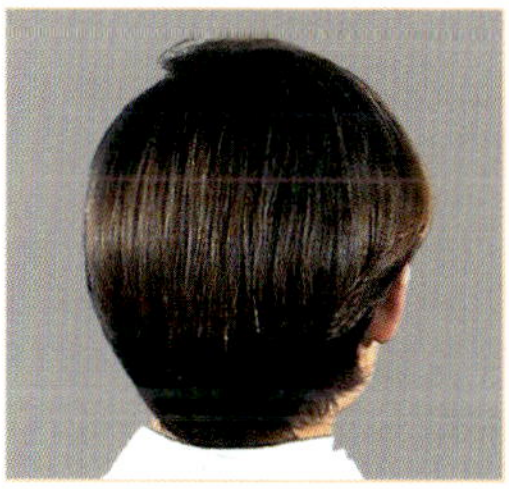

※가위와 레이져를 활용할수 있다.

4. 그래듀에이션 로우 커트
(Graduation low cut)

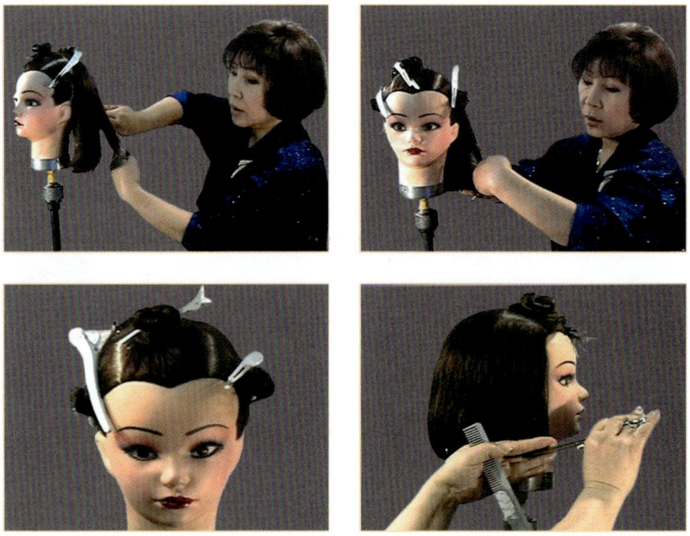

그래듀에이티드의 사전적 의미는 점차로 변하거나 혹은 점진적로 변한다. 2단층 커트의 층으로 이루어진 헤어커트는 밑부분 두발에서부터 위쪽 두발까지 층이 지게 자르는 것을 말하며 위쪽 두발을 더 길게 자르는 것을 말한다. 형태의 다른 부위보다 중앙부위가 더 넓어서 다이아몬드 형태를 띄고 있다. 양 옆 부분에 가장 많은 무게감과 중량감을 느낄 수 있는 기하학적 입체감을 표현할 수 있는 커트기법이다. 그래듀에이션이란 단어에 사실적으로 '층이 짐' 이란 사전적 의미는 없다. 아마도 이것은 영어의 '~tion' 이 명사화 되는 것에 발상되어 한국에서 한국 사람들에 의한 임의적으로 층이 진 커트의 명칭을 그래듀이션이라 상용화 시키면서 알려졌지만 정확한 명칭은 2단층 그래듀에이티드 헤어커트(Graduated hair cut)이다.

1 초점(Even proportions)

블런트(Blunt : 층이 많이 지지 않은 커트로 약간 무딘 효과)

1 목선에서 네이프 2cm 내린 두발을 중심과 좌측, 우측 3파트로 나누고 중심부에서 부터 커트를 시작한다. 목선의 두발 심어놓은 곳(두발 난 곳)에서부터 밑에 마네킹을 고정시키기 위한 홀더의 쇠줄까지의 길이는 약 8cm 정도가 되는데 2단층 커트는 여기서 약 7~8cm 정도로 길이 가이드를 정하고(미용사 국가고시 시험기준) 그 길이에 맞추어 우측, 좌측도 같은 길이로 커트한다.

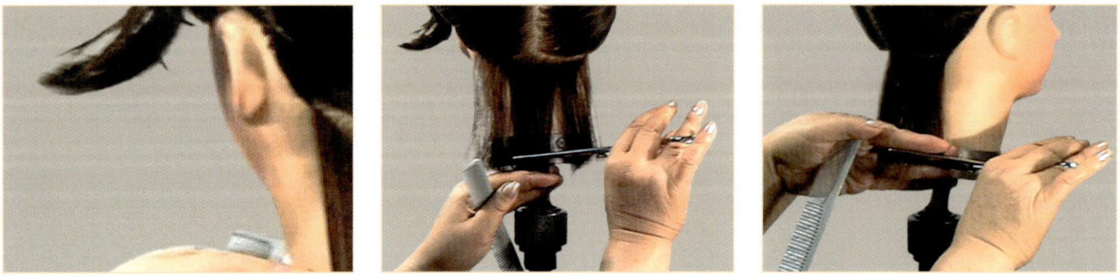

2 로우 그래듀에이션 커트[Graduation cut]

옆 두발의 무게감을 주고 앞 두발은 양이나 길이에 주의하는 것이 좋다. 얼굴형이 무거워 보이거나 얼굴의 모습이 어둡게 보이는 것은 밸런스가 맞지 않아서이다. 전체의 분위기를 생동감 있고 가벼워 보이게 한다.

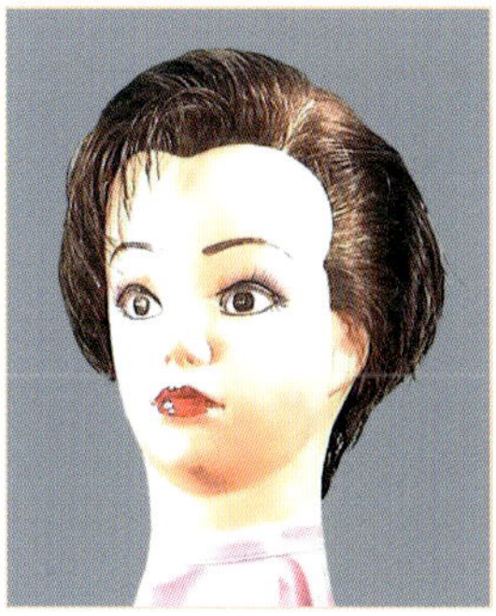
측면완성

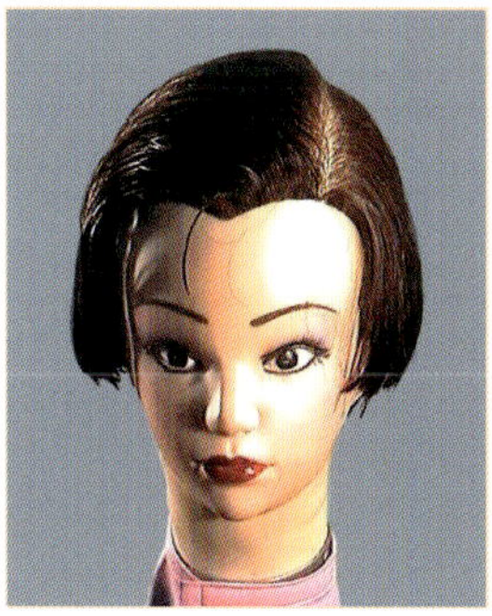
전면완성

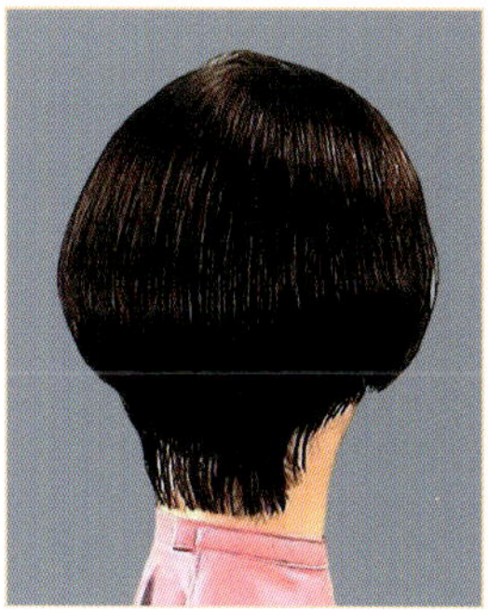
후면완성

3 적용

1 골덴포인트까지 두발의 커트를 한다. 이어포인트 정상에서 섹션을 나누고 그 선에서 두발을 내려 목선에서 먼저 커트한 길이를 1cm 가져온다. 그 길이를 고정가이드라 하며 두발을 커트한다. 이때 목선에서 가져온 고정가이드 길이는 90도로 들어 이어 탑에 두발을 0도로 해서 빗질을 하면 옆에서 볼 때의 각도는 45도이며 이 각도에 의해서 커트를 계속하면 2단층 커트, 즉 밑단의 레이어 효과와 위단의 후 대각 효과의 커트의 변화가 시작된다.

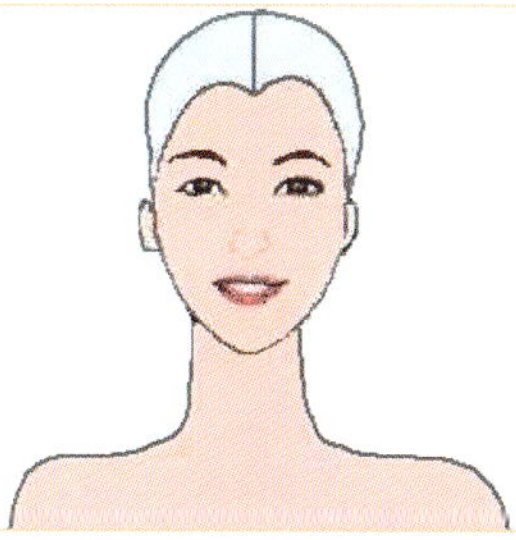

0도 45도 90도 0도란 두피에서 두발이 자연스럽게 내려온 상태를 잡아준 상태이고 첫번째 파트를 90도로 잡아 들어 올렸을때 생기는 사이의 각도는 45도가 된다.

2 이어포인트에서 탑포인트의 선을 뚜렷하게 섹션을 나눈다.이어 하프에서 커트해 놓은 길이를 이어 탑에서 커트할 수 있는 길이에 맞추어 후방 중심부터 연결하여 커트하고 우측과 좌측도 마찬가지로 시술한다.

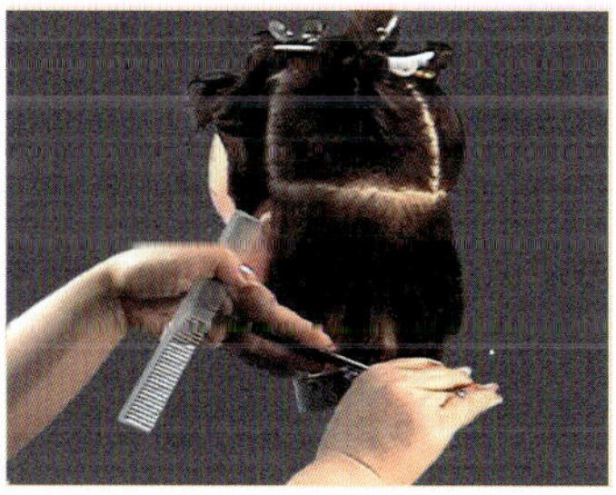

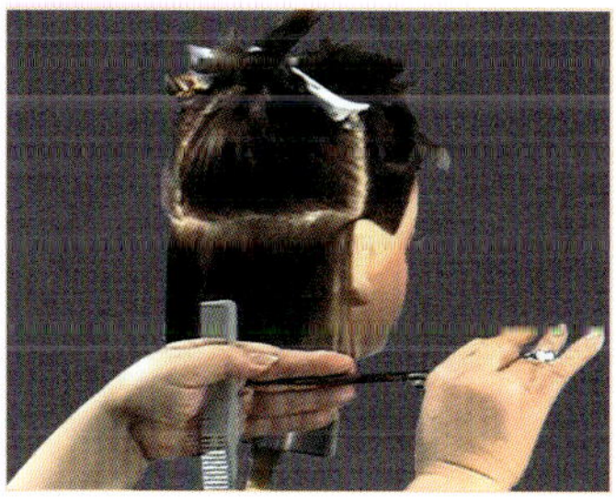

3 이번 파트는 좌측 눈썹 꼬리에서 우측 눈썹 꼬리까지 라운드로 파트를 나누어 목선에 먼저 커트한 길이에 맞추어 커트 시술한다.

4 눈썹 산에서 시작한 두상에서 가장 넓은 능선(Crest) 지역으로 좌측과 우측의 파트 선이 그려진다. 커트의 형태가 가장 정확하게 떨어져 보이는 것을 볼 수 있다. 전체의 2단층 커트형이 이루어지는 상태를 있는 커트 기법이다.

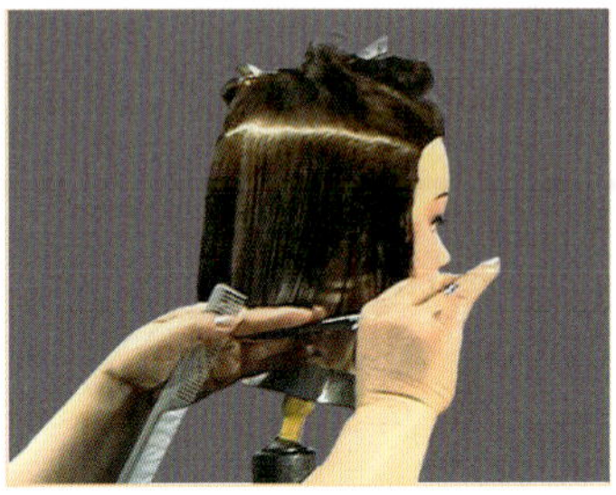

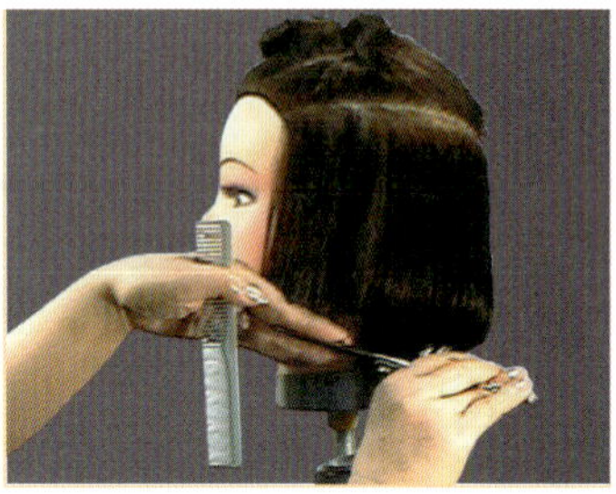

5 4번 파트와 동일하게 시술하면서 좌측 손바닥이 앞을 보이게 하고 우측 손등과 가위 위치의 자세가 파팅 위치와 평행을 유지하면서 시술한다.

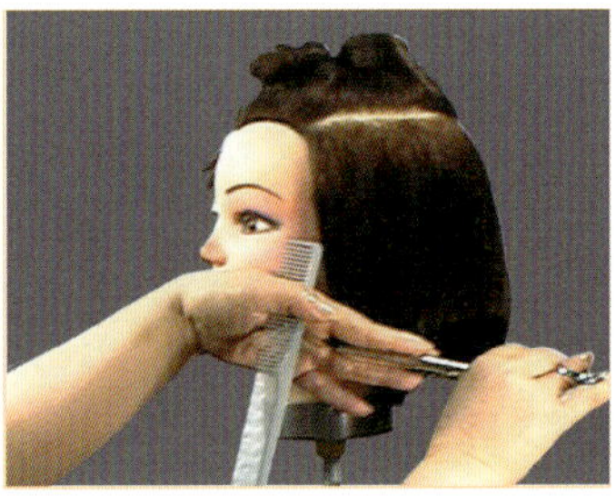

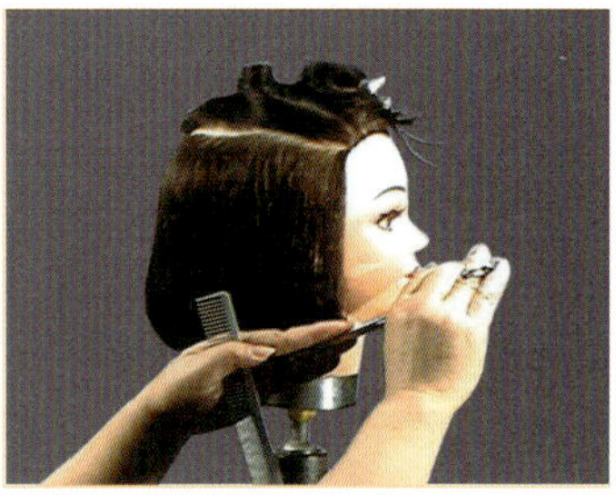

6 좌, 우측의 두발을 내려 커트한 다. 마무리(Comb cut) 형태의 커트 기법이다.

그래듀에이티드 커트
(graduated cut)

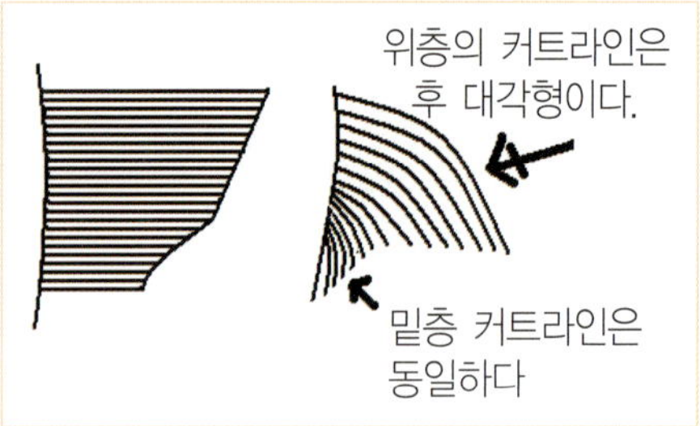

7 앞 이마의 프린지(Fringe) 스타일 혹은 뱅(Bang) 스타일 이라고도 부른다. 두발 1cm를 내려 입선에서 길이를 정하고 옆선에 커트한 길이에 맞추어 수평으로 커트한다.

8 앞 이마를 앞으로 드리우게(프린지〈Fringe〉 스타일) 2cm 두발을 내려 놓고 내린 두발을 먼저 커트한 길이에 맞추어 사선으로 연결하면서 커트한다.

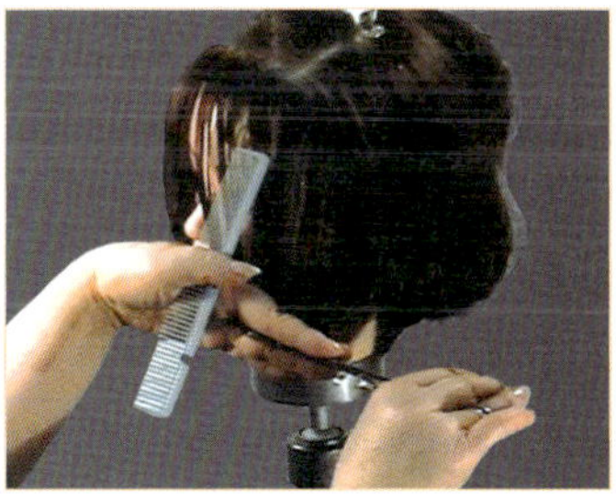

9 ⑧번의 시술하여 놓은 길이 가이드라인에 맞추어 커트한다. 좌, 우측면은 옆면에서 커트한 길이에 맞추어 연결해서 그 중간 두발을 커트(Match cut)한다. 이런 방법으로 연결하면 주변의 두발이 깨끗하게 정돈된다.

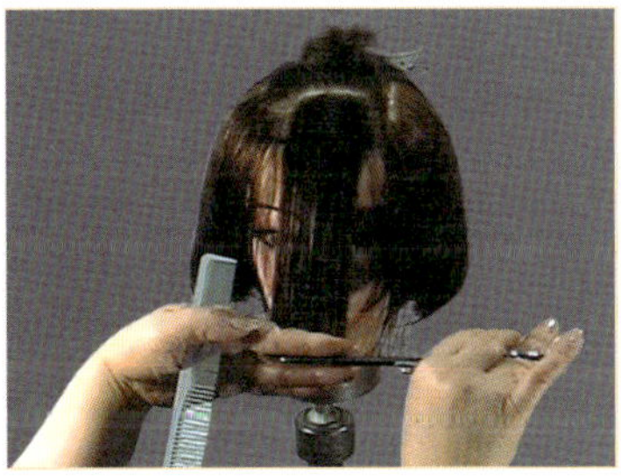

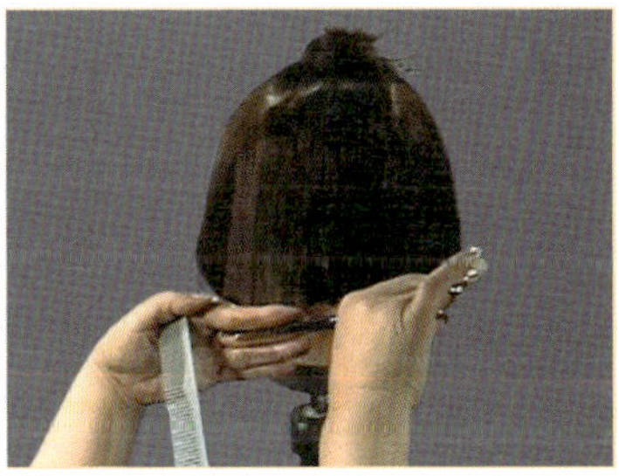

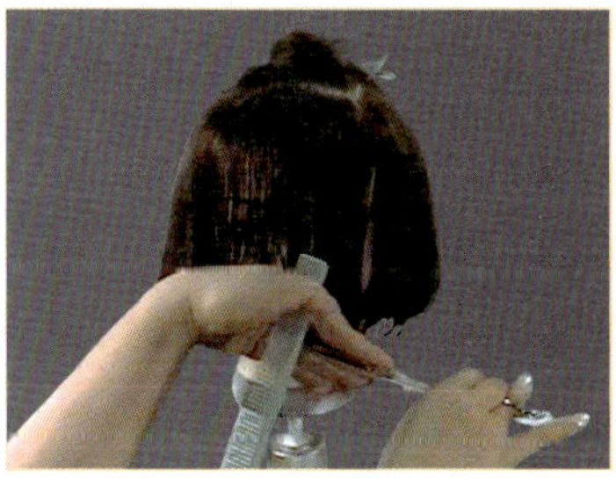

10 마지막 파트도 먼저 커트한 길이 가이드에 맞추어 전면 커트한다. 좌, 우측은 전면에 커트한 길이에 맞추어 사선으로 커트한다.

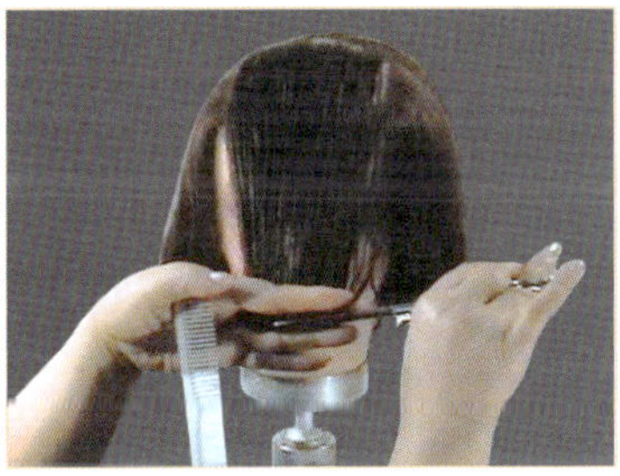

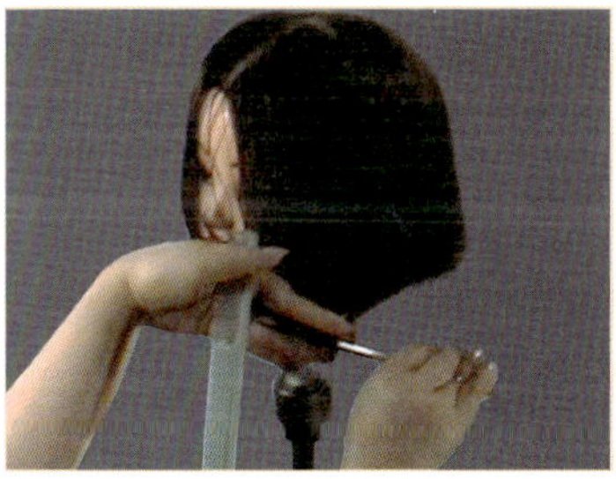

11 2단층 커트가 끝난 진면과 후면 그리고 좌측과 우 측으로 드라이하여 마무리를 한다.

전면

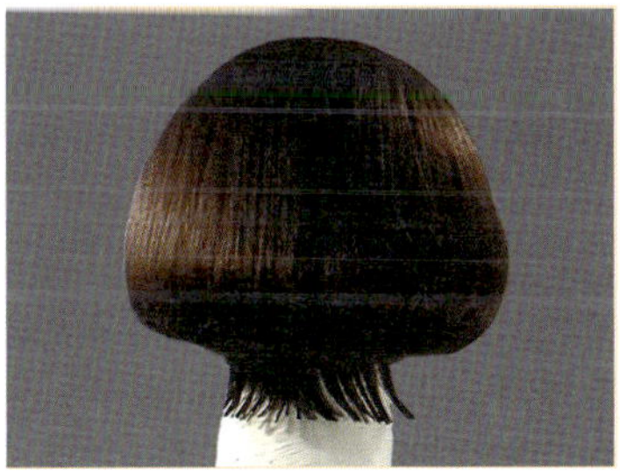

후면

측면

5. 그래듀에이션 미디움 커트(Graduation medium cut)

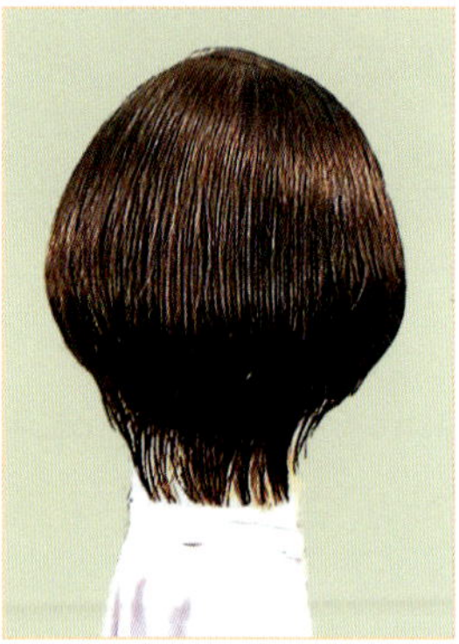
그래듀에이션(Graduation)후면

귀 밑선(Normal)

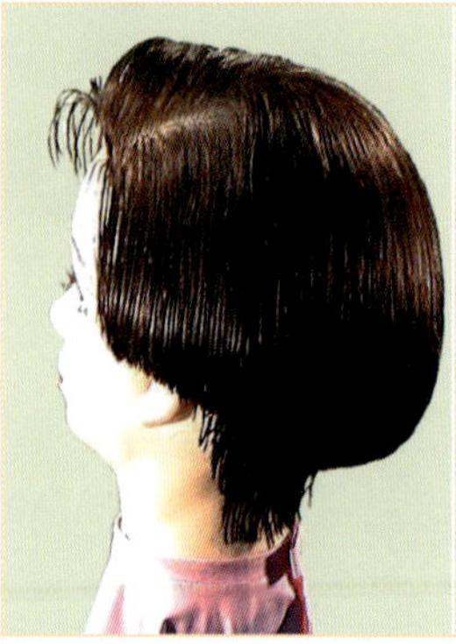
귀 반선 (midium)

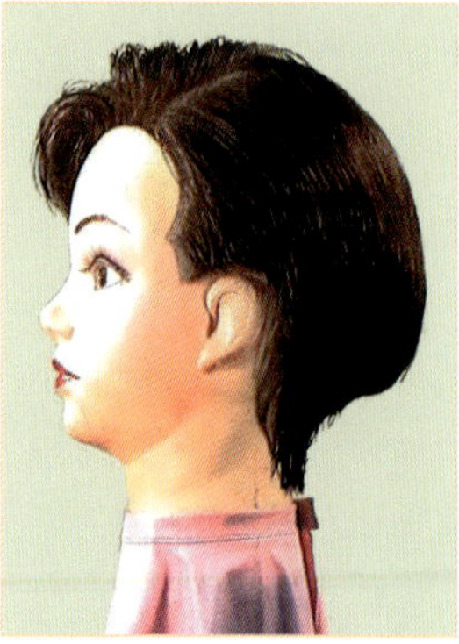
귀 위선 쇼트(Short)

- 로우그래듀에이션(Low Graduation)은 양옆 귀가 보이지 않는 어른스런 표정연출 이다. 귀를 들어 내지 말고 자연스러운 선으로 마무리가 섬세해 보이면서 신선해 보이는 형으로 새련되어 보인다.
- 귀 반에서 커트선이 이루어지는 미디움 그래듀에이션(Graduation)은 주변의 두발을 정리한 형으로 누구나 쉽게 접할 수 있는 형이다. 동양인에게 잘 어울리는 형태의 자연스런 생동감을 주어 매우 귀여운 이미지를 준다
- 귀 위에서 귀가 전부 보이는 형으로 그래듀에이션(Graduation) 변화도 많이 줄 수 있어 두발의 형태가 번거롭지 않고 어느 장소나 의상에도 별로 지장이 없는 헤어로써 상쾌감을 준다.

적 용

1 그래듀에이션[Graduation]형은 후방 중앙에서 수직배치로 섹션을 나누고 이어하프를 평행으로 섹션을 나눈다. 고객이 원하는 길이를 정한다. 길이가 정해지면 수직으로 두발을 세워서 손가락 사이로 두발을 잡고 각도를 90°로 세워서 커트한다.

※ 귀를 중심으로 반에 선을 잡는다.

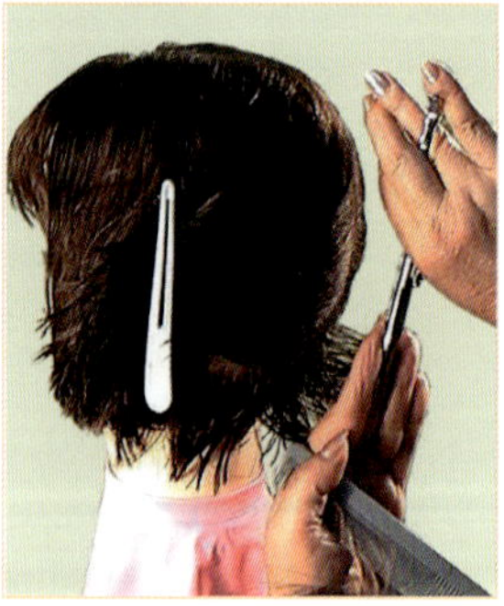
수직(90°로 들어 커트)

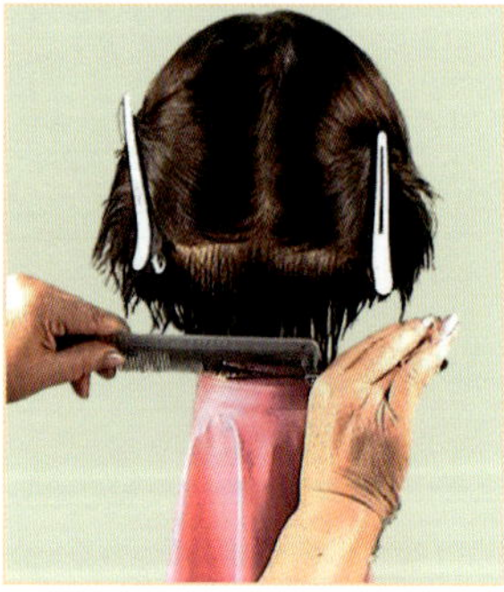
평행(0° 길이 정함)

2 2번째 파트는 1번째 커트해 놓은 파트에서 위로 약 1~2cm 정도 위에 파트를 잡아 길이에 맞추어 커트하되 1번째 길이를 고정 가이드로 정하고 그 길이에 맞추어 좌, 우측도 똑같은 방법으로 커트하면 된다.

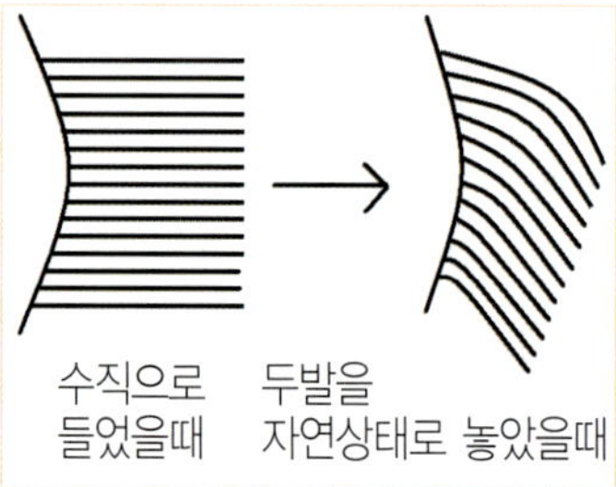

3 3번째 파트는 2번째 파트에서 위로 약 1~2cm 정도 위에 다시 파트를 잡으면 이곳의 위치는 이어하프선이 보이며 이어하프 길이와 네이프의 두발 길이에 맞추어 커트한다. 좌, 우측도 같은 방법으로 커트한다. 0°의 각도로 평행을 유지하며 시술한다.

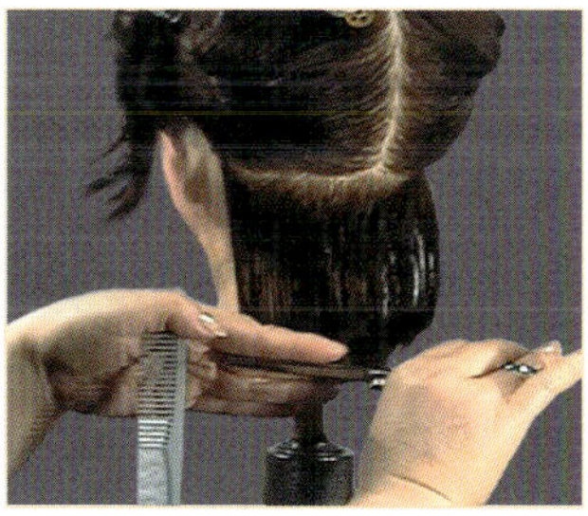
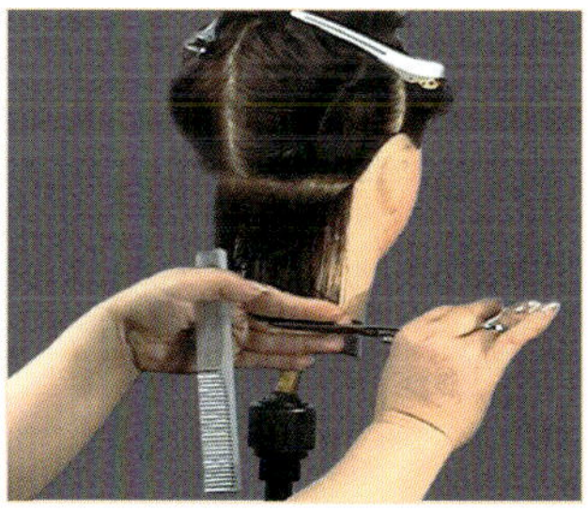

4 목선에서 귀 중간까지 1단계에서 3번째 파트까지 커트해 놓은 두발을 다시 좌측에 사신과 같이 세로로 3파트로 나누고 나눈 3파트 중에서 1단계에서 커트한다. 가운데 두발 모두를 사진과 같이 90도 들어서 일자 커트한다. 이곳의 커트한 두발 길이는 두발을 자연 상태로 놓았을 때 우측의 도해도와 똑같은 유니폼 레이어(Uniform layer : 90도로 들어서 길이로 커트했기 때문에 두발을 자연상태로 놓았을 때 자연스러운 층이 생긴다.)의 으로 이루어진 커트가 된다. (목선에서 밑으로 난 두발 길이는 약 8~9cm 정도로 한다.)

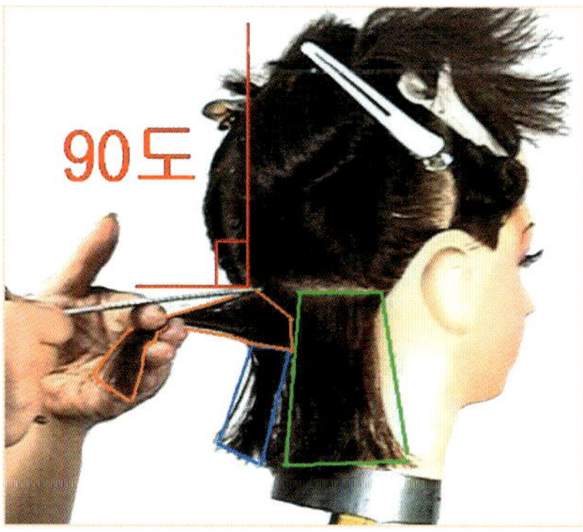

시술방법 : 수직(Vertical)이나 평행(Horizontal)으로 자세를 취해도 된다.

5 2단층 커트는 좌, 우측도 중앙과 같은 90도를 들어 커트한다. 목선에서 귀 반(Ear half)까지 커트가 끝나면 미세한 단차가 생기며 같은 레이어 층이 만들어 진다.

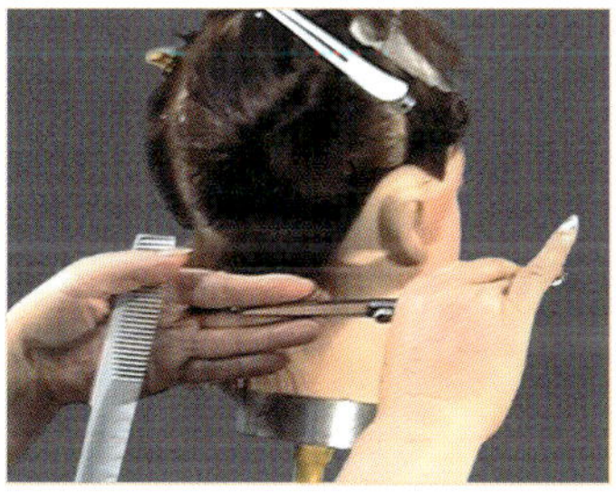
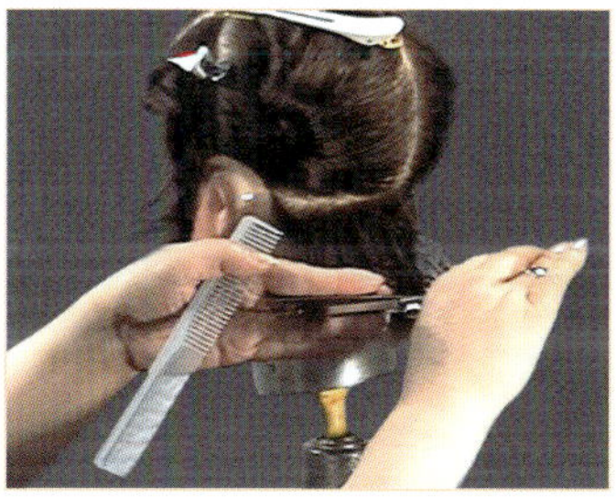

6 후방의 커트기법은 동일하다. 좌우측의 측면은 눈썹꼬리에서 파트를 정하고 귀 반선의 중심 가운데 커트하다

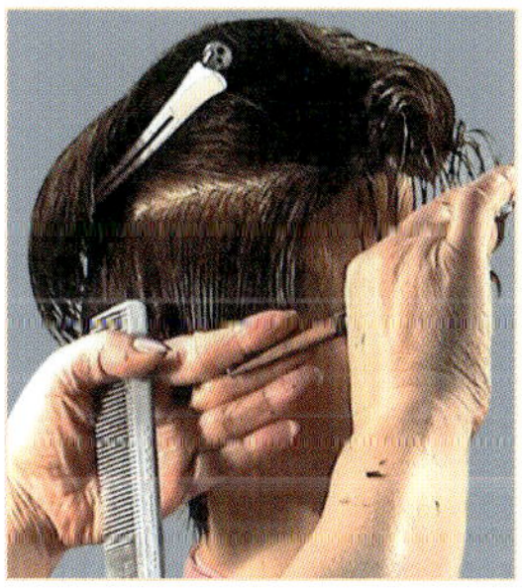
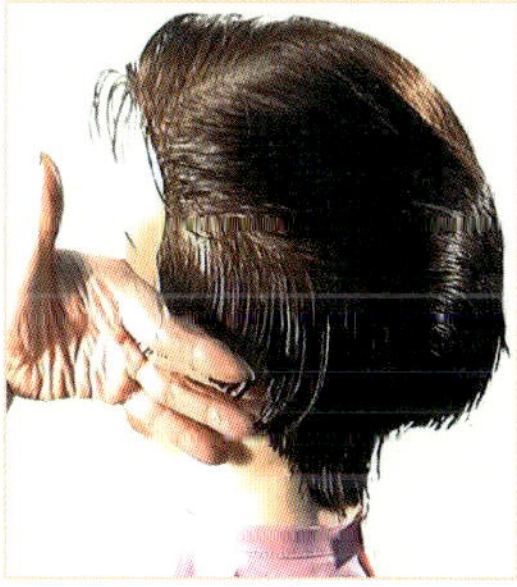

7 좌 우 측의 두발을 내려 귀 반선에 맞추어 커트한다.

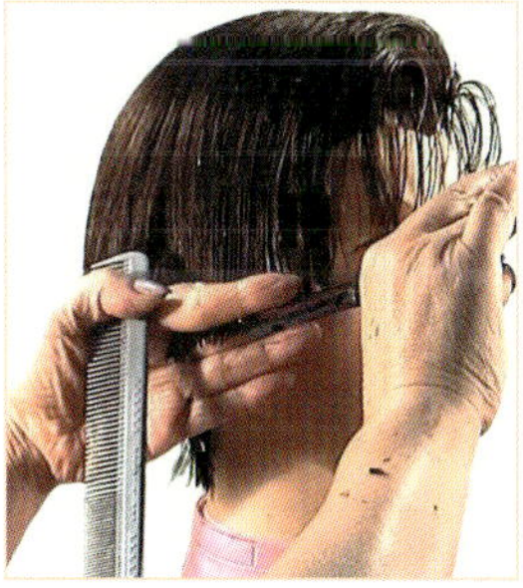

6. 그래듀에이션 하이 커트(Graduation high cut)

그래듀에이션[Graduation]변형커트로 귀선을 충분히보이게 하는 커트로 두발길이는 앞 두발을 가볍게 내려 층이 있어 보이는 이동라인 커트로서 볼륨감이 있어 샴푸 후에도 손으로만 마무리하여도 가벼워 보인다.

측면

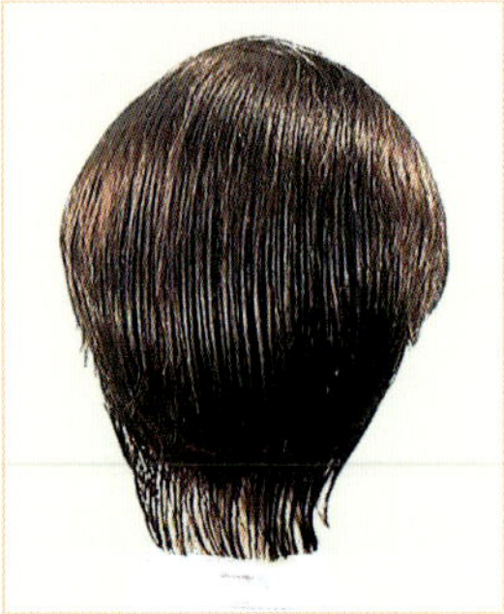
후면

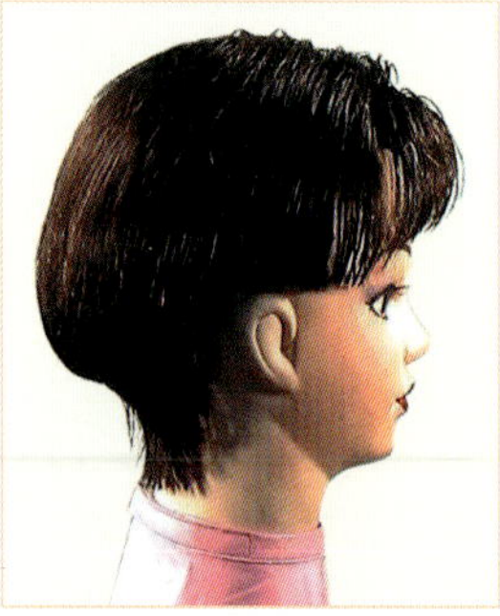
측면

1 좌, 우 측의 두발을 내려 귀 가운데 선에 맞추어 커트한다.

1cm

2 눈 꼬리에서 파트를 나누고 귀를 중심으로 귀선을 연결하면서 커트한다.

연결

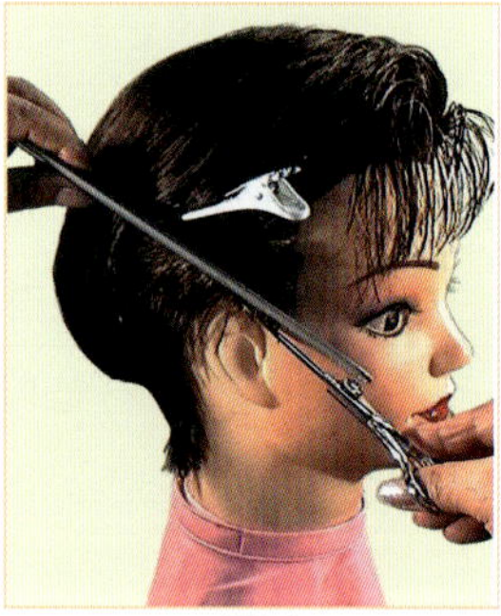
연결

3 좌측과 우측의 두발을 내려서 빗질하고 빗의 각도는 90도를 주고 헤어라인을 따라 커트가 위로 마무리 커트한다.(Ear to Ear)

※ 사진참조

연결

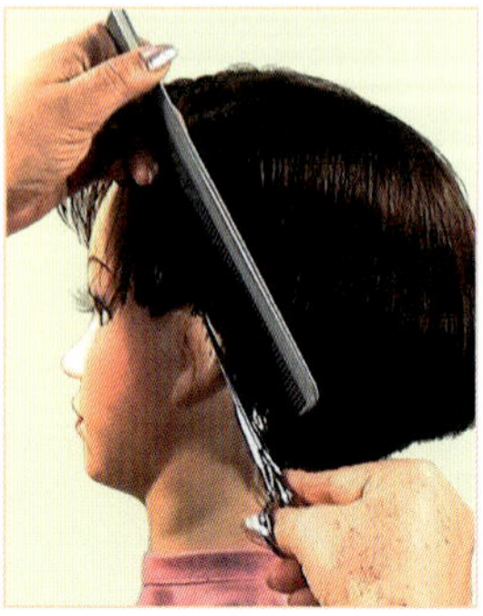
연결

4 마지막 두발을 내려 좌측과 같은 방법으로 커트 한다. 무게를 유지하는 커트로 이 단층 효과를 볼 수 있는 그래듀에이션[Graduation Cut]로 후방과 측면의 커트가 완성된다.

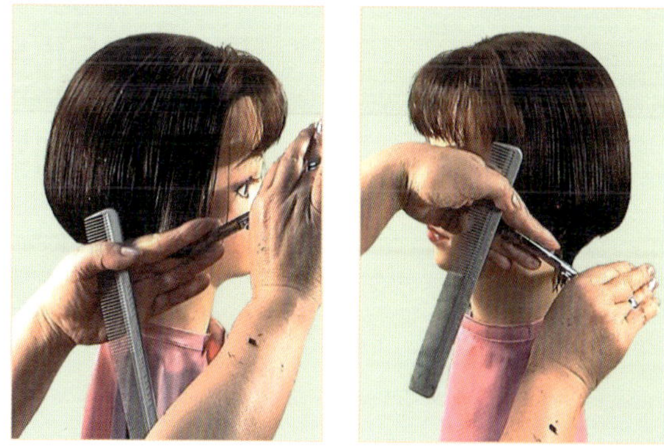

5 전면커트의 좌측 파트다. 좌우의 두발 1cm를 잡아 확인한다. 확인이 끝나면 눈 꼬리에 좌측 손등을 얼굴에 대고 가위 잡은 우측은 등이 앞을 보이게 하여 커트한다.

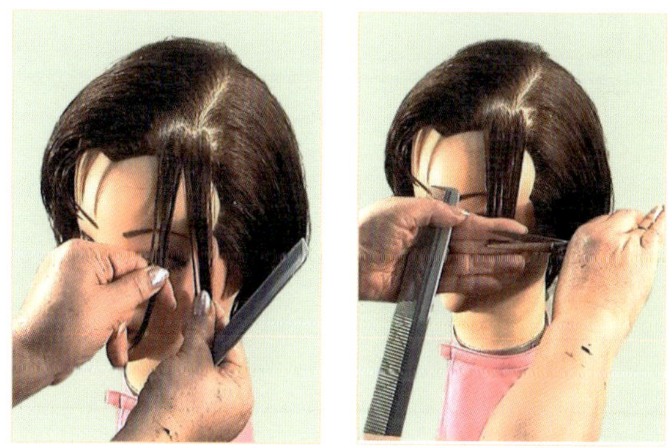

6 좌측 길이가 결정되면 그 길이에 맞추어 연결하여 커트한다. 우측도 같은 방법으로 시술한다.

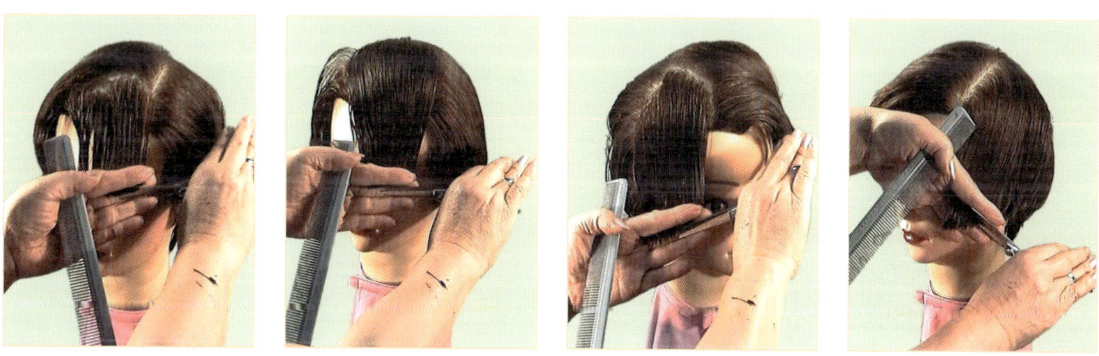

그래듀에이선 미디움 커트(Graduation medium cut)

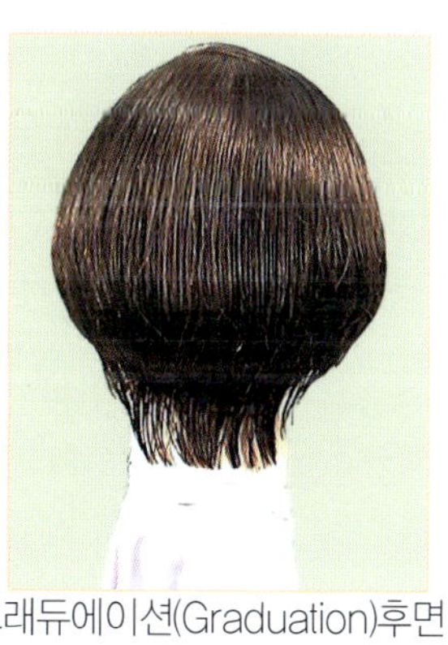

그래듀에이션(Graduation)후면

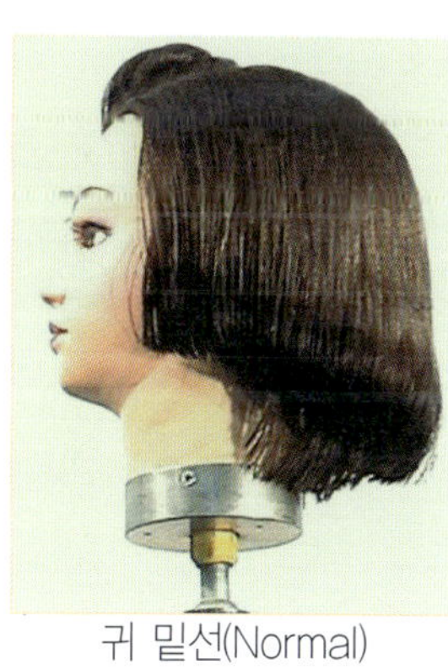

귀 밑선(Normal)

귀 반선 (midium)

작업과정 Check List

주제 : 그레듀에이티드 커트-1

작업단계	작 업 내 용	준비물 (재료 및 제품)
준비단계	Tip	
제작	Tip	
사후작업	Tip 헤어드라이 사용 유/무 시술순서 헤어 아이론 스트레이트 유/무, 헤어 아이론 볼륨 유/무 시술순서 헤어컬러링 활용 유/무 시술순서 제품활용 유/무 1. 왁스( ) 2. 헤어무스( ) 3. 헤어젤( ) 4. 헤어스프레이( ) 5. 헤어오일( )	
점검사항	□디자인라인 □섹션 □머리위치 □파팅 □배치 □판넬각 □시술각 □공상각 □두상각 □베이스 □텍스쳐관리 □텍스쳐테크닉	
기억하기		

그래듀에이티드 클립퍼
(Graduated clipped)

7. 그래듀에이티드 된 클립퍼
(Graduated Clipper)

1 변화된 유니폼 스타일

이 디자인은 다른 커트에 비해서 정작 두발 길이의 변화는 크게 오지 않고 부분적인 커트와 여러가지 약간의 질감내기(Texture) 변화 그리고 드라이기법이나 펌에 의한 웨이브 연출로 디자인 된 커트이다.

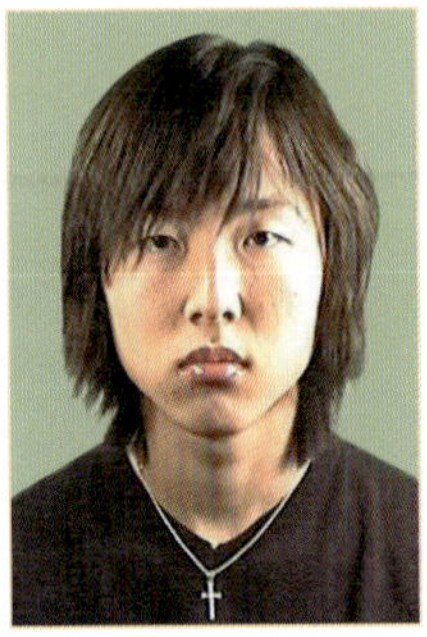

시술 후

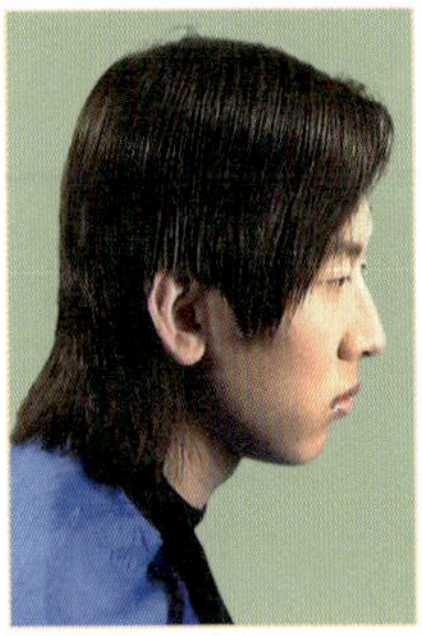

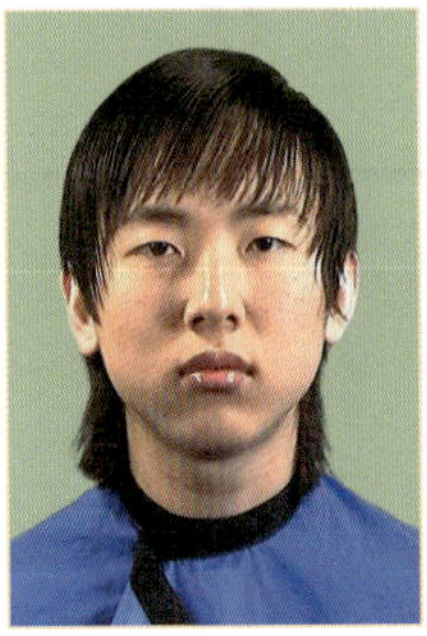

커트 후

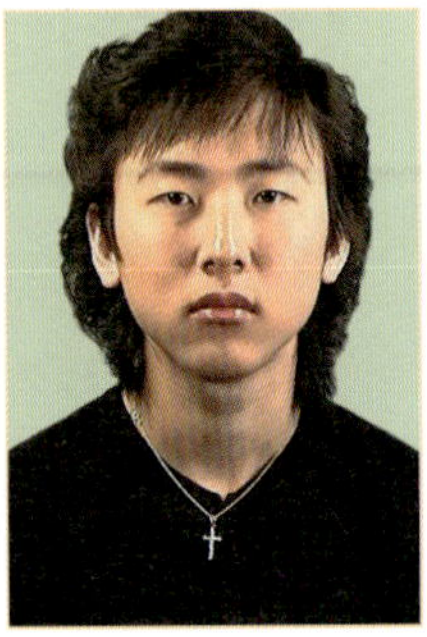

시술 전

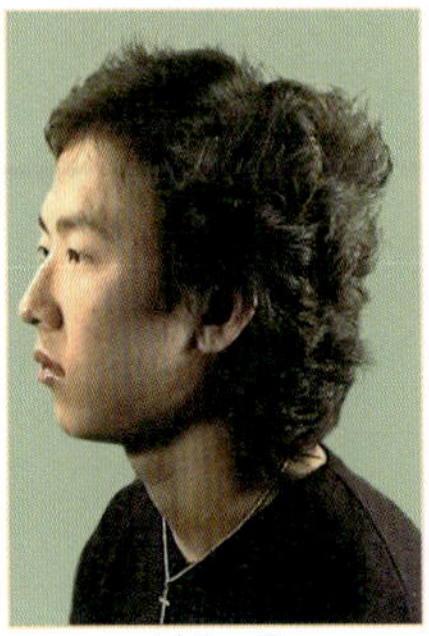

시술 후

2 클립퍼(Clipper)

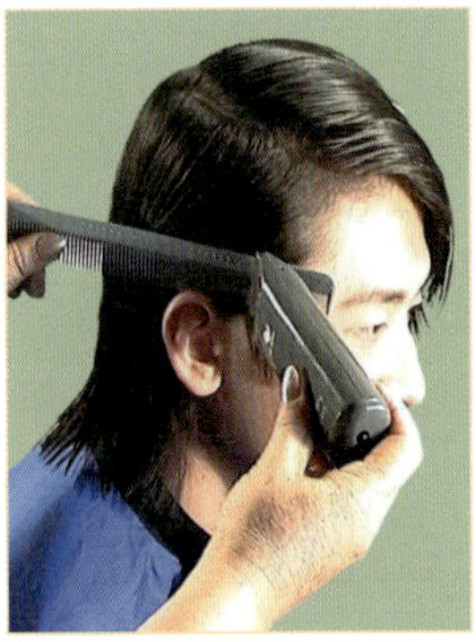

클리퍼는 빠른 커트시술, 커트의 정확성, 깔끔하게 마무리 된 두발형태 등의 이유로 남성 커트에서 자주 사용되어지는 커트기구 중에 하나이다. 대체로 남성의 얼굴이나 두상 형태가 여성에 비해서 각이 많이 져 있기 대문에 그러한 내용을 잘 인지하면서 남성의 두발을 디자인할 때나 혹은 여성 커트시 잘 커트되지 않는 목 부위, 귀주위의 측면 두발 라인 형태를 마무리 시술할때 클리퍼는 가장 유용하게 사용되어지는 미용도구중에 하나이다. 클리퍼 사용시 클리퍼 날로 자칫 많은 양의 두발이 순간적으로 커트될 수 있으므로 클리퍼 사용시 커트하려는 부위에서 너무 많이 이동되지 않도록 주위해야 한다. 되도록이면 빗 위의 클리퍼 기법(Clipper over comb technique)을 사용하여 클리퍼를 사용할 것을 권하며 지속적인 많은 연습을 통해 완전하게 클리퍼 사용이 숙달될 수 있도록 한다.

3 빗 자세(Comb Position)

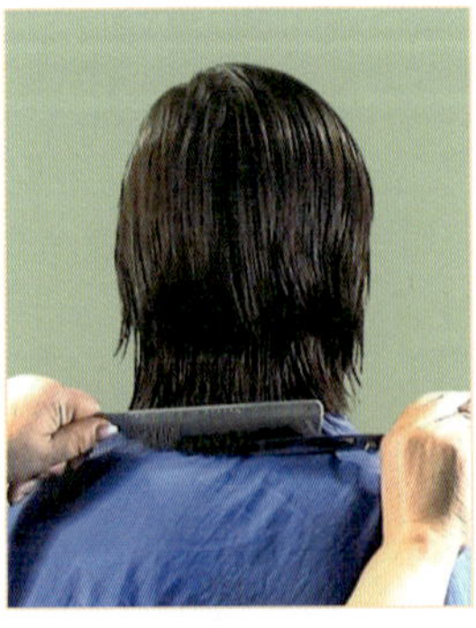

빗의 각도는 매우 중요하다. 만약 머리(head) 쪽으로 각을 더 준다면 두발은 더 짧아지고각이 머리에서 더 멀어진다면 두발은 디자인 길이보다 더 길어진다. 그리고 두발난 선이 아닌 반대로 빗의 기초를 돕는 것은 커트시에 보다 더 자유럽게 커트를 할 수 있게 해준다. 빗 위의 가위기법 (Scissor over comb technique)으로 재차 커트하는 목적은 테이퍼링의 재조정이라 할 수 있다.

4 적용(Apply)

그래듀에이션 된 형태의 커트를 끝 두발만 테이퍼한다. 능선(Crest) 위 부분(Interior)으로부터 레이어 층을 만들어 테이퍼하는 시술과정이다. 남성들이 선호한 롱레이어다. 여성스럽게 보이기 위해 길게 한 커트로서 그레듀에이션 커트를 한 후 탑에서 길이 가이드라인을 정하여 정한 라인에 맞추어 커트한 혼합형으로 커트를 한 것이다. 여러가지 다양함을 줄 수 있다.

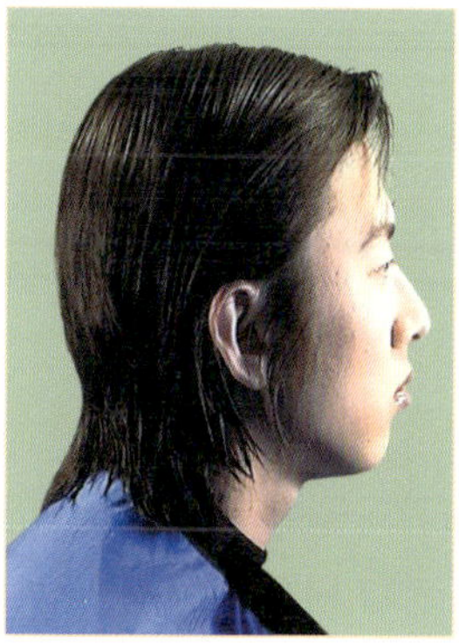

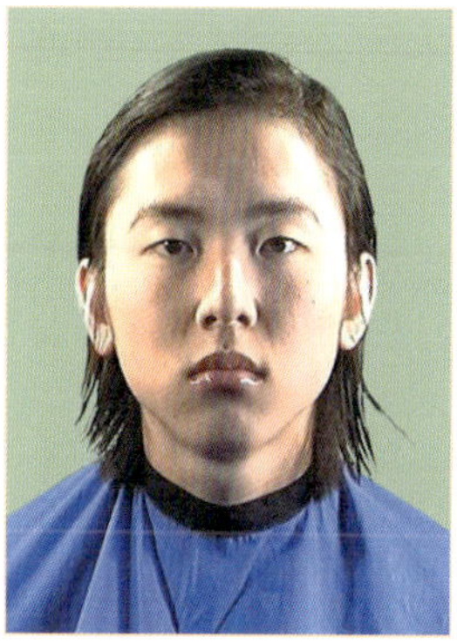

1 옆에서부터 2cm의 파트를 후방까지 나누고 나머지 두발은 한곳에 클립을 꼽아 놓는다. 2cm 남긴 두발을 시술하기위해 손가락으로 귀 위에 길이를 잡이본다. 귀선에서 길이를 정하고 목선의 디자인 길이를 기준점으로 연결해서 측면의 두발을 짧게 커트한다.

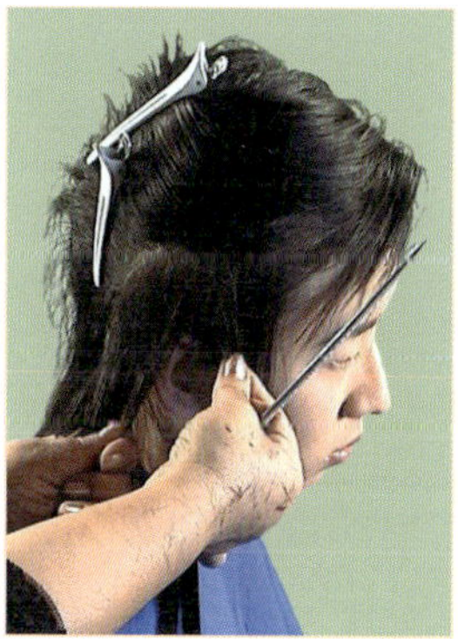

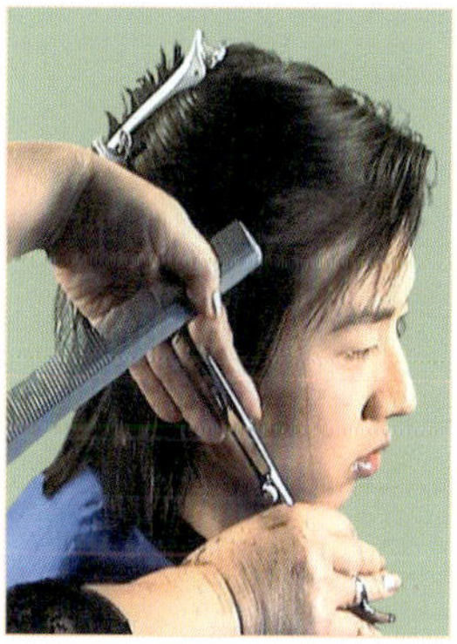

2 한쪽 측면에 전방쪽 관자놀이 부위에서 사선 섹션을 약 2cm 정도 두발을 잡고 커트 시술한다. 이것은 이동 가이드가 될 두발을 커트하는 것으로서 머리(head)의 측변으로부터 두발 난선에서 바깥쪽으로 각도를 0도를 주어 사선으로 손가락의 자세를 잡은 후 원하는 길이를 들어서 커트하고 후방이 두발 길이와 연결하는 커트이다.

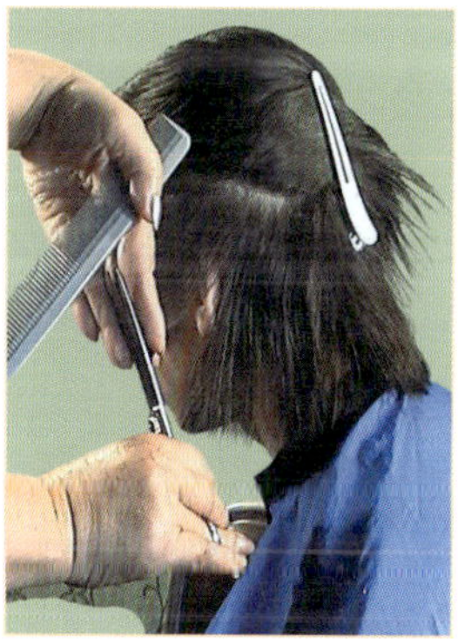

3 이어에서 네이프 끝까지 커트의 길이가 만들어 졌으면 그 다음 파트도 그 길이에 맞추어 커트한다.

4 측면을 완전히 내려서 길이 가이드라인에 맞추어 커트한다. 자연스러운 상태에서 두발 아래 부위에 삐져나온 두발은 프리핸드(Free hand) 기법으로 커트한다.

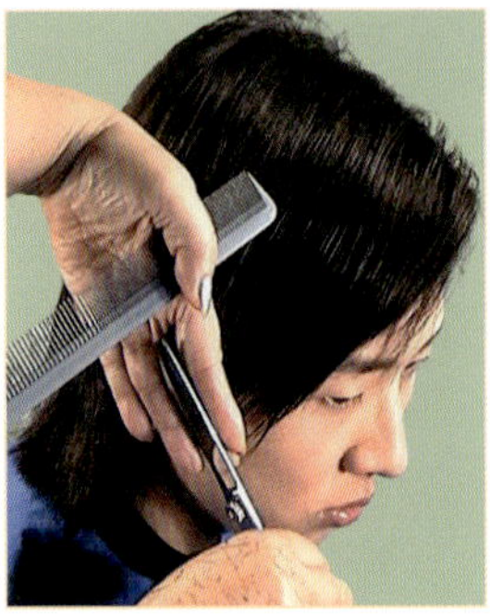

5 파트를 한단계 위(관자놀이 부위에 라운드 범위 내)로 올려서 이동할 때에 바깥 방향으로 똑바로 수직(Vertical)으로 두발을 잡고 이동 가이드 선에 맞추어 위의 내용과 동일하게 측면 부위를 커트 시술한다.

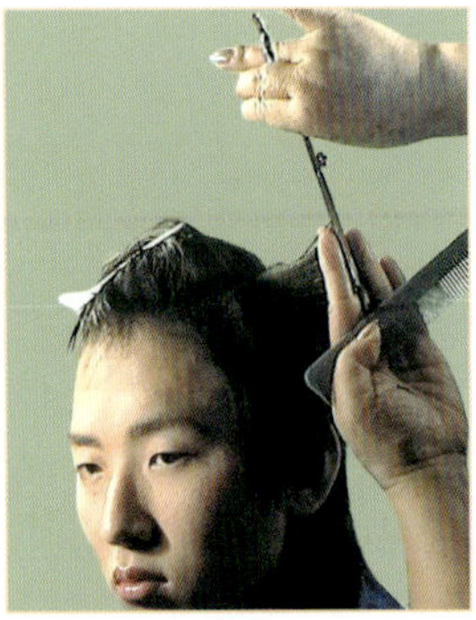

6 후방 측면의 두발을 수직으로 잡고 좌, 우측을 같은 방법으로 커트한다. 후방으로 이동되는 헤어라인의 길이는 머리(head)의 위치에 따라 길이의 변화를 만들어질 수 있다.

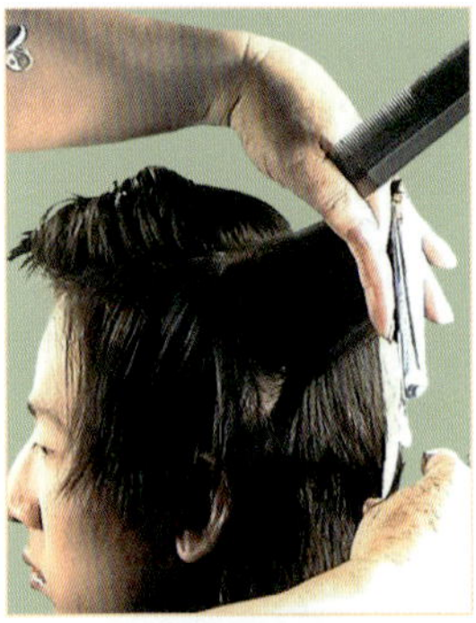

7 클리퍼 날을 반대로 향하게(바닥을 향하게) 잡고 두발을 머리(head) 쪽으로 바짝 붙여서 위에서 아래로 커트를 시작한다. 빗은 두발에 90도로 대고 두발을 빗 밖으로 약 1cm 가량 나오게 한 후 위에서 밑으로 쓸어 내리듯 커트한다. 여기서 안정적이고 균형잡힌 클리퍼 사용을 위해서는 많은 클리퍼 커트 연습이 필요하다.

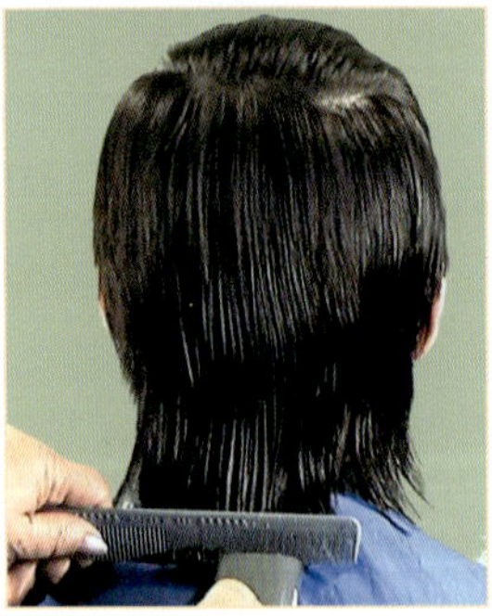

8 귀 둘레 라인 선을 중심으로 커트를 한다. 빗의 각도는두발 난 선과 일치하게 빗어 내린다. 두발 끝선에 대고 클리퍼(Clipper)는 헤어라인 90도로 해서 커트한다. (측면부위의 클리퍼〈Clipper〉 커트는 귀 정상에서 시작하여 귀 뒤면으로 이동하고 귀 앞면을 나중에 커트한다. 그 이유는앞면부터 커트를 시작하게 되면 길이 및 균형을 잡는데 있어서 자칫 길이의 오류를 범할 수 있기 때문이다.)

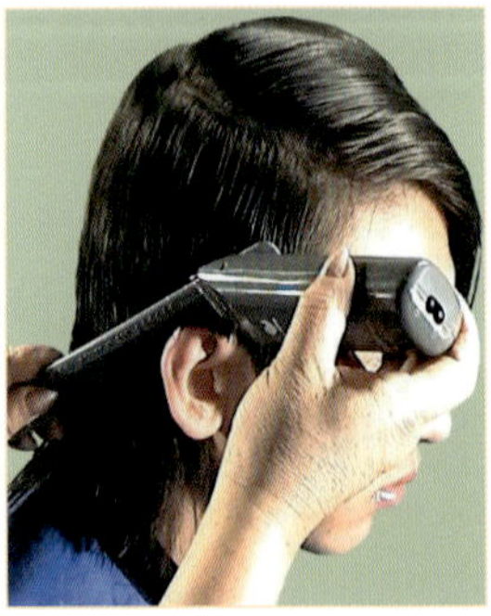

9 정확하고 양쪽 구레나룻 선의 균형을 위해서 귀 바퀴선의 앞면을 나중에 커트한다. 빗으로 사선 각을 잡으면서 빗을 가깝게 대고 빗과 클리퍼가 서로 엇갈리게 이동 하면서 두발을 커트 한다. 단계에서 수직섹션으로 커트 한 것은 잡아야하는 각도를 위한 가이드이다.

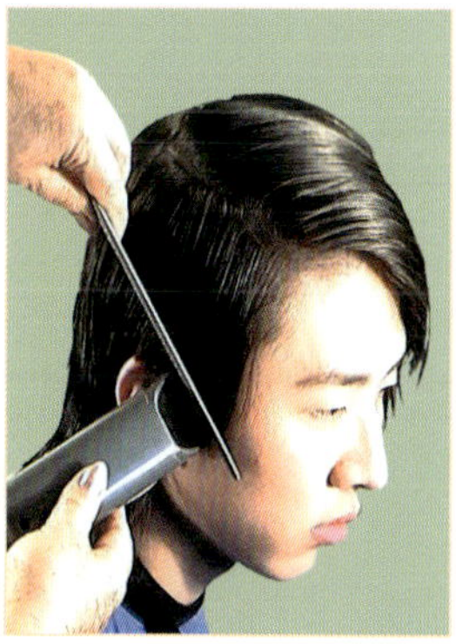

10 정면 얼굴 위로 두발을 내려 빗어(Fringe) 관자놀이 부위의 전방 두발과 연결하여 전방을 가로지른 전방 섹션(Section)에 연결한다.

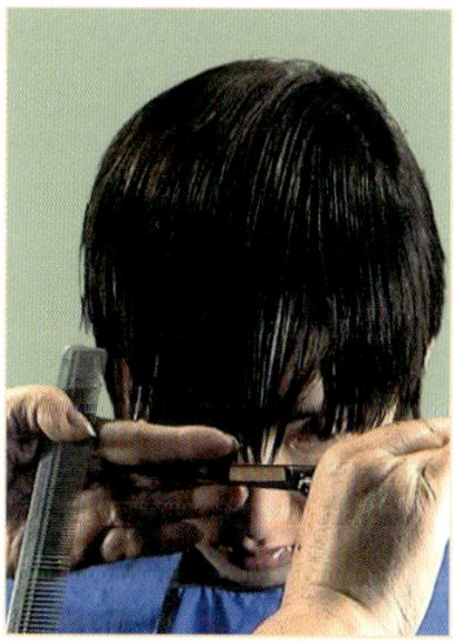

11 전체의 헤어라인이의 커트가 끝나면 탑을 중심으로 좌측 귀와 우측 귀선(Earto Ear)을 나눈 뒤 정상(Top)에서 정사각의 파트를 나누어 고객이 원하는 길이(약 5-7cm)를 정하고 평행(Horizontal)하게 커트하고 좌,우측을 정상(Top)과 연결하여 커트한다.

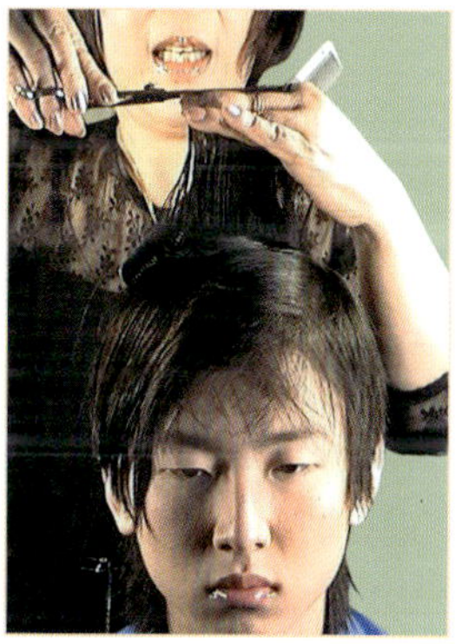

12 정상(Top)에서 커트된 두발길이와 정면의 두발길이를 연결하여 커트한다.

13 전체적으로 두발 길이 커트가 끝나면 틴닝가위(Thinning scissor : 숱 치는 가위)로 두발 전체의 숱을 쳐 내어 두발의 숱을 줄여준다.
※ 앤드 테이퍼(and taper)를 한다.

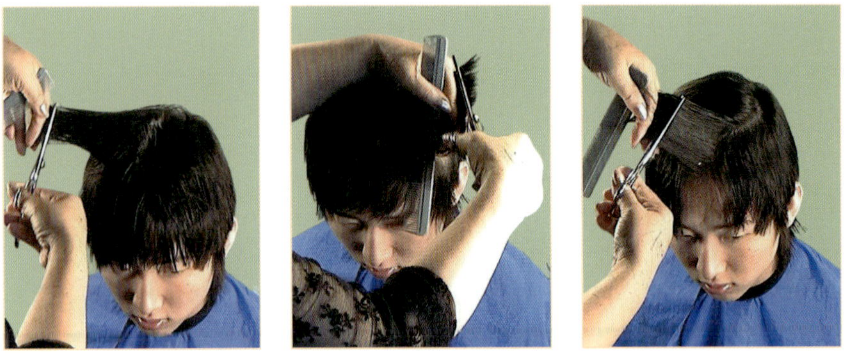

14 마무리된 두발을 뒤로 넘겨서 드라이어(Dryer)나 두발에 젤(Gel), 헤어스프레이 등으로 빗어 넘겨 고정시키고 전체적인 이미지를 연출한다.

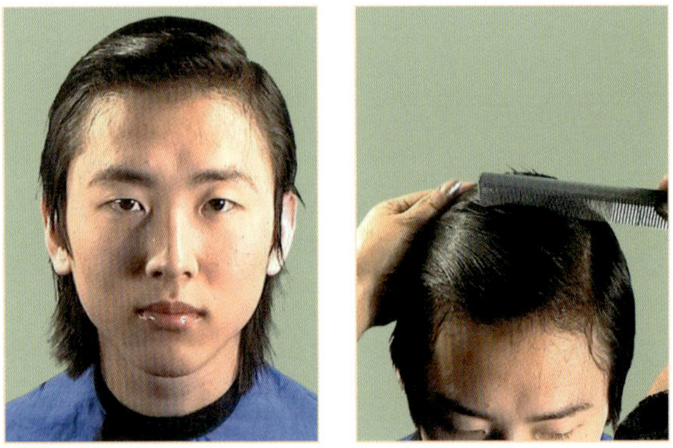

15 오랜 시간동안 남성 고객들 사이에서 유행했던 말끔하고 세련된 스타일로서 특히 결혼하려고 하는 신랑들 사이에서 많이 유행되어왔던 헤어스타일이기도 하며 아이론(Iron)과 펌(Parm)을 응용한 다양한 헤어 스타일의 변화를 줄 수 있다.

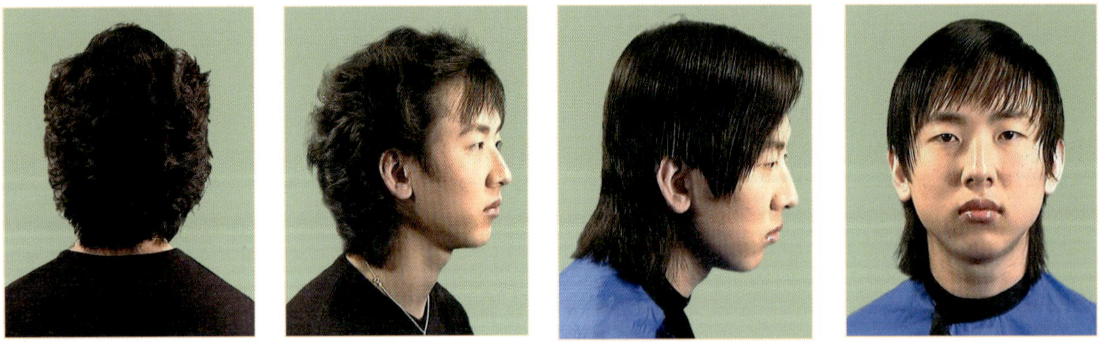

이 커트는 헤어 길이의 다양한 변화, 질감처리, 염색에 의한 변화에 의해 여러 가지 헤어스타일을 창출할 수 있다.

5 드라이 클리퍼(Dry Clippers)

컨케이브(concave)-원터치 커트(One touch cut)

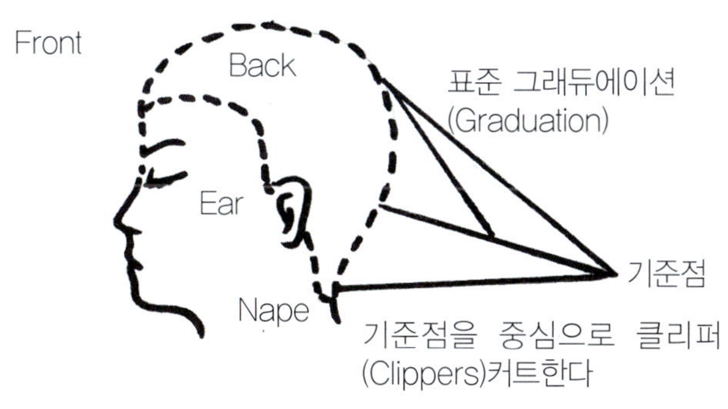

① 백(Back)과 옆 선이 불균형해보이지만 정확한 선이 연출되어 보인다.

② 뒷면 중앙에서 커트지점을 원터치커트(One touch cut)할 때의 모습

① 눈 꼬리에서 원터치 커트(One touch cut)를 하지만 이 커트선도 불균형 A라인이 보인다.

② 풍성한 주변두발이 네츄럴(Natural)하다

1. 이어 하프(Ear half)선에서 백(Back)의 중심부의 커트길이를 90도로 세웠을 때 기준점에 맞추어 탑(Top)의 길이를 세이핑해서 원터치 커트(One touch cut)한다.
   이때 두피로부터 두발길이는 3-4cm이다.
2. 기준점으로 모아진 두발을 커트했을 때 떨어지는 두발은 풍요롭다.
3. 원터치 커팅(One touch cutting)으로 완성된 두발형이지만 커팅(Cutting) 후 전체의 단차는 두 개의 단차로 되어 보이며 아래 부분의 층은 네츄럴(Natural)하다.
4. 커팅후 전체 두발 스타일은 컨케이브(Concave) 스타일이다.
5. 이 헤어 스타일은 간단하면서도 전체 두발두상과 질감을 이해하고 기준점을 잘 맞추어 커트하면 훌륭한 헤어 스타일로 완성 할 수 있다.
6. 파팅패턴(Parting)없이 원터치커트(One touch cut)를 하는 아주 쉬운 기법이다.

6 드라이 클리퍼(Dry Clippers)

그래듀에이션(Graduation)- 컨백스(Convex)

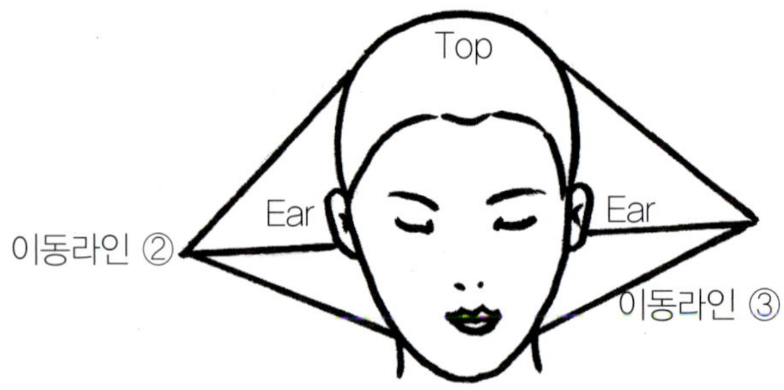

컨백스(Convex)선을 따라 1에서부터 3으로 돌아가면서 클립퍼를 이용해 커트(Cut)한다

이어하프(Ear half)에서 컨백스(Convex)선을 정해 커트(Cut)할 때 두발(Half)밑선의 라인(Lair)의 길이가 두피에 따라 불균형하게 떨어져 보이면서 네츄럴(Natural)하게 보인다.

1.. 각도는 90도를 유지하고 중심으로 이동하면서 컨백스(Convex)형을 주의하며 커트해 나간다.

2. 이 층의 라인은 퍼스트 라인(First line)과 세컨 라인(Seconf line)의 두 라인이 이루어지며 커트해서 떨어진 전체의 두발은 네츄럴(Natural)하게 보인다.

3. 이 헤어스타일(Hair Style)은 감각적이고 세련미가 있다.
완성된 두발에 부분컬러(Color)로 강조해 주면 더욱 아름다워 보인다.

4. 클리퍼(Clippers)를 이용한 드라이커팅(Dry Cutting)은 웨트커팅(Wet Cutting)과 비교해 볼 때 드라이 커팅(Dry Cutting)은 여러번 섹션(Section)을 나누어 세밀하게 작업하는 웨트 커팅(Wet Cutting)과 달리 그 나름대로의 내츄럴(Natural)한 분위기를 연출할 수 있다.

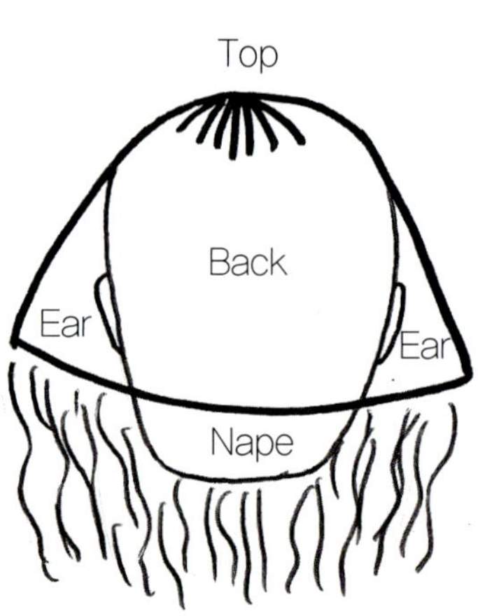

7 싱글링(Singling)

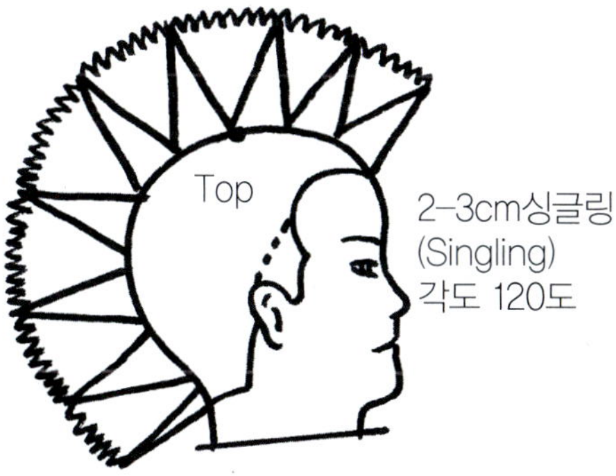

유니폼(Uniform)으로 머리(head)형태를 잡아준 모습

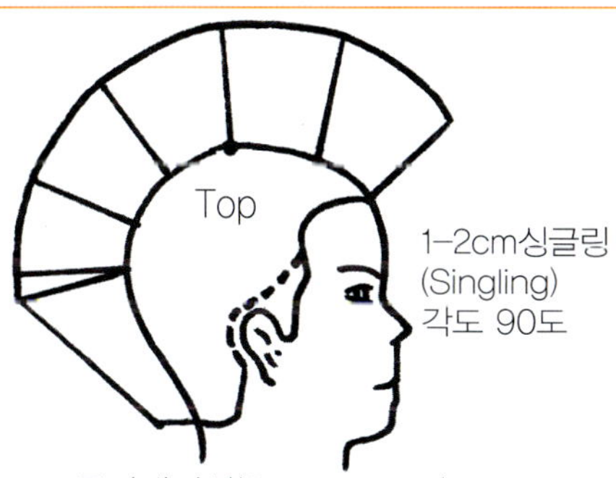

콤비네이션(Combination)으로 머리형태를 잡아준 모습

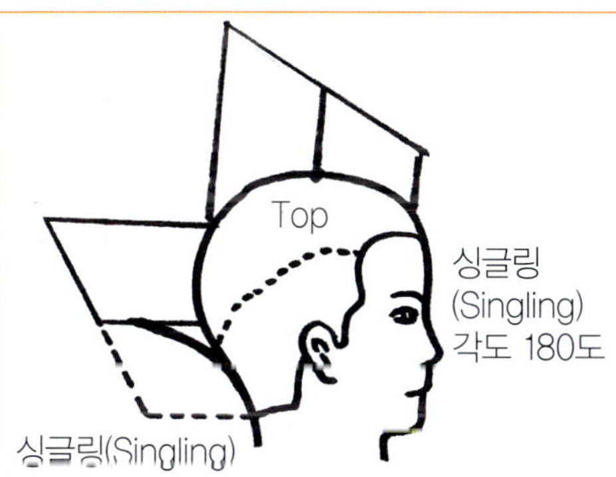

그래듀에이션(Graduation)으로 두발형태를 잡아준 모습

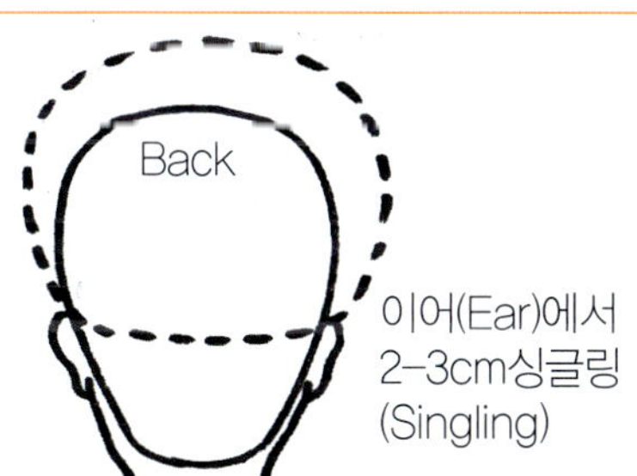

네이프(Nape)부분을 싱글링(Singling) 모습

싱글링(Singling) – I

1. 싱글링(Singling)은 그래듀에이션(Graduaion)의 변형된 형태중의 하나로 훨씬 짧은 두발길이의 증가로 주로 남성들이 하는 단정한 느낌의 커트(Cut)이다.
2. 인테어리어(Interior)와 엑스테어리어(Exterior)의 혼용으로 인배전 에리어(Invasion area)를 이용한 파팅(Parting) 패턴이다.
3. 커트(Cut)시 머리(head)위치는 바로하고 네이프(Nape)부분에서는 15도 앞으로 숙인다.
4. 손가락 위치는 비평행으로 배치는 직각배치, 변이 배치가 사용된다.
5. 시술각은 90도 120도 180도 이며 백(Back)부분은 컨백스라인(Convex Line)으로 잡아준다.
6. 약간의 2단층으로 젊은 층의 고객은 아래부분을 클리퍼(Clippers)를 이용하기도 하므로 길이나 디자인(Design)은 손님의 개성에 따라 정한다.
7. 전체 두발형은 짧은 그래듀에이션(Graduaion)형이나 유니폼 인크리스(Uniform Increase)의 변형된 형으로 콤비네이션(Combination)커트이다.
8. 싱글링(Singling)에 쓰이는 테크닉(Technic)으로 시저스(Sculpture Scissors)를 이용한 랩핑기법이다. 체크 포인트(Cross Check Point)등도 함께 사용한다.

싱글링(Singling)–II

9. 여성 싱글링(Singling)과 남성 싱글링(Singling)을 혼합형 싱글링(Singling)이라 한다. (유니섹스)
10. 그래듀에이션(Graduaion)를 이용한 블룸기드이다.
    호리존틀 라인(Horizontal Line)을 이용한 그래듀에이션 기법은 혼합형이다.
11. 나이층에 따라 단차의 층을 조질하며 가능한 고객의 만족도를 금지하는 커드이다.

8 쇼트 그래듀에이션(Short Graduation)

자연배치(From)

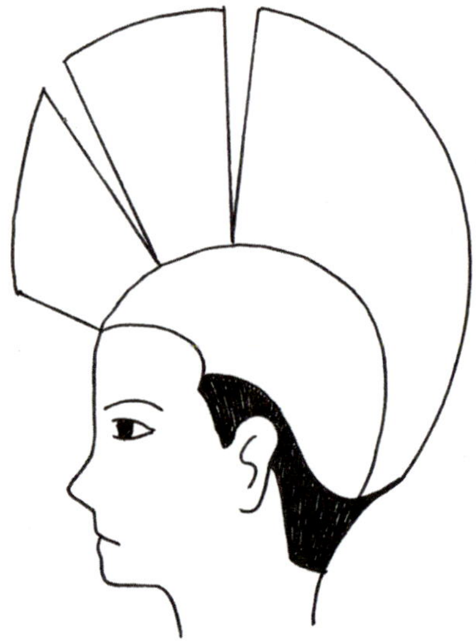

짧고 싱글링 깍은 네이프부분은 위 두발의 그래듀에이션 된 두발을 강조해준다.

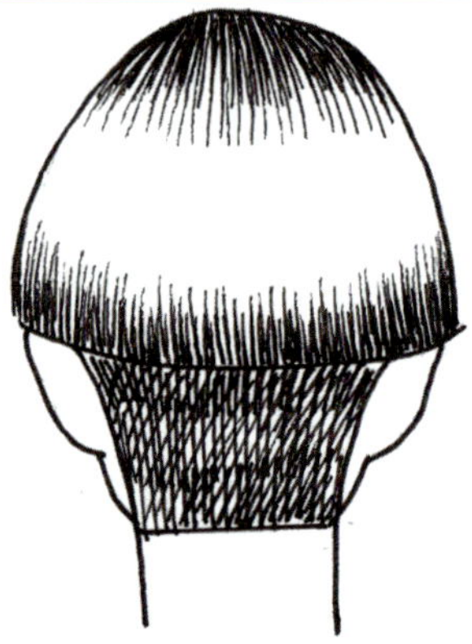

프린지는 후면에서 오목하게 연출한다.

전면의 커트

1. 이 커트는 볼록하게 나눈 파팅(Parting)과 솔리드(Solid)형의 라인인 네이프(Nape)의 위 부분과 짧게 깍은 네이프(Nape)부분의 레이어(Layer)효과를 나타낸 쇼트 그래듀에이션(Short Graduation)이다.

2. 먼저 그래듀에이션(Graduation)된 효과를 나타내기 위해 후면 두발 중앙을 커트한다. 한쪽 귀에서 다른 방향 귀로 후두부를 질러 하이(High)시술각을 사용하여 커트한다. 이때 배치는 직각배치로 한다.

3. 네이프(Nape)는 2번에서 잡아준 라인을 기준으로 쉬어 오버 콤 테크닉(Shier Over Comb)을 사용하여 네이프(Nape)전체를 커트하여 연결해준다.

4. 빗은 수평으로 하고 가위는 빗에 평행하게 유지하면서 그래듀에이션(Graduation) 된 라인으로 커트하면서 연결해 준다.

5. 네이프(Nape)의 짧게 잘린 깔끔함이 위 두발의 라인을 강조해 준다. 이때 두발길이의 층이 두드러지지 않게 하면서 네츄럴(Natural)하게 연출할 때는 틴닝을 하용하여 연결하는 방법도 있다.

6. 옆 두발은 직각배치의 0도의 시술각을 사용하여 전대각선을 커트한다. 위 두발 중앙까지 계속 반복하여 반대방향 두발까지 완성한다.

7. 프린지(Fringe)를 좌측 두발과 우측 두발을 오목하게 또는 볼록하게 연결하여 원하는 디자인으로 텐션(Tention)을 주어 커트해 준다.

8. 두발의 생동감을 주기 위해 슬라이싱(Slicing)테크닉을 사용하여 생동감을을 만들어 준다.

층이 진 테이퍼 커트
(Taper cut)

8, 층이 진 테이퍼 커트 (Taper cut)

이 디자인은 후방과 측면에 테이퍼링(Tapering)이 더 가깝게 보이는 능선 부위가 강조된다. 이 커트는 평행하게 두발의 파트를 나누고 머리(head)의 능선 부위를 90도의 각으로 두발을 들어 올려 평행한 형태를 만든다. 수직 자세로도 손가락을 세워 커트하는 방법과 수평으로 두발을 잡아서 커트할 수도 있다.
그리고 능선 부위를 라운드로 만들어서 중량감있는 기법의 결과를 볼 수 있다.

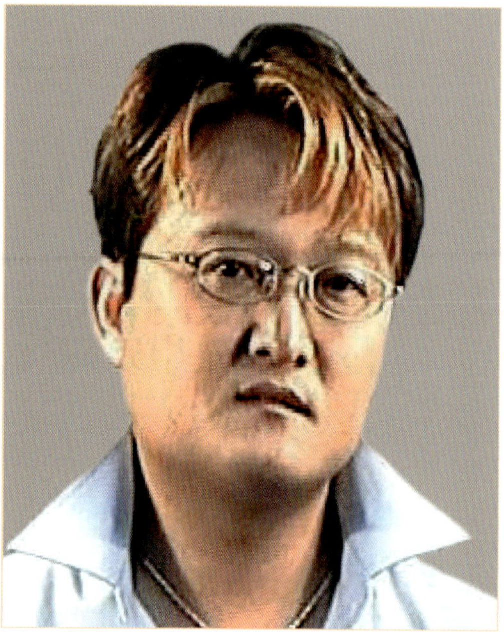

1 연결(Connect)

길이를 유지하면서 두발을 이동한다. 능선 부위를 고정가이드로 정하여 커트하는 것은 두발의 위치가 서로 다른 점을 구석구석 잘 조화되게끔 해주는 기법이며 고정가이드 길이를 확인하고 잘 연결하였는지 전체의 두발을 체크한다.

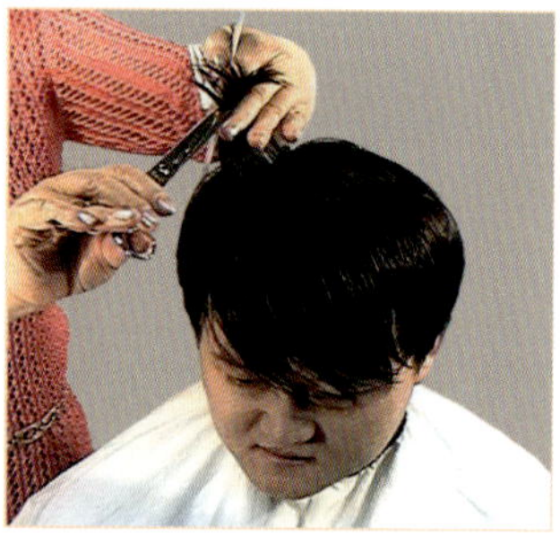

2 초점(Even Proportions)

1) 평행비율(Even Proportions)

기초 섹션은 능선에서부터 똑바로 세워 두발이 좌, 우측 방향으로 크게 나누어 준다. 이것은 헤어커트에 있어서 아주 중요한 역할을 한다. 이 섹션을 정확하게 잡아주어야 한다. 정확하지 안으면 불균형하고 한쪽으로 너무 치우쳐지게 되는 결과를 가져온다.

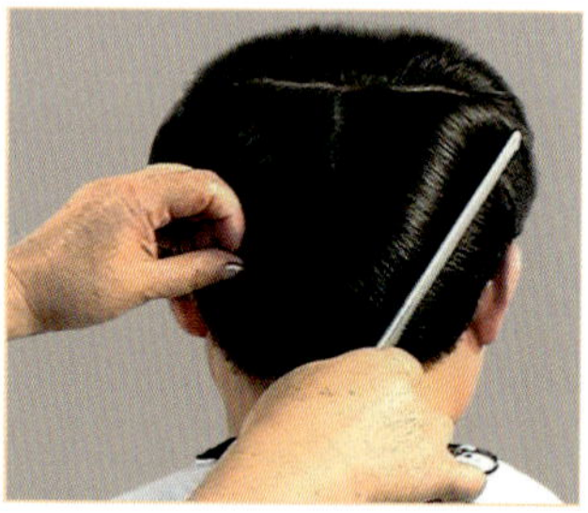

2) 커트의 시작(Starting to Cut)

커트 시작은 고객과 헤어디자이너가 길이를 상의한 후 결정된 길이를 후방 목선에서부터 시술한다. 짧은 커트시술에 있어서 후방부위 목선부위가 완전히 드러나는 경우에 목덜미의 두발 선이 불균형하게 되어있는 사람(예를 들어 제비초리 같은 경우)같은 경우에 자칫 커트 연결에 있어서 실수를 범하는 경우가 종종 있기 때문이다. 목선 시작은 짧은 커트에서 중요하다. 물론 처음 시작할때두발의 길이를 결정하는 디자이너의 길이 결정은 많은 연습과 노력이 필요하다.

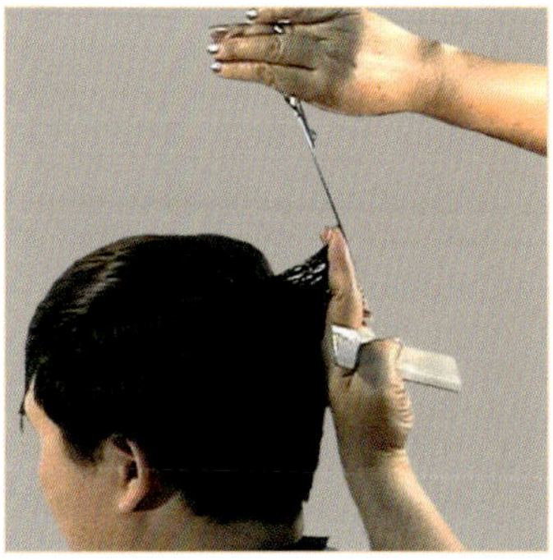

3) 로우 클리퍼(Low Clipper)

우선 헤어라인 주위로 두발을 0도(Natural hair)로 해서 빗의 각도는 90°, 두발의 상태를 0°로 유지하기 위해서 세워 빗질한다. 클리퍼를 우측손으로 쥐고 클리퍼의 각도를 90도로 세워서 헤어라인을 따라 사용하며 두상의 안쪽에서는 길이가 충분히 나올 수 있도록 낮은 각도로 유지하되 헤어라인의 무게감 줄기는 없어야 한다.

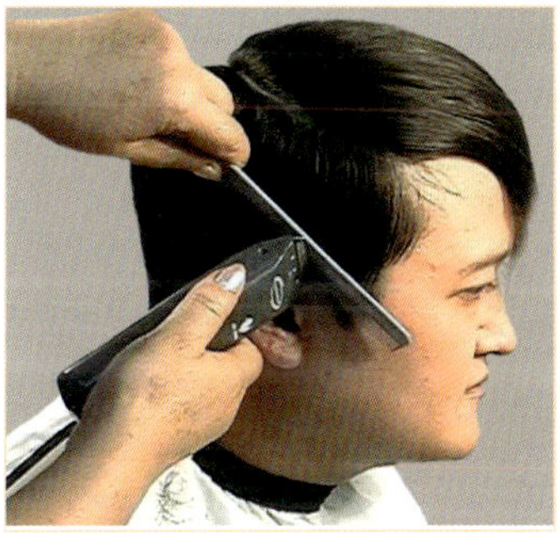

4) 클리퍼 이동기법(Cclipper Rocking Technique)

좌측 손은 빗을 잡고 우측 손은 클리퍼를 잡아서 헤어라인을 따라 미끄러지듯이 에칭(Etching : 두발 위에서 C자형을 그리며 두발의 텐션을 풀어주면서 베이퍼 하는것.) 기법을 사용하여 두피 비깥쪽으로 커트 시술한다.

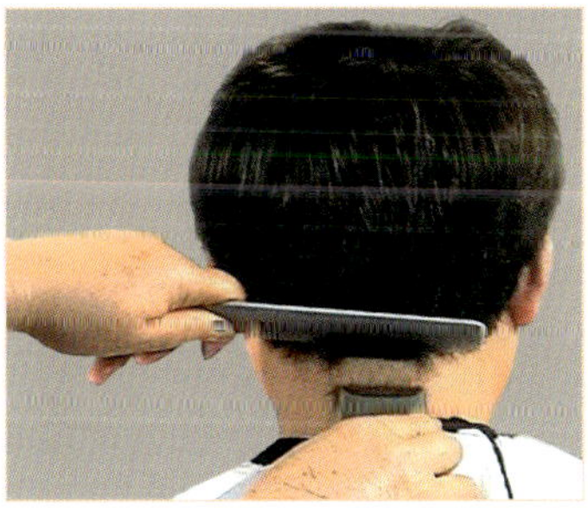

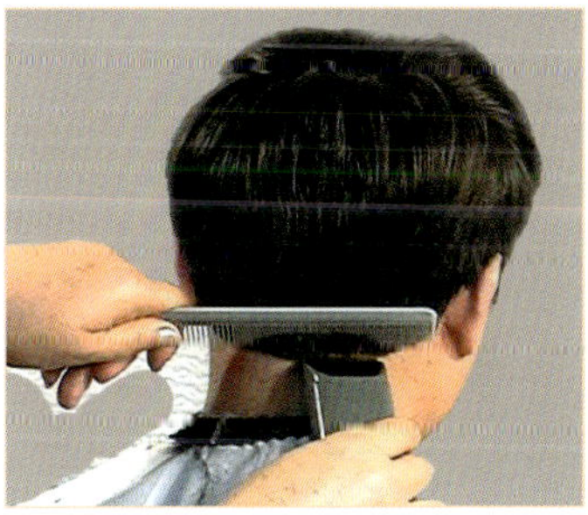

3 적 용

앞 두발의 실루엣, 겉모양, 그림자(Silhouette, Cantours, Shadow)을 지게 한 두발 스타일은 많은 남성고객들에게 오랫동안 인기를 유지한 스타일이다. 길게 층이 지면서 내려온 두발의 길이는 능선의 밑부분의 짧은 테이퍼 진 두발 길이와 비교된다.

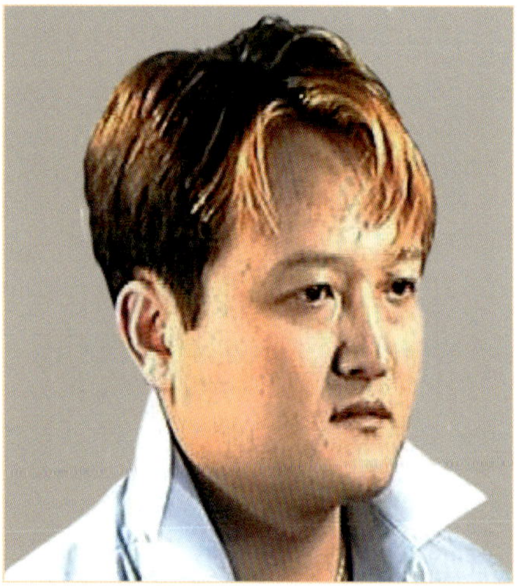

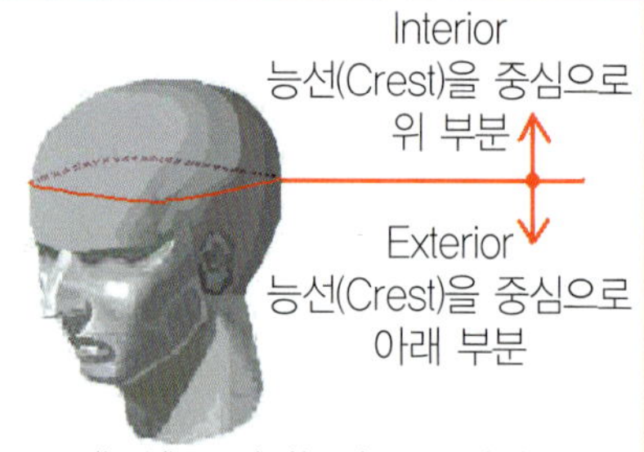

Crest(능선) : 관자놀이 부분에서 호두부에 가장 볼록한 부분을 지나 반대편 관자놀이 부분까지로서 두상의 가장 넓은 부위를 말함.

1 가이드라인을 기준으로 머리(head)의 능선부위와 전방 헤어라인에서 후방 포인트까지 두발에 기초 섹션파트를 나눈다.

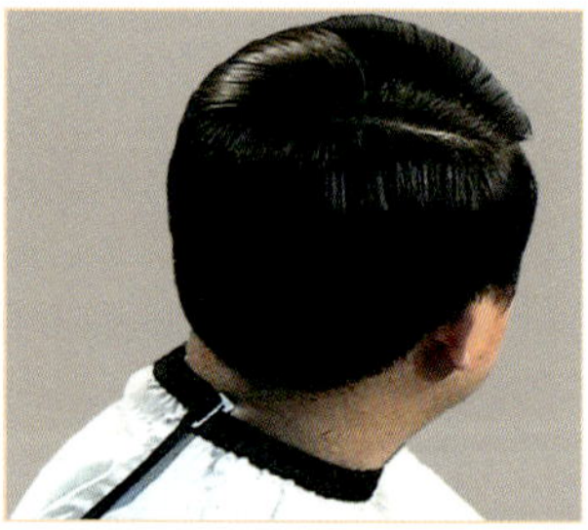

2 능선으로부터 목선까지 머리(head)의 후방 중앙에서 수직[Vertical]으로 섹션을 잡아준다. 그리고 각각의 파트를 안쪽에서 바깥쪽으로 수직 커트한다. 이 길이는 두발 안쪽에서 기준점을 잡아 기준점을 중점으로 전체 변 두발을 연결하는 것이다. 커트의 자세는 수직으로 좌측 손 자세와 가위자세를 머리(head)난선에서 바깥쪽으로 90도의 각도를 유지하면서 이동하여 커트하는 기법이다. 이동 가이드라인으로 커트하고 안에서 바깥쪽으로 커트한다.

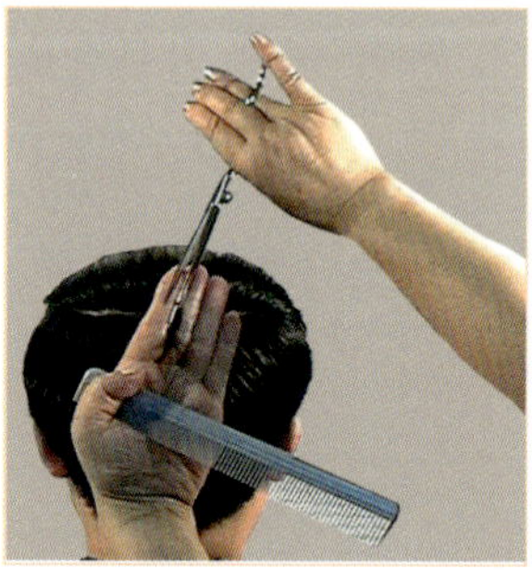

3 목 부위를 클리퍼로 목선을 따라 위치를 선정하여 두발을 빗질한 후 커트한다. 커트시 가볍고 신중하게 꼼꼼한 터치의 힘을 주지 않은 프리핸드 클리퍼 기법(Freehand clipper technique)으로 위쪽에서 아래쪽으로 두발난선을 기점으로 조화롭게 커트 시술한다.

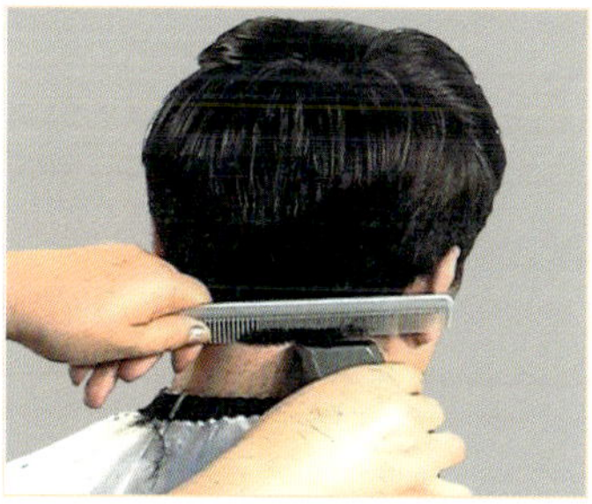

4 헤어라인의 밑부분을 마무리할때 힘을 주지 않은 기법으로 클리퍼를 흔드는 기법(Clipper rocking technique)을 사용하면서 커트한다.

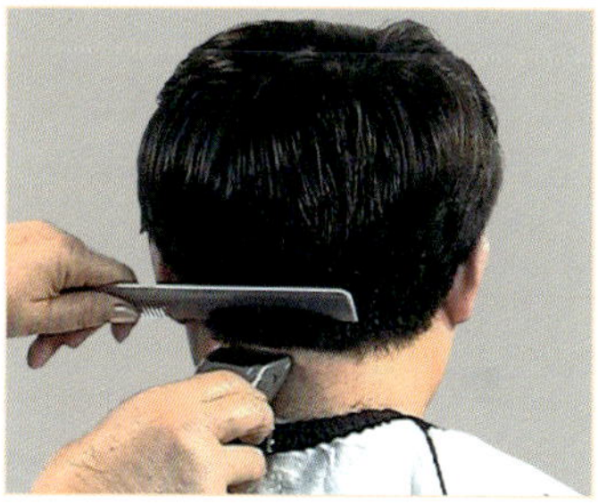

5 귀 주변의 길이를 짧은 층이 진 길이로 만들때 바깥쪽 헤어라인으로부터 누발 빗실을 0노로 주면서 빗을 두빌신 위에 두고 빗을 따라서 삐쳐나온 두발 길이만큼 클리퍼로 커트한다. 특히 귀 주위를 다듬기 때문에 클리퍼 각도와 사용에 주의를 요한다.

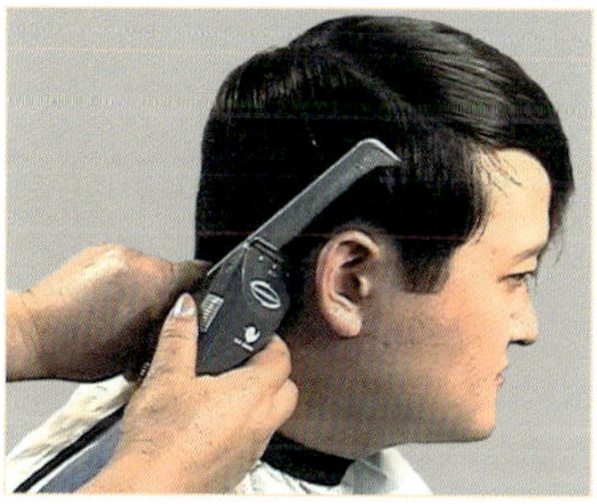

6 두발을 능선 위쪽으로 빗질하고 후방에서 전방으로 이동하여 평행[Horizontal]하게 파트를 잡고 선이 정확한지를 확인한다.

7 우측 파트의 두발을 파트에서 90도를 세워 주어진 각에서 먼저 커트를 한다. 다음 파트부터는 먼저 커트한 길이 가이드에 맞추어 커트한다. 외형라인의 커팅기법이 능선에서부터 무게감이 감소되고, 그래듀에이션[Graduation] 처리된 각에 주목해야 한다.

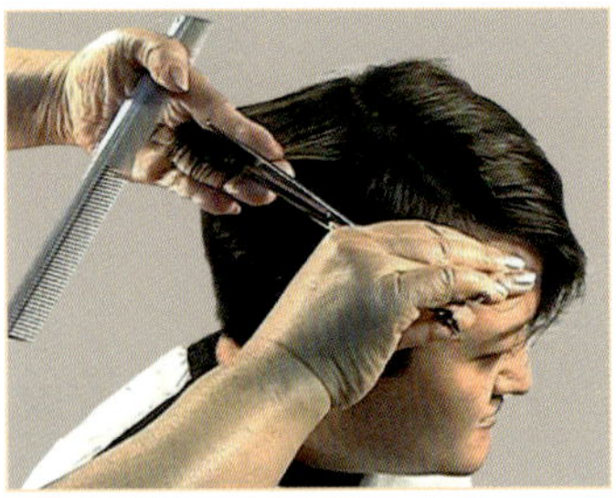
1번 시술각

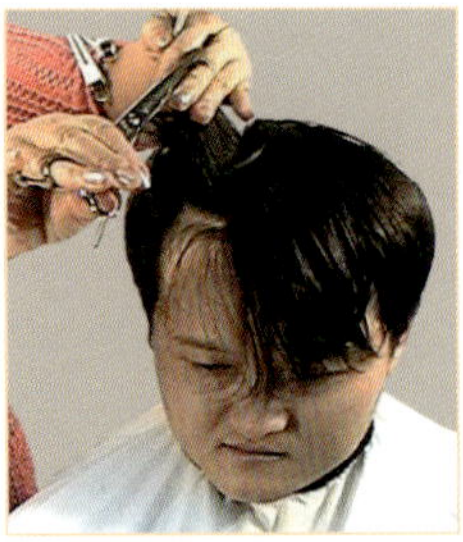
2번 시술각

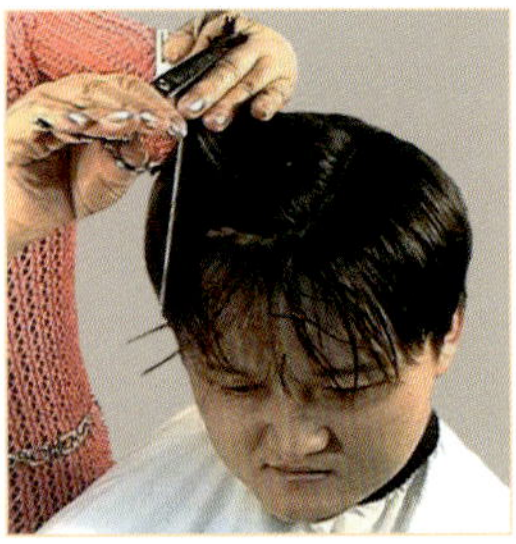
3번 시술각

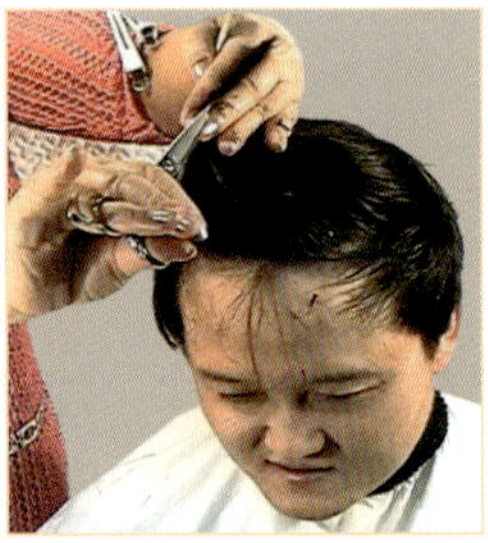
4번 시술각

위의 사진은 우축 파트에서 시작되었지만 좌측 파트 혹은 가운데 파트에서부터도 시술할 수 있다. 어느 쪽에서 시작하느냐에 따라서 많은 얼굴의 변화를 보여서 시술자가 임의로 파트를 시작할 수도 있지만 대부분의 고객들은 자기가 가지고 있는 가르마를 유지하려고 하는 경향이 있기 때문이다. 고객의 의견을 존중하는 편이 좋다. 이 모델의 경우는 우측 파트이므로 우측 파트에서 시작하여 좌측으로 1번, 2번, 3번, 4번 시술각의 순서로 시술한다.

8 평행[Horizintal] : 평행하게 파트를 잡고 능선으로부터 두발을 바깥쪽으로 향하게 하여 커트한다. 후방으로부터 전방 그리고 중앙의 색션의 정상 주변으로 이동되는 커트 기법이며 능선 부위 커트에 있어서 가장 중요한 부위이기 때문에 얼굴형과 헤어스타일이 잘 어울리는지 아닌지에 대한 평가를 내릴 수 있는 중요한 지점이기도 하다. 그리고 이 커트 기법은 전방 헤어라인 방향으로 이동되면서 커트 시술되기 때문에 점차로 두발이 증가하게 되는 효과를 만들어 내게 된다.

9 이 과정이 끝나면 다른 방향 정상 부위의 시술도 계속한다.

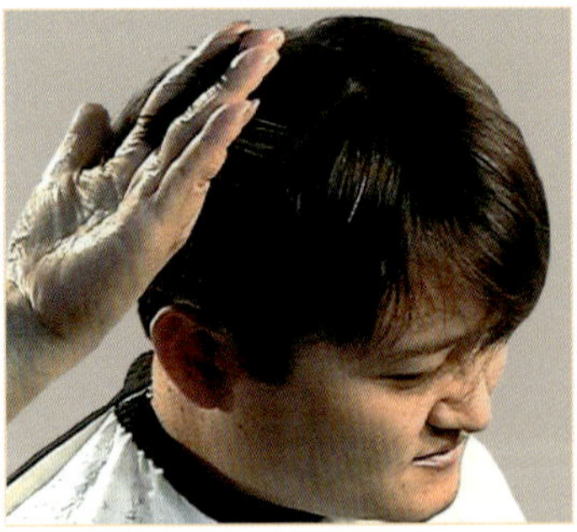

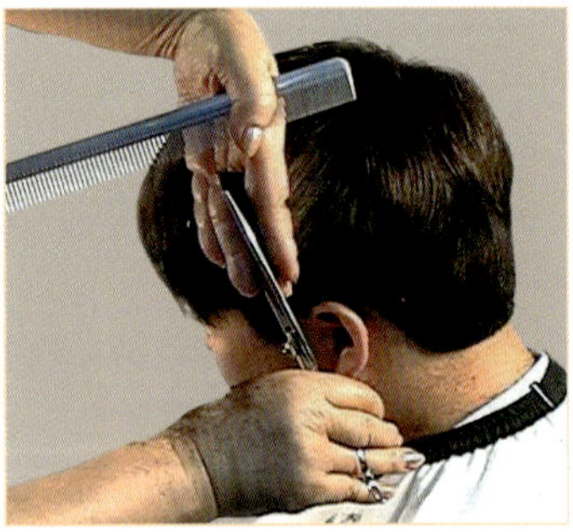

10 위의 두발이 길어보이고 밑 두발이 짧아 보이는 그래듀이션은 능선 및 부분 두발과 헤어라인의 길이가 혼합한다. 여기서 사용되어지는 길이나 혹은 잡는 자세는 측면에서 사용되어지는 시술방법과 같다.

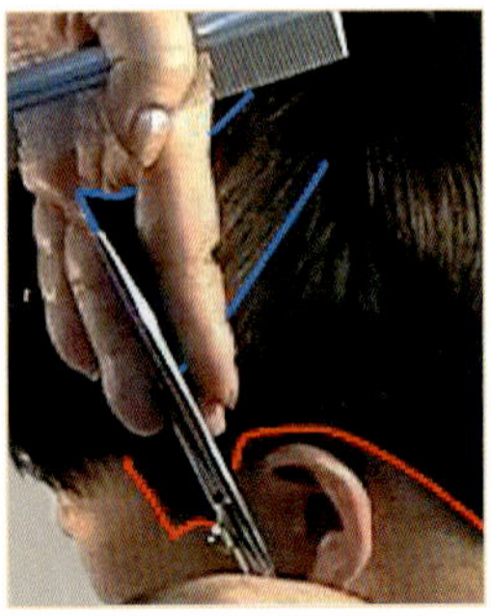
능선(Crest) 부분(Exterior)과 헤어라인의 연결

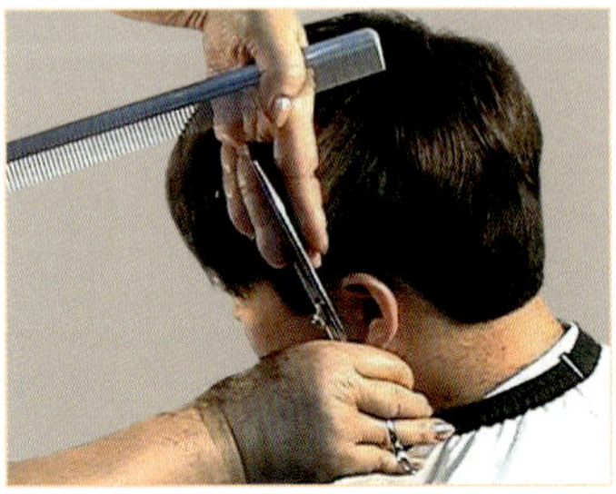

11 안면 전방주위의 두발을 빗질하고 전방에 깨끗하게 라인을 만든 후 연결되는 헤어라인 섹션 전부를 커트한다.

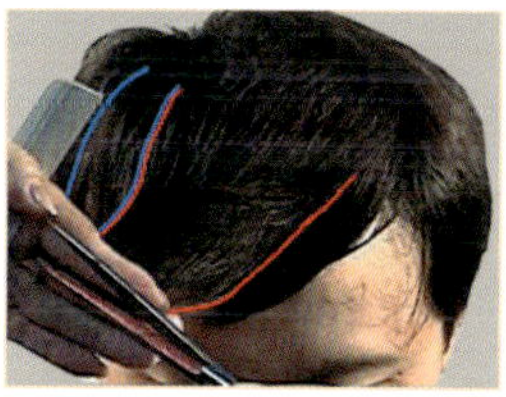

우측(파란색)의 커트된 두발 길이에 맞추어 좌측(빨간색)의 앞면 두발을 연결하여 커트한다.

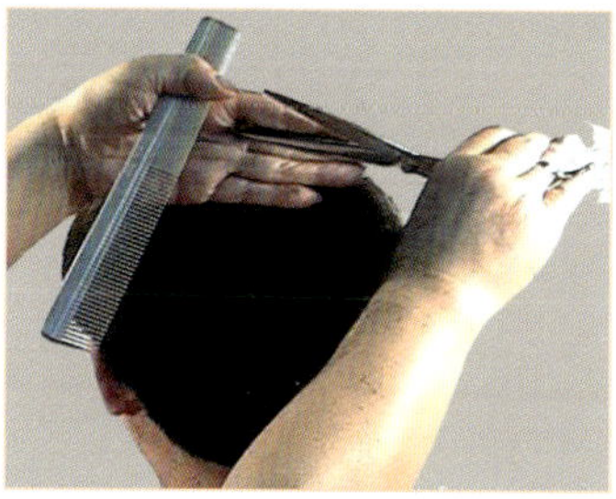

헤어라인 주변의 짧은 마무리 층이 진 테이퍼는 자연스럽게 균형잡힌 헤어스타일을 갖게 해준다. 세련되고 말끔하게 보이기 위한 외형을 갖게 해주는 더 긴 무게감을 주는 능선 위 부분의 두발은 고객의 원하는 다양한 스타일을 만들기 위한 길이를 공급한다.

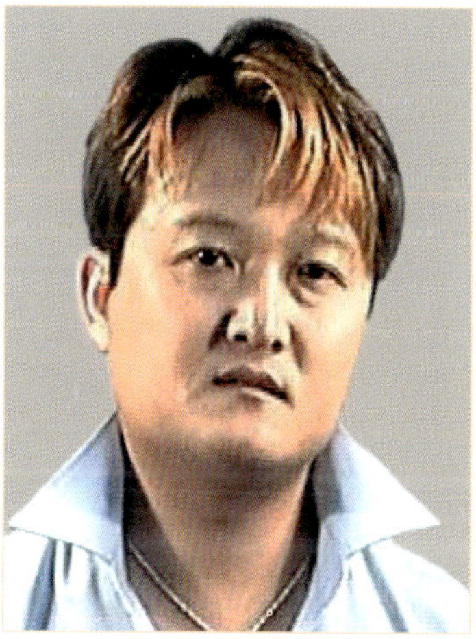

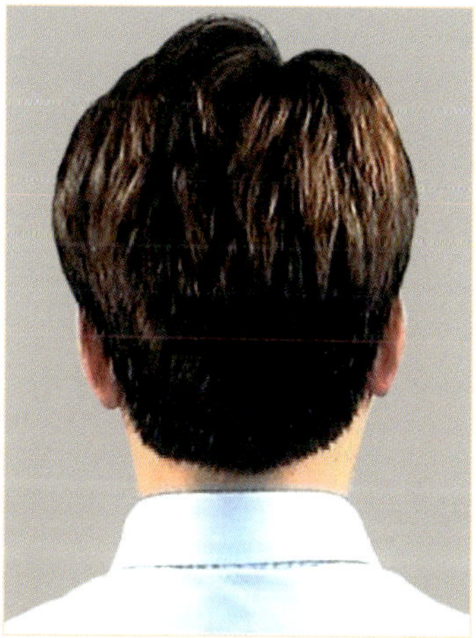

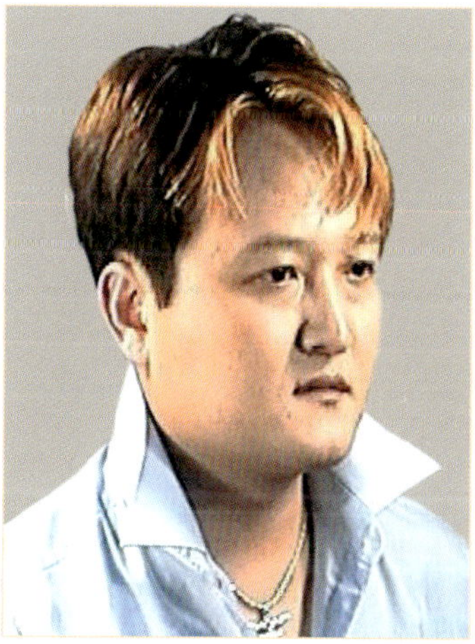

두발 길이의 변화, 헤어 컬러링 그리고 커트기법을 적용하여 더 다채롭고 다양한 연출기법을 표현할 수 있다.

작업과정 Check List

주제 : 그레듀에이티드 커트-2

<table>
<tr><th>작업단계</th><th>작 업 내 용</th><th>준비물
(재료 및 제품)</th></tr>
<tr><td>준비단계</td><td>Tip</td><td></td></tr>
<tr><td>제작</td><td>Tip</td><td></td></tr>
<tr><td>사후작업</td><td>Tip
헤어드라이 사용 유/무
시술순서
헤어 아이론 스트레이트 유/무, 헤어 아이론 볼륨 유/무
시술순서
헤어컬러링 활용 유/무
시술순서
제품활용 유/무
1. 왁스( ) 2. 헤어무스( ) 3. 헤어젤( ) 4. 헤어스프레이( )
5. 헤어오일( )</td><td></td></tr>
<tr><td>점검사항</td><td colspan="2">□디자인라인 □섹션 □머리위치 □파팅 □배치 □판넬각
□시술각 □공상각 □두상각 □베이스 □텍스쳐관리 □텍스쳐테크닉</td></tr>
<tr><td>기억하기</td><td colspan="2"></td></tr>
</table>

H

이단층 스텝밥
(Step bob)

1. 짧은 스텝 밥(Step bob)

신비스런 매력이 넘치는 인형스타일의 단발

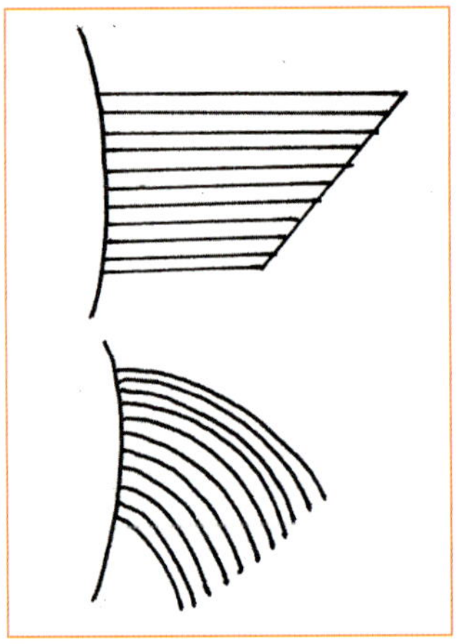

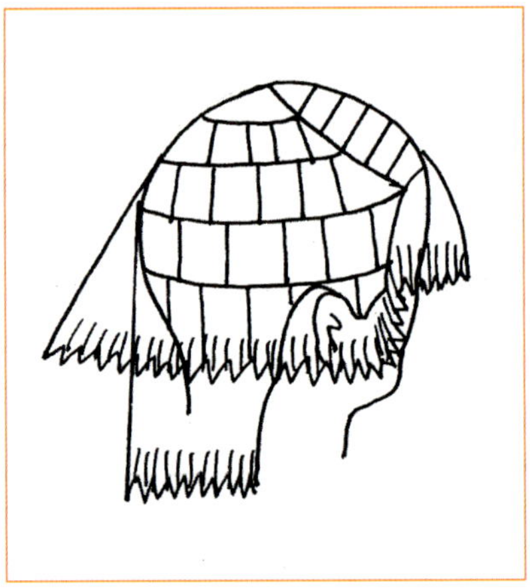

수직으로 더 세분화되는 슬라이스를 대칭의 형태선의 균형을 확인한다.
네이프 끝에 레이어를 넣어 가볍게 처리한 개성적인 스타일이다.
이것은 눈매의 인상을 강하게 하고 얼굴을 작아 보이게 하는 효과가 있다.

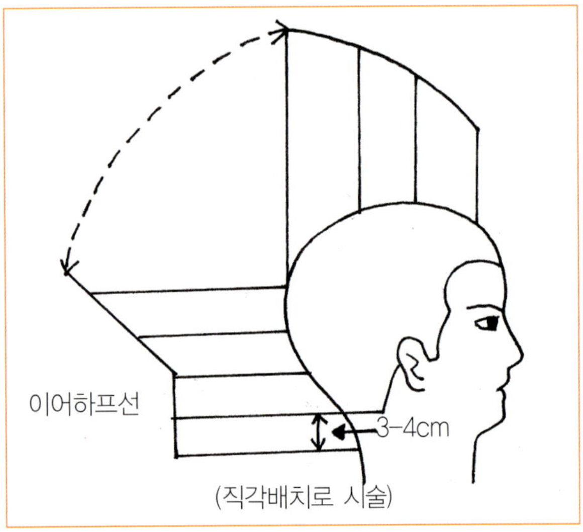

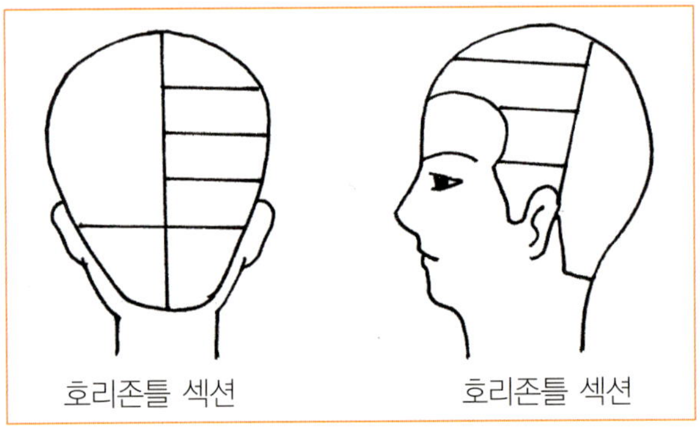

1. 짧은 원랭스 스타일 네이프에서 이어하프까지는 유니폼 레이어로 커트한다.
2. 네이프에서 백 까지 5등분하고 이어하프와 네이프 파팅을 한다.
3. 1번파팅을 길이 가이드로 정하고 정한길이와 1번 파트의 두발은 유니폼 레이어로 버티컬로 세워서 커트한다.
4. 그러면 1번 파트의 두발은 유니폼 레이어로 보이며 가벼운 엑티베이티드하게 끝 두발이 보인다.
5. 2번 파팅 부터는 1번의 길이를 1cm가져다 가져온 라인을 고정라인이라 한다.
6. 2,3,4번은 고정라인에 맞추어 커트하면 1번 단차와 2번 단차가 분리 되어진다.
7. 이것을 일컬어 스텝 밥이라 한다.

2. 이단층 스텝 밥(Step bob)

1 적 용

수직으로 더 세분화되는 슬라이스를 대칭의 형태선 균형을 확인한다. 이어 하프선을 중심으로 네이프 끝에 레이어층을 넣어 가볍게 처리한 개성적인 스탭 밥으로서 이것은 눈매의 이미지를 강하게 하고 얼굴을 작아 보이게 하는 효과가 있다.

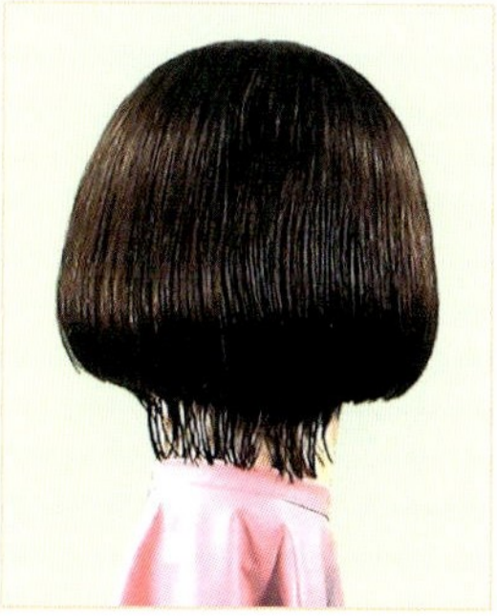

1 평행으로 커트한 이 단층 커트다. 짧은 형의 커트로 네이프에서 이어하프까지의 두발을 목선에 맞추어 길이를 정한 후 이 파트의 두발길이를 90도에 각도를 들어 커트한다.

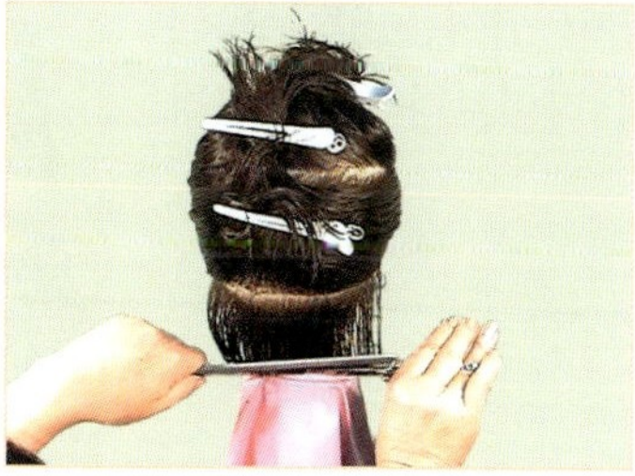

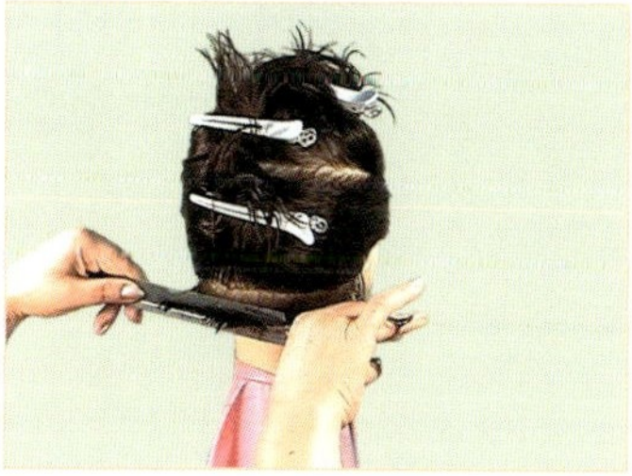

2 이어 탑 파트의 두발을 네이프에서 1cm만 남기고 남긴 위에 단을 맞추어 평행으로 커트한다.

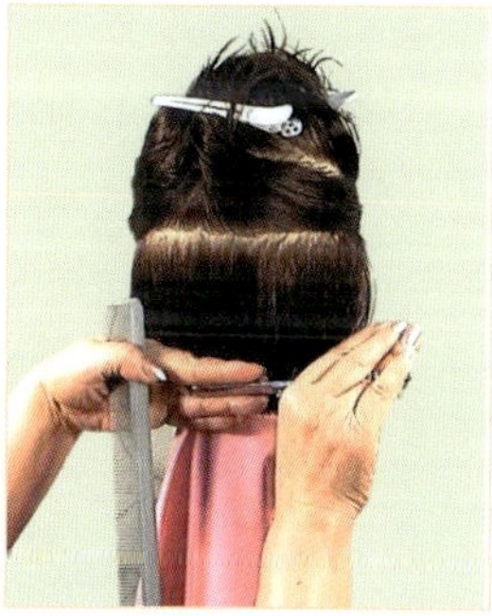

3 크레스트 에리어 파트 커트시 후방부터 고징라인에 맞추어 기드하고 좌측과 우측이 두발도 커트의 자세를 평행으로 하고 커드는 커드할 위치에서 디자이너의 몸자세가 헤드와 똑바로 서서 커트한다.

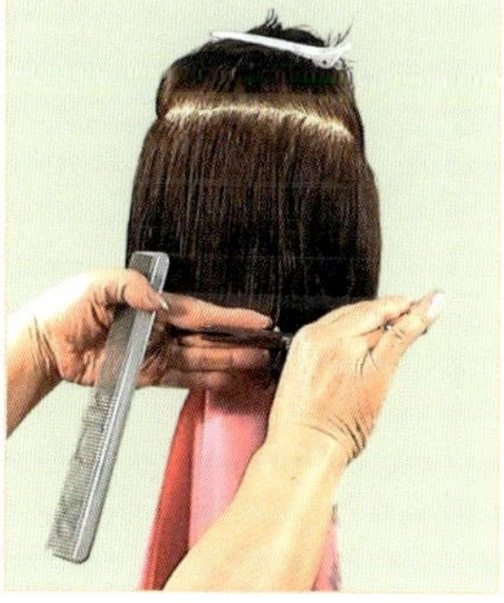

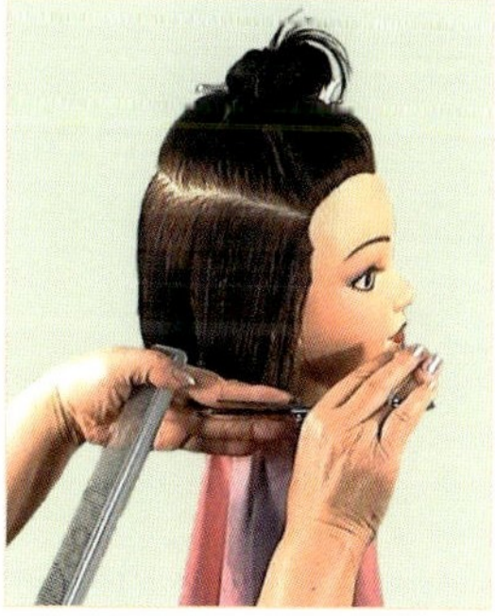

4 탑 파트 두발 빗질을 깨끗이 한 후 후방의 두발 1cm 맞추어 사이드파트의 두발을 평행하게 커트한다.

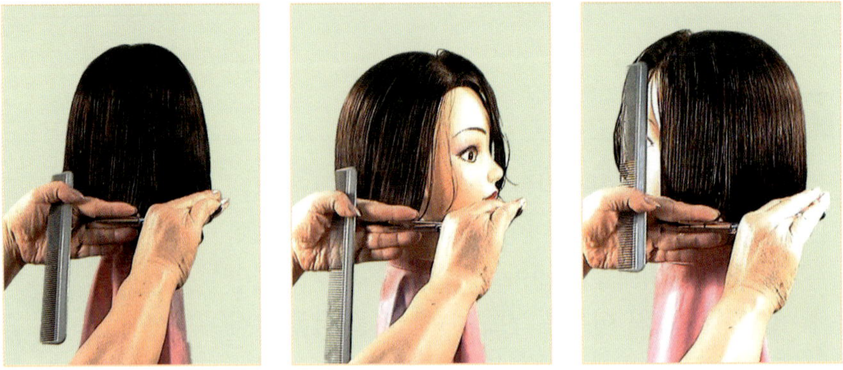

5 프린지커트는 수직파트 양옆 눈꼬리에서 탑까지 1/3 이상으로 파트를 나누어 이마 중앙으로 빗질하여 커트한다. 가볍고 귀여운 앞 두발의 형태는 쥬니어 형으로서 나이보다 훨씬 어려 보인다.

6 신비스런 매력이 넘치는 인형 스타일의 단발 커트다. 두발은 이어하프 밑 커트는 층이 유니폼 레이어형으로 질감의 끝 두발이 보이는 단층의 커트로서 고객의 취향에 맞추어 커트한다.

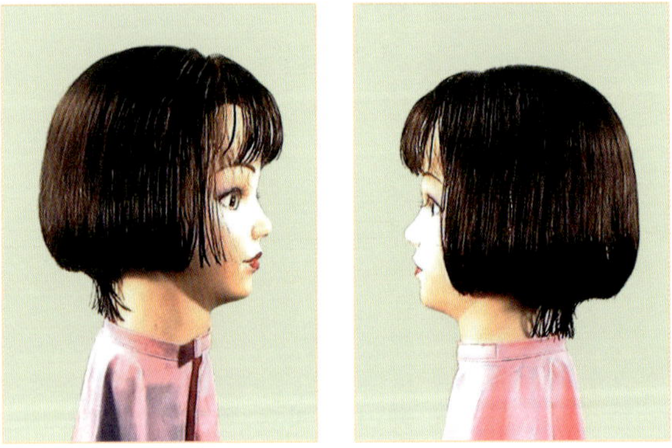

페러렐 밥 전면평행

3. 응용편

1 스텝 밥

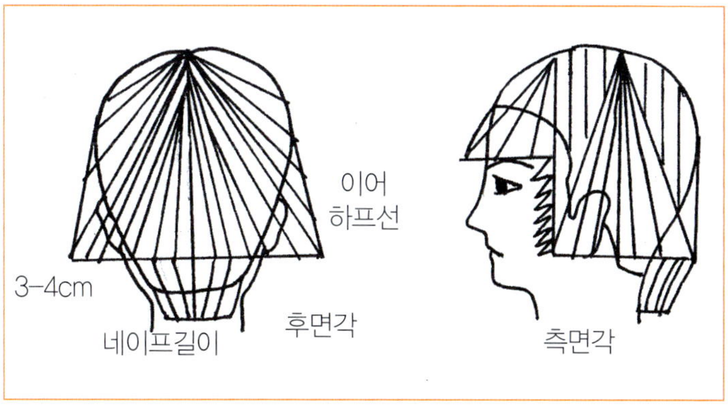

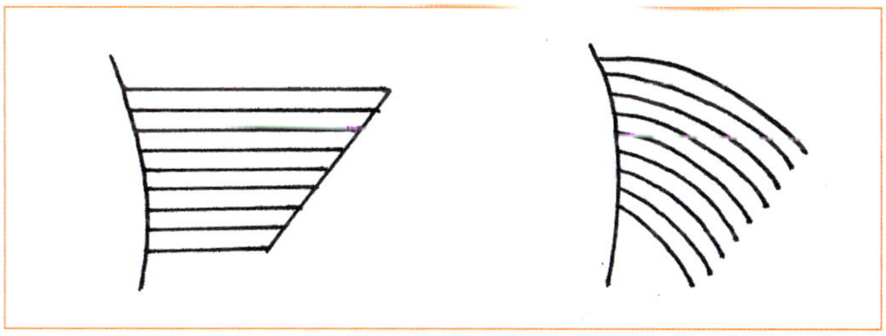

1. 전면 두발 프린지뱅을 호리존틀, 컨백스, 컨케이브, 개성에 따라 3가지로 분리해 커트할 수도 있다.
2. 파팅은 손가락 위치와 파팅위치가 평행하게 커트한다.
3. 이 스텝 밥은 언액티베이티드가 교차하는 형이면서 독특한 형의 커트이다.
4. 후면에 1번 두발과 앞에 프린치의 길이의 단차는 유니폼 레이어로 단차가 보인다.
5. 두발을 가볍고 부드럽게 하기 위해서는 애칭 기법을 사용하면 좋다.(레이져 사용)
6. 배치는 직각배치로 시술한다.
7. 앞과 옆은 슬라이드 커트로 하고 베이스방향이 가볍게 떨어져 샤프한 헤어로 커트되어 보이며 세련미가 있어 보인다.

전면 두발 프린지뱅의 시술

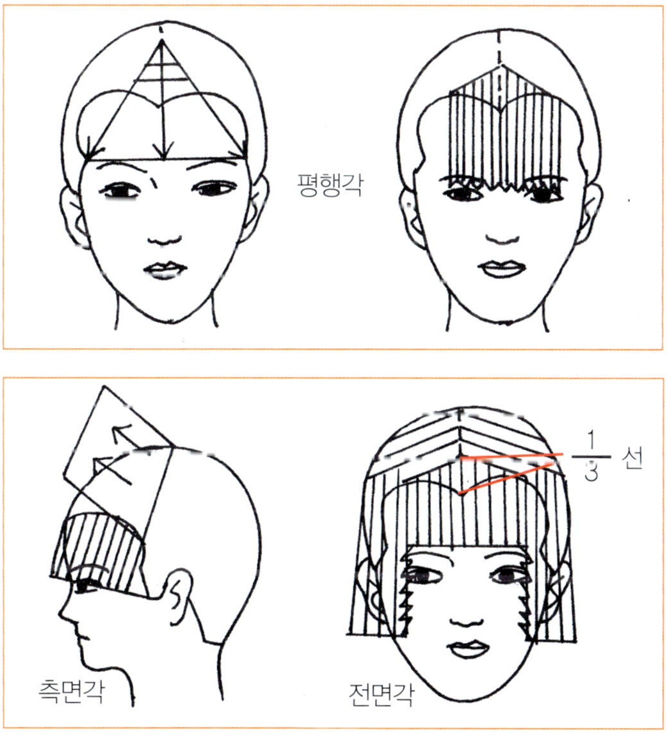

오피스형

앞머리카락을 세워 올리고 한쪽 옆을 정리하여 얼굴선을 깔끔하게 드러내는 형. 지적인 표정을 읽을수 있는 이미지 얼굴에 걸친 두발이 악센트가 된다.

2 스텝 밥 콤비네이션(Combination)

전면두발을 세워 산뜻한 분위기를 연출시킨다.

귀선의 스트레이트 짧은 단발은 지적인 표정을 연출, 정확한 옆라인선을 두고 전면 두발을 C자로 세워 콤아웃 하면 정교하고 핸섬한 형의 콤비네이션이 된다.

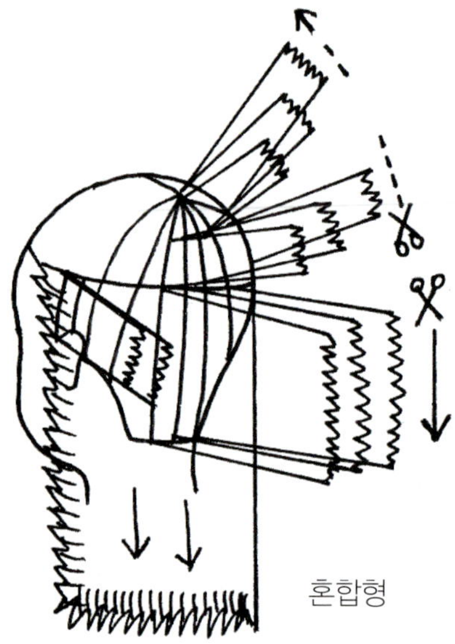

혼합형

그래듀에이션(Graduation)과 인크리스(Increase)유니폼레이어 혼합형의 전면 모습이다.

그래듀에이션(Graduation)형의 엑스테리어(Exterior)를 인크리스 레이어(Increase Layer)의 인테리어(Interior)와 혼합하면 두발형은 확장되고 명확한 무게부위가 만들어 진다. 레이어진 두발결과 그래듀에이션(Graduation)두발결은 완전히 두발끝이 모여 커트한 머리결을 위해 섞인다.

작업과정 Check List

주제 : 이 단층 스텝 밥(Step bob)

작업 단계	작업 내용	준비물 (재료 및 제품)
준비단계	Tip	
제작	Tip	
사후작업	Tip 헤어드라이 사용 유/무 시술순서 헤어 아이론 스트레이트 유/무, 헤어 아이론 볼륨 유/무 시술순서 헤어컬리핑 활용 유/무 시술순서 제품활용 유/무 1. 왁스(　) 2. 헤어무스(　) 3. 헤어젤(　) 4. 헤어스프레이(　) 5. 헤어오일(　)	
점검사항	□디자인라인 □섹션 □머리위치 □파팅 □배치 □판넬각 □시술각 □공상각 □두상각 □베이스 □텍스쳐관리 □텍스쳐테크닉	
기억하기		

I

콤비네이션& 디스코드)
(Combinatoin)

콤비네이션 그래듀에이션 커트(Combination Graduation Cut) 변형

헤어라인은 무게(Weight)를 두지 안고 목선은 짧은(Shart)길이로 강조(Accenture)한다. 양 방향으로 변화(Variation)를 주는 중요한 단계 커트로 두발 끝이 가늘어 지게 커트한다. 후두부는 다르게(Different) 베이직 커트하고 커트의 방향은 선의 목적, 이미지로 빙 둘러 쌓고 부근의 두발은 그래듀에이션(Graduation) 커트로 널리 구석구석 전체에 걸쳐 부드럽고 활동적인 계단식으로 뻗는 커트이다.

1. 혼합형(Combination) 변화

콤비네이션(Combination)이란 사전적인 의미는 "결합 혹은 두 가지가 합쳐진다." 이다. 콤비네이션(Combination)은 한가지의 스타일로 만들어지는 것이 아닌 두 가지의 커트 유형이 합쳐지는 것이다. 무게감 있는 솔리드(Solid)형태와 레이어(Layer)형태의 결합 혹은 솔리드(Solid)형과 그래듀에이션(Graduation)의 결합 또는 그래듀에이션(Graduation)형과 레이어(Layer)의 결합처럼 두 가지 이상의 형태의 스타일이 한곳에서 디자인 되는 것을 의미한다. 간혹 두 가지 스타일이 한곳에 있다보니 디자인 형태를 잘못 디자인 하게 되면 오히려 이상한 형태의 모양이 나오게 되기 때문에 두상이나 얼굴형을 잘 고려해서 섬세하게 커트한다. 물론 의도적으로 디스코오드(Discord) 헤어스타일 같이 불균형(Unbalance)하게 커트하는 헤어 스타일도 있다.
단발형의 기원이 되고 그래듀에이션(Graduation) 변화형이기도한 콤비네이션(Combination)은 단발에 많은 변화를 줄 수 있고 커트 완료 상태가 매우 심플하기 때문에 자신의 헤어스타일을 정리하는데 있어서 간편하게 정리 할 수 있다.
초보자는 커트 시술시에 많은 어려움이 있기 때문에 많은 연습이 필요하며 고객과의 충분한 상담이 필요하다.

1 고정라인(Fead line) 스퀘어 파트(Square part)

콤비네이션(Combination)은 커트 되어진 두발의 무게와 디자인 라인이 그대로 유지되면서 두상 안에서 두발에 가볍게 층을 주어 커트한다. 탑에서 길이가 정해지면 그 길이에 맞추어 커트되는 것을 말한다. 이 작품에서의 고정라인이란 좌측과 우측 사이의 가르마에서 위 방향으로 수직으로 길이를 정하고 정해진 길이에 맞추어 좌, 우측 두발을 그 길이에 맞추어 커트한다. 정해진 길이가 고정라인(Feed Line)이다. 커트가 완성되면 두상 위에 두발은 짧게 커트되고 점차로 두발의 길이는 길어지게 되고 커트가 끝나면 두상 안에서 가벼운 층이 생기게 된다.

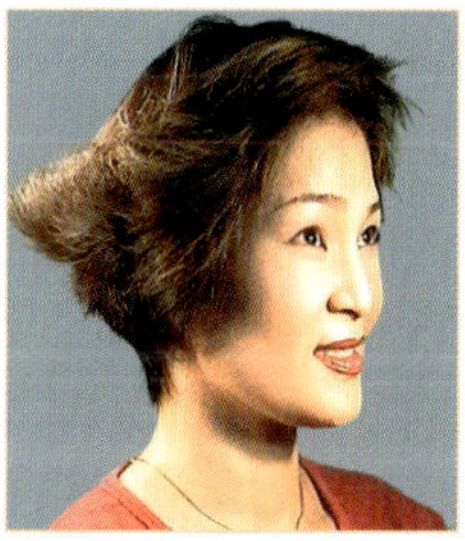

2 그래듀에이션 변화(Graduation)

콤비네이션(Combination)에서 그래듀에이션 변화에 의한 커트는 선이 두개로 이루어지는 커트이며 드라이로 베벨 업(Bevel -up : 위로 말아 올림) 마무리 효과를 줌으로서 측면의 헤어라인을 잘 살릴 수 있고, 단층의 효과를 주어서 복합적인 커트 효과를 준다.

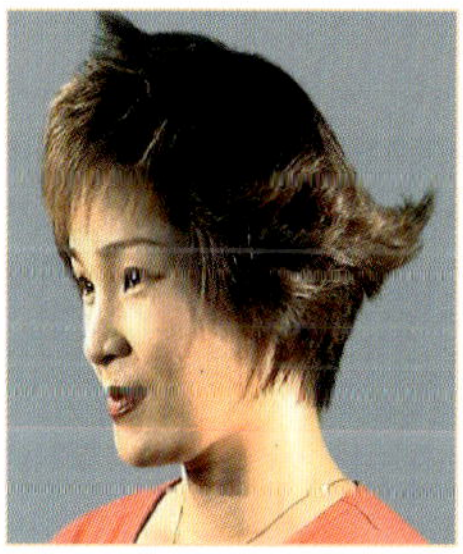

3 그래듀에이션에서 콤비네이션 완성 혼합형 변화

콤비네이션 커트(Combination Cut)로 프린지(Fringe) 앞으로 내린 두발뱅을 이동라인으로 커트하여 끝 두발을 커트 칼(레이저)로 엔드 테이퍼(End taper) 마무리하여 가벼워 보이도록 질감을 주어 드라이한 커트다.

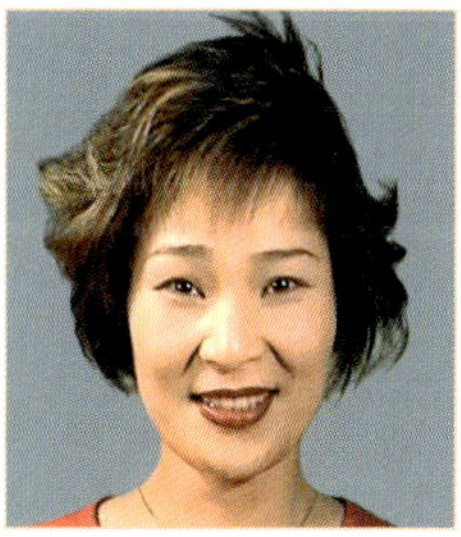

4 이동라인

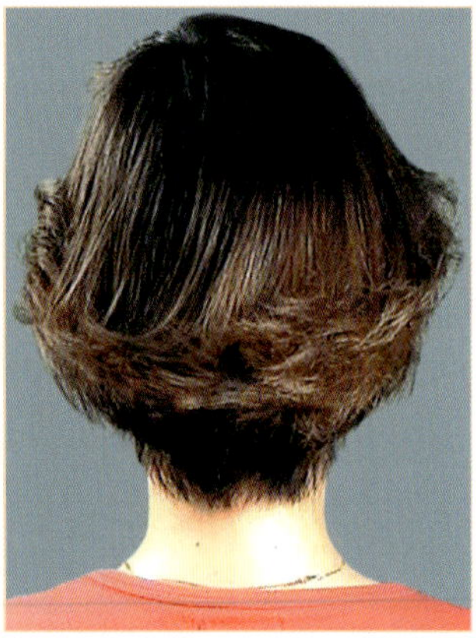

이동라인이란 두상에서 길이를 정하여 두상의 굴곡을 따라 이동하면서 커트하는 방법이고 두발에 층이 생기고 두발 끝 방향에 가벼운 층이 생기며 특히 그래듀에이션(Graduation) 효과를 준다. 커트에서는 어느 한 부분에서만 레이어 층을 주기 때문에 탑의 두발은 가벼워 보이며 단층 효과를 볼 수 있다.

5 적용

1. 콤비네이션(Combination) 커트는 디자인 라인이 끝난 두상의 안방향에서부터 커트 층을 만들어 주어야한다 먼저 앞서서 그래듀에이션(Graduation) 커트를 완성한 후 탑에서부터 길이를 정한다. 탑(Top)에서 정사각을 만들고 파트(Part)가 정확한지를 확인하여 고객이 원하는 길이를 정한 후 좌측의 귀선과 우측의 귀선 방향에서 탑(Top)으로 두발을 연결하면서 커트를 시작한다.

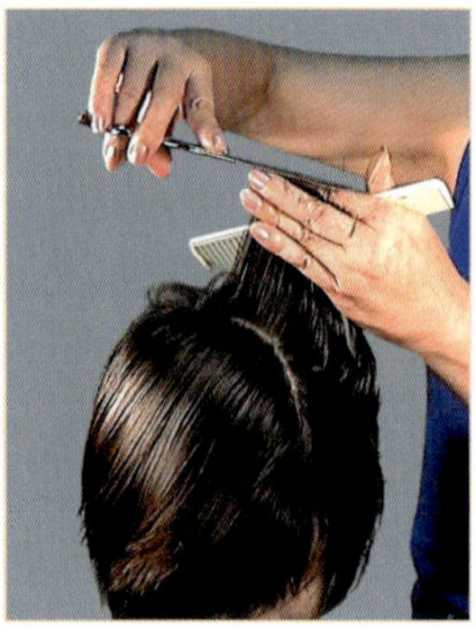

2. 탑(Top)을 지나 이어 투 이어(Ear to Ear)의 선을 가르른 선을 좌측부터 연결하는 커트로 기준점을 탑(Top)에 각도는90° 로 커트한다. 우측도 같은 방법으로 커트한다.

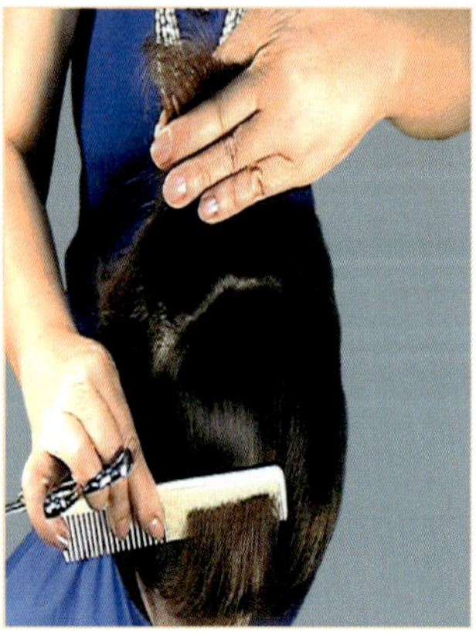

3. 탑(Top)을 중심으로 이어 투 이어(Ear to Ear) 우축의 커트가 끝나면 전방의 전 후 방향(Front to Back) 종축으로 파트를 나누어 90° 로 똑바로 세워서 빗질 한 후 커트 시술한다.

4 탑(Top)을 중심으로 전방의 전, 후 방향(Front to Back) 커트가 끝나면 후방으로 와서 후방의 전 후 방향(Front to Back)으로 탑(Top)에 중심을 두면서 각도는 두피에서 90°로 올려 빗어 직각배치로 일자(Brunt)커트한다.

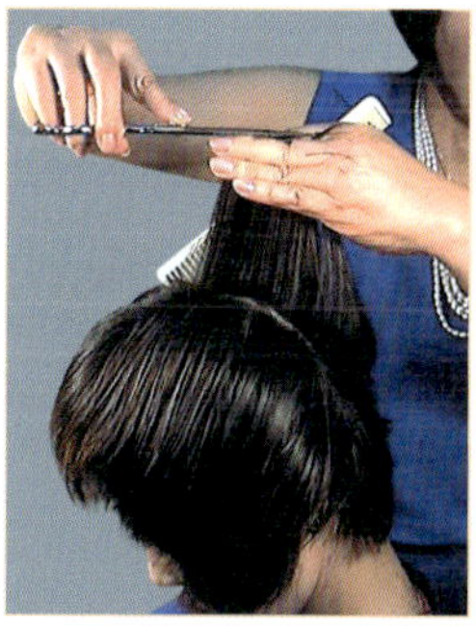

5 탑(Top)을 중심으로 십자모양으로 커트가 끝나면 후방 두발의 좌, 우측의 파트를 이미 커트한 후방 중심두발과 탑에 두발을 연결하는 커트로서 좌, 우측 파트의 두발을 후방의 전 후 방향(rent to Back) 두발선 탑(Top)에 다 90°로 올려서 커트한다. 단, 탑(Top)에서 빗질을 하는 도중에 밑으로 잡은 두발이 약간 떨어지는 것은 커트할 선에서 탑에 중심을 주기 때문에 크게 신경을 쓰지 않아도 된다.

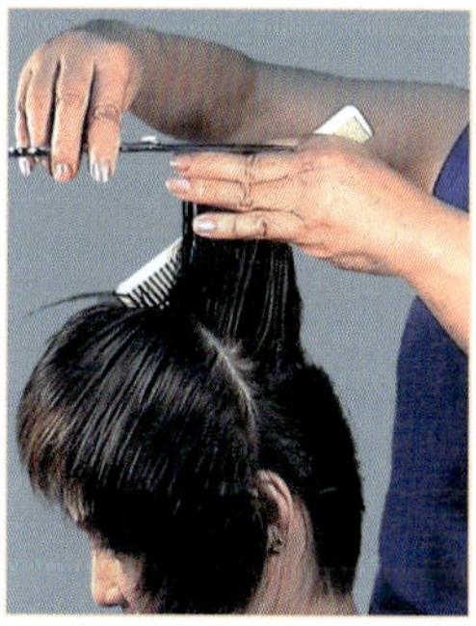
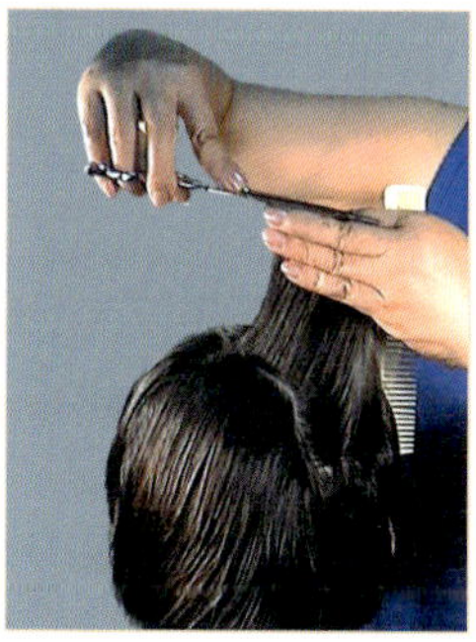

6 후방 부위의 전 후 방향(Front to Back) 두발선과 전방의 전 후 방향(Front to Back) 두발선을 같이 잡아서 전 후방이 자연스럽게 연결될 수 있도록 탑(Top) 부위에서 90°를 들어서 평행으로 빗질하여 커트하고 좌, 우측 두발도 그 길이에 맞추어 커트한다.

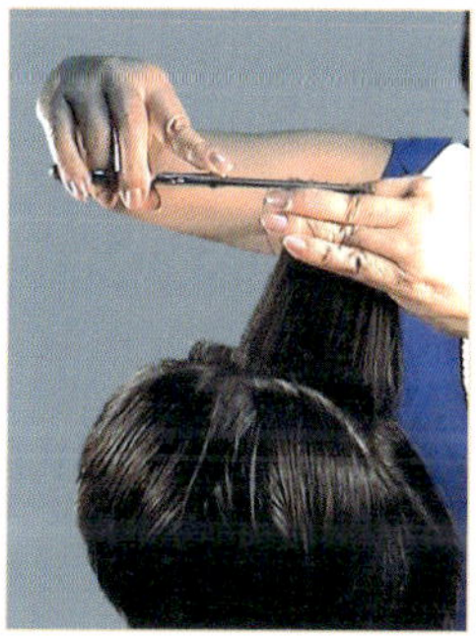

7 후방의 커트가 끝나면 전방에 잡아 놓은 중심선에 맞추어 좌측과 우측의 옆선파트의 두발을 탑(Top)에 기준점을 두고 커트한다.

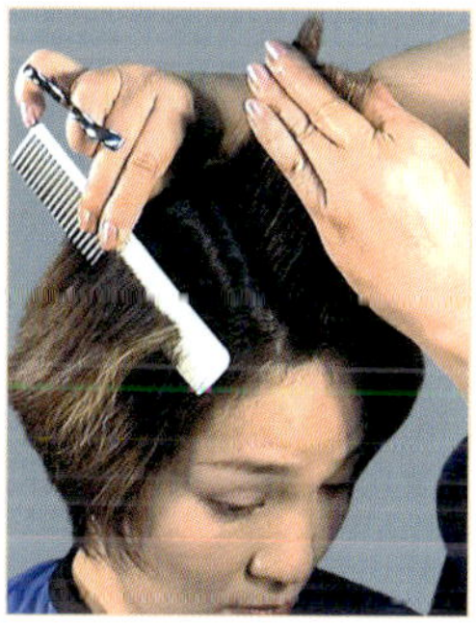
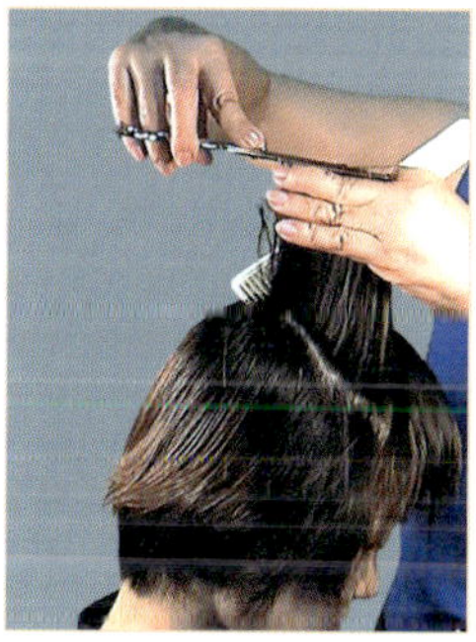

8 커트가 완료되면 겉마름(Bevel up) 드라이 기법으로 드라이하여 정면에서 옆으로 자연스러운 볼륨감이 흐를수 있도록 효과를 주어 콤비네이션(Combination) 특유의 복합적이면서 기하학적인 입체적 아름다움이 잘 살아날 수 있도록 시술한다.

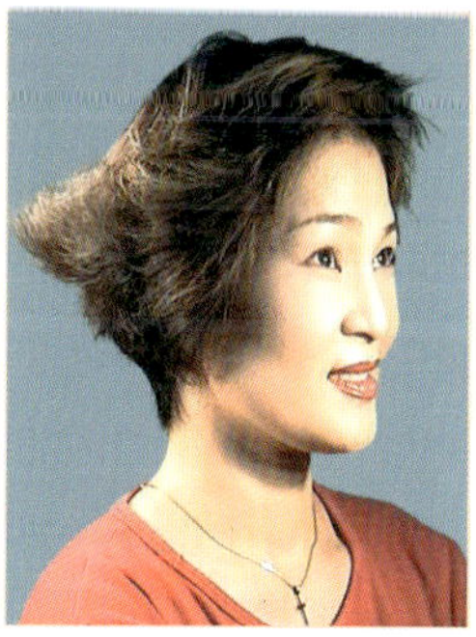
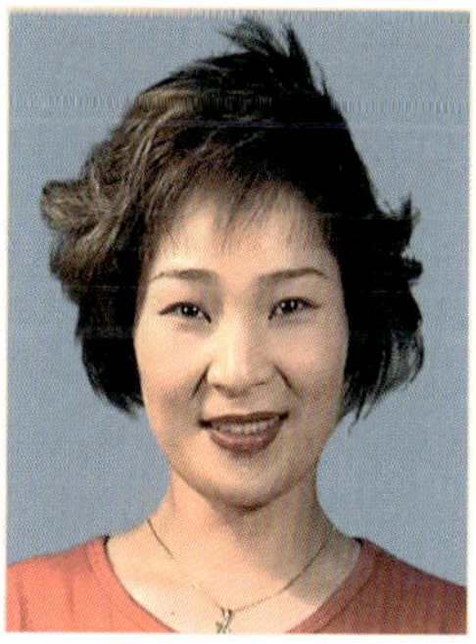

2. 응용편

1 혼합형 콤비네이션(Combination) 변화 – 1

단발 실루엣

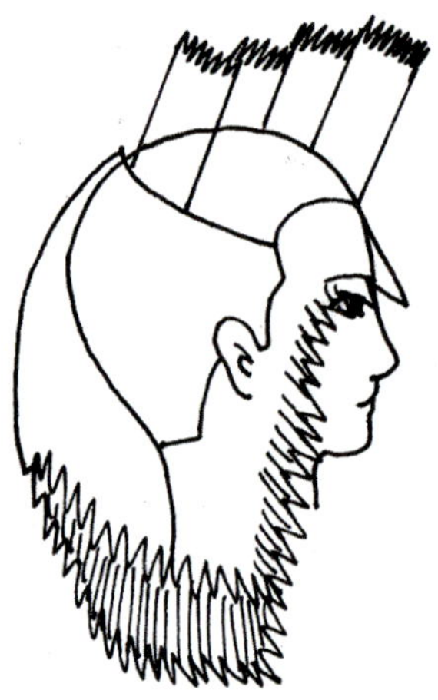

커트 중요시술
크레스트 에리어(Crest Area)
유니폼 에리어(Uniform Area)
인테리어 에리어(Interior Area)
인크리스 에리어(Increase Area)
엑스테리어 에리어(Extrerior Area)

그래듀에이션(Graduation) 커트를 하고 탑에서 길이를 정한다. 그 길이를 고정라인이라 한다. 주변두발의 흐름이 단정한 분위기를 연출한다.

콤비네이션(Combination)

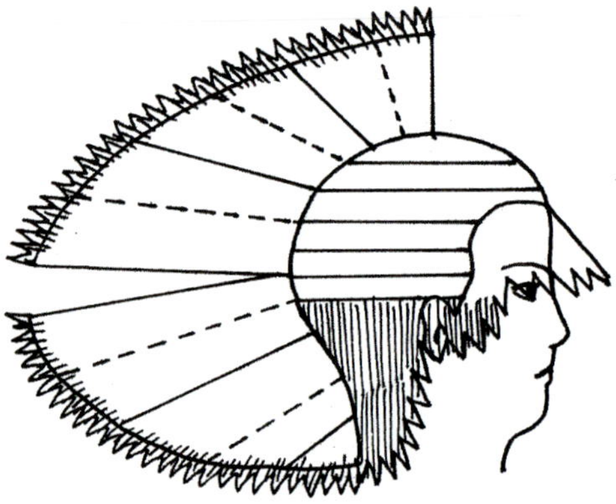

이 커트는 인크리스레이어의 머리결이다.
다양한 비율로 그래듀에이션 머리결위에 온다. 비율의 변화는 두발형 무게의 위치를 바꾸게 된다. 고객의 용모가 무게 수위를 선정하는데 도움이 될 것이다.

그래듀에이션 + 인크리스레이어 = 콤비네이션

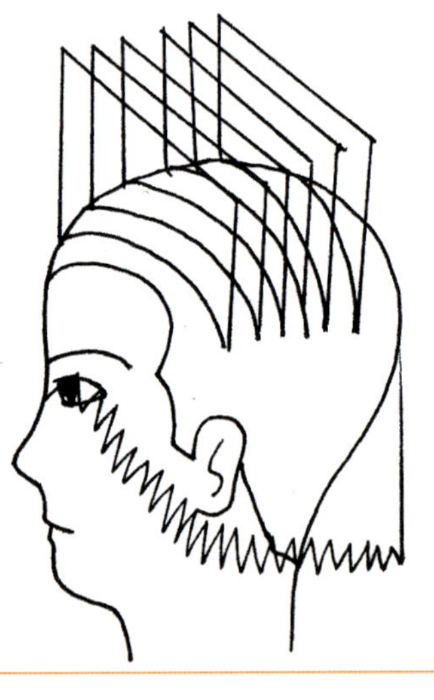

2 혼합형 콤비네이션(Combination) 변화 – 2

둥근 실루엣

콤비네이션(Combination) 두상이나 얼굴형에 맞게 커트를 하되 만드는 형태의 변화가 있으며 섬세하게 신경을 써서 손님의 기분이 상하지 않게 정성껏한다.

초보자는 소화 시키기 어려우므로 상담을 잘해야 하며 중년층의 헤어로 잘 소화시키는 헤어이다(주의, 손가락 첫마디에 머리카락을 넣고 커트하면 길이의 변화가 정확하다.)

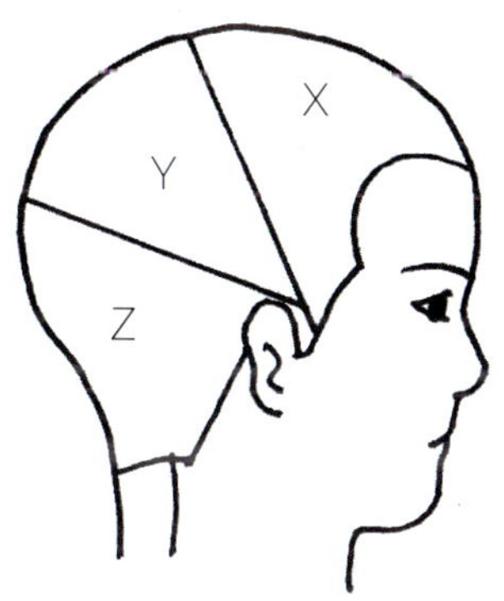

콤비네이션(Combination)의 X,Y,Z은 여러가지 커트(Cut) 혼합형으로 이루어 진다.

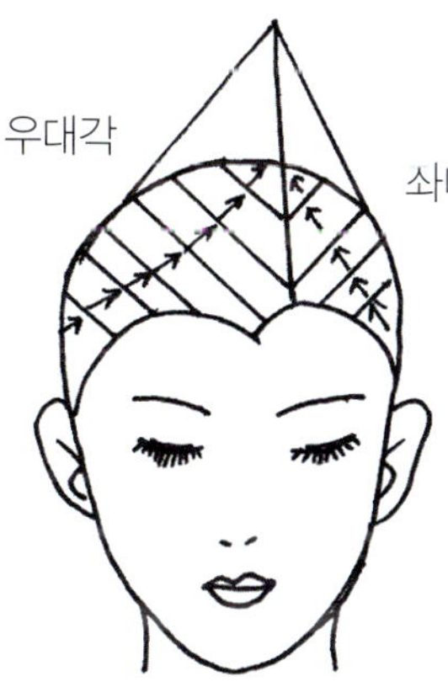

사이드 탑에서 길이를 정하고 정한 길이에 고정라인을 두어 화살표방향으로 커트한다.

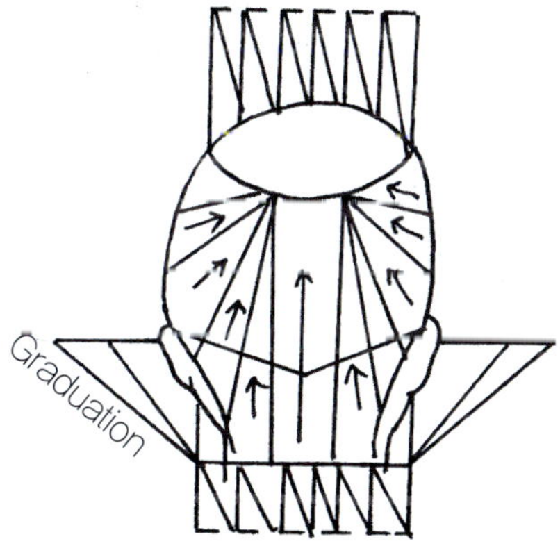

엑스테리어에서는 45도 각도로 무게감을 준다. 백에 두발을 탑으로 올려서 고정라인에 맞춰 커트한다.

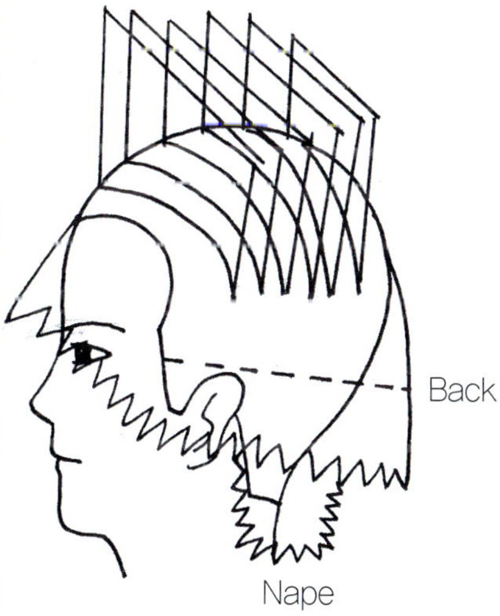

3 혼합형 콤비네이션(Combination) 변화 – 3

쇼트헤어에서 긴두발을 목표로 단발부터 시작한다. 그렇지만 단발두발의 길이 그래듀에이션(Graduation) 변화는 단발에 변화를 많이 줄수 있어 두발이 번거롭지 않아 매우 간편하게 정리 하면서 기를수 있다.

길이의 변화는 정리된 단발부터 한다.

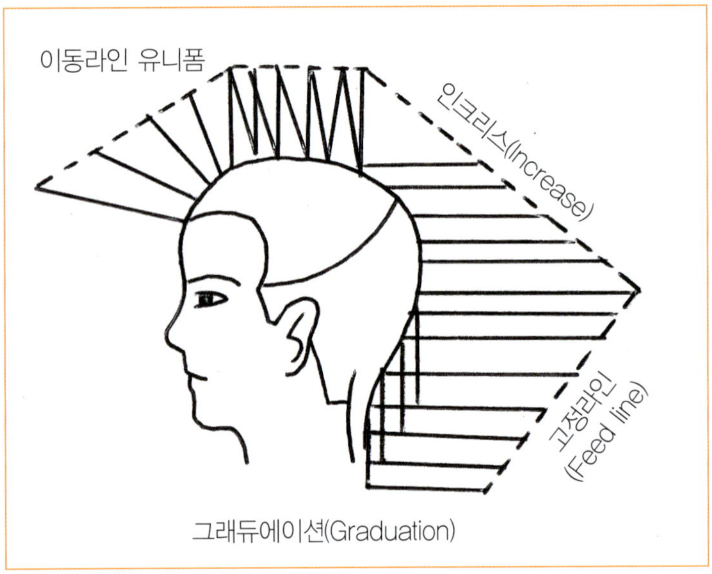

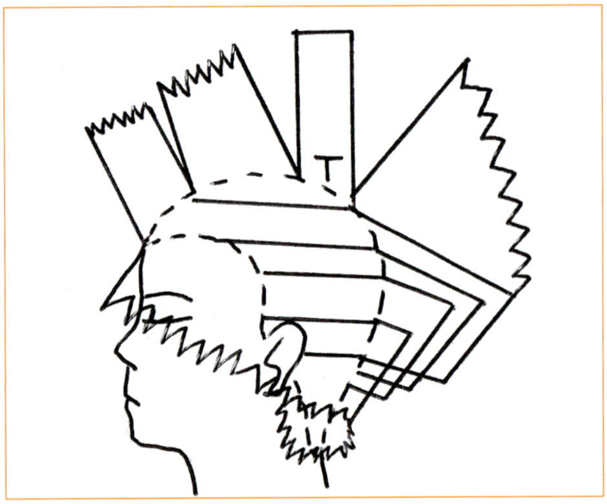

4 혼합형(Combination) 변화 – 4

차분한 느낌은 준형

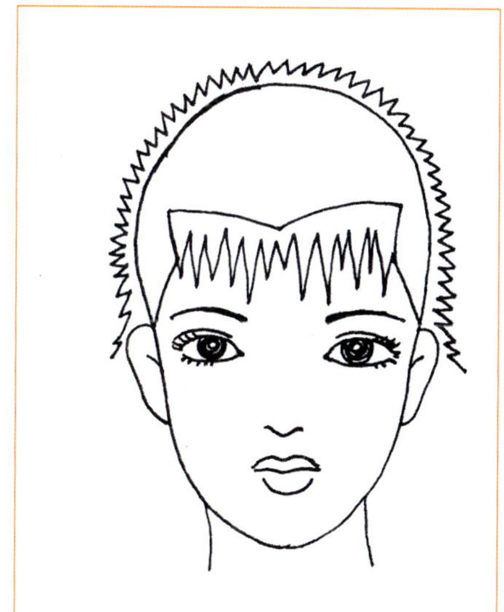

느슨한 웨이브를 곁들였다. 귀 위에까지 오는 쇼트단발. 정리되지 않은 앞두발과 분명하지 않은 누발의 물결이 요염함을 연출하는 효과도 있다. 조금만 느슨한 느낌으로 정리하는 것이 이 헤어스타일의 포인트 이다.

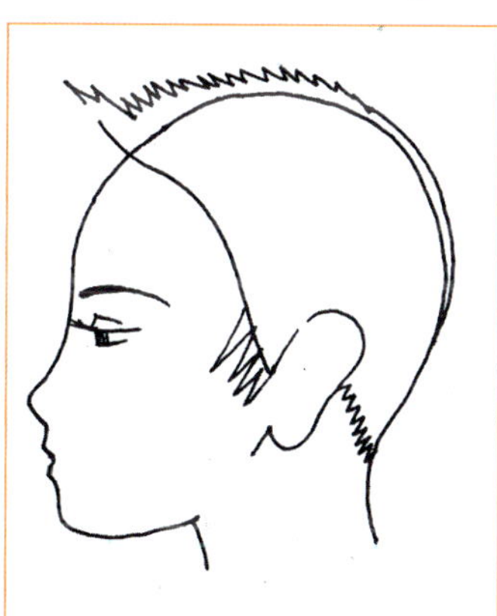

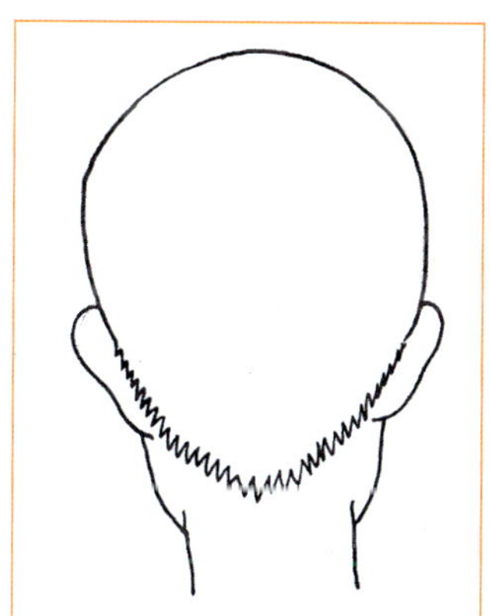

프론트(front)는 길게 자르고 라인을 써닝하여 가벼움을 나타내고 귀밑두발도 길게 남겨 써닝한다.
백(back)은 전체적으로 깎아 올리고 프론트를 향해서 조금씩 길게 커트 한다. 얼굴라인, 귀위, 백라인은 길게 남기고 써닝한다.
무스(mousse), 헤어크림(hair cream)등으로 전체에 발라서 얼굴에 걸리도록 세이핑하여 마무리한다.

5 베벨업을 한 개성형(Combination) 변화 - 5

두발 숱이 적은 사람이나 요령이 없는 사람에게는 맞지 않는다. 굵은 로드로 강하게 펌을 한다. 바깥마름으로 드라이어를 한다. 두발 끝에 무스나 스프레이를 뿌려 마무리를 한다.

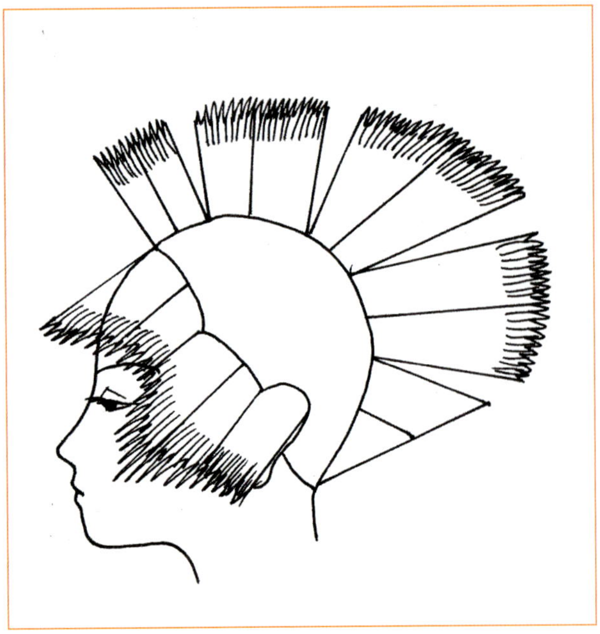

쇼트레이어 밥스타일이다. 실루엣트를 일으켜세워 만드는 스타일이기 때문에 실루엣트를 둥글게 되도록 코너(corner)를 남기지 말고 커트한다. 아웃라인(outline)에 무거움을 남기지 않도록 커트하는 것이 포인트이다. 스프레이(spray)나 미스트(mist)등으로 일으켜세워 마무리한다.

6 발란스가 있게 보이는 프린지(Combination) 변화 - 6

옆 두발은 무게감을 주고 앞 두발은 내리는 양이나 길이에 주의하는 것이 좋다.
두발형이 무거워 보이거나 얼굴의 모습이 어둡게 보이는 것은 밸런스가 맞지 않다.
전체의 조화미를 생동감 있고 가벼워 보이게 한다.

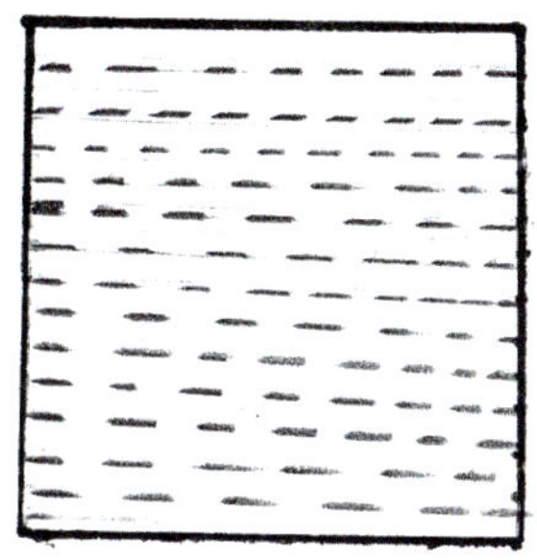
텍스쳐(Texture)

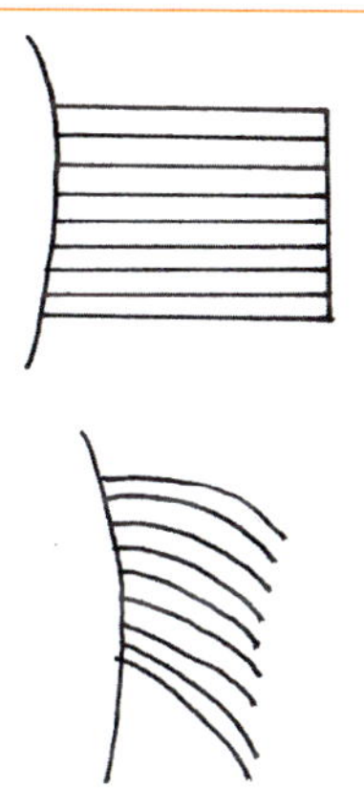
스퀘어 커트(사각)

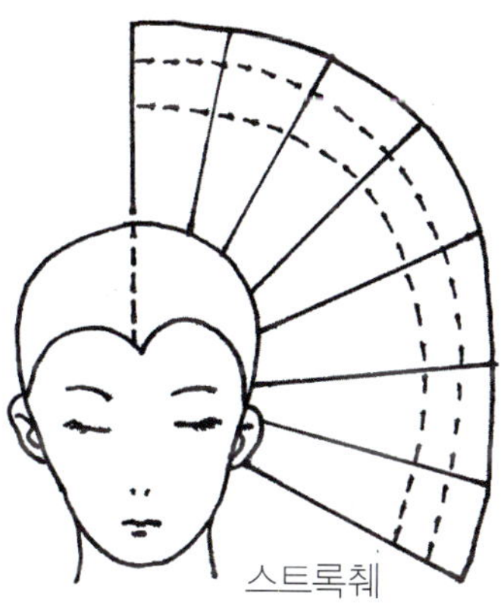

세이프(Shape)

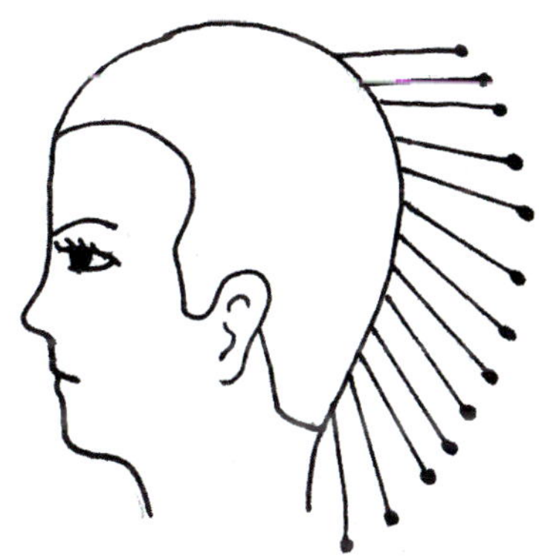
무게감(Weight)

앞 두발의 변화

유니폼 레이어(Uniform-Layer)는 디자인에서 전제적으로 두발의 길이가 같아서 무게선이 나타나지 않는다. 두발 길이는 두상의 곡면으로 흩어져서 전체적으로 커트(Cut)한 두발 끝이 보이는 머리결이 된다. 둥그런 모양은 두상의 곡면과 같다.

앞에는 프랜치형으로 만들고 옆선은 귀선을 돌아 가면서 네이프까지 커트하고 앞두발은 틴닝이나 레이저로 두발끝에서 3cm정도 테이퍼 커트한다.

7 그래듀에이션(Graduation) 변화 – 7

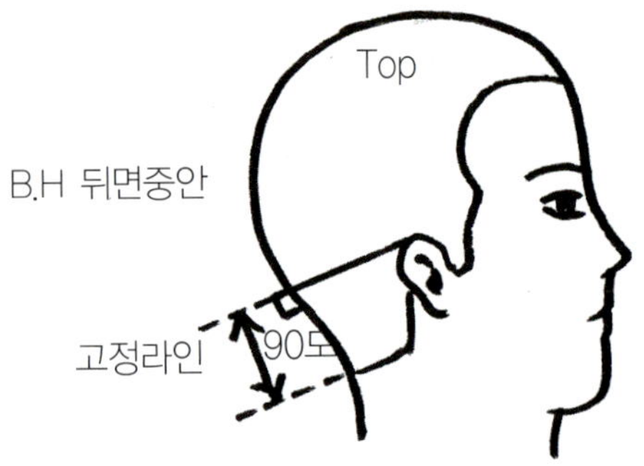

네이프(Nape)에서 이어하프(Ear Half)까지 길이 가이드를 정한다.

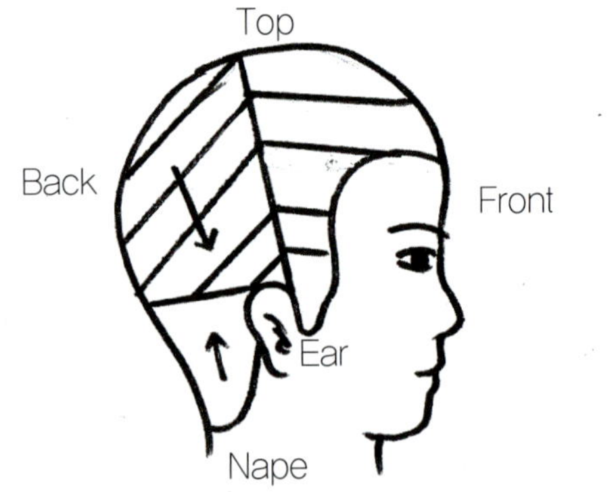

손가락위치와 파팅(Parting)위치가 평행하게 cut 한다

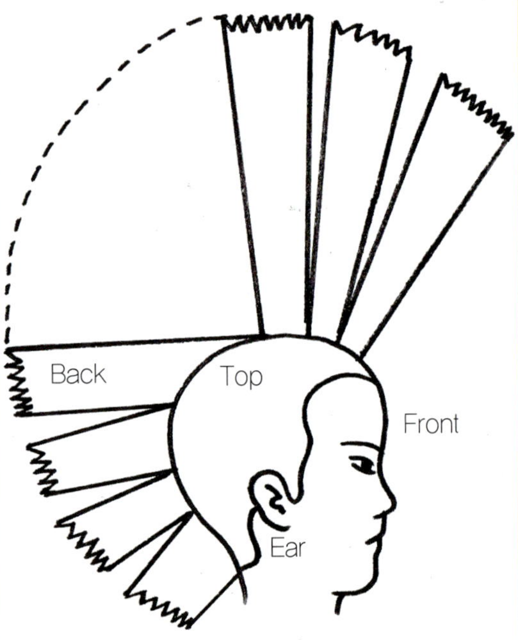

1. 그래듀에이션(Graduation)은 이사도라변형의 컨백스라인(Convex Line)이다.
2. 네이프(Nape)에서 이어하프(Ear half)까지 길이가이드를 정한다.
3. 그래듀에이션(Graduation)의 각도는 1–89도까지이다.
4. 다음 섹션부터는 이어하프(Ear half)에서 고정라인을 정한다.
5. 길이 가이드를 정하고 이어 하프(Ear half)에 90도 각도로 세워 두발 난 선에서 3–4cm 커트(cut)한다.
6. 그 다음 고정라인을 정하고 손가락 위치와 파팅(Parting)위치가 평행하게 커트(cut)한다.
7. 고정라인에 맞추어 계속 커트(cut)해 나간다.
8. 이어하프(Ear half)라인과 네이프(Nape)라인은 이중라인이다. 옆 라인(Line)은 얼굴형에 따라 길이 변화를 줄 수 있다.
9. 사이드 파트(Side Part)는 눈꼬리와 볼 사이에서 길이를 정한다.(개성에 따라)
10. 두상에서 리섹션(Re Section)은 양 옆으로 1cm 안기고 중심선은 포인드(Point) 커트를 한다.
11. 그래듀에이션(Graduation)의 커트선은 2단층이다. 그리고 로우, 미디, 쇼트의 3단계로 길이 선정을 할 수 있는 형이다.

8 미디움 그래듀에이션(Graduation) 변화 - 8

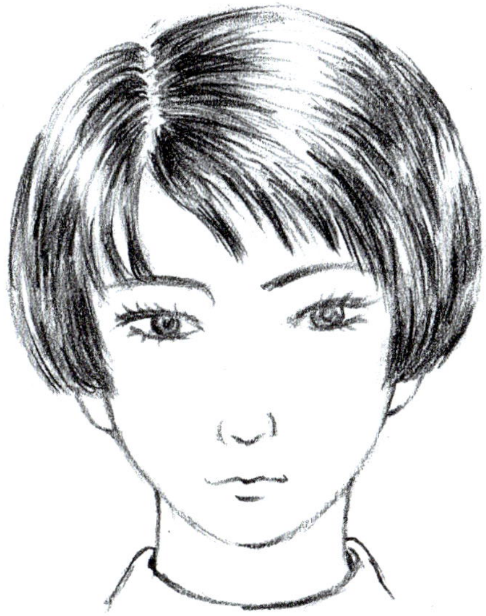

누구나 쉽게 접할 수 있는 그래듀에이션Graduation) 커트는 동양인에게 잘 어울인다.
심플하기 때문에 센스있는 느낌을 준다.
두발에 자연스러운 생동감을 주어 매우 세련된 인상을 주는 형태이다.

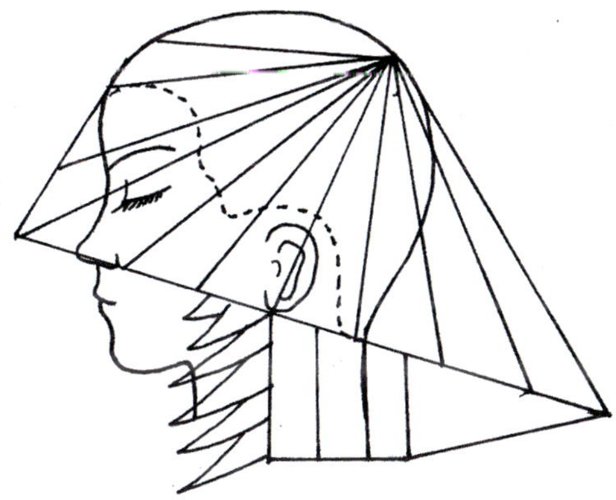

그래듀에이션(Graduation)

그래듀에이션Graduation) 커트를 끝내기 위해 포인트기법으로 주벼두발을 정리한다. 주변두발을 세밀하게 정리하기 위해 피부에 대고 커트 할 수 있다. 네이프(Nape)의 수직 그래듀에이션(Graduation)은 그 위의 수평 무게선이 있는 틴닝된 효과를 만들어낸다. 다양한 얼굴모양에 맞게 수평의 프린지(Fringe)와 대각선의 옆두발을 적절히 줄 수 있다.

로우 커트의 대단힘이 걸징된두발끝은 생동감이 포인드다. 레이지로 기트된 두발끝은 샤프하게 보여진다.
개성을 연출하고자하는 손님에게 권하고 싶은형태이며 전체의 두발 끝만 질감처리해 두발의 주변을 부드럽게 처리한다.

9 화려하게 만들어진 스텝 밥 그래듀에이션 변화 – 9

스탭렝그스는 순수할 정도로 끝 두발은 가볍게 앤드 테이퍼나 톱가이로 3cm 정도에서 바깥방향으로 3번정도 틴닝하면 두발끝이 움직임을 살린 커트가 된다.

이어하프 맨 아래 두발은 스트레이트로 드라이 한다.

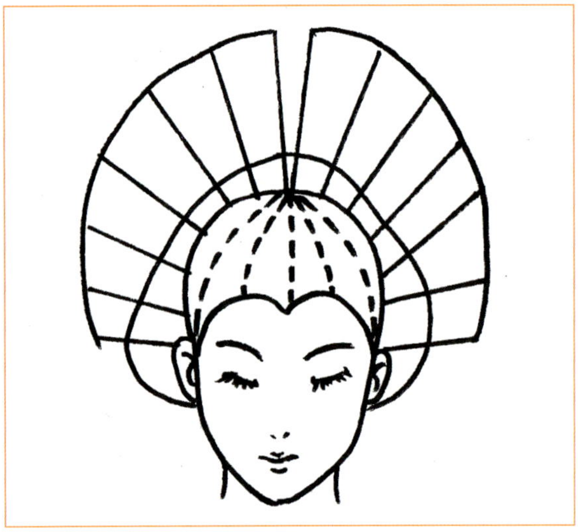

그래듀에이션(Graduation)

이 형을 만들어 내기위해 다양한 선들과 기법들이 사용되었지만 이 그림으로 볼 수 있는 것처럼 전체형은 로우그래듀에이션형이다.

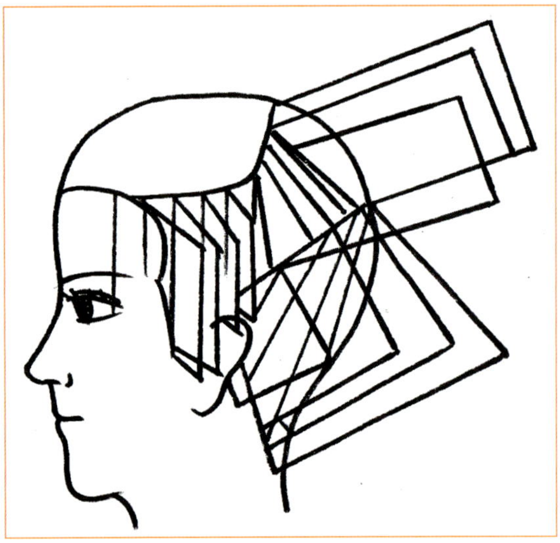

콤비네이션(Combination)

짧은 그래듀에이션(Graduation)형에서 혼합(Combination)된 선들이 사용되어 네이프(Nape)에서는 두상에 밀착하고 그 위방향에 더 무서운 무게 부위를 만들어 낸다. 옆두발은 수평대각의 수평 프린지(Fringe)는 눈을 알맞게 감싸준다.

그래듀에이션(Graduation)도예도

10 그래듀에이션(Graduation) 변화 - 10

귀선 1cm를 남겨 길게 커트한다. 바로 위의 파트는 미디움 길이로 커트한다. 그리고 무거운 부분을 레이저로 정리한다. 고객 두발 양에 따라 딥, 노멀, 앤드 3단계로 구분하여 마무리한다.

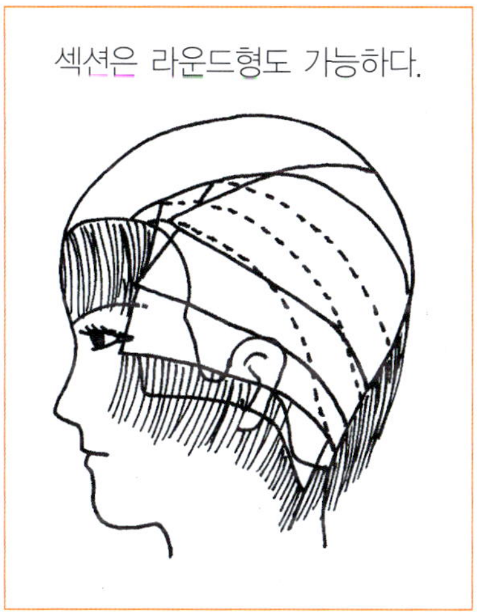

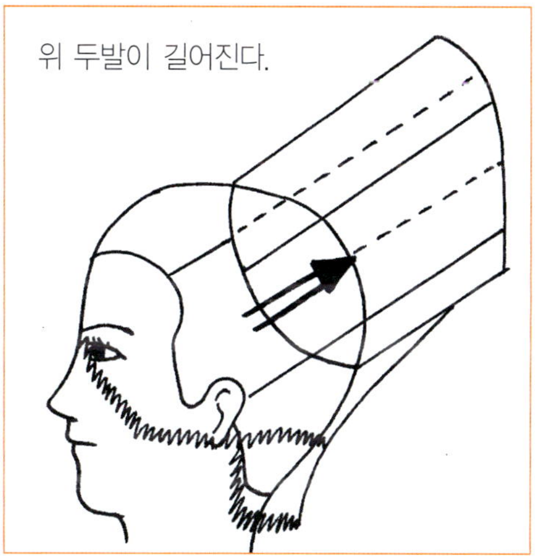

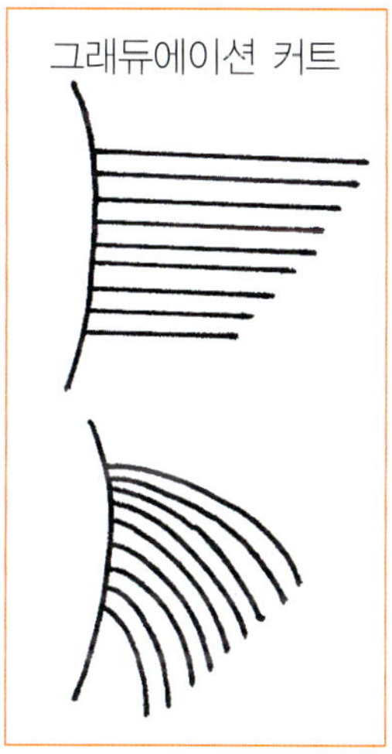

수직배치(Verticle)

아래 도예도는 미리((head)가 기본 파팅에서 90도로 빗어질 때의 방향을 말한다. 수직배치는 수평, 대각 그리고 수직 파팅에서 사용된다. 수직배치는 두발을 직각배치해서 움직여 가는 것이기 때문에 기본적으로 그래듀에이션 형이나 레이어형에 사용된다.

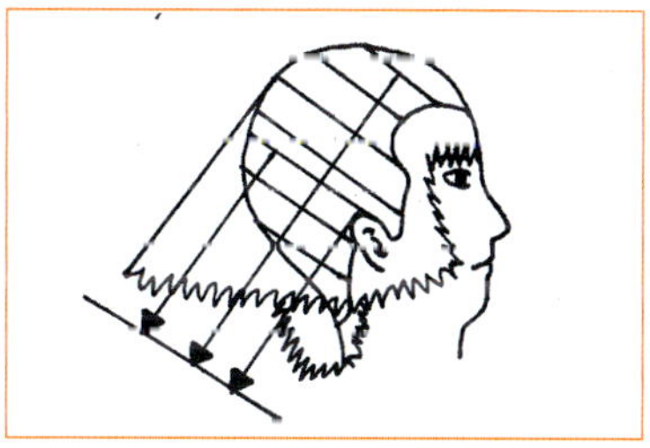

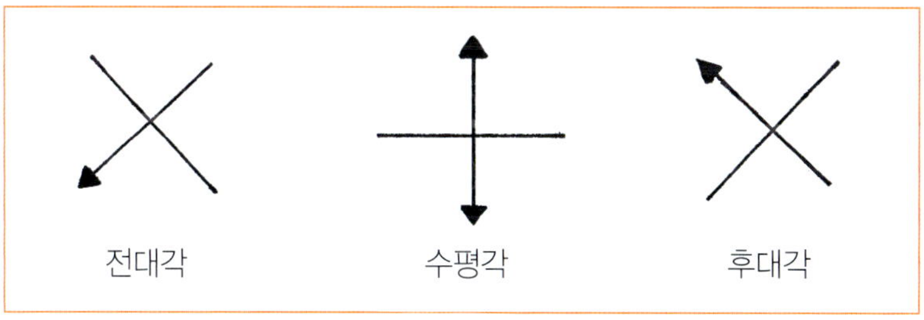

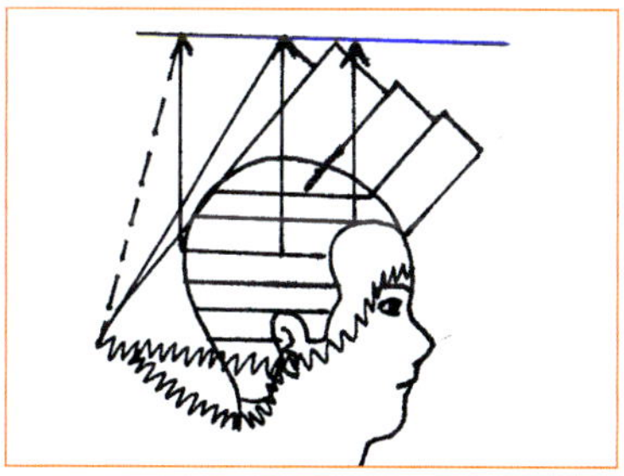

11 그래듀에이션(Graduation)의 변화 - 11

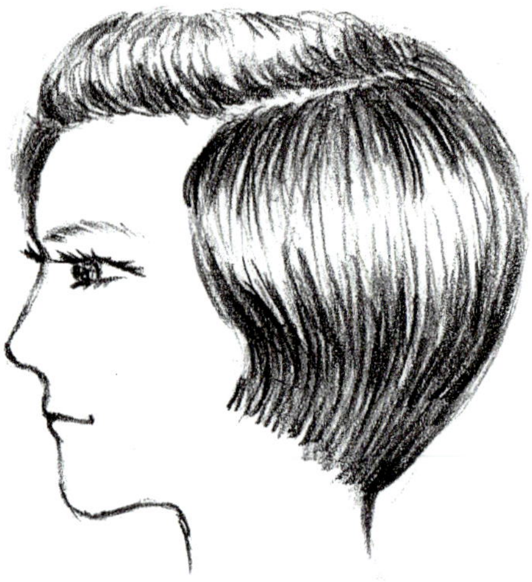

청조함 클래식한 이미지

로우 그래듀에이션(Graduation)은 양옆 볼륨감을 주는 세련된 표정연출을 한다. 귀를 들어내지 말고 내츄럴한 선으로 마무리한다. 섬세해 보이면서 신선해 보이는 형 귀여워보인다.

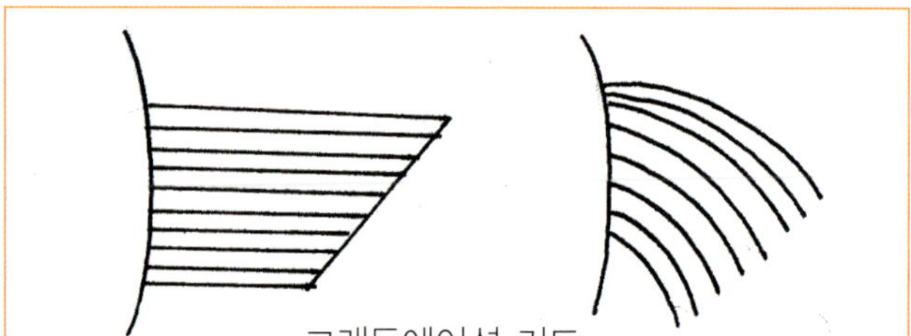

그래듀에이션 커트

시원해 보이는 형

사이드파트를 자연스럽게 C형으로 세워 올린 그래듀에이션(Graduation)형. 앞두발은 무쓰나 젤, 스프레이로 고정시켜 드라이 바람으로 마무리한다.

베벨업B(evel up)

그래듀에이션 커트는 동양인에게 가장 잘 어울린다. 드라이나 아이론, 메직 등을 사용하여 베벨업이나 베벨언더로 마무리한다.

어느 장소나 의상에도 별로 지장이 없는 헤어, 상쾌감을 주는 헤어스타일이다.

12 평형보브 사이드형의 변화 - 12

고객이 원하는 전체의 헤어라인을 정한다.
커트가 정해지면 탑에서부터 길이를 정하고 그 길이에 맞추어 커트한다.
헤어라인은 연결한다. 전체의 작업이 끝나면 두발이 살아 움직이는 형 같이 보여지는 커트이다.
무스나 스프레이를 사용하여 질감이 뚜렷하게 보일 수 있도록 마무리한다.

작업과정 Check List

주제 : 콤비네이션 & 디스코드

작업단계	작 업 내 용	준비물 (재료 및 제품)
준비단계	Tip	
제작	Tip	
사후작업	Tip 헤어드라이 사용 유/무 시술순서 헤어 아이론 스트레이트 유/무, 헤어 아이론 볼륨 유/무 시술순서 헤어컬러링 활용 유/무 시술순서 제품활용 유/무 1. 왁스( ) 2. 헤어무스( ) 3. 헤어젤( ) 4. 헤어스프레이( ) 5. 헤어오일( )	
점검사항	☐디자인라인 ☐섹션 ☐머리위치 ☐파팅 ☐배치 ☐판넬각 ☐시술각 ☐공상각 ☐두상각 ☐베이스 ☐텍스쳐관리 ☐텍스쳐테크닉	
기억하기		

J

유니폼 레이어
(Uniform layer)

1. 유니폼 레이어형(Uniform Layer)

1 유니폼 레이어형(Uniform Layer) 변형 - 1

그래듀이션 커트(Graduation-cut)와 레이어 커트(layer-cut)를 잘 조화시킨 쇼트스타일이다. 사이드는 그래듀이션(Graduation-cut)으로 나타내고 탑은 길게 레이어 커트(layer-cut)한다. 무겁게 남은 프론트(front)의 라인이 포인트이다. 아웃트라인의 두발끝은 펌을 하지말고 전체적으로 부드러운 이미지중에서도 샤프함(sharp)을 강조한다. 전체의 선을 2단층으로 만들고 탑에서는 길이를 정한 후 고정라인에 맞추어 인크리스형으로 커트하면 혼합형이 이루어 진다.

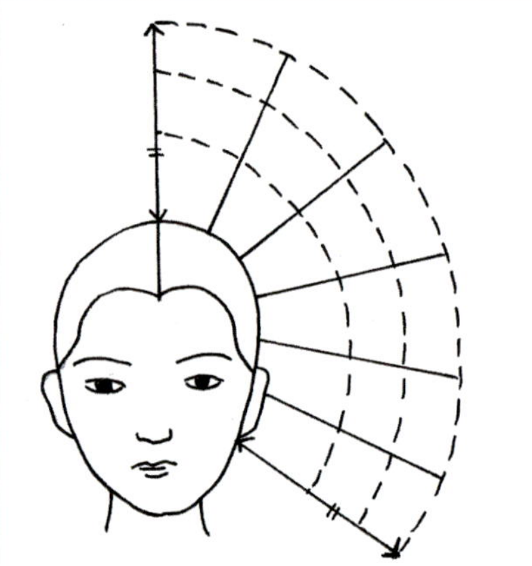

Form

1. 레이어(Layer)는 특정부분이나 전체 디자인에서 길이가 반복된다.
2. 두발 끝이 두상 안에서 분산되어 전체적으로 두발 끝이 보이는 머리결이 된다.(액티베이티드)
3. 유니폼레이어(Uniform Layer)형의 윤곽은 두상과 평행을 이룬다.
4. 두발형은 대상의 표면이나 윤곽 또는 입체적모양으로 정리된다.
5. 완성된 디자인에서 두발형은 구조 또는 두발의 길이배열과 관련된다.
6. 커트의 형이 결정되면 컬러와 두발 질감을 따라 강조해 줄 것을 우리는 알아서 결정해야 한다.
7. 한 디자인 안에서 여러가지 길이 배열이나 컬러를 종합해서 테크닉(Technique)을 연출 할 수 있다.
8. 탑에서 길이가이드를 정하고 정한 라인에 맞추어 이동라인으로 연결하면서 커트(cut)한다.
9. 커트(cut)할 때 정확도로 움직이는 선은 손가락 가운데 마디에서 바깥 방향으로 평행선을 유지하면서 자른다.
10. 전체적으로 두발의 길이가 똑같아서 무게선이 나타나지 않는다.
11. 두상의 곡면으로 흩어져서 전체적으로 커트한 두발 끝이 보이는 두발결이 된다.
12. 유니폼 레이어(Uniform Layer)의 두발전체 두상의 곡면과 같다.
13. 헤어디자이너(Hair Desinger)로서 여러 가지 도구나 테크닉을 활용할 수 있다.
14. 도구의 선택을 커트할 두발형에 따라 사용하면 좋다.

이동라인

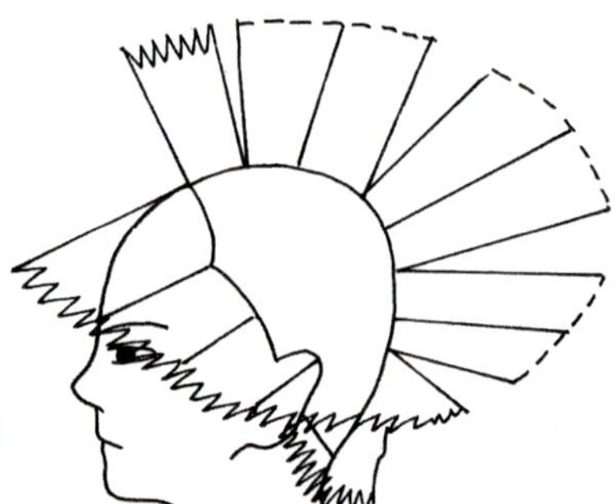

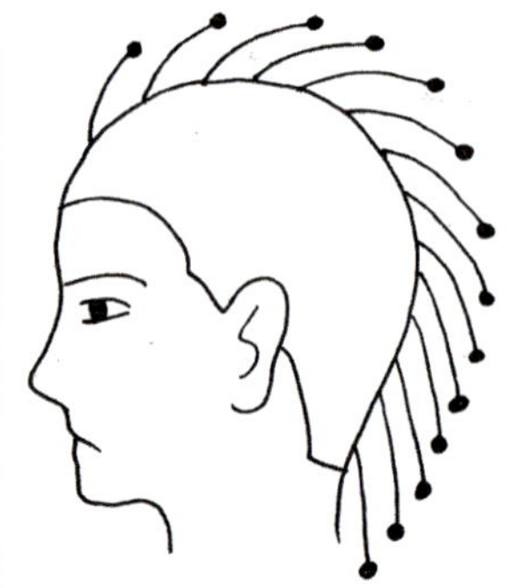

2 유니폼 레이어형(Uniform Layer) 변형 - 2

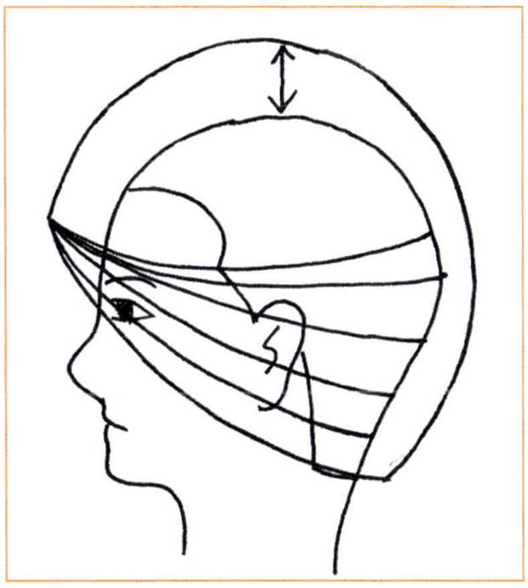

15. 도구의 사용이나 테크닉(Technique)이 익숙해지면 디자이너(Designer)로서의 무한한 가능성을 갖게 된다.
16. 레저(Razor), 가위(Scissors), 틴닝 가위(Thinning scissors)
17. 길이선정이 필요하다. 탑에서 5-7cm 길이를 정한다.
18. 전체길이가 5-7cm을 커트(Cut)하면 머리(head) 난 선에 따라 다르게 보인다.
19. 전체의 라인을 정해놓지 않고 커트를 하면 주부들의 두발은 계산 외 두발형으로 바뀐다. 펌(Permanent)을 했을때는 두상의 두발이 둥글게 보인다.

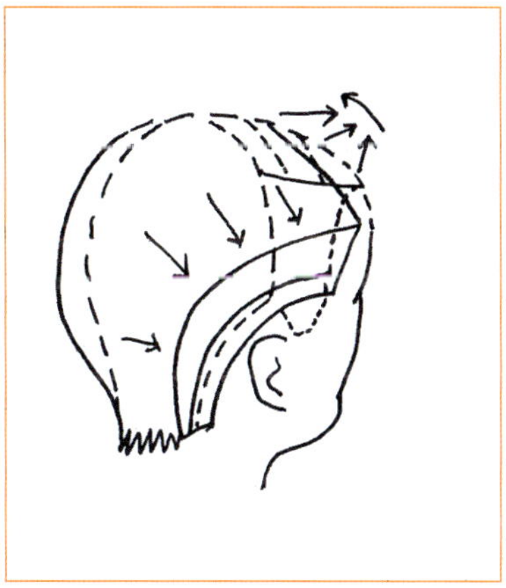

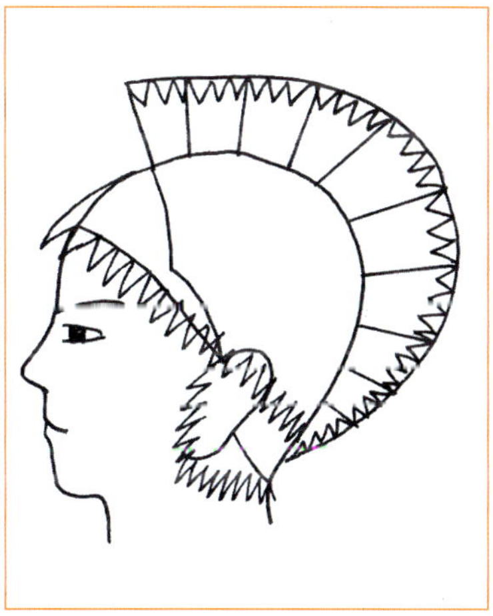

전체 커트의 선을 잡아 귀방향의 귀선을 보이게 하며 이동라인으로 파팅을 옮겨 가며 커트하면 그림과 같은 형을 구할 수 있다.

기초적인 쇼트스타일(basic short style)이다. 전제척으로 두발을 짧게 커트한다. 스트레이트두발(strayght hair)의 경우는 느슨하게 퍼머넌트를 하여 커트한다. 두발흐름과 같은 방향으로 세트한다. 앞두발의 일부에 변화를 주어 포인트를 만든다.

바이레이션(variation)
무스(mousse)등을 발라서 두발흐름대로 세우고 볼륨(volume)을 내서 마무리한다.

3 유니폼 레이어(Uniform Layer) 변형 - 3

디자인 From

크레스트 윗부분의 유니폼 레이어 헤어

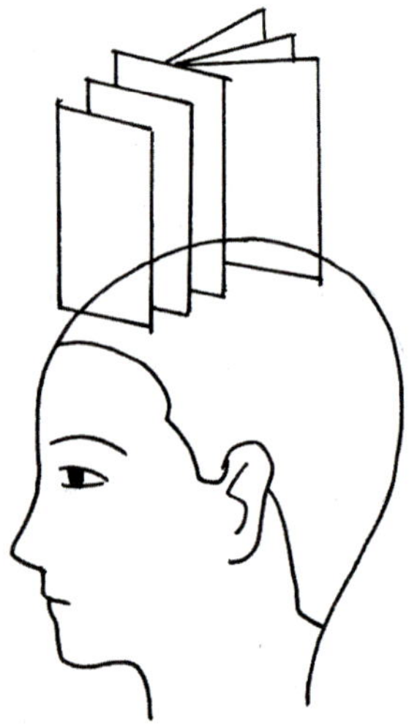

목선에서 V자형으로 자연시술각으로 커트하여 개성을 살려준다.

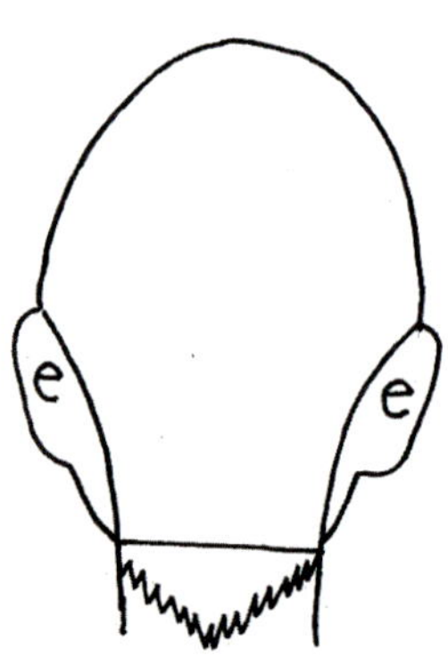

1. 위 두발에 유니폼레이어(Uniform Layer)를 위한 수평파팅이다. 인크리스 레이어(Increase Layer)를 위한 크라운(Crown)은 삼각섹션이고 솔리드(Solid)형의 옆두발, 뒤 두발도 그래듀에이션(Graduation)이 합쳐진 콤비네이션(Combination)형 쇼트(Short)이다.

2. 먼저 크레스트(Crest) 위 부분의 위 두발을 90도의 시술각으로 수평파팅하여 커트한다.

3. 크레스트(Crest) 위 두발의 파팅 길이는 고정라인으로 한다. 전면 두발 헤어라인(Hair Line)을 매치한다.

4. 수평파팅으로 두상을 따라 시술한다. 무게코너를 부드럽게 해 주기 위해 곡선으로 커트한다. 단 크라운(Crown)에서 두발이 길어지게 하기 위해 머리(head)를 똑바로 들어 커트한다.

5. 옆 두발은 전대각 파팅으로 한다. 귀 둘레를 자연배치로 커트한다. 먼저 커트한 길이를 가이드로 정해 계속해서 커트한다.

6. 옆커트가 끝나면 귀 뒤의 두발은 후대각 섹션으로 길게 나누어 옆두발과 연결하기 위해 커트한다.

7. 6번의 테크닉(Technique)을 뒤 두발 중앙까지 계속한다. 시저스나 레저(Razor)를 가지고 숱의 중앙을 슬라이딩(Sliding)으로 추가확장시킬 수 있다.

8. 네이프(Nape)부분은 목선의 개성을 살려 주기 위해 커브(Curve)가 있는 V자형 또는 오목하게 들어간 선으로 커트된다. 자연 시술각을 사용하여 커트한다.

2. 유니폼 레이어 (Uniform layer)

후방과 전면, 측면 등을 마무리 완성한 유니폼 레이어(Uniform layer)는 크게 변화를 주지 않고 누구나 쉽게 접할 수 있는 고전 커트형(Classic cut)이다. 고전 커트란 전대각 이나 후대각 등의 이미 과거부터 현재에 이르러 널리 쓰이고 있는 일반적인 단발 커트를 말하며 유니폼 레이어도 고전 커트라 할 수 있다. 두상이나 얼굴형에 따라 커트의 길이를 다양하게 응용시킬 수 있으나 시술 완료 후 두발 길이는 짧고 상태에 따라 자칫 고객의 기분을 상하게 할 수 있음으로 섬세하게 신경을 써서 고객의 기분이 상하지 않게 정성껏 주의를 기울여야 하고 특히 초보 시술자에게 있어서 이런 일들이 종종 발생된다. 때문에 많은연습과 시술 전 고객과의 상담을 통해 커트될 두발 길이를 먼저 정해야 한다

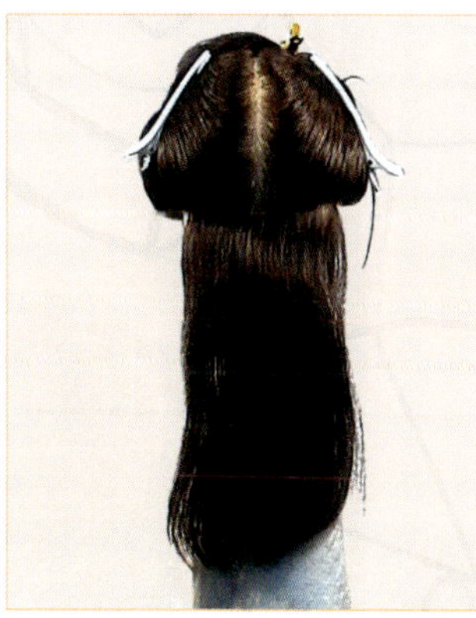
시술 전의 모습

시술 후의 모습

1 매치 커트(Match cut)

유니폼 레이어(Uniform Layer)를 자르기에 앞서 우선 레이어의 기본개념을 완전히 숙지하고 정확히 알아야 할 것이다. 길이가이드가 정해지면 그 길이에 맞추어 커트한다. 이런 이유로 그 라인을 이동라인이라 하며 두발이 난선 에서 항상 같은 길이를 유지하기 위해서 90° 를 유지해야한다. 각도는 변함이 없어야 한다. 디자인 라인을 연결 할 때는 매치커트(Match cut)로 한다.

녹색점선의 길이에 맞추어 매치 커트(가이드라인과 또 다른 가이드라인을 맞추어 커트 하는 것)한다.

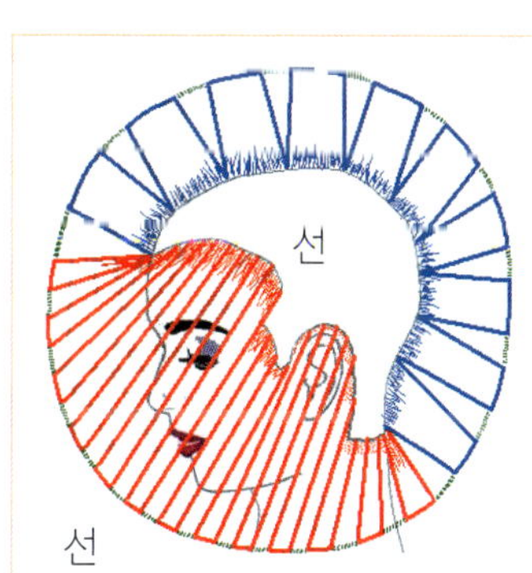

매치커트 ~ 선과선의 연결 커트

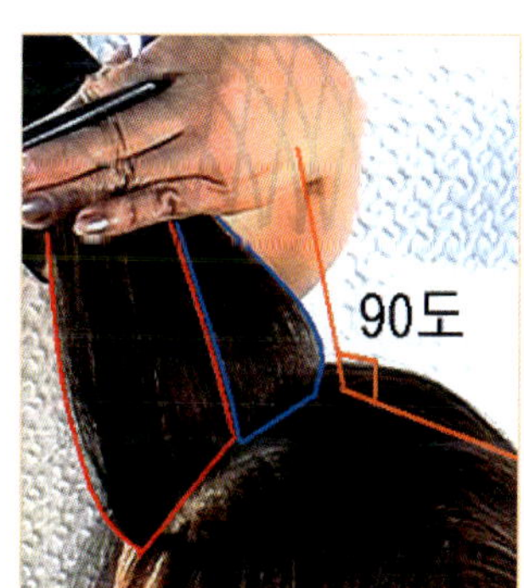

2 손의 자세

유니폼 레이어(Uniform layer)는 선의 각도에 유의해야 한다. 거의 손가락 두 마디에서 커트 되기 때문에 두발 길이의 안정을 유지해야하는 커트다. 이런 점들을 잘 유지한다면 두상 안에서(Interior)평행을 유지하는 정확한 길이를 구할 수 있다

포인트(Point)) ☞'손가락 두 마디에 머리카락을 넣고 힘〈Tension〉을 주어 커트하면 전체의 길이가 정확도를 높일 수 있다.

3 커트자세

두발 난 선에서의 각도는 90도를 유지해야 한다. 자연스런 형태의 커트가 되며 후방은 중앙이 길잡이가 되므로 섬세하게 자세를 취하고 커트하면 된다. 커트 할 때의 자세는 디자이너의 몸 자세와 평행을 일치해야 하며 간격은 약 15cm 떨어져야 한다.

커트시 두발을 잡을때 손가락의 형태가 각각 다르기 때문에 커트시 정확한 평행상태를 유지한다. 정확한 평행 상태를 유지 하기 위해서는 손가락 두 마디까지만 두발을 잡고 커트한다.

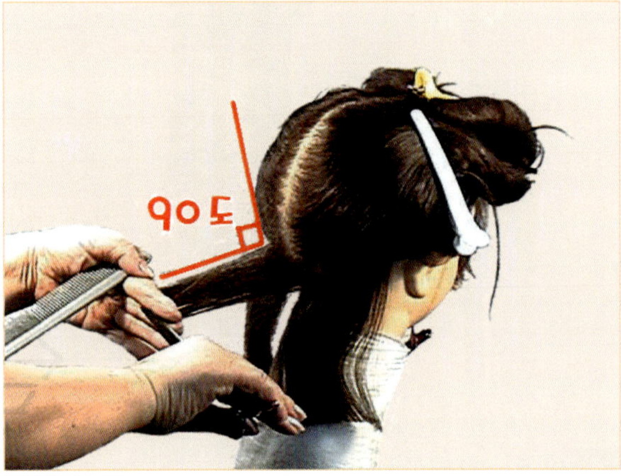

4 커트 원칙

머리(head)전체를 방사선파트로 이동하면서 커트하는 것이 특징이며 디자인 라인은 자르지 않는 것을 원칙으로 하면서 커트 시술한다.

5 적용

1 첫번째 파트를 내린 후 파트의 중심부터길이를 어깨 선에 맞추어 커트한다. 목선(Napeline)에서 두발의 길이는 고객이 원하는 길이에따른 다양한 변화가 이루어 질 수 있다. 국가고시 미용사 기준 길이는 복선(Nape Line)에서밑으로 약 9~10cm 또는 위그라인(line)에서 밑으로 약 1 cm정도를 길이 기준으로 한다.

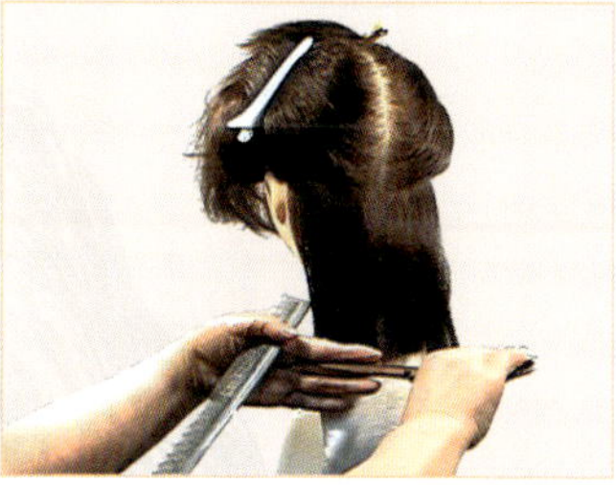

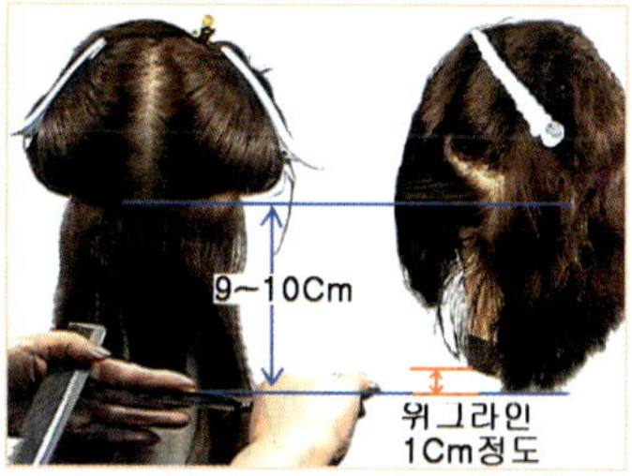

2 중심부의 길이가이드(9-10cm)가 결정되면 그 길이에 맞추어 좌, 우측 파트의 두발과 잘 연결시키면서 커 트한다.

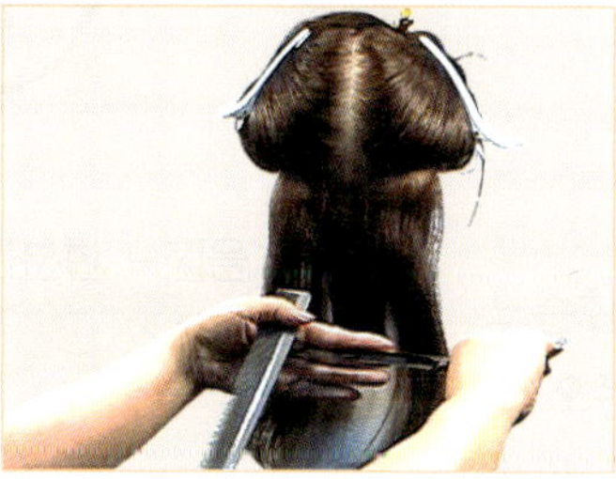

3 디자인 라인이 결정되면 중심 밑에 두피각도 판넬 90도의 각도를 들어 커트한다.

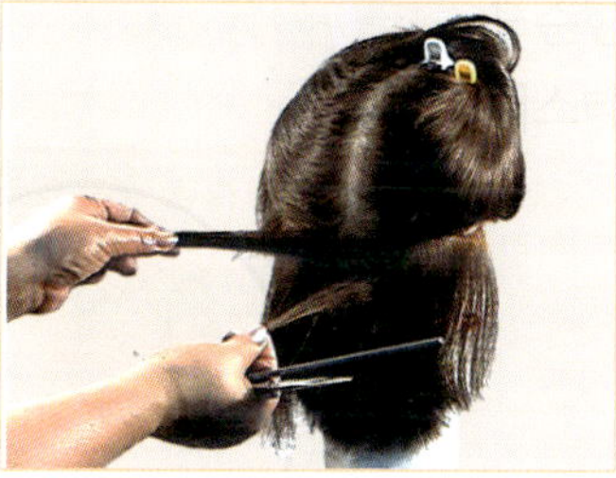

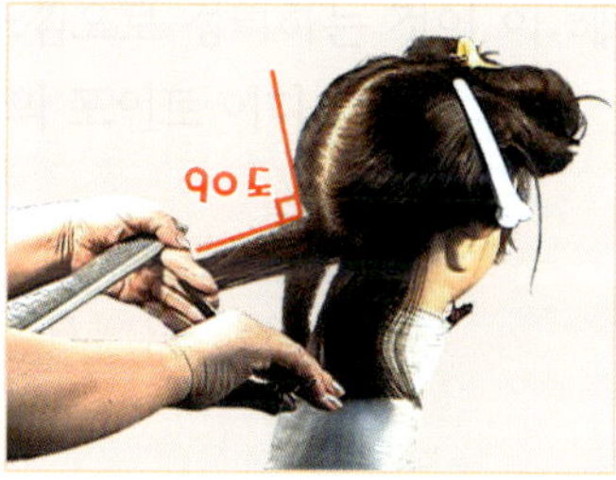

4 좌측의 두발도 자를 수 있는 두발과 고정길이를 입술선에 방향을 두고 각도는 0도로 맞춘 후 피트의 두발을 90도로 들어 매치커트(Match cut) 한다

5 우측도 4번의 방법과 마찬가지로 고정길이와 자를 수 있는 길이를 입술방향으로 맞추어 길이를 정하고 매치커트(Match cut) 한다.

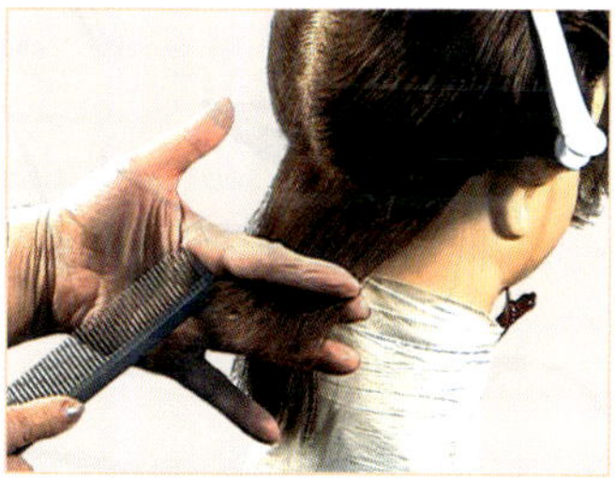

6 이어 탑(Ear top)에서 파트를 가른 뒤 중심선의 두발을 90도로 들어 커트한다.

7 좌측의 길이도 입술선에 길이가 결정되면 , 90도로 들어서 매치커트(Match cut)를 한다.

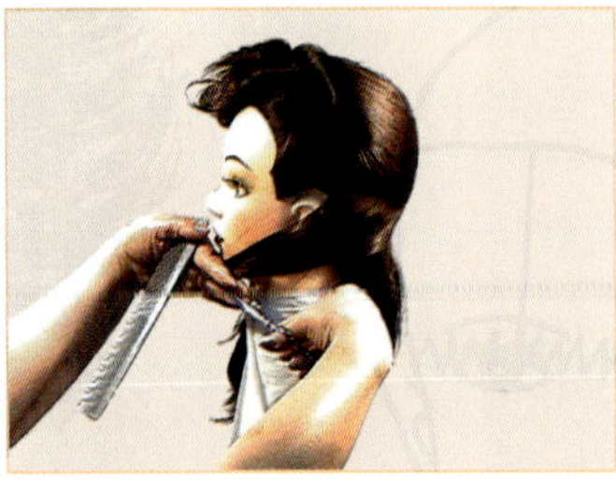

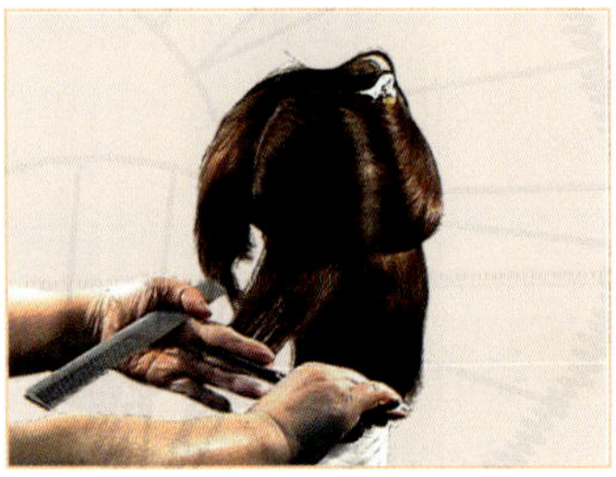

8 우측도 좌측과 동일한 방법으로 커트한다.

9 이 파트 〈능선부위(Crest area)〉는 두상에서 가장 넓은 지역으로서 우측 눈썹꼬리에서 좌측까지 먼저 커트한 선에 맞추어 커트한다.

10 길이 가이드가 정해지면 90도 각도를 들어 커트한다

11 눈썹 산(치켜 올라간 부위)에서 두발을 내리고 먼저 커트한 길이에 맞추어 커트한다.

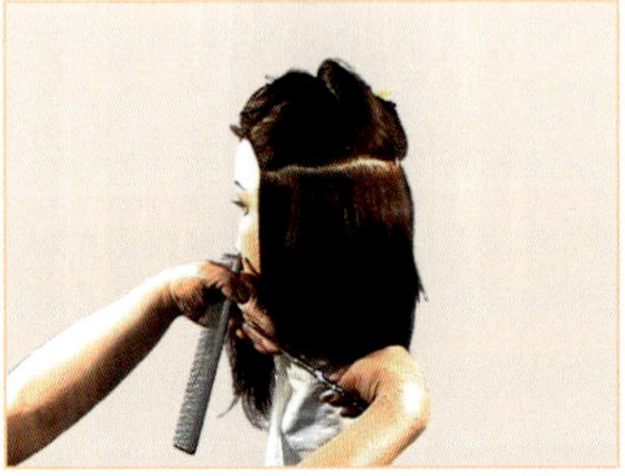

12 탑(Top)을 중심으로 좌, 우측의 두발을 내려 고정길이에 맞추어 커트한다.

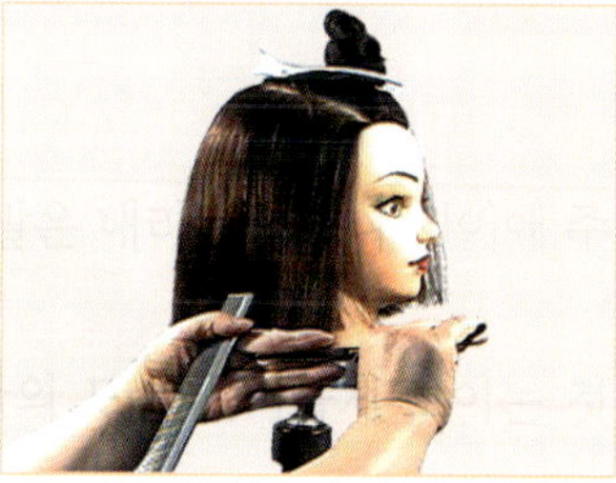

13 양옆 가르마 〈Recession ' 이마의 양쪽 후미져들어간 곳〉선의 두발에서 가르마 아래방향으로 약 1cm정도의 두발을 잡고 양쪽 길이가 맞는지 길이를 확인한다.

14 전방(Front)의 두발에 맞추어 좌, 우측 두발의 길이를 정하고 각을 0도로 주면서 커트한다.

15 15번과 같은 방법으로 먼저 커트한 길이에 맞추어 커트하고 그 다음 파트(Part)도 계속해서 그길이에 맞추어 커트한다.

16 1파트(Part), 2파트(Part), 3파트(Part), 4파트(Part),마지막 파트(Part)까지 내려 커트를 한 후 전체의 커트가 끝나면 유니폼 레이어의 가이드라인이 결정된다.

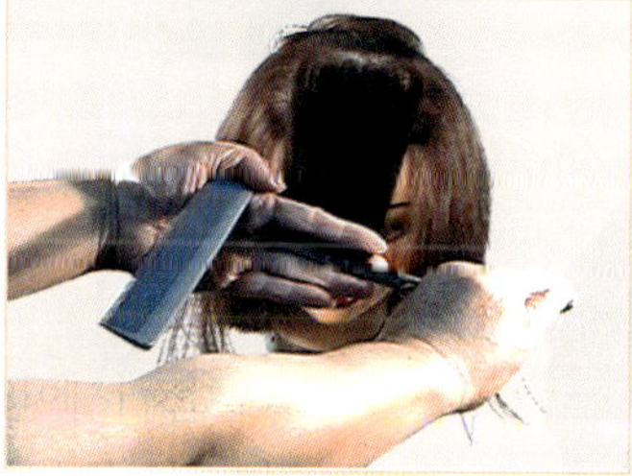

17 디자인 라인이 결정이 되면 탑(Top)에서 정사각형의 파트(Part)를 만들고 약 12-13cm 정도의 길이를 탑(Top)에서 부터 90도로 세워서 커트한다

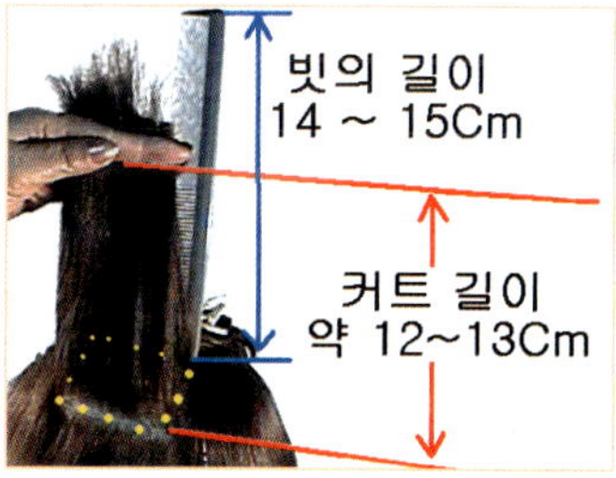

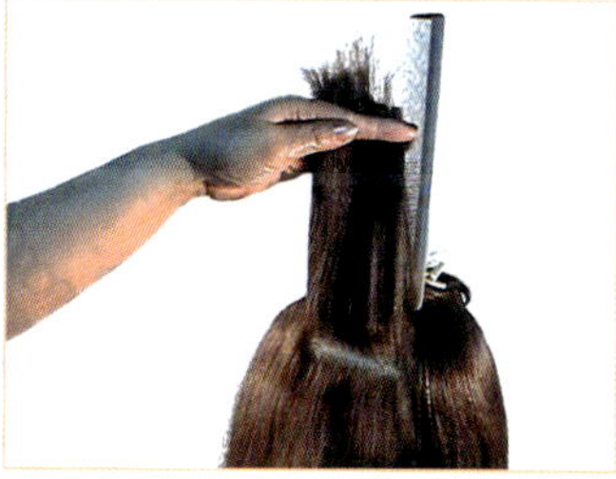

18 길이가 정해졌으면 탑(Top)에서 길이까지 직사각형 형태로 수직(Vertical)으로 나눈다. 2-3cm정도 간격을 두며 파트(Part)를 나눈 후 두발을 탑(Top)에서부터 90도의 각도를 주면서 커트한다.

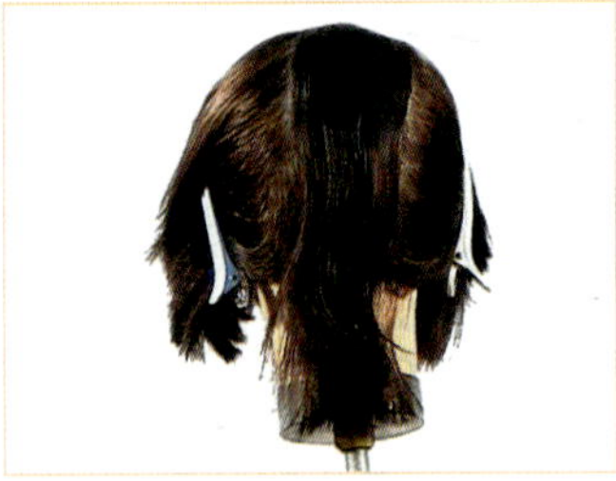
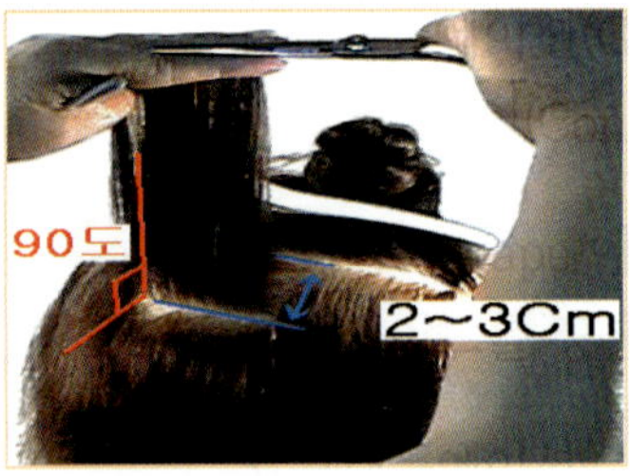

19 이동하면서 커트 하되 각도는 두발 난 선에서 90도를 들어 주면서 레이어(Layer) 층을낸다.

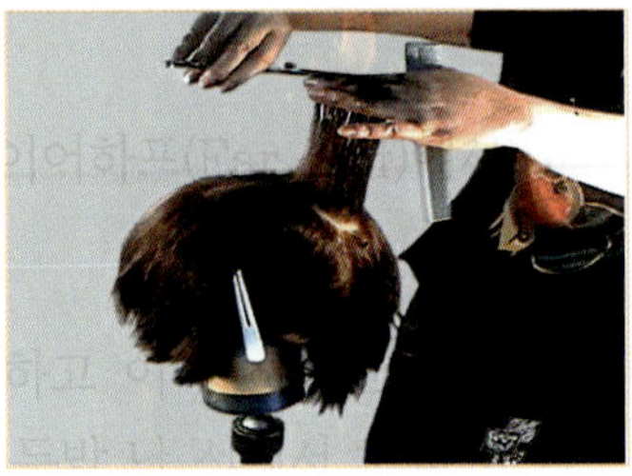

20 후방 중앙 파트의 길이에 맞추어 이동한다. 탑(Top)에서 커트한 길이에 맞추면서 각도는 두발 난 선에서 90도를 유지해야 하고 이동 라인을 체크하되 연결한다.

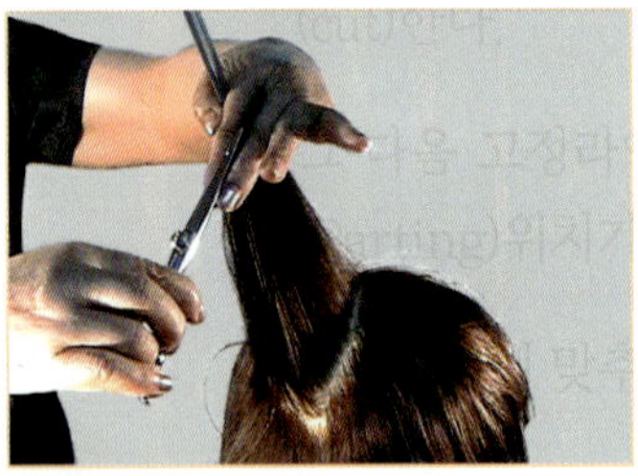
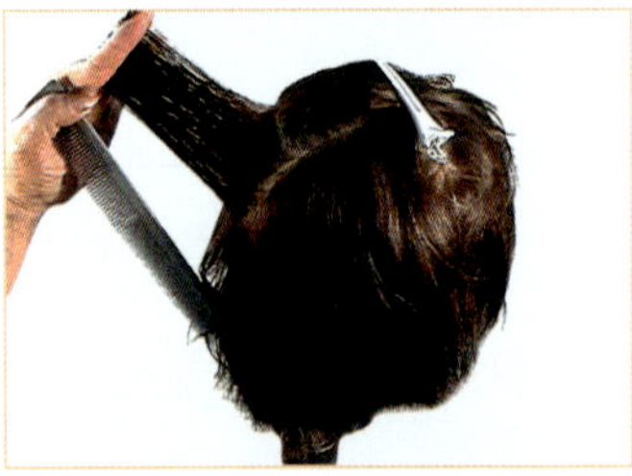

21 좌측의 방법도 후방 중앙길이에 맞추어 커트한다.

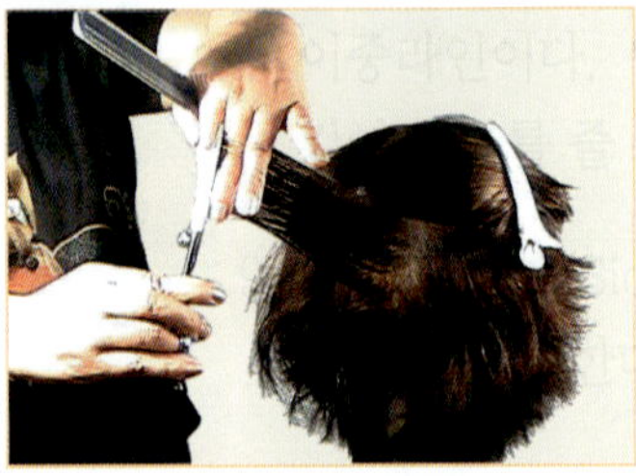

22 2-3cm 간격으로 파트를 떠서 후방 중앙과같은 방법으로 커트한다. 탑(Top)에서 정한 길이의 두발과 잘 연결되도록 커트하고 목선(Nape line)의 마지막 선을 매치커트(Match Cut)로 연결한다.

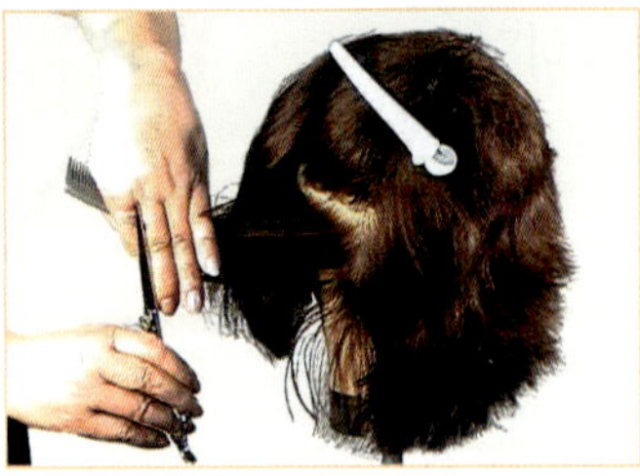
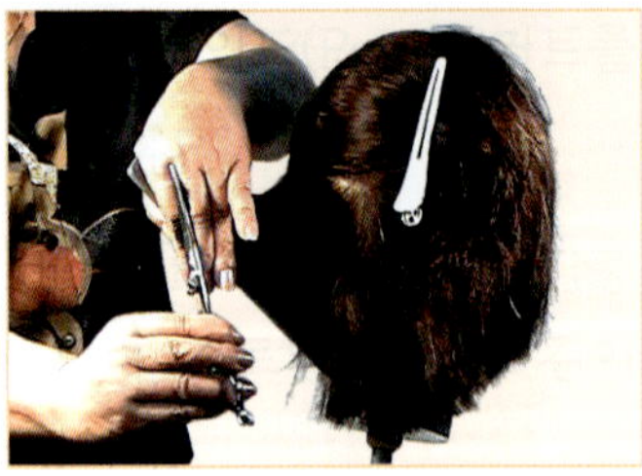

23 후방 우측의 파트(Part)도 좌측과 같은 방법으로 커트 시술한다.

※ 손가락 처음과 끝에 두발 길이가 길잡이 이다.

24 앞부분의 가이드라인과 정수리 가이드라인을 연결하여 90도 각도를 들어주면서 커트 시술한다.

25 우측파트도 중심부위의 두발과 연결하여 커트한다.

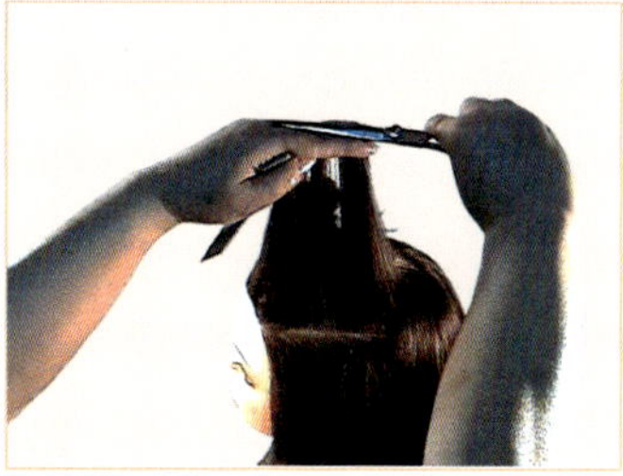

26 좌측 파트의 두발도 우측 파트와 동일한 방법으로 커트한다.

27 전면과 후면, 측면의 커트가 완성된 모습

디자인 레이어(Design Layeard)

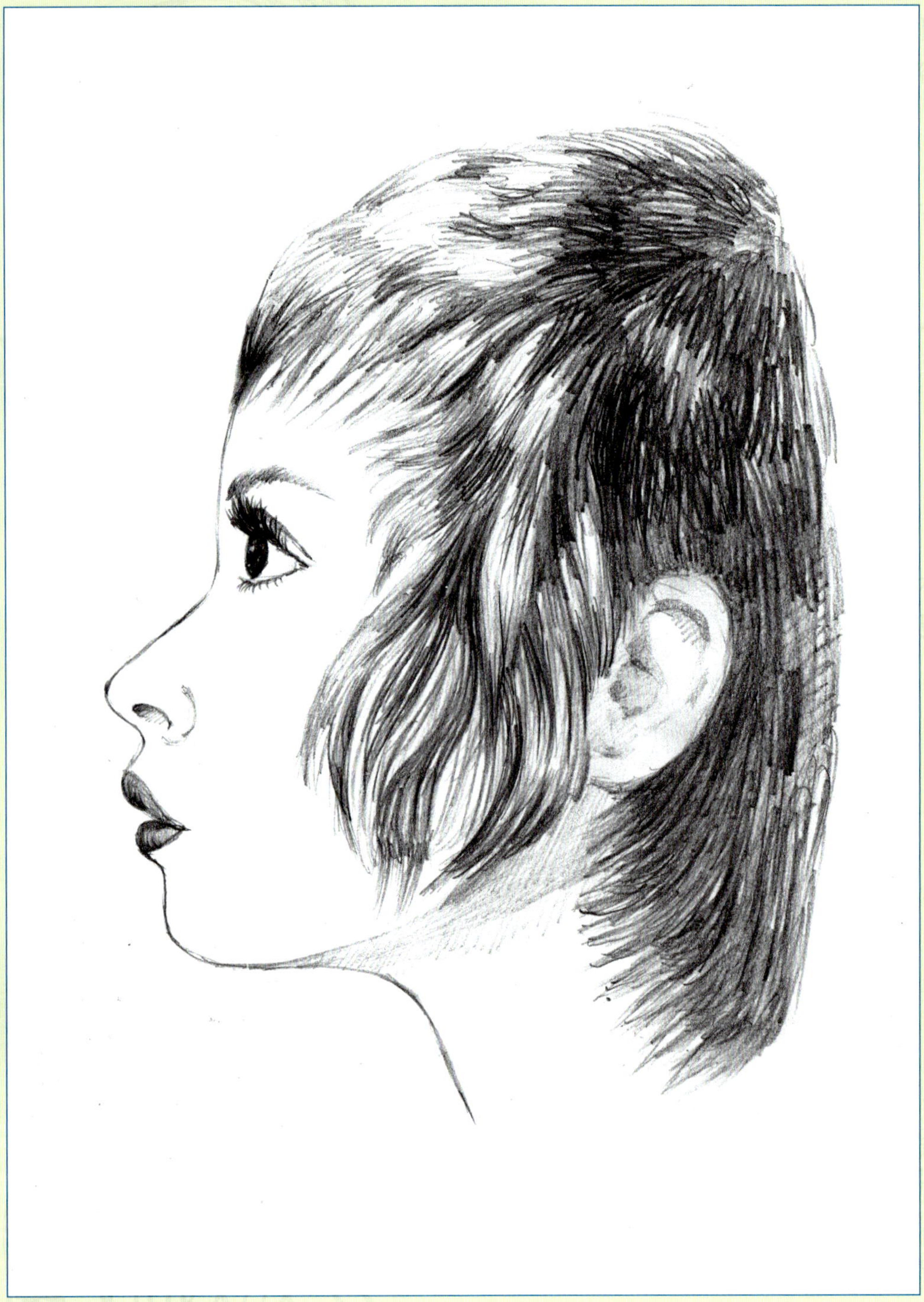

짧은 디자인 커트로 아름답고(Beautifuly)부드러운 머리카락을 부분 염색하여 여성스러운 단면을 보여주는 커트로 만들어 보는것도 좋다.

※ 얼굴각이 나오는 고객에게 귀의 머리카락을 길게 넘겨 가려주는 형이다.

3. 디자인 레이어(Design layer)

1 쇼트(Short) 디자인 컷 변화 - 1

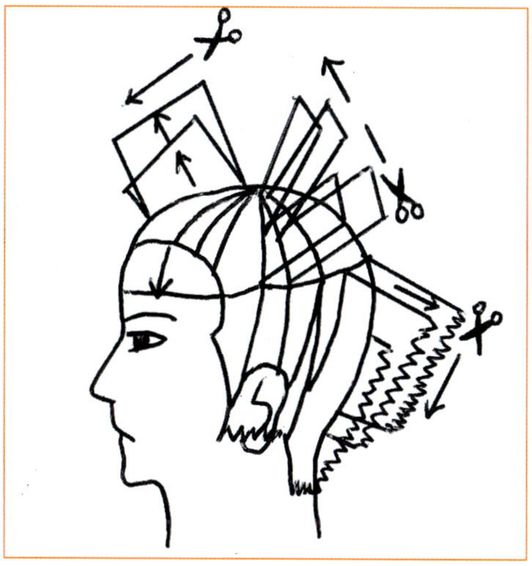

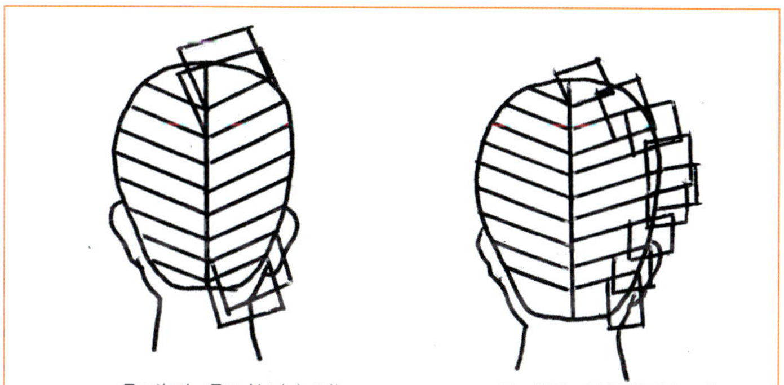

쇼트 그래듀에이션 밥(graduated-bob)의 펌스타일이다. 두발끝에 움직임을 내고 좋은 모양으로 머리카락 두피에서 써닝한다. 누발끝에 커다란 컬로 펌을 한다. 누발에 스프레이(spray)나 미스트(mist)등을 사용해 실루엣트를 만들고 누발끝은 불균형하게 마무리한다.

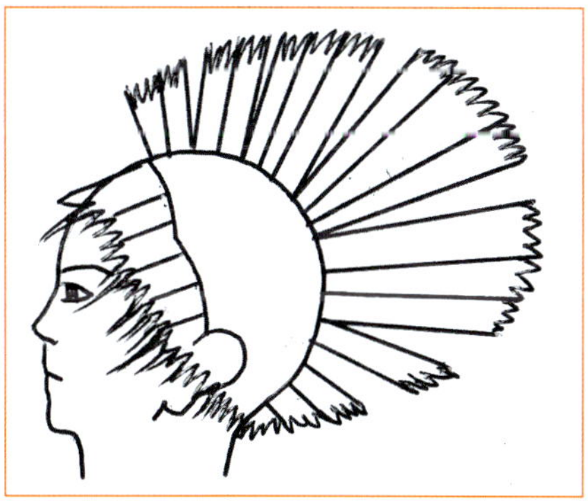

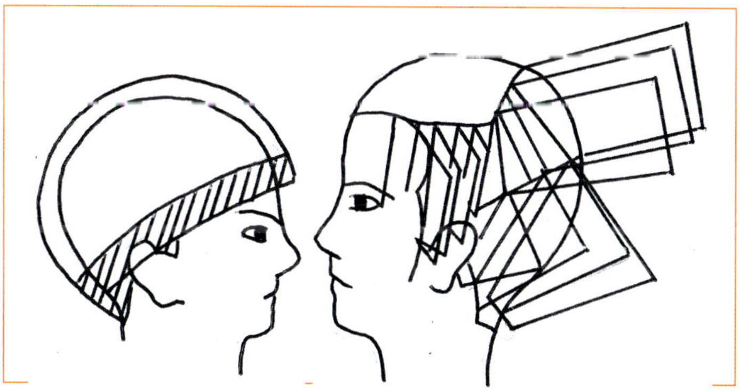

2 쇼트(Short) 디자인 컷 변화 – 2

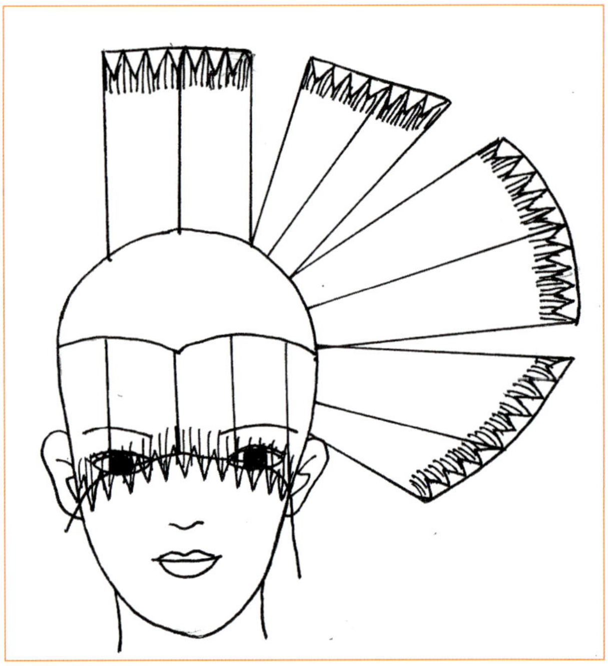

쇼트단발의 어레인지 7:3으로 나눈 후 정면부터 옆 두발 끝을 새그 커트한다. 앞 두발은 모근부터 세워 올려서 옆의 두발 끝을 바깥방향으로 향하게 움직임을 준다.

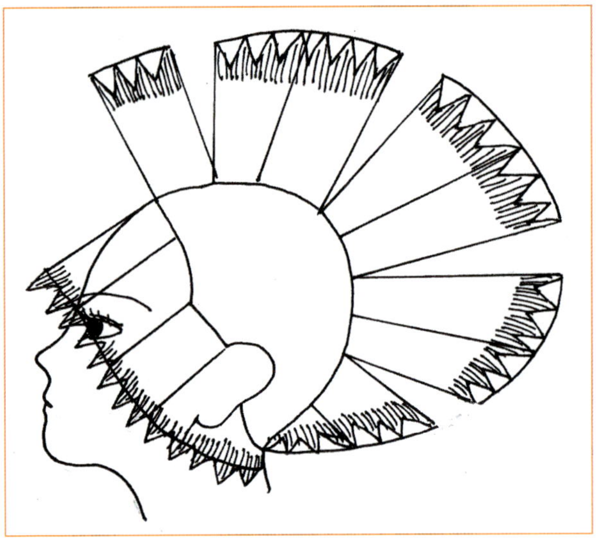

그래듀애이션 밥(graduation bob)를 베이스(base)로 하여 아웃드라인(outline)에 무거움을 남기고 탑은 길게 레이어커트(layer-cut)로 연결해서 움직임을 낸다. 약간 헝클어뜨려서 자연스런 느낌으로 마무리하고 사이드는 무스(mousse)등을 바르고 백으로 올린다.

3 쇼트(Short) 디자인 컷 변화 - 3

소녀풍의 여성

쇼트헤어에서 긴두발을 목표로 하는데 귀찮아서 중간에 포기해 버릴 것 같다. 그렇지만 단발두발의 기초인 그래듀이션이라면 어레인지의 변화도 많이 줄 수 있고 두발이 번거롭지 않으므로 매우 편리하다.

젊음을 어필할 수 있는 형

보는 것만으로도 건강한 이미지를 주는 긴강미 넘치는 쇼트의 대표하는 스타일이다. 정면에서 넘긴 두발이 포인트이다. 스타일링제를 바르고서 정성스럽게 드라이한다. 앞두발은 약간 내려 악센트를 준다.

시원스런 형

확실하게 결정했을 때는 정면도 옆도 모두 뒤로 넘긴다. 앞두발은 그다지 짧지 않게 세워올린 상태가 가볍게 뜰 정도로 해두면 깨끗하다. 하드 무스나 젤로 타이트하게 마무리한다.

분위기 연출형

4 쇼트(Short) 디자인 컷 변화 - 4

여성스럽고 스마트한 형

5cm 미만의 두발길이로 앞두발을 가볍게 내려 층층이 있어 보이는 이동라인 커트 펌을 10분정도 해주면 볼륨감이 있어 샴푸후에도 핸드 드라이만 해도 가벼워 보인다.

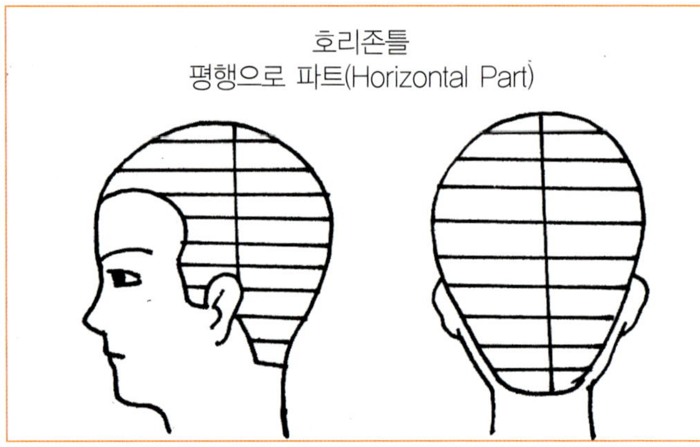

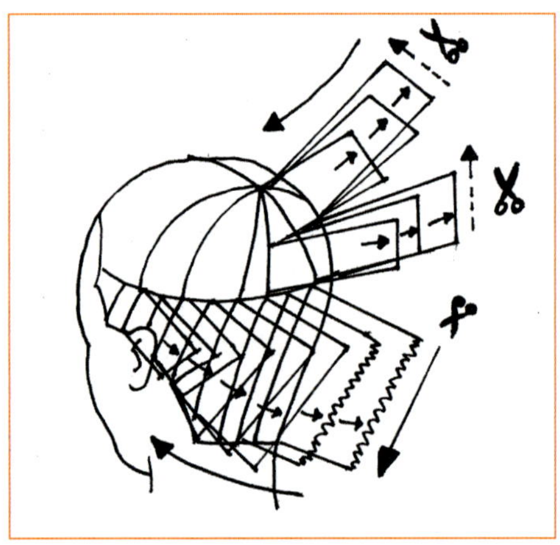

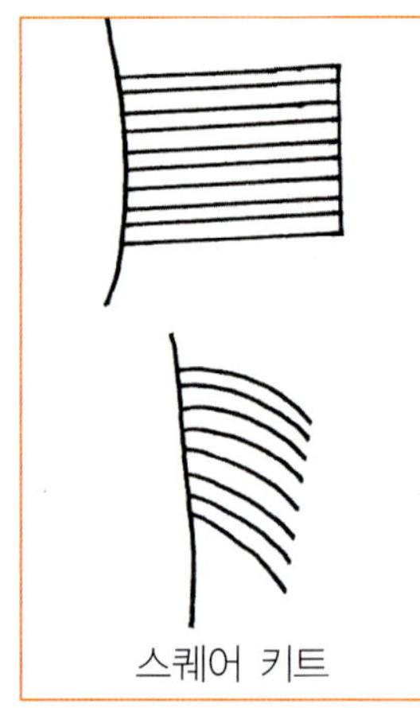

남성스럽게 보이는 형

캐쥬얼한 남성스타일이다. 상큼하고 기분좋은 헤어스타일이 세련되고 귀여워 보이는 사람에게 잘 어울리는 형, 젤이나, 무쓰, 스프레이를 뿌려서 촉촉한 분위기 연출. 시원하게 드러나 보이는 이마가 보기 좋다.

5 쇼트(Short) 디자인 컷 변화 – 5

상큼한 형

전체에 강하게 펌를 한다. 이마도 산뜻하게 드러내서 상쾌함을 더해준다. 헤어크림을 바르고 두발끝은 손가락을 이용하여 마무리한다. 두발전체가 고불고불한 느낌으로 마무리하면 도시적인 감을 준다.

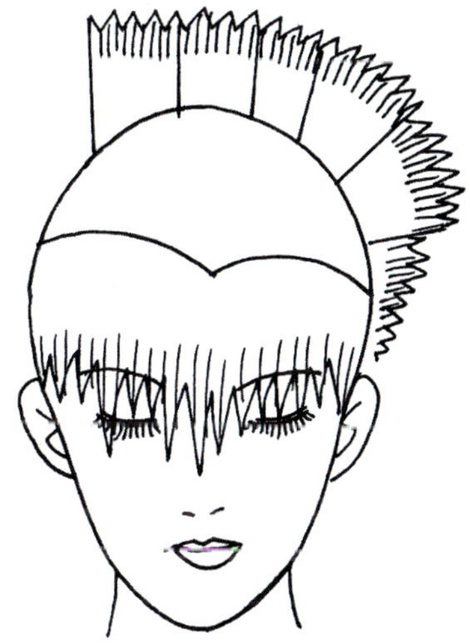

짧은 디자인래이어

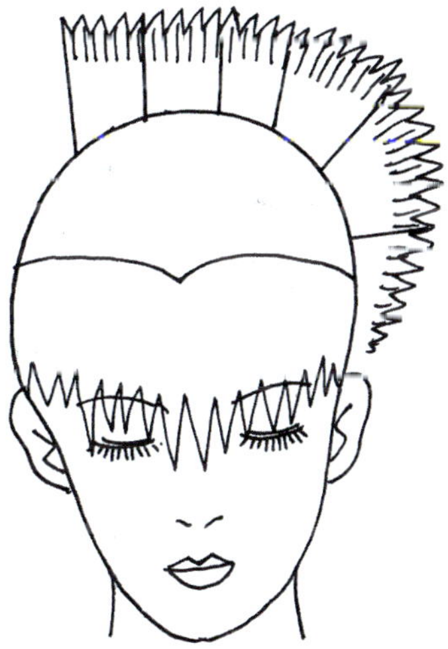

짧은 디자인래이어

액티브한 여성 커트

정수리 방향은 가늘게 레이어를 넣고 정면은 길게한다. 볼륨을 유시한 채로 정번방항으로 버리카락이 흐르도록 만든다. 컬러링은 밝은색으로 하면 더욱 좋다.

6 쇼트(Short) 디자인 컷 변화 – 6

남, 녀가 어울리는 형

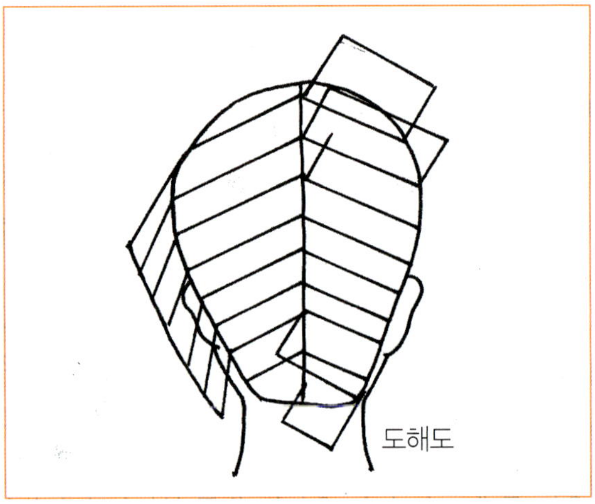

도해도

전면

정수리에서 가늘게 레이어를 넣어 롤 펌을 한다. 두발 흐름은 정면으로 향하게 스타일링한다. 전체는 무스를 발라서 손가락으로 마무리한다. 언뜻 보기에 남성같이 보여 인상적이다.(유니섹스)

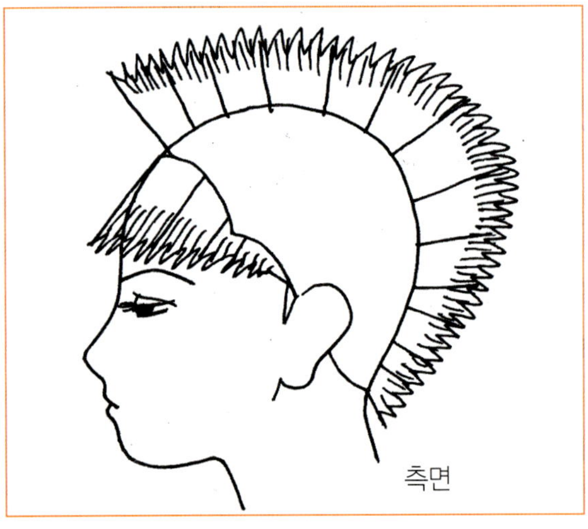

측면

머리카락이 세그형
머리카락 탑포인트에
틴닝 기법을 사용한다.

7 쇼트(Short) 디자인 컷 변화 - 7

유니폼레이어(Uniform Layer)

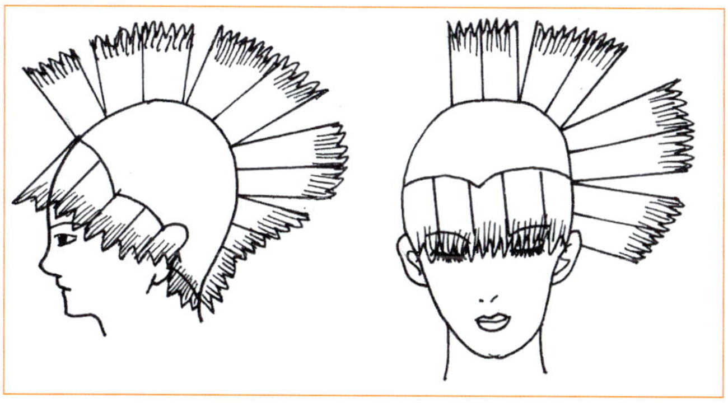

유니폼레이어는 두상에서 이동라인으로 커트한다. 두발 끝 커트는 포인팅 기법을 활용한다.

전체적으로 새그커트(Shag Cut)로 할 수도 있고 펌이나 드라이, 아이론펌도 할 수 있다.

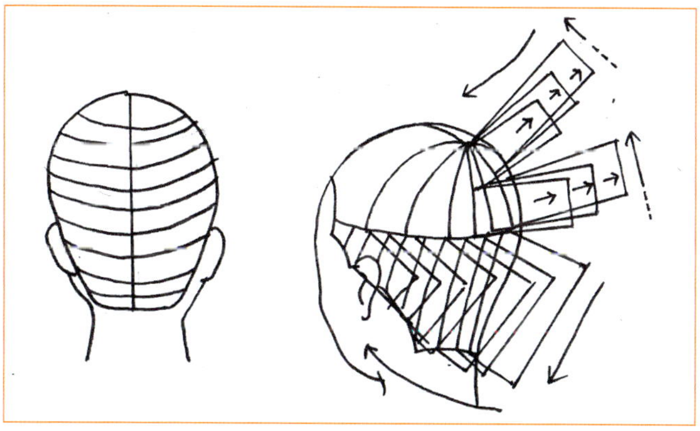

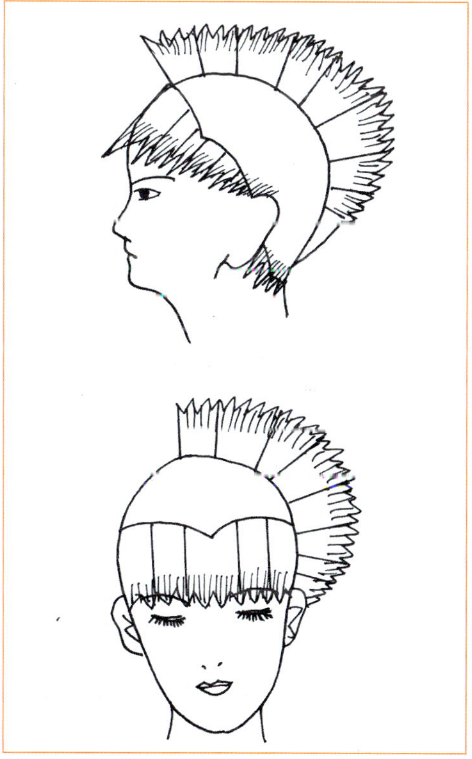

여성다움(feminine)을 나타낸 쇼트스타일이다. 실루엣트(shilhouette)가 둥글게 되도록 코너를 제거시킨다. 두발 끝을 포인팅해서 모량을 조절하고 가벼움과 무거움을 함께 나타낸다. 귀밑두발 의 네프(nape)는 깍아올려 샤프하게 한다. 무스(mousse)등으로 자연스럽게 마무리 한다.

8 쇼트(Short) 디자인 컷 변화 - 8

펌으로 머리결의 볼륨을 준형

내츄럴 웨이브(natural waves)를 살려서 부드러운 느낌을 낸 쇼트스타일이다. 두발끝은 가볍게 틴닝(thinned)한다.

기본은 베리 쇼트이다. 부드러운 머릿결을 내기 위해서 느슨한 펌을 한다. 두발끝도 자연스럽게 전체적으로 여유있는 느낌을 연출한다. 스타일링은 헤어크림을 듬뿍발라 마무리 하는 것만으로도 충분하다.(헤드가 잘생긴 고객에게 어울린다.)

하트한 쇼트형

어딘지 모르게 쇼트를 하고 싶을때 아주 느슨한 펌을 한다. 두상을 작게 보이게 하는 효과도 있다. 뒤는 치켜올려 목선 부근을 산뜻하게 하는 것이 말끔헤 보인다.

9 쇼트(Short) 디자인 컷 변화 - 9

두발 끝에 포인트 커트

쇼트에 변형을 준다면 조금 길러 정면에서 옆으로 걸쳐 레이어 커트를 한다. 길이는 고르지 않은 채로 옆은 바깥방향으로 약간 변화를 주어 마무리한다.

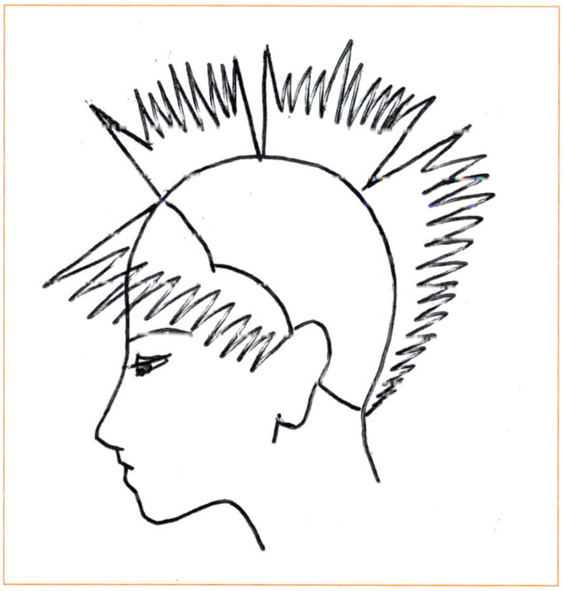

쇼트의 브록커트 스타일(two-block cut style)이다. 탑(top)과 사이드(side)는 연결하지 말고 탑은 길게 커트한다. 전체적으로 두상 가까이에 충분히 틴닝하고 가벼움을 나타내는 것이 포인트이다. 두상 부분에 미스트(mist)를 사용해 일으켜 세워 마무리한다.

이 커트의 특징은 끝 두발에 질감처리를 심하게 할수록 개성이 강하다.

10 쇼트(Short) 디자인 컷 변화 – 10

훼이스라인은 길게 남기고 사이드로 연결시키지 않는다. 탑도 사이드와는 연결하지 말고 길게 남기고 사이드는 짧고 타이트(tight)하게 커트하는 것이 포인트이다. 프론트와 탑에 퍼머넌트를 하고 불규칙한 움직임(irregular movement)을 낸다. 실루엣트가 둥글게 되지 않도록 탑을 스퀘어(square)커트한다. 사이드와 백은 자연스런 모류로 마무리한다.

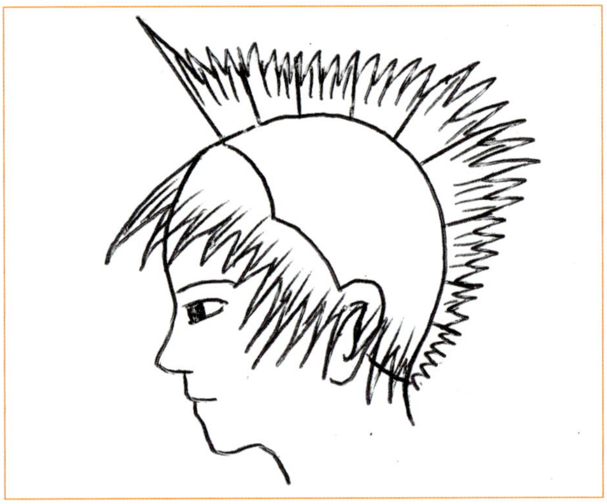

배리에이숀(variation) 변화
무스(mousse)등으로 무게를 나타내고 위스트퍼머넌트를 살리면서 마무리한다. 빗이나 브러시등으로 섞으면서 웨이브(wave)를 남기는 것이 포인트이다.

11 쇼트(Short) 디자인 컷 변화 – 11

유니폼(Uniform) 변형 : 두발 난선대로 내츄럴커트(Cut)

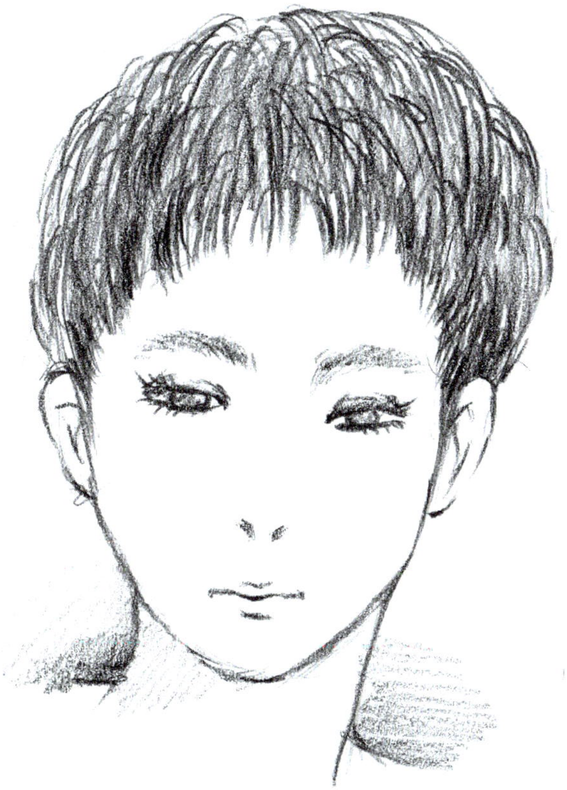

아주 가늘게 넣은 레이어가 푹신함을 준다.
짧게 들쭉날쭉한 앞두발에서 세련됨을 더해준다. 스타일링은 샴푸한 두발에 헤어크림을 바르는 것만으로도 내츄럴하게 마무리한다.

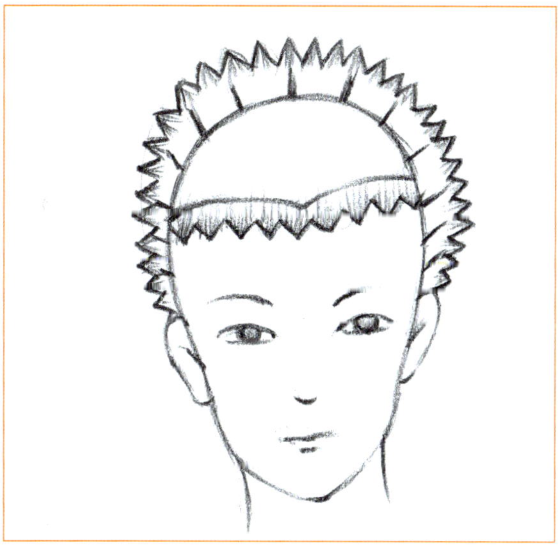

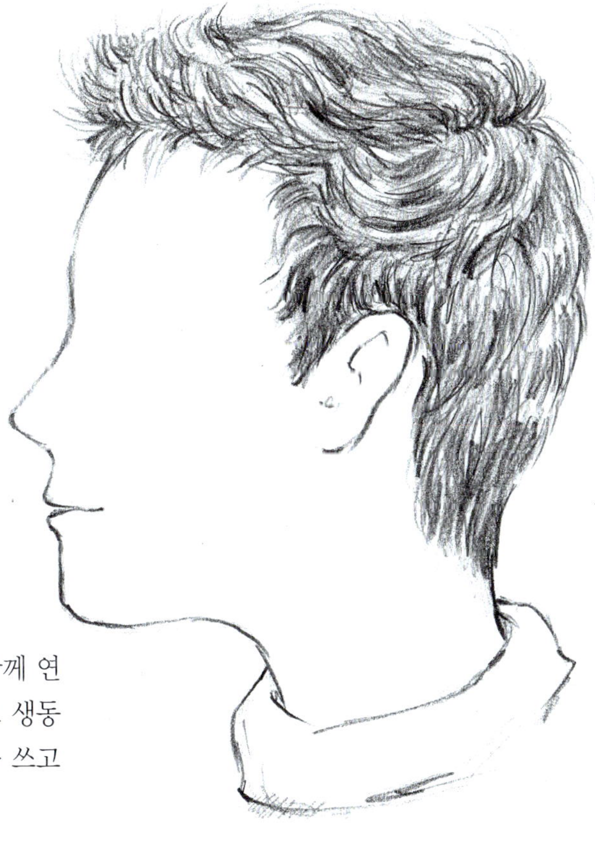

물결치듯 흐르는 스타일이 남성스러움과 요염함이 함께 연출된다. 보디 펌을 한 베리쇼트는 새그한 두발끝으로 생동감을 표현한다. 귀밑 두발이 목덜미의 흐름에 신경을 쓰고 틴닝으로 마무리 커트한다.

12 쇼트(Short) 디자인 컷 변화 - 12

사이드와 탑을 연결해서 코너(corner)를 길게 남기고 삼각형의 실루엣트(triangular silhouette)로 두발끝을 불규칙하게 커트한다. 전체적인 인상이 산만하게 되기 쉽기 때문에 사이드는 짧고 타이트하게 한다. 프론트(front)의 두발모근을 스프레이 등으로 일으켜 세우는것 같이 하여 마무리한다.

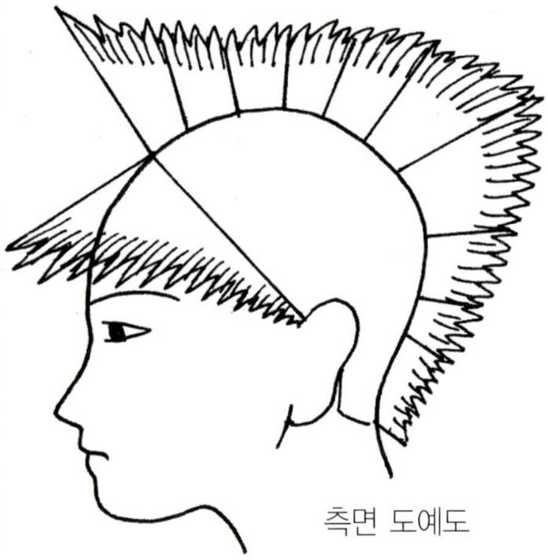

측면 도예도

베리쇼트에 가까운 실루엣으로 정면에 악센트를 주어 마무리한다. 정수리부터 길게 남기면서 레이어를 넣어 펌을 하고 옆두발은 귀를 드러낸다. 각도에 따라서 변하는 표정이 즐겁다.

13 쇼트(Short) 디자인 컷 변화 – 13

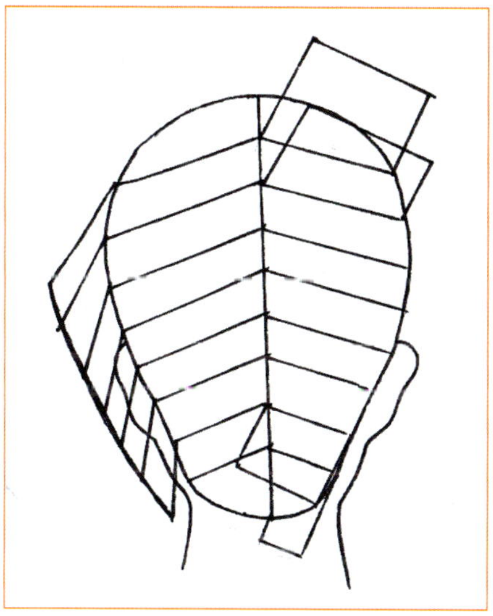

이 커트는 부드럽게 한 방향으로 구부러진 듯한 두발로 머리카락의 특성을 살린 스타일이다. 정수리부터 넣은 레이어가 생동감 있는 두발끝을 만들고 이마에 걸친 앞두발이 귀여움을 더해준다. 커트 시술과정은 이동라인으로 한다.

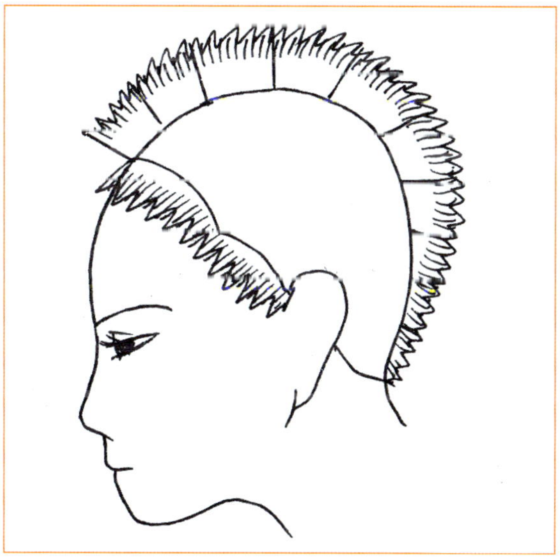

췌이스라인을 짧게 커트한 쇼트스타일(short style)이다. 머리카락들을 살리고 실루엣트(shilhouette)가 둥글게 되도록 커트한 여성스러움(feminine)을 나타낸다. 전체적으로 두발끝을 틴닝하고 부드러움을 내는 것이 포인트이다. 핸드드라이어로 마무리한다.

작업과정 Check List

주제 : 유니폼 레이어(Uniform layer)

<table>
<tr><th>작업 단계</th><th colspan="6">작 업 내 용</th><th>준비물 (재료 및 제품)</th></tr>
<tr><td>준비단계</td><td colspan="6">Tip</td><td></td></tr>
<tr><td>제작</td><td colspan="6">Tip</td><td></td></tr>
<tr><td>사후작업</td><td colspan="6">Tip
헤어드라이 사용 유/무
시술순서
헤어 아이론 스트레이트 유/무, 헤어 아이론 볼륨 유/무
시술순서
헤어컬러링 활용 유/무
시술순서
제품활용 유/무
1. 왁스(　) 2. 헤어무스(　) 3. 헤어젤(　) 4. 헤어스프레이(　)
5. 헤어오일(　)</td><td></td></tr>
<tr><td rowspan="2">점검사항</td><td>□디자인라인</td><td>□섹션</td><td>□머리위치</td><td>□파팅</td><td>□배치</td><td colspan="2">□판넬각</td></tr>
<tr><td>□시술각</td><td>□공상각</td><td>□두상각</td><td>□베이스</td><td>□텍스쳐관리</td><td colspan="2">□텍스쳐테크닉</td></tr>
<tr><td>기억하기</td><td colspan="7"></td></tr>
</table>

K

미디움 레이어
(Medium layer)

1. 중간 길이로 층진 커트
(Medium layer cut)

중간 길이의 층진 형태로 마무리 된 후의 변화된 모습에 비해 실질적으로 그렇게 많은 양의 두발이 제거되지는 않는다. 안면부위에서 형태에 사용되어지는 긴 길이는 길이 가이드로서 정할 수 있고 파트 (Part)에서 두발을 너무 멀리 이동시키지 않으면서 커트한다. 수직자세로 두발을 잡게 되면 시술시 더 정확한 길이를 가질 수 있기 때문에 보다 수월한 커트컨트롤을 할 수 있다. 그리고 이동가이드에서 가져온 섹션(Section)의 크기에 각별히 유의해야 하며 넓은 빗살을 가진 빗으로 커트포지션을 사용해서 약 3-4Cm간격(커트 괄〈Razor〉사용 시에는 1-2Cm로 한다.) 으로 그보다 적게 혹은 중간정도로 측면 섹션(Section)에 파트(Part)를 잡는다. 중간 길이로 층진 두발 (Medium layer)의 포인트는 이 커트스타일이 본래 남성커트에서 유래되었기 때문에 유니섹스(Unisex)의 중성적 분위기로 표현하면서 기본적인 형태가 곡선보다는 사각의 각이 진 형태로 디자인 연출해야 한다는 것이다.

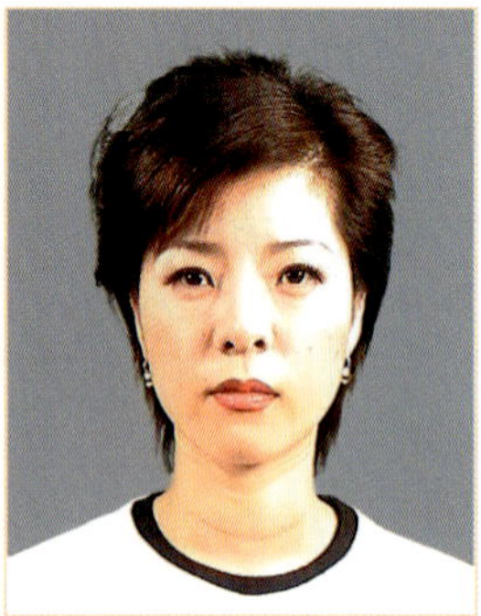

시술 전

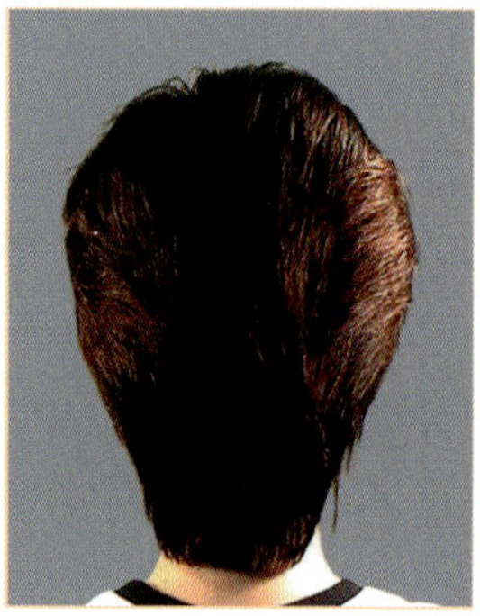

시술 후

1 연결(Connect)

1) 곡선 형태(Angular shape)

대부분의 남성들의 두상과 얼굴선은 여성에 비해서 뚜렷하다. 남성의 두발 형태는 후방이나 두부의 정상부위가 여성보다 곡선이 덜 져서 두상의 각이 더 크고 턱 선도 마찬가지로 각이 더 뚜렷하다 여기서 소개되는 미디움 레이어 스타일은 본래 남성형 커트로서 처음에 소개되었지만 사회의 산업화로 여성의 사회진출 기회가 많아지면서부터 직장여성 즉, 커리어 우먼들에게 널리 전파되면서 남녀 모두에게 사랑받는 헤어스타일이 되었다. 유니섹스(Unisex)풍인 이 헤어스타일은 남성에게는 부드러움과 따뜻함을 여성에게는 당당함과 자신감을 표현하는 하나의 형태로 표현되었다. 미디움 레이어 스타일의 이런 내용들을 잘 인지하고 고객을 맞이한다면 두상의 곡선 형태에 따른 커트구상과 커트 디자인하는데 있어서 커트의 방향을 잘 잡을 수 있을 것이다.

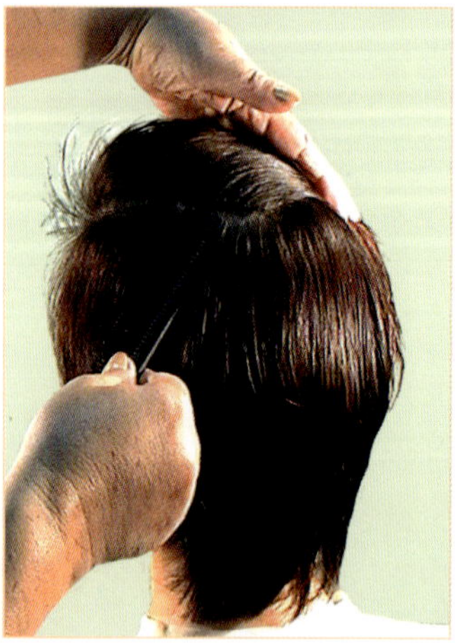

2) 똑같은 비율의 섹션(Evenly Proportioned Sections)

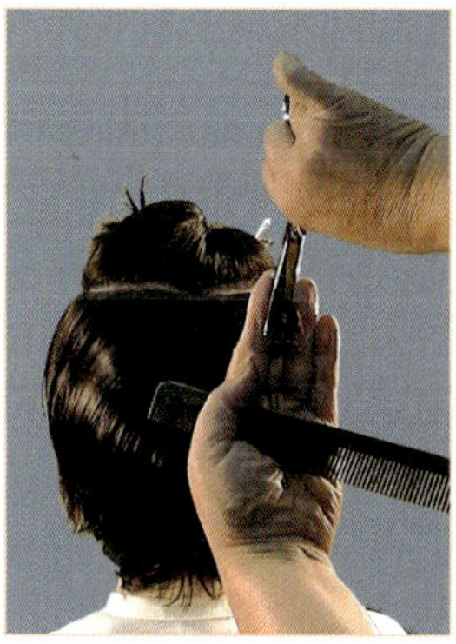

두상이 직선이 아닌 곡선으로 되어있기 때문에 만약 잡으려고 하는 두발의 섹션(Section)이 너무 넓다면 두발난 선에서부터 두발까지의 길이의 미세한 차이가 생기기 때문에 마무리 섹션(Section)과 섹션(Section)사이의 연결을 잘 해주어도 그 섹션(Section)자체의 미세한 길이 차이 때문에 커트 마무리 과정에서 수정의 곤란함을 느끼기 때문에 똑같은 비율의 섹션(Evenly Proportioned Sections)으로 너무 넓지 않게(약3-4Cm정도) 섹션을 만들어 준다.

3) 짧은 구레나룻(Sideburns)

짧은 구레나룻의 세부묘사는 그 길이가 사회적인 진보적인 성향과 보수적인 사고방식의 혼합된 종합적인 사회적인 표현이기도 하면서 세대를 초월하는 스타일의 한 방편이기 때문에 헤어커트에 있어서 매우 중요한 파트가 되고 있다.

2 초점(Focus)

1) 똑같은 텐션(Even Tension)

만약 두발이 전체적으로 똑같게 빗겨지고 똑같은 텐션을 준다면 길이는 평행하게 된다.

2) 섹션(Section) 넓이

섹션(Section)은 2~3cm보다 크지 않게 커트할 두발 섹션(Section)을 잡아준다. 왜냐하면 만약 섹션이 너무 두터우면 커트완료 후 젖은 두발커트(Wet Cut) 상태에서 드라이 커트상태가 되었을 때 두발의 끝이 이완상태에서 수축상태로 전환되어 두발의 길이가 똑같지 않게 된다. 그러므로 섹션(Section)을 너무 넓게 잡게 되면 손의 커트조작도 어려워진다.

3) 가이드

이동가이드는 이 커트의 내, 외측을 통해서 사용되어진다. 대칭적으로 좌우 균형을 맞추면서 두상(head) 후방 중앙의 최초로 커트한 섹션을 이동가이드로 정한다.

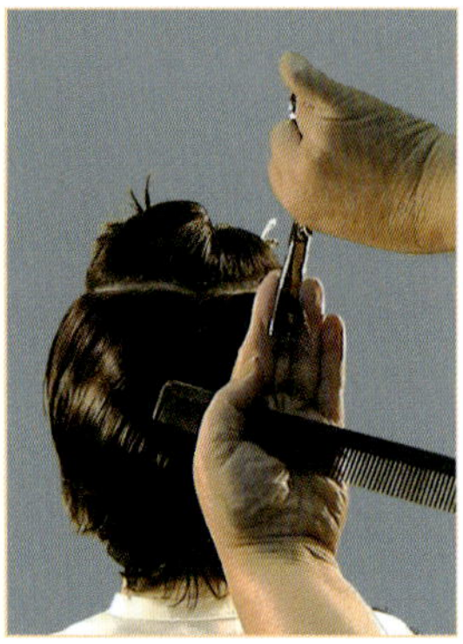

4) 연결점

측면과 후방과 섹션(Section)의 정상부위를 하나로 연결한다. 그곳은 곡선진 두상 부위와 더 평평한 두상(head)의 서로 다른 두 부분을 하나로 통하게 하는 연결부위이며 연결점 이기도 하다.

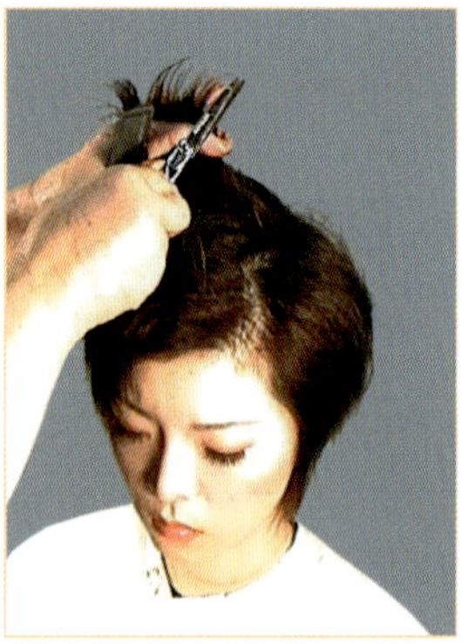

3 적용

연결점

헤어스타일의 레이어(Layer) 효과는 이동가이드로 중간 길이를 각각 두피에서 90° 각도로 연결하여 커트함으로서 만들어진다. 능선 위(Interior)의 두발을 능선 밑(Exterior)의 두발과 연결하여 매치커트(Match cut)하여 능선(Crest) 주변의 두발 무게감을 감소시켜주는 커트다.

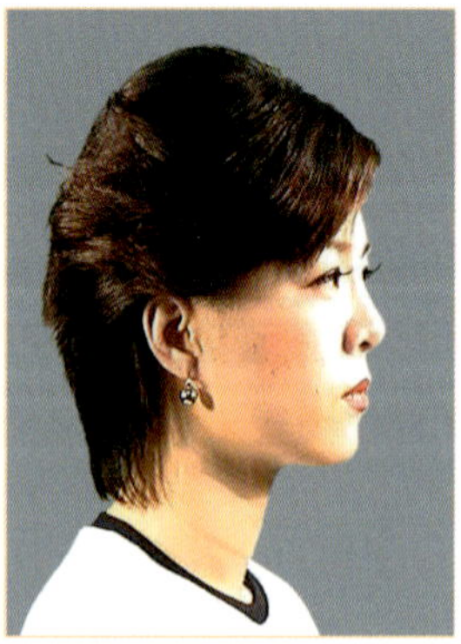

4 적용

1 능선(Crest) 부위의 섹션을 뜬 다음 머리(head)의 중앙 정상부위(Top)로 두발을 곱게 빗어 올려 클립으로 고정한다.

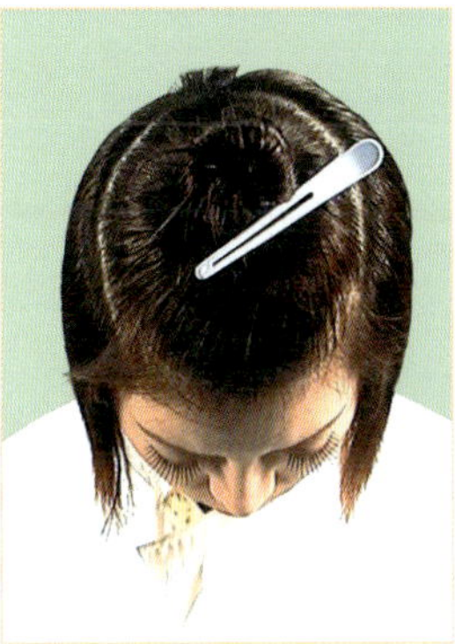

2 고정가이드로 사용되어질 길이를 얼굴위에 커트시술을 해서 길이를 정한다. 시술에 있어서 처음으로 디자인된 커트의 두발을 전체 헤어스타일의 길이 고정가이드로 정한다.

3 능선(Crest)부위 후방에서 두발을 수직(Vertical)으로 가른 후, 두발을 90도 들어올려 사선커트(Diagonal cut)기법으로 연속커트 시술한다.

사선 커트(Diagonal cut)
손가락으로 두발끝부분을 잡은 후 커트 가위를 이용해서 손가락 방향을 기준으로 약 45°로 머리카락 끝을 쳐내는 기술을 말한다.

4 수직으로 3번에서 시술했던 길이에 맞추어 매치커트(match cut)로 연결하여 커트한다. 능선(Crest)부위로부터 목선(Nape line)부분까지의 커트 길이가 정해진다. 이것은 후방의 전체적인 섹션(Section)을 통해서 가이드가 잡힌다는 것을 의미한다.

5 이 기법을 사용해서 후방에서 목선(Nape line)까지 연속적으로 섹션(Part)를 나누어서 커트한다.

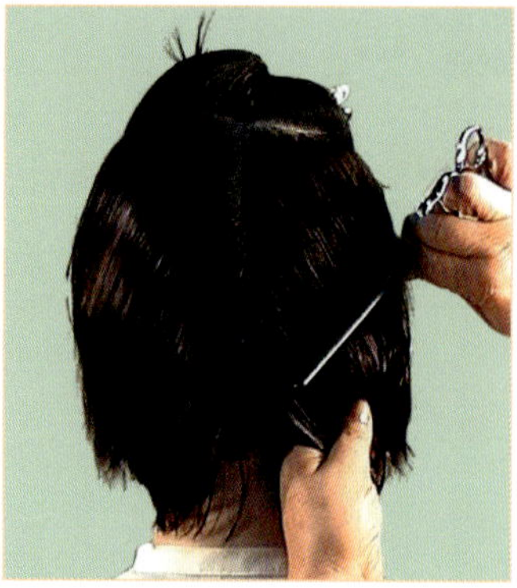

6 전방의 헤어라인의 능선(Crest)부위로부터 양쪽 후방부위까지 머리(head)의 정상부위를 섹션 오프(Section off : 잡았던 섹션을 없애는 것.) 한다. 수직(Vertical)으로 파트를 나눈 다음 후방 중앙으로부터 3-4cm을 떠서 커트가위로 커트한다.

7 중앙 후방으로부터 전방의 헤어라인까지 커트 시술한다. 고정가이드를 기준으로 하고, 수직섹션(Section)으로 전방 헤어라인 범위 내에서 같은 기법을 이용하여 좌, 우측 커트 시술을 연속한다.

8 전체 측면은 말끔하게 커트 시술한다. 평행 길이가 같을 수 있도록 양쪽을 체크하면서 커트한다. 구레나룻을 1cm 정도 과감하게 커트하여 고객의 개성연출을 한다.

9 사이드 측면을 1cm 커트한 후 그 부분을 덮는 측면부위 두발을 자연스럽게 내려주어 커트 칼(Razor)로 쓸듯이 앤드테이퍼(End taper)를 한다. 2가지의 효과를 연출할 수 있다. 첫째로 귀를 보이게 하는 경우에는 구레나룻 없는 깔끔한 스타일의 두발 형태를 연출할 수 있다. 둘째 귀를 덮는 경우에는 도전적이고 유니섹스풍의 섹시함을 연출할 수 있는 전혀 다른 스타일을 연출할 수 있다.

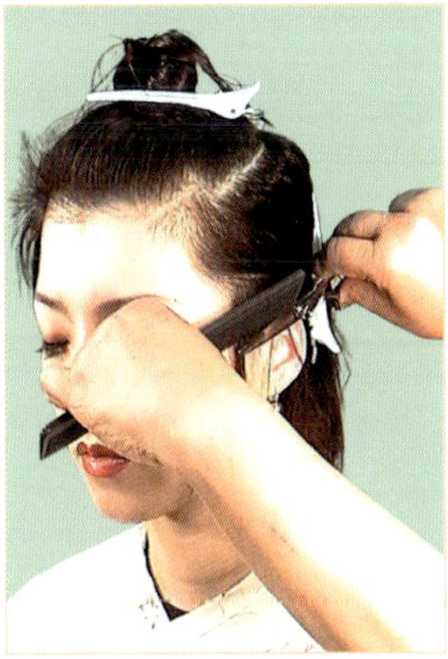

10 정상 섹션(Top section)으로 이동해서 두발을 클립으로 고정하고 전방쪽으로 두발을 빗는다. 섹션(Section)의 후방에서 정상 부위를 가로지르면서 수평으로 파트(Part)를 잡는다. 능선(Crest) 밑의 두발 커트가 끝나면 다시 목선(Nape line)에서 질감처리(Texture)를 하기위해 레이저(Razor)로 앤드테이퍼(End taper)를 하여 두발이 가볍게 보이게 커트 시술한다.

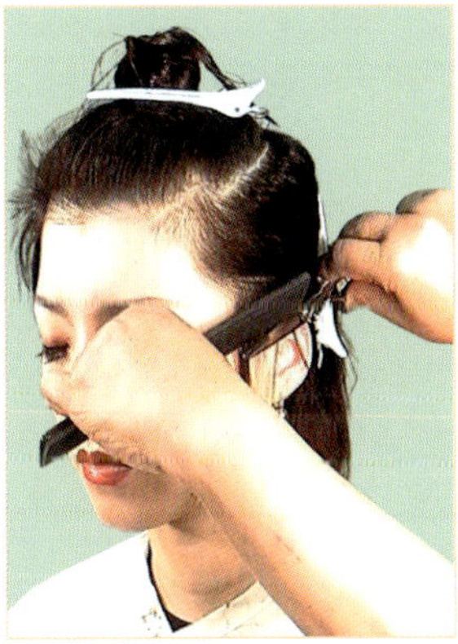

11 두발의 이어 하프(Ear half)로부터 바깥으로 평행하게 두발을 잡아 빗질한다. 가이드는 정상 부위 중앙으 섹션(Section)에서 처음에 잡았던 고정가이드를 사용하여 레이저(Razor)로 앤드테이퍼(End taper) 한다.

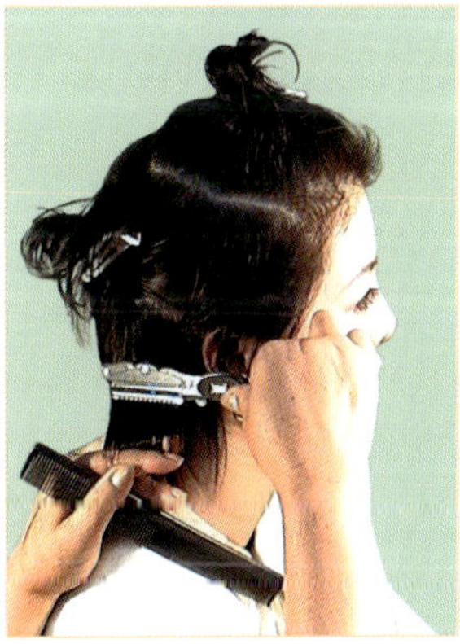

12 정상 섹션(Section)부위를 커트하고 능선 두 빌(Exterior) 파트(Part)부위에서 선방의 헤어라인까지 이동해서 각게 파트(Part)를 잡는다. 층진(layer) 효과를 표현하는데 있이시 잡는 지세, 커트 자세 그리고 가위 자세는 일정하게 일관성있는 자세를 유지해야 한다. 각각 좌측 사진은 눈썹 꼬리선에 맞추어 파트(Part)를 가르고 우측 사진은 눈썹 산 부분에 맞추어 두발의 파트(part)를 가른 후 각각의 나누어진 파트(part) 두발을 앤드테이퍼(End taper)하여 두발 끝의 질감을 무게감이 없이 거칠게 마무리하고 빗질하여 길이를 체크한다. 우측도 같은 방법으로 시술한다.

13 능선(Crest)부위를 아래, 위로 파트(Part)를 나누어 능선(Crest) 위 〈Interior〉와 능선(Crest) 아래(Exterior)를 구분한다 뒤쪽으로 경사진 길이는 그레듀에이션(Graduation) 머리(head)형 주위로 흐르게끔 내측의 층이 이 헤어 커트에서는 쉽게 도달 되어진다.

14 두부 능선(Crest) 위의 두발을 탑(Top)에서부터 90도로 빗질한 뒤 두발 난선에 맞추어 이동한 이동라인을 따라서 레이어 커트를 연결하는 포인트 기법으로 두발이 가볍게 되도록 커트한다.

15 우측 파트(Part)의 선을 정확하게 잡아서 귀 있는 방향으로 빗질하면서 내려온다.

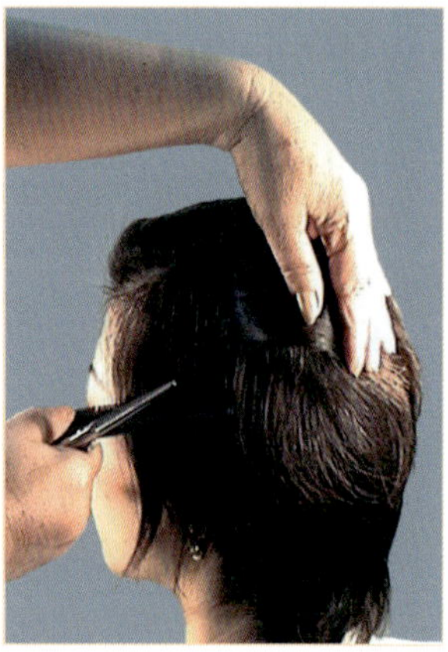

16 전체 커트가 끝나면 손가락으로 두발 전체를 고루 만지면서 자연스러운 두발상태로 마무리 정리한다.

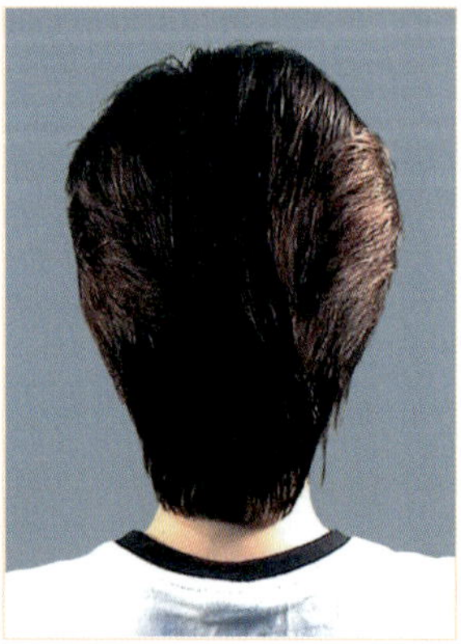

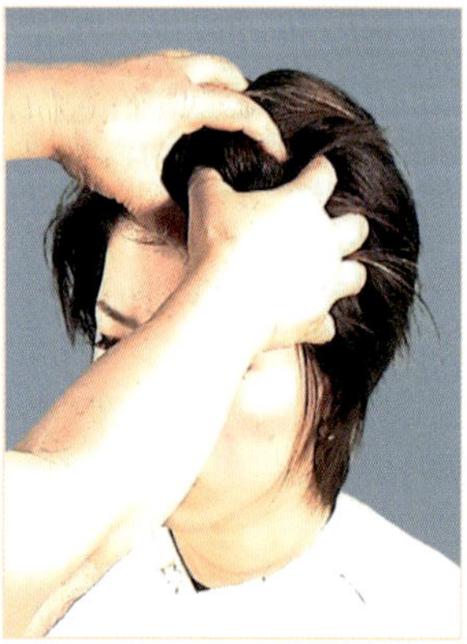

5 마무리 완성

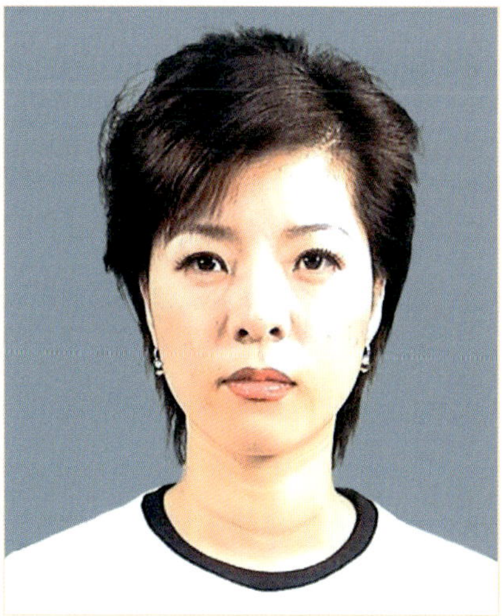

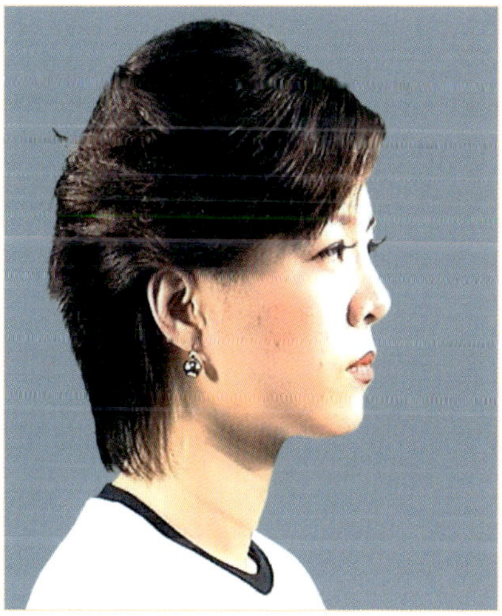

두발 길이의 변화, 헤어 컬러링 그리고 커트기법을 적용하여 더 다채롭고 다양한 연출기법을 표현할수 있다.

작업과정 Check List

주제 : 미디움 에이어(Medium layer)

<table>
<tr><th>작업
단계</th><th>작 업 내 용</th><th>준비물
(재료 및 제품)</th></tr>
<tr><td>준비단계</td><td>Tip</td><td></td></tr>
<tr><td>제작</td><td>Tip</td><td></td></tr>
<tr><td>사후작업</td><td>Tip
헤어드라이 사용 유/무
시술순서
헤어 아이론 스트레이트 유/무, 헤어 아이론 볼륨 유/무
시술순서
헤어컬러링 활용 유/무
시술순서
제품활용 유/무
1. 왁스( ) 2. 헤어무스( ) 3. 헤어젤( ) 4. 헤어스프레이( )
5. 헤어오일( )</td><td></td></tr>
<tr><td>점검사항</td><td colspan="2">☐디자인라인 ☐섹션 ☐머리위치 ☐파팅 ☐배치 ☐판넬각
☐시술각 ☐공상각 ☐두상각 ☐베이스 ☐텍스쳐관리 ☐텍스쳐테크닉</td></tr>
<tr><td>기억하기</td><td colspan="2"></td></tr>
</table>

L

섀그 그래듀에이션 (Shag grauation)

1. 새그 그래듀에이션 (Shag & graduation)

이 커트(Cut)는 전대각(Concave) 형으로 외형으로 볼 때에는 A자 형으로 보인다.
대부분 미용인들은 스파니엘이라 브른다. 전대각(Concave forward) 커트(Cut)로 밥 스타일(Bob style)의 변형이기도 한다.
이 커트는 약간의 층이 주어지는 사선의 풍성한 볼륨있는 무게감을 나타내며 밥의 고정 스타일에서 벗어나지 못한 고객에게 변화를 주는 헤어스타일로서 약간의 변화를 원하는 여성들에게 깜찍함을 동시에 표현할 수 있는 스타일이기도 하며 계란형에 잘 어울리는 커트이다. 그리고 이중의 층이 생기는 자연스러운 입체적인 스타일을 연출할 수 있으며 오목형을 표현해주는 커트의 선이 두개로서 그래듀에이션과에 속한다.
콤비네이션(Combination) 커트에서 변화를 줄 수 있는 기본 모티브는 그래듀에이션(Graduation) 커트를 기초로 한다.

1 변화 1

커트에 변형을 준다면 두발을 길러서 정면에서 옆으로 걸쳐 레이어 커트를 한다. 두발 길이는 고르지 않게 바깥쪽으로 약간 변화를 주어 마무리한다. 쇼트의 투 블록 커트스타일(two-block cut style)인 이 커트는 탑(top)과 옆(side)은 연결하지 말고 탑은 길게 커트한다.
그래듀에이션(Graduation) 커트를 하고 난 후 가벼운 느낌이 들도록 질감처리 숱 치는 가위(Thinning Scissor)나 커트 칼(Razor)로 테이퍼(Tapper)하여 불균형한 커트의 효과를 준다. 충분히 살릴 수 있는 커트 형태이며 두발 전체 혹은 부분 적으로 브리치(Bleach : 탈색)나 컬러링(Coloring) 효과를 헤어에 고정 젤(Gel)이나 무스(Mousse)로 두발 끝을 당기듯이 스타일링 한다.

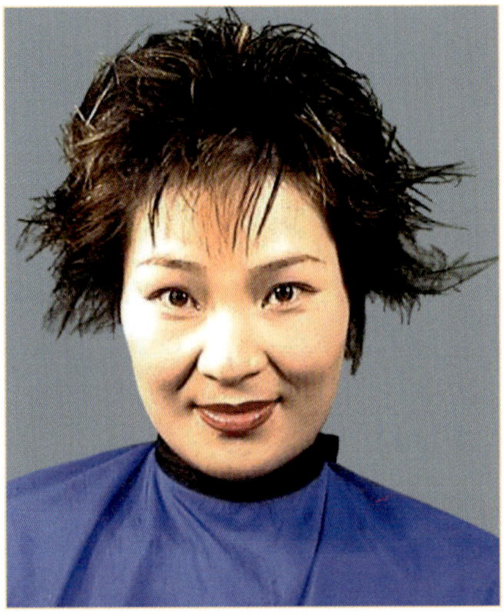

2 변화 2

가르마를 대담하게 옆으로 타서 남여공용(Unisex) 분위기를 연출하는 이 스타일은 고정 젤(Gel)이나 무스(Mousse)를 바르고 나서 옆 두발은 손으로 끌 어 올리듯이 모근부터 드라이를 하여 자연스럽게 두발을 올린 스타일이다.

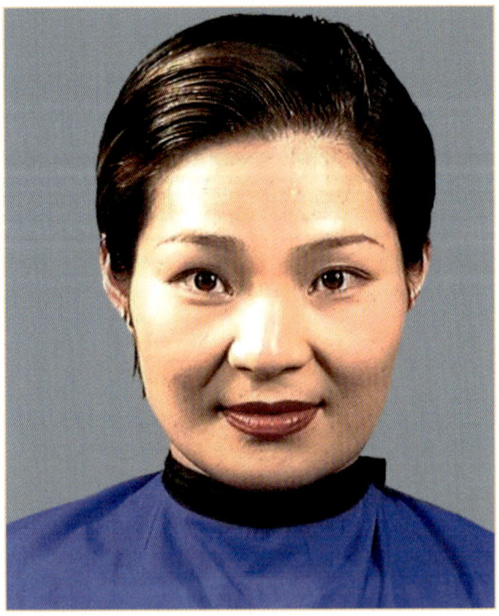

3 변화 3

탑(Top)부분과 옆 두발은 짧고 깔끔한 느낌이 들도록 한다. 앞 두발은 새그 커트(Shag cut :거칠거칠하고 거친 두발 느낌이 들도록 커트하는 유선형의 헤어스타일)로 마무리 짓는다.
전체적으로 그래듀에이션(Graduation) 효과가 두 드러지는 스타일로 활동적이고 심플한 헤어스타일 이다.

4 변화 4

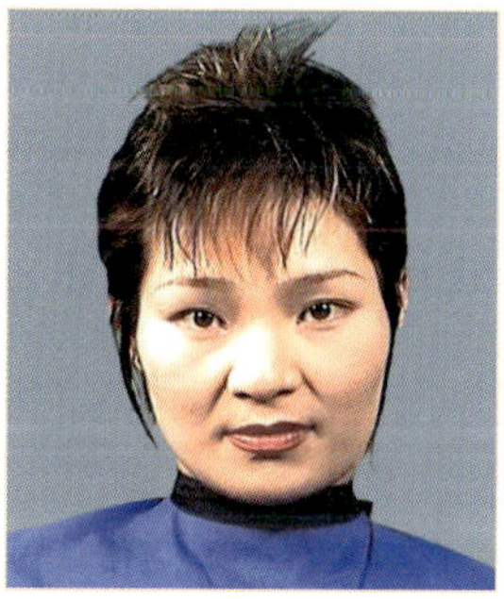

프린지(Fringe : 이마 위에 내린 두발)부위는 눈썹 위 선에 맞추어 자르고 라인은 가볍게 처리하며 구레나 룻은 남겨 길게 앤드 테이퍼 (End taper) 해준다. 후방부위는 전체적으로 목선에서 유지하고 측면 을 향해서 조금씩 길어지면서 커트한다. 여기서 페이스 라인(Face line)과 귀 위 부분, 백 라인(Back line)은 길게 남기고 테이퍼(Taper)해 줌으로서 짧은 커트에서의 여성미를 강조할 수 있다. 무스(mousse)나 헤어크림(hair cream) 젤(Gel)등으로 전체 두발에 발라서 두발과 피부에 되도록 가깝게 헤어 새이핑(Hair shaping) 하도록 한다.
두피의 형을 살려주면서 실루엣을 둥글게 되도록 커트하고 여성스러움을 돋보이도록 연출하며 전체적으로 두발 끝을 틴닝(Thinning)이나 레이저(Razor)로 테이퍼(Taper) 해주어 가볍고 질감이 부드럽게 표현한다.

5 변화 5

1 후방에서는 그래듀에이션(Graduation) 커트를 번서하고 옆선은 귀신부터 구레나룻 신을 중심으로 길이를 징하고 진세를 레저나 딘닝 가위로 질감처리를 하는데 이 커트는 레이저로 중간(Normal)과 끝(End)을 미끄러지듯(Taper)이 커트를 한다.

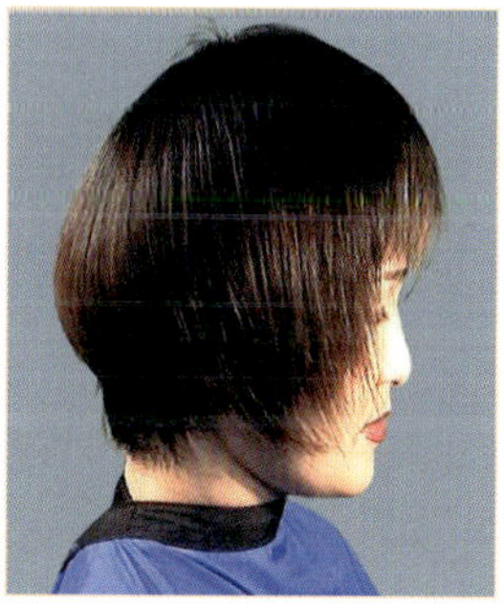

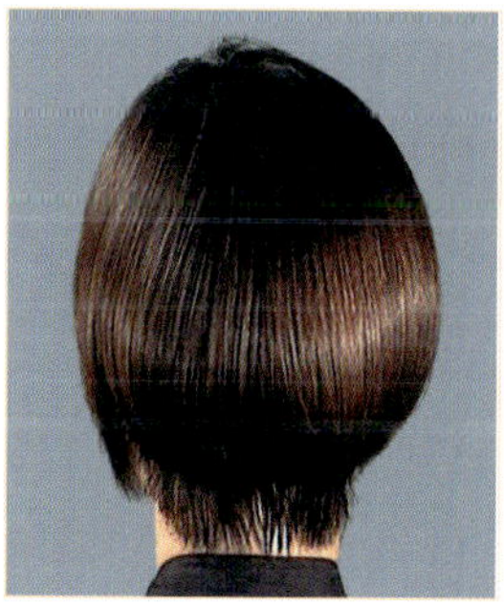

2 후방은 그래듀에이션(Graduation)으로 커트하고 옆선의 두발 끝을 날카롭게(Sharp) 레이저로 커트한 대담함을 준 두발 끝의 생동감이 포인트인 커트로서 레이저를 사용하여 떨어져 보이는 형으로 얼굴 주변을 부드럽게 처리된 커트다.

3 정면부터 옆 두발의 끝을 새그커트(Shag cut)한다. 앞 두발은 모근부터 세워 올려서 옆의 두발 끝을 바깥방향으로 향하게 움직임을 준다. 그래듀에이션(Graduation) 변형으로 탑은 길게 레이어(layer)로 연결해서 움직임을 낸다. 약간 헝클어뜨려서 자연스런 느낌으로 마무리하고 옆은 무스나 헤어 제품을 사용하여 처리한다.

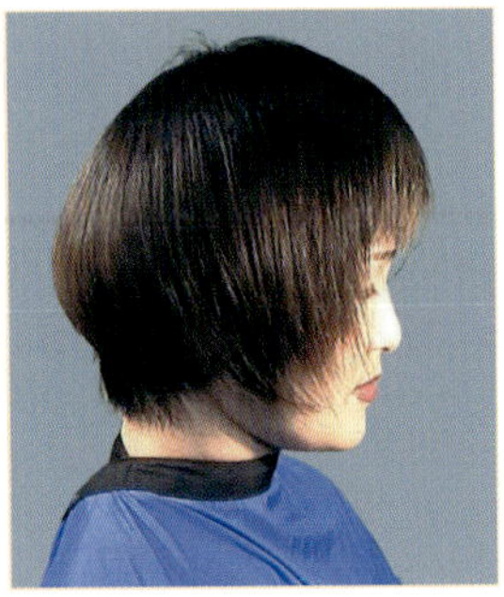

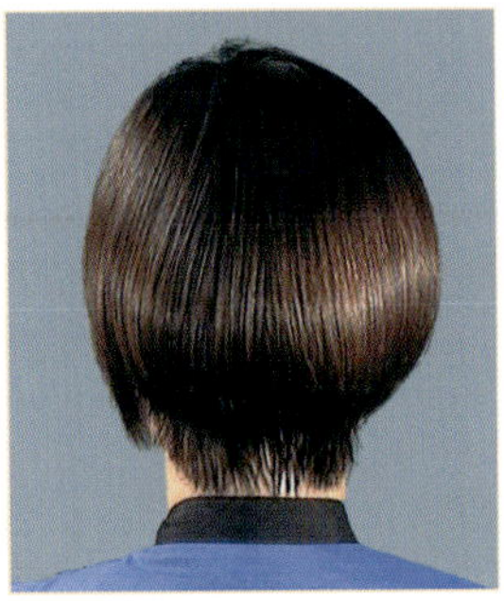

6 두발 끝의 새그(Shag) 커트 변화 - 6

좌측사진은 기본 수평커트에서 이마부분과 전체 얼굴 부위를 들어내어 말끔하게 정리된 신입사원 같은 신선한 이미지를 부각한 헤어형이고 우측사진은 기본형에서 커트칼(Razor)로 테이퍼(Taper) 효과를 주어서 솔리드(Solid)형의 무거운 느낌에서 가볍고 발랄한 이미지를 부각시킨 커트형이다.

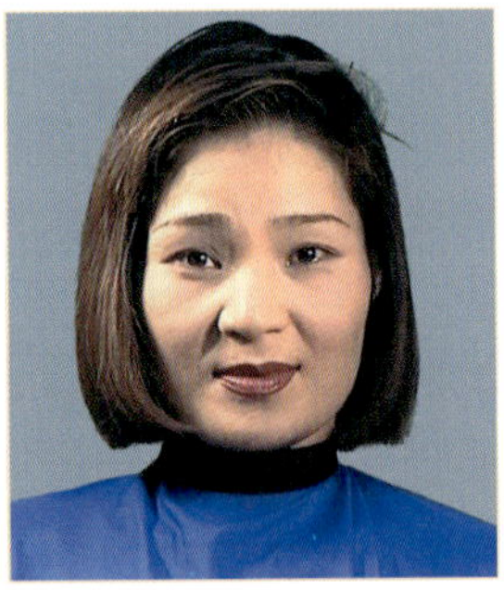

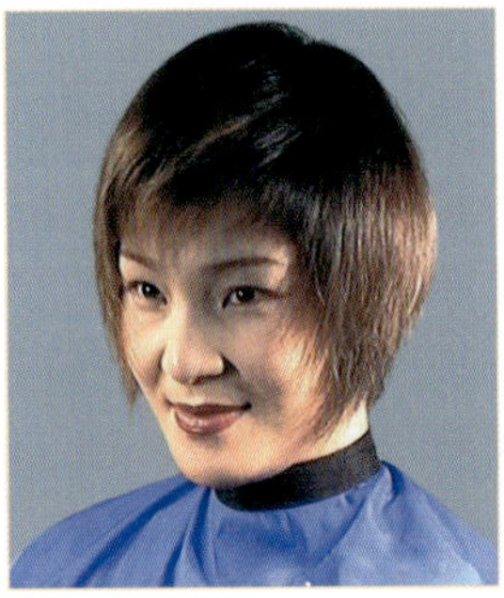

1 좌,우측의 변이배치(Shifted distribution)로 빗질한 후, 사선커트(Diagonal cut)로 커트하면 된다.

※ 측면의 도예도

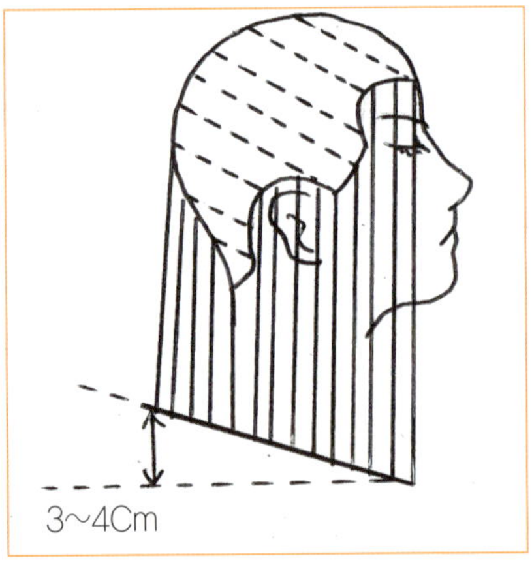

(디자인라인에 평행해야 한다)

2 후방의 두발은 무게감을 주고 측면의 두발은 질감처리(Texre)를 했기 때문에 가벼워 보이는 두 가지의 효과가 동시에 나타나는 층 커트가 된다.

※ 측면의 도예도

(완성된 컨케이브의 무게감이 형성)

3 고객의 정면쪽으로 와서 앞두발을 내린후, 눈썹선에 맞추어 커트한다. 옆선과 앞의 두발 길이를 연결하면서 포인트 기법을 활용하여 커트한다. 전체 커트는 그래듀에이션 형으로 개성이 뚜렷한 디자인 커트가 된다.

4 사진은 커트 시술이 끝나고 드라이 마무리하기 전 상태의 측면 모습이다.

5 사진은 드라이(Blow dryer)를 하여 말끔히 마무리를 한 상태의 뒤 모습이다.

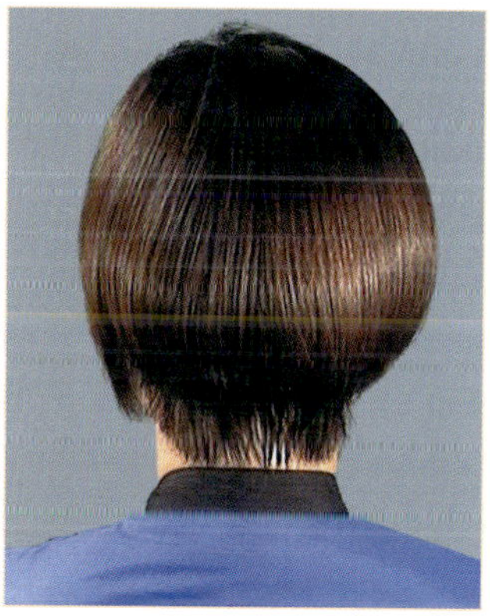

6 길이를 최대한 유지하면서 입체적인 2단층의 효과를 주어서 무게감과 가벼움을 동시에 즐길 수 있는 그래듀에이션(Graduation) 스타일이며 긴 두발을 그대로 계속 유지하면서 약간의 변화를 원하는 고객에게 적절한 헤어스타일로 디자인 라인의 선을 독특하게 개성을 연출할수 있는 헤어스타일로 부분 컬러를 하여 한층 돋보이는 형으로 변형된 커트다.(후면의 변화)

작업과정 Check List

주제 : 새그 그래듀에이션(Shag & Graduation)

<table>
<tr><th>작업단계</th><th colspan="6">작 업 내 용</th><th>준비물
(재료 및 제품)</th></tr>
<tr><td>준비단계</td><td colspan="6">Tip</td><td></td></tr>
<tr><td>제작</td><td colspan="6">Tip</td><td></td></tr>
<tr><td>사후작업</td><td colspan="6">Tip
헤어드라이 사용 유/무
시술순서
헤어 아이론 스트레이트 유/무, 헤어 아이론 볼륨 유/무
시술순서
헤어컬러링 활용 유/무
시술순서
제품활용 유/무
1. 왁스(　) 2. 헤어무스(　) 3. 헤어젤(　) 4. 헤어스프레이(　)
5. 헤어오일(　)</td><td></td></tr>
<tr><td>점검사항</td><td>□디자인라인
□시술각</td><td>□섹션
□공상각</td><td>□머리위치
□두상각</td><td>□파팅
□베이스</td><td>□배치
□텍스쳐관리</td><td colspan="2">□판넬각
□텍스쳐테크닉</td></tr>
<tr><td>기억하기</td><td colspan="7"></td></tr>
</table>

M

조각만들기

1. 헤어 안에서 조각 만들기(Hair interior)

층이진 두발(Layer)에 사용되어진 커트시술 방법은 본래 고전적인 남성의 이발 테크닉으로부터 유래 됐다고 할 수 있다. 남성과 여성의 헤어커트 스타일 차이를 보면 여성은 헤어스타일 형태가 남성에 비해서 보다 더 외형적으로 원형이며 곡선을 이룬다. 남성의 헤어형태는 일반적으로 더 명확하고 뚜렷한 선과 각진 사각형의 헤어스타일을 갖기 때문이다.

레이어(Layer)에서 주위 해야 할 두 가지가 있다.

첫째 : 두발을 똑바로 잡아야 한다는 것이다. 두상으로부터 수직으로 두발을 똑 바로 잡고 빗질해야 하는 이유는 긴 두발의 길이를 유지하면서도 층진 효과를 얻을 수 있도록 해준다. 동시에 정확히 원하는 스타일과 디자인을 만들 수 있고 고른 두발의 끝처리로 마무리 질 수 있기 때문이다.

둘째 : 시술은 손바닥 위에서 커트가 이루어진다는 것이다. 이것은 커트 하려는 부분을 보다 더 잘 보이도록 해 줄뿐 아니라 커트 시 커트를 보다 자유롭게 해줌으로서 편평한 표면을 만들 수 있기 때문이다.

그리고 이번 장에서는 빗 위에 가위를 올리고 커트 하는 자세(Scissor over combtechnique)를 이용하여 짧게 구레나룻을 커트 하는 방법을 소개한다. 이 기법은 구레나룻이 있는 부분에 원하는 길이만큼 빗으로 두발을 잡아주고 커트가위 끝으로 커트할 수 있게 한다. 단, 여기서는 클리퍼(Clipper)의 프리핸드기법(Freehand technirlue : :-두발을 손으로 잡아서 커트하는 것이 아닌 단지 빗을 대서 클리퍼〈Clipper〉를 자유자재로 커트하는 방법)도 이용되기 때문에 확실하고 정확한 핸드기법을 구사해서 고객에게 상해를 입히지 않도록 주의해야 한다. 남성커트의 디자인에 있어서 특히 구레나룻 커트역할은 아주 중요하다. 남성의 커트기법은 더 긴 커트날을 가진 가위를 사용한다. 이것은 동시에 더 많은 두발을 커트할 수 있게 해주고 종종 짧은 헤어커트의 뒤 목부분에 사용되는 섬세한 태이퍼링(Tapering) 기법에 필요하다. 빗의 의 간격은 적절하게 커트의 텐션(Tention)을 유지할 수 있을 정도면 된다.

1 촛점(Focus)

같은 높이의 비율 (Even Propotions)

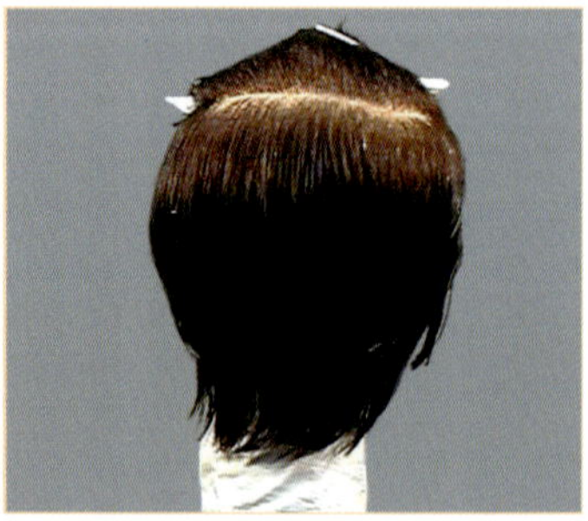

두발난선에서 같은 높이로 평형하게 커트해야 한다. 여기서 두발은 두부정상(Crown)부위 주변에서 양쪽 눈으로부터 위쪽으로 후방부위까지 나누어져야 한다.

이렇게 하면 밸런스 있는 형태가 된다.

2 연속적인 텐션(Tension) 과 잡는 자세

정확한 결과를 위하여 똑같은 텐션(Tension)을 유지한다. 두상으로부터 수직으로 두발을 잡고 빗질한다. 마무리 단계까지 전체의 밸런스 된 커트를 위해서는 전체 커트시술 모든 과정에 이 자세를 유지해야 한다.

3 손의 커 트자세

손바닥 면을 반대로 하고(두피 반대 방향) 손가락 끝을 위로 뻗은 상태는 커트하려는 부위를 보다 더 깨끗하게 보이게 하고 커트 컨트롤을 보다 용이하게 해준다.

4 두부 자세

두부를 움직이고 잡은 두발의 섹션은 직선으로 각을 준다. 일반적으로 보다 더 정확하고 편안하게 자를 수 있도록 측면을 다른 쪽과 앞뒤로 움직인다. 시술하면서 만들어진 라인 또는 형태가 뒤틀려지지 않는 두부자세를 유지해야 할 수 있도록 주의 한다.

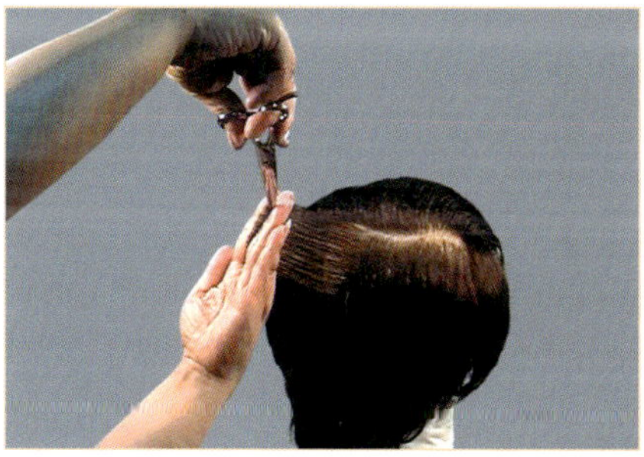

5 커트의 시작

일반적으로 좌우의 대칭에 맞게 균형을 주면서 결정된 두부의 중앙부위의 헤어커트를 시작한다. 두부 후방부위 중앙은 중립 위치이고 두발은 이 부위에서 종종 가장 두터워진다. 이 부위에서 시작함으로서 보다 더 나은 확실한 컨트롤을 할 수 있다

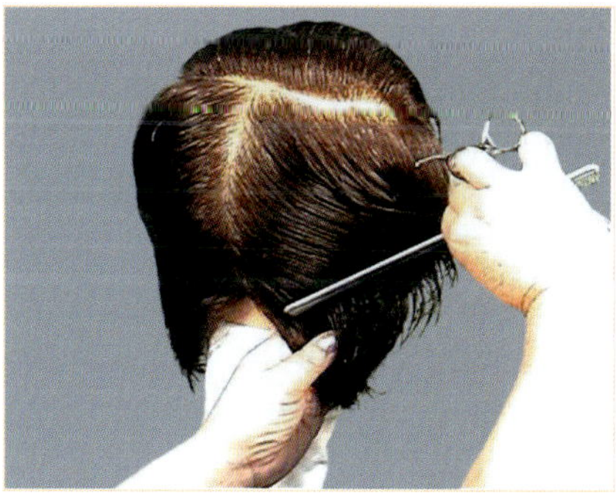

6 마무리 (Comb out)

두발의 중앙 또는 측면 부위는 질감처리(Texture)를 시켜서 더 자연스러운 (Natural) 스타일링이 되도록 유지해야 한다.

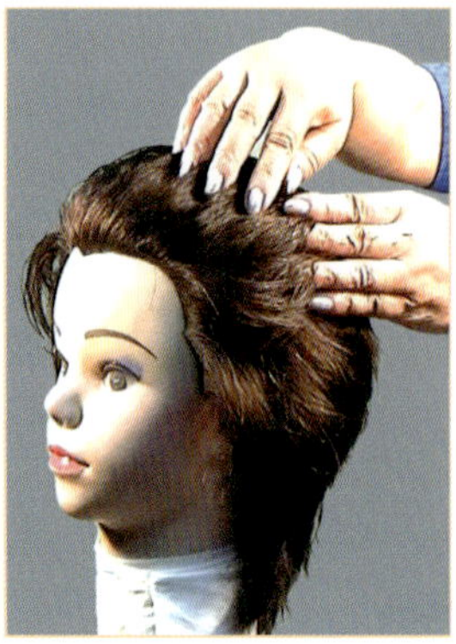

7 적 용

길게 층을 준 실루엣(Long layered silhouette)은 질감처리(Texture) 된 움직임과 부피감을 준다. 레이어(Layer)는 코 위치에서 시작해서 뒤 목선의 옷 칼라에있는 부위까지 커트 시술한다.

1 정상부위의 섹션으로부터 마지막 섹션까지 발굽형태로 파트(Part)를 나누고 커트를 시작한다.

2 가이드라인을 전방 헤어라인과 두부 정상부위 (Crown)에 서 후방부위(Recession)까지 에 사용한다.

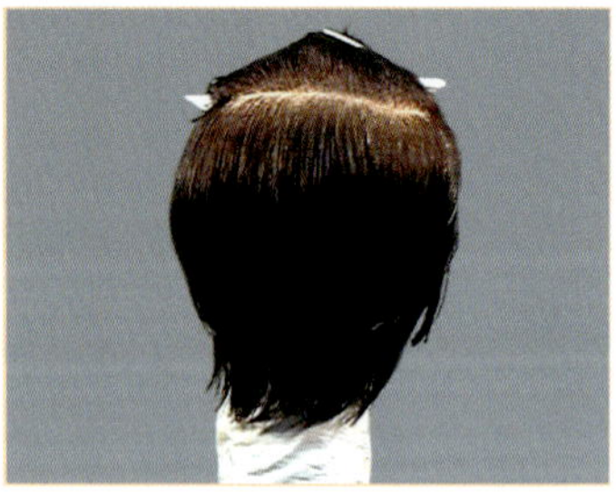

3 정상부분에서 목의 중앙 부분까지 수직으로 섹션(Section)을 잡는다. 커트할 때 이 섹션(Section)은 전체커트의 가이드가 된다. 똑같은 길이의 밸런스로 커트하기 위하여 작게 섹션(Section)을 잡아준다.

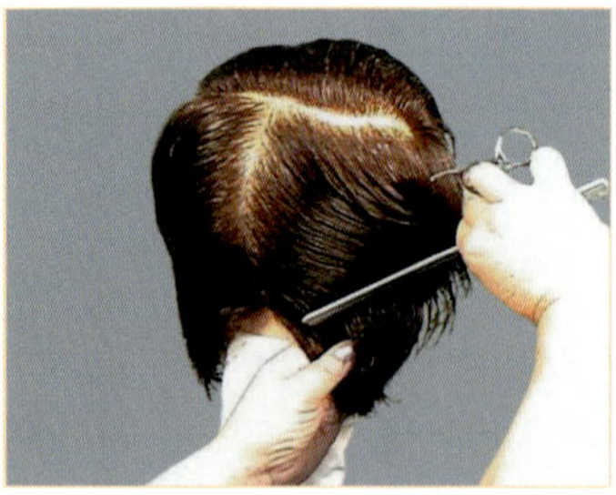

4 두부의 뒤 부분으로부터 똑바로 수직(Vertical)으로 빗질하고 커트할 길이를 징하여 가이드 할 길이를 기트한다.

5 섹션(Section)의 정상으로부터 목의 목선쪽으로 시술하면서 밑 부분까지 커트한다.

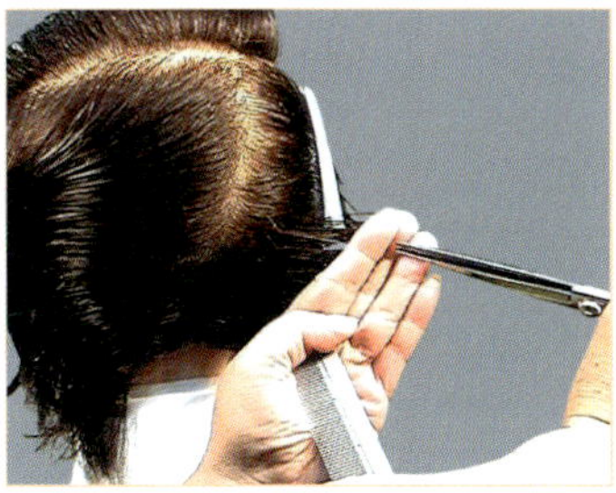

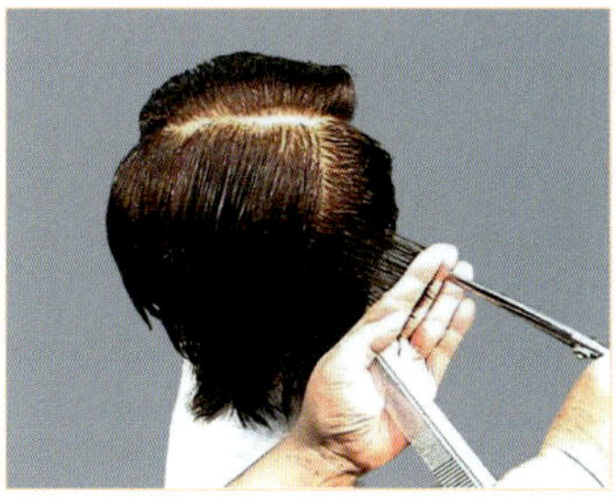

6 계속해서 수직섹션(Vertical section)을 나누어서 두부의 측면으로부터 바깥쪽으로 잡고 수직 커트한다. 커트는 전방의 헤어라인에 도달 할 때까지 고정가이드 라인을 사용한다.

7 두부의 중앙 후방으로 돌아가서 최초의 가이드 선을 들어준다. 같은 방법으로 섹션(Section)을 조금씩 떠서 반대측의 두발을 커트해 주고 머리(head)의 반대편쪽으로 시술한다. 다시 전방 헤어라인에 도달하면 시술 한다.

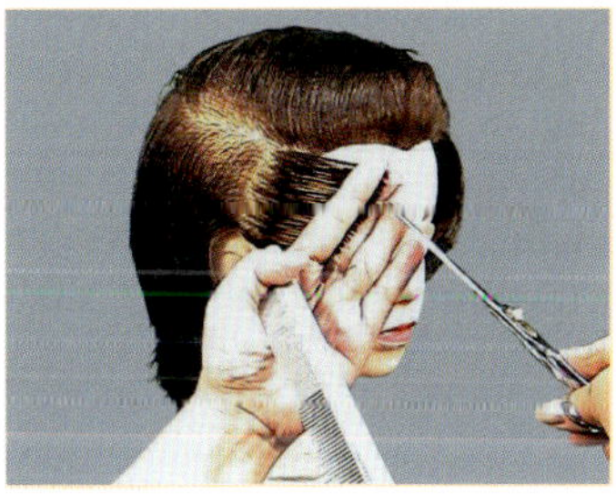

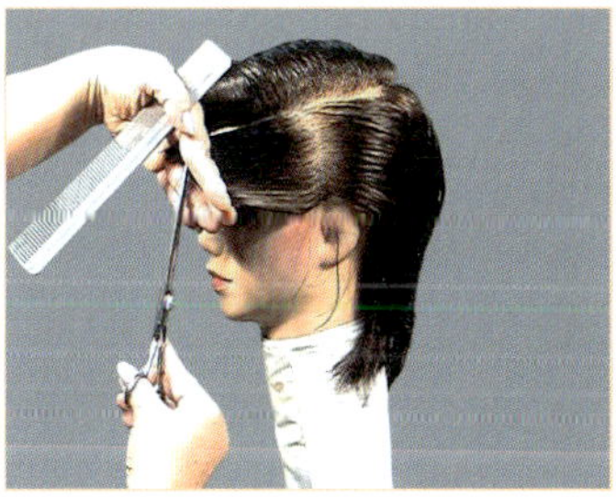

8 짧은 구레나룻 섹션을 표출하기 위해서는 우선 두발을 클립으로 잡아주고 밑에 두발을 빗질한다. 디자인한 길이를 결정하여 커트한다. 이때에 전체적인 구레나룻의 숱을 고루 제거해 주어야 하기 때문에 빗위에 가위를 올리고 커트하는 자세(Scissor over omCtechnique)를 취한다.

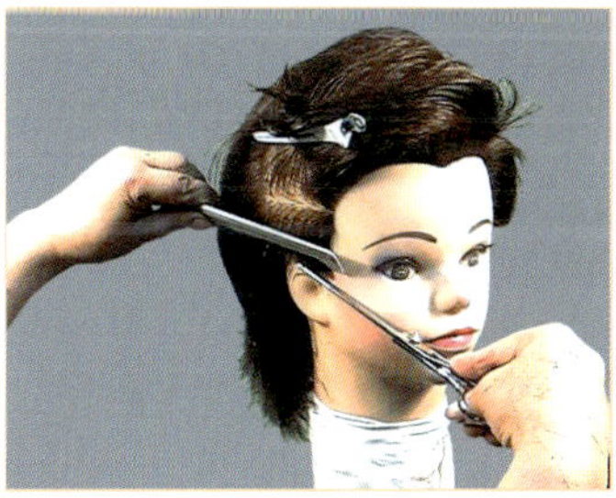

9 프리핸드 기법(Freehand technique)을 사용하여 구레나룻의 주변을 자세히 정리한다. 이때 안정된 커트를 위해서는 반대편 손으로 빗을 커트가위 밑에 살짝 바쳐주고 커트를 하면 안정된 자세를 유지할 수 있다.

10 두부의 정상부분의 두발의 클립을 풀어주고 두부의 뒤에서 전방까지 이동하면서 중앙 파트(Part)를 잡아준다.

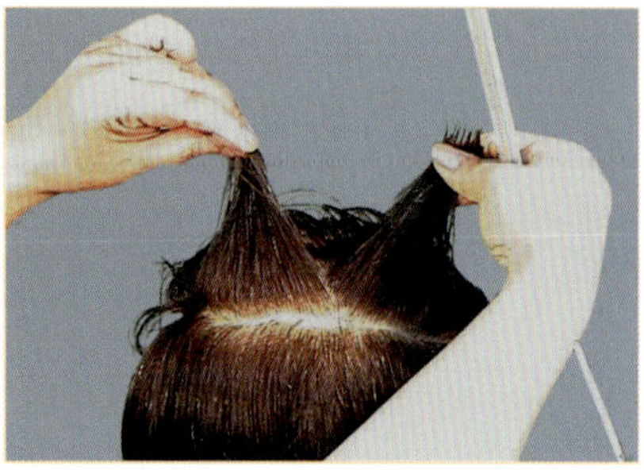

11 두부의 정상부위를 커트함에 있어서 두부의 중앙으로부터 우측 측면까지 이동한 섹션(Section)의 후방부분에서 수평(Horizontal)으로 파트(Part)를 나누어준다.

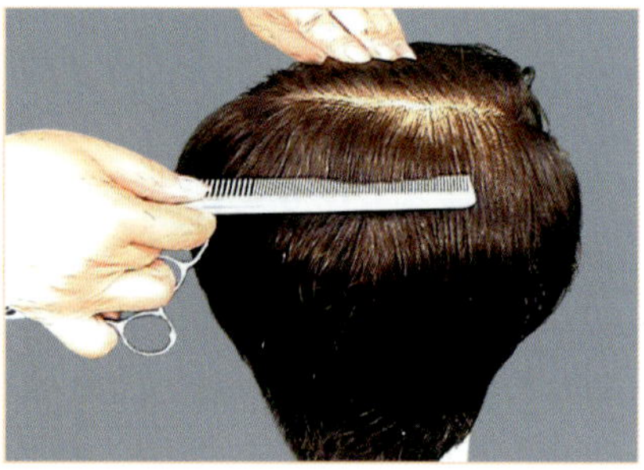

12 가이드라인 길이를 바깥쪽의 바로 전 커트했던 것을 이용한다. 커트하려고 하는 두부 부위의 두발을 수직(Vertucal)으로 잡아주고 두발을 평행하게 잡아 커트한다.

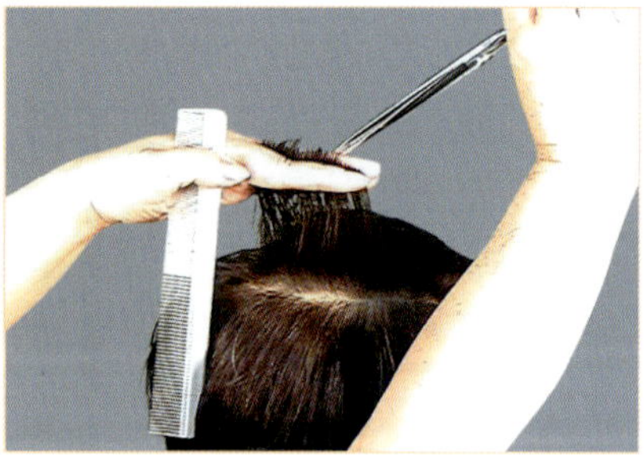

13 전방쪽으로 시술하면서 수평으로 작게 섹션(Section)의 파트(Part)를 잡아주고 고정가이드 길이만큼 커트 해 준다. 여기서 중요 포인트는 두발난선을 이동하면서 커트하기 때문에 디자이너의 자세는 파트(Part)와 디자인의 자세가 평행을 유지한다.

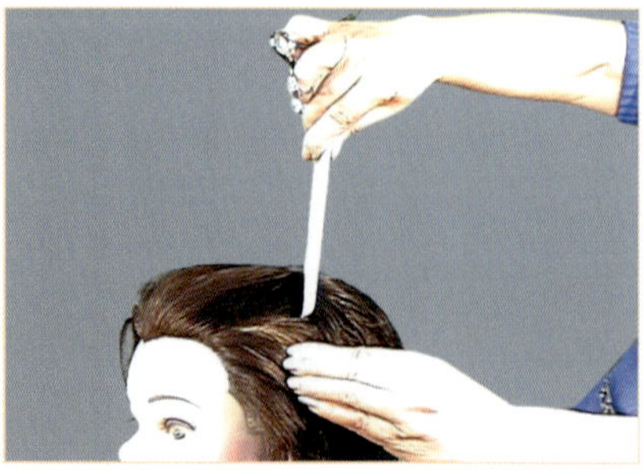

14 전방의 헤어라인에 도달하면 섹션(Section)의 뒤쪽으로 이동해서 두부의 정상의 중앙 및 좌측, 우측 같은 방법으로 커트하면서 연결한다.

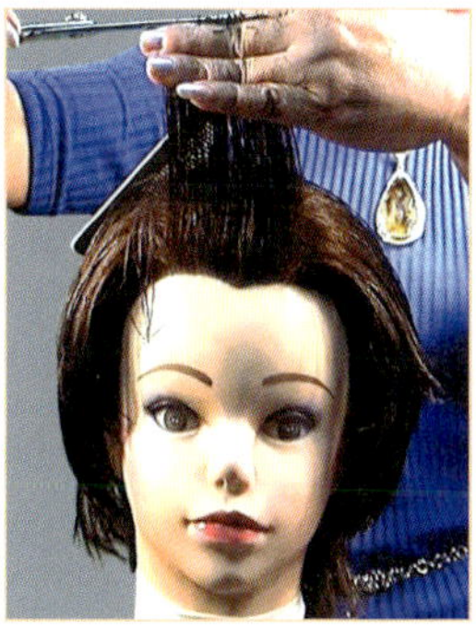
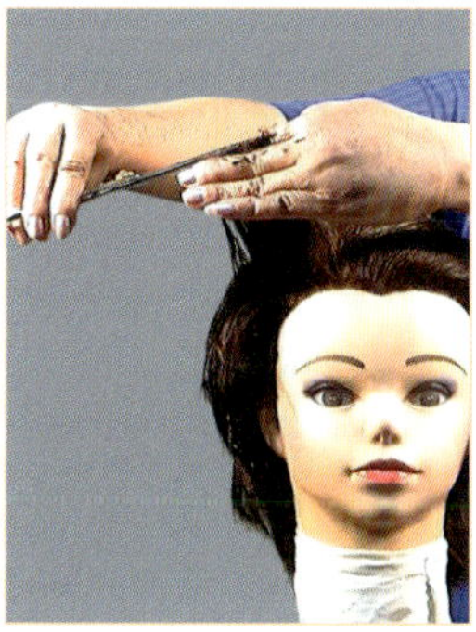

15 헤어라인의 커트가 끝나면 좌우측의 두발을 1Cm 간격으로 파트를 떠서 틴닝가위로 앤드 테이퍼를 한다. 끝에서 두피 방향으로 2cm에 틴닝가위를 대고 끝방향으로 나오면서 세번 정도 커트를 한다. 틴닝을 한 두발은 드라이어나 손으로 만져도 두발의 질감이 부드럽게 넘어 간다 좌우측의 커트방법이 같으나 전방에서만 한다 .

16 정수리에서도 틴닝을 하여 두발이 부드러워 보이도록 한다. 각도는 두발난선에서 90도로 하고 커트의 방향에 따라 틴닝가위(Thinning scissor)로 질감 처리한다.

17 마무리 단계에서 촉촉한 자연스러운 헤어스타일을 연출하기 위해서 손으로 두피와 두발을 빗으로 만지면서 커트의 잘못된 점을 확인하고 손가락으로 자연스럽게 훌터 내듯 가볍게 당기면서 마무리 처리해 준다.

18 귀선에서 두발을 2cm내려 틴닝 가위로 커트하고 그 다음 파트도 2cm 두발을 내려 고정라인에 맞추어 커트한다 3번째 파트를 마지막으로 내려 커트하면 좌측파트는 커트가 끝나지만 길이나 얼굴형에 따라 두발의 길이는 변할 수 있다.

19 좌측과 우측의 두발 길이는 귀선을 노출시킴으로서 커트의 변화를 볼 수 있다.

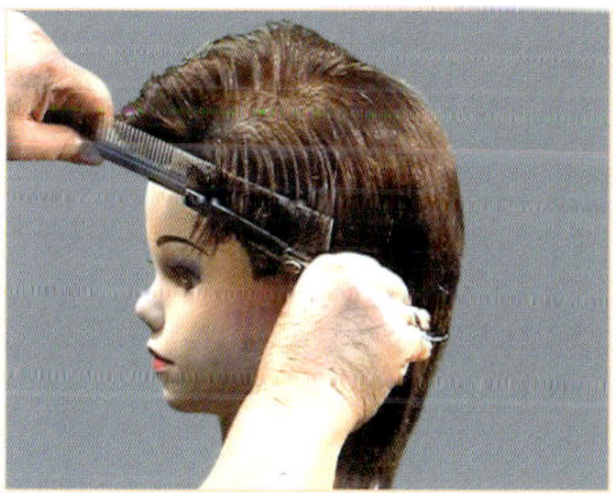

20 완성된 커트를 미용사의 손놀림에 따라 여러가지로 변화를 줄 수 있다.

두발 길이의 변화. 헤어 컬러링 그리고 커트 기법을 적용하여 더 다체롭고 다양한 연출 기법을 표현할 수 있다.

8 숏트 인크리스레이어(Increase Layer Short)

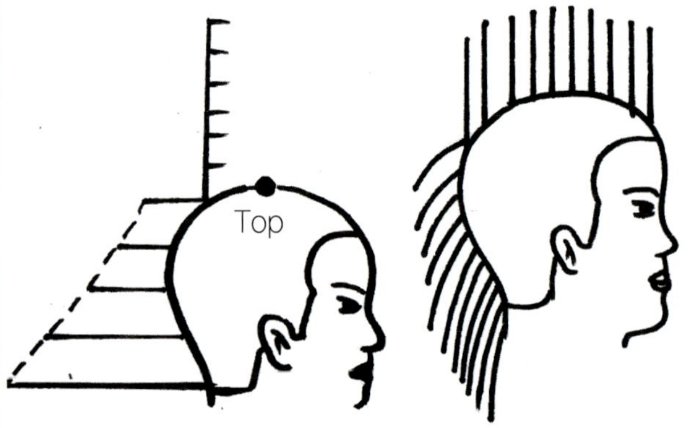

여섯단계의 길이변화를 활용한 도예도

액티베이티드한 끝두발이 네츄럴(Natural)해 보인다.

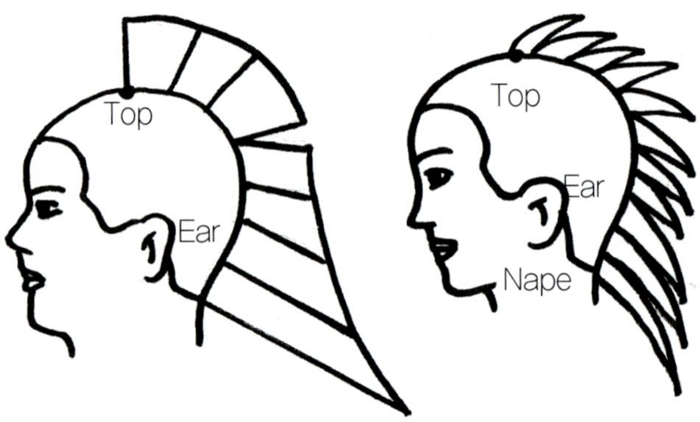

입체적 종합적 모양을 만들어 내므로 고객의 얼굴형 신체형을 고려해서 만든다.

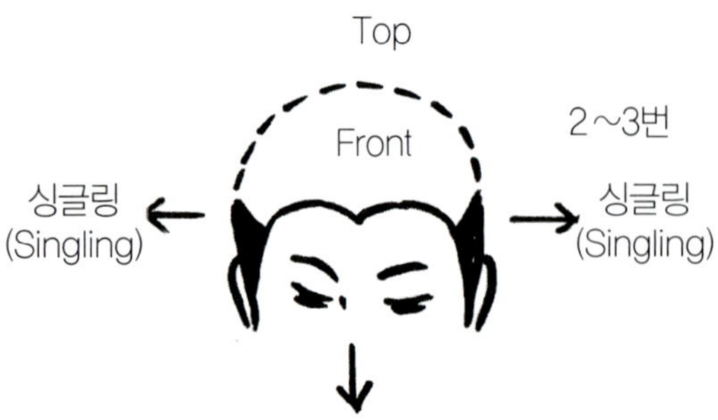

딥, 노멀, 엔드테이퍼를 반복하여 자연스러운 분위기를 연출

※ 그림 참조하면서 읽기

01. 이어 투 이어(Ear to Ear)에서 프론트(Front)까지는 6단계로 커트한다.

02. 이어 투 이어(Ear to Ear)에서 백(Back)까지는 탑(Top)에서 연결하여 커트한다.

03. 이어(Ear)에서 2-3Cm는 싱글링(Singling)커트한다.

04. 프론트(Front)에서 1cm프린지뱅(Fringe Bang)을 남긴다.

05. 이어(Ear)에서 네이프 사이드(Nape Side)를 연결한다.

06. 프론트(Front)와 탑(Top)에서 프런트까지는 1cm로 커트한다.

07. 프린지 뱅(Fringe Bang) 1cm는 레이저(Razor)로 딥(Deep) 노멀(Normal) 엔드(And) 테이퍼(Taper)를 반복하여 커트한다.

08. 손가락 위치는 버티컬(Vertical)과 호리존틀(Horizontal)를 유지시킨다.

09. 일명 맥가이버 헤어스타일(Hair Style)로 알려진 이 헤어스타일(Hair Style)은 롱(Long)두발 인크리스 레이어(Increase Layer)의 변형으로 짧게 해주는 인크리스 레이어(Increase Layer)이다.

10. 젊은 남성층이나 여성층에서 가볍게 할 수 있고 색다른 분위기를 연출할 수 있다.

작업과정 Check List

주제 : 조각만들기

<table>
<tr><th>작업 단계</th><th colspan="6">작 업 내 용</th><th>준비물 (재료 및 제품)</th></tr>
<tr><td>준비단계</td><td colspan="6">Tip</td><td></td></tr>
<tr><td>제작</td><td colspan="6">Tip</td><td></td></tr>
<tr><td>사후작업</td><td colspan="6">Tip
헤어드라이 사용 유/무
시술순서
헤어 아이론 스트레이트 유/무, 헤어 아이론 볼륨 유/무
시술순서
헤어컬러링 활용 유/무
시술순서
제품활용 유/무
1. 왁스(　) 2. 헤어무스(　) 3. 헤어젤(　) 4. 헤어스프레이(　)
5. 헤어오일(　)</td><td></td></tr>
<tr><td rowspan="2">점검사항</td><td>□디자인라인</td><td>□섹션</td><td>□버리워치</td><td>□파딩</td><td>□베치</td><td>□만넬각</td><td></td></tr>
<tr><td>□시술각</td><td>□공상각</td><td>□두상각</td><td>□베이스</td><td>□텍스쳐관리</td><td>□텍스쳐테크닉</td><td></td></tr>
<tr><td>기억하기</td><td colspan="7"></td></tr>
</table>

미용학개론(2)에 나오는 용어정리

Ⓐ

■ **Angle(두상각)**
각, 각도, 귀퉁이, 모퉁이, 견지, 견해, 입장, 상황

■ **After(에프터)**
원래는 시간장소의 전후관계를 나타냈지만 오늘날에는 뒤에라는 시간의 용법만 남았다.

■ **Arching(아칭)**
활모양으로 하기, 아치형 장식, 궁형, 궁구조, 붓처럼 가늘게, 안쪽표면을 긁다.

■ **Afro(애포르)**
둥글게 부풀린 흑인의 두상모양 아프로형, 아프리카식

■ **Artificial(얼티페이셜 파트)**
인공적인, 이공의, 인조의, 모조의, 인위적인, 가짜, 거짓의, 일부러 꾸민

■ **Apply(애프라이)**
원리 따위를 적용하다, 응용하다, 가하다, 대다, 붙이다, 바르다

■ **Angular(앤거랄)**
모난, 모가 있는 각으로 이루어진 , 각을 이룬

■ **Accentuate(액센츄에이트)**
강조하다, 두드러지게 하다.

Ⓑ

■ **Blunt(브런트)**
무딘, 뭉툭한, 무뚝뚝한, 직선

■ **Blocking(블로킹)**
방해 저지 하는 것, 블로킹, 요리대

■ **Bevel(베벨)**
베벨, 빗금, 빗면, 빗각, 사각면, 표면, 각을 그리다. 겉마름

■ **Bevel up technique(베벨 업 테크닉)**
두발의 겉 표면을 가볍게 하는 것. 겉마름

■ **Bevel under(베밸언더)**
베벨, 빗금, 빗면, 빗각, 사각면, 각을 그리다, 안마름Bevel under technique(베벨언더 테크닉) 느낌으로 긁듯이 시술 하는 기법, 결발 끝이 가볍다.

■ **Base(베이스)**
토대, 기부, 기저, 기반, 기초, 출발점

■ **Block(블록)**
덩어리, 블록 모양을 만들기 위한 형, 골, 틀, 식

■ **Back(백)**
등뼈, 등골, 뒤, 후면

■ **Beetle(비틀)**
풍댕이, 딱정벌레, 바퀴벌레, 최첨단여성, 젊은여성

■ **Beehive(비하이브)**
올린 머리, 1960년대 유행하던 여성의 헤어스타일로 머리를 정수리 위로 틀어 올린 형태

■ **Blow(브로우)**
바람이 불다, 흩날리다, 펄럭이다, 나부끼다, 입김을 불다, 바람을 보내다.

■ **Back comb(백콤)**
여성의 뒷머리에 꽂는 식 빗

■ **Beauty(뷰티)**
미용사, 미용실 경영자,

■ **Beauty(뷰티)**
아름다움, 미, 미모, 미인, 미녀, 아름다운 곳,

■ **Bevel up(베벨업)**
베벨, 빗금, 빗면, 빗각, 직각이 아닌 사각면, 겉마름

■ **Bleach(비에치)**
비더마이어양식, 인습적인, 판에박힌, 범속

Ⓒ

■ **Cut(커트)**
베다, 자르다, 절단하다, 잘라내다

■ **Cutting(커팅)**
절단, 재단, 베어내기, 자투리

■ **Club(클럽)**
집합적, 단 · 복수 양용

■ Clipper(클리퍼)
가위, 선지가위, 이빌가위, 젖은 상태시 작업히면 날의 손상이 심하다.

■ Clipping(클리핑)
깎기, 베어내기, 오려내기, 클리핑, 깍아낸 털, 싱글링 등의 마무리 작업요소로 분류되어질 수 있다.

■ Center(센터)
중심, 중앙, 한가운데, 중심점

■ Crown(크라운)
왕관, 보관, 왕위, 왕권, 국왕, 제왕

■ Contour(칸츄얼)
윤곽, 외곽, 윤곽선, 곡선

■ chopping(쵸핑)
내리치는 동작, 썰다

■ Concave(컨케이브)
오목한, 움푹 들어간, 오목하게, 오목한 부분, 전대각선

■ Combination(콤비네이션)
복합, 결합, 연합, 단결, 팀워크, 콤비, 결합된 것

■ Convex(컨백스)
볼록면, 돌출한, 가운데가 높은, 볼록면, 철면, 후대각

■ Combing(코우잉)
빗질, 소모, 빠진 머리털, 양털

■ Classic(클래식)
최고급의, 우수한, 문화, 예술, 고전적인, 고풍, 전형적, 모범적Country(컨츄리) 지방, 토지, 땅, 지역, 해역, 조국, 고향

■ City(씨티)
도시, 도회, 도시풍

■ Chignon(시뇬)
여자 뒷머리에 땋아 붙인 쪽, 머리카락을 새끼 꼬기 하여 만들다.

■ Crest area(크레스드애리이)
벗, 관모, 관모 비슷한것, 투구, 꼭대기, 정점, 절정, 최고, 정상

■ Coloring(칼라링)
착색, 채색, 착색제, 그림물감, 색깔

■ Curling(컬링)
머리카락의 컬, 고리모양으로 말림, 똘똘 말림, 말아 올림

■ Combination(콤비네이션)
결합, 연합, 단결, 콤비 ,공동, 결합된 ,콤비네이션

■ Connect(콘넥트)
결합시키다, 붙이다, 접속시키다, 연결시키다, 이어주다, 연결

■ Curve((커브)
곡선, 굴곡, 만곡, 커브

■ Center part(센터파트)
한가운데, 중심, 중앙, 중심점

D

■ Design(디자인)
디자인을 설계, 입안, 기획 하다. 디자인하다.

■ Dry(드라이)
마른, 건조한, 탈수한

■ Diagonal(다이애거널)
대각선, 대각적인, 비스듬한 사선

■ Down(다운)
언덕, 아래

■ Deep(딥)
깊은, 깊숙이 들어간

■ Discord(디스코드)
불화, 다툼, 논쟁, 불일치, 부조화

■ Distribution(디스트리브션)
분배, 배급, 배포, 배달, 구분, 분화, 분류, 분포

■ Decreasing(디크리징)
감소하는, 두발 상부는 길고 밑으로 갈수록 짧다.

■ Discordance(디스코던트)
부조화, 불일치, 부정함, 언밸런스

■ Dread locks style(드레락스타일)
드레드헤이, 가늘게 땋아 내린 헤어스타일

■ Dynamic(다이나믹)
역학적인, 활력있는 에너지 기능의, 정력적인, 강력한

■ Determined(디털마인드)
굳게 결심한, 결연한, 단호한, 결정된, 확정된

■ Different(디프런트)
다른, 상이한, 별개의, 색다른, 별난, 특별한

E

■ Ear(이어)
귀, 청각, 청력, 소리, 경청

■ Extention(익스텐션)
규모, 연장하다, 손가락,(결점벌등)가볍게하다, 정상을참작하다,

■ Etching(에칭)
에칭술, 부식, 동판, 겉표면, 레자활용

■ End(엔드)
끝, 선단, 말단, 먼 끝, 멀리 떨어진 장소, 주변지역

■ Effect(이팩트)
영향, 효력, 효과, 실시, 달성, 수행

■ Edgy(엣지)
모서리, 날이 날카로운, 끝이 뾰족한

■ Expansion(익스펜션)
확장하다, 팽창시키다, 넓히다, 부풀다, 널리퍼짐

■ Elegance (엘레강스)
단정, 고상, 기품, 품위, 정확한, 간결함

■ Even(이븐)
even은, 형용사, 동사로 쓰이지만 기능면에서는 부사의용법이다.

■ Exterior(익스트리이얼)
외부, 겉

F

■ Form(폼)
모양, 형상, 형태, 모양, 형상, 윤관

■ Front(프론트)
앞면, 표면, 앞부분, 전방, 정면

■ Finger(핑거)
손가락

■ Feather(페더)
깃털, 깃, 복슬복슬한 털, 화살 깃, 뾰족한 끝

■ Feathered cut(페더 컷)
깃털이 난, 깃털로 덮인, 깃이 달린 머리카락 커트
Fusion(퓨전) 융합, 연합, 연립, 합병, 통합, 혼합

■ Flip(플립)
홱 던지다, 툭 치다, 가볍게 털다, 잡아당기다, 손톱 끝으로 당기다

■ Fixing(픽싱)
고정, 고착, 설치, 장치, 수리, 정비, 고치다

■ Fringe(프린지)
가장자리, 변두리, 주변, 앞머리

■ Forward(포워드)
앞쪽으로, 앞에, 앞당겨, 앞쪽에

■ Fit(피트)
적당한, 알맞는, 어울리는, 적합한, 적임의

■ Fixed(픽스드)
고정된, 정착한, 설비된, 움직이지 않는

■ Freehand(프리헨드)
자나 다른 기구 없이 손으로만 그린

■ Feminine(페민)
여자의, 여자다운, 부드러운, 상냥한, 여성특유의

■ Face line(패이스 라인)
낯, 안색, 이목구비, 선, 형, 열, 종렬

G

■ Graduation(그래듀에이션)
측량기계 기구에 일정한 단위로 각 또는 길이를 나타내는 눈금

■ Gamine(개민)
말괄량이, 매력적인아가씨, 소년 같은

■ Guidance(가이던스)
안내하다, 인도하다

■ Graduated(그래듀에이티드)
점증단계를 둔, 등급 순으로 배열한, 눈금을 매긴

H

■ Hair(헤어)
털, 머리카락, 머리털

■ Head(헤드)
머리, 두뇌, 지능

■ Horizontal(호리존탈)
수평, 평면

■ Hedgehog style(헤치학스타일)
고슴도치스타일

■ Hiphop(힙합)
힙합의유행하기 시작한10대들, 거리문화, 브레크, 렙음악땐스

■ Hispaniol(히스파니올)
히스파니올라 섬, 서인도제도 중부의 섬,

- **Holding(홀딩)**
  보유, 소유, 차지, 소작지, 지주, 스포츠, 홀딩, 재산
- **High(하이)**
  높은, (*이 뜻으로는 사람 동물에게는 쓰지 않는다.
- **Hair parting(헤어파팅)**
  수체화용, 붓 털로된 세필

Ⓘ

- **In(인)**
  전치사와 부사로 다 같이 널리 쓰이는 소위 전치사적 부사
- **Increasing(인크리징)**
  점점느는, 증가,(중대하는)
- **Interior(인티리얼)**
  내부에있는, 중심에가까운쪽, 실내, 옥내,안쪽
- **Iron(아이론)**
  철, 쇠처럼 강한 것, 단단한 것, 다리미, 인두, 골프채 아이언
- **Invasion(인배전)**
  침입, 침략, 침공, 내습,
- **Irregular (일레게널)**
  모양, 배치, 고르지 않은, 울퉁불퉁, 불규칙한, 흐트러진, 변칙적인
- **Isadora Duncan(이사도라 던칸)**
  여자이름, 유명한 미국의 댄서의 이름

Ⓙ

- **Jheri cul style(제리컬스타일)**
  징칭, 마오찌등의 부인 시인방의중심인물

Ⓛ

- **Line(라인)**
  선, 줄, 금실, 끈, 밧줄, 고삐, 낚싯줄,
- **Layer(래이어)**
  층, 겹쳐 쌓은 지층, 계층,
- **Left(레프트)**
  좌측, 왼쪽의, 왼편의,
- **Long(롱)**
  길다, 긴형

Ⓜ

- **Mid(미드)**
  중앙의 한가운데의 중부의 중간
- **Mid taper(미드 테이퍼)**
  중반의 청소년, 13세부터~19정도의수
- **Midium(미디움)**
  중부지방, 내륙 부, 글랜드 중부지방, 미국중부방언, 중간
- **Mullet style (뮬렛 스타일)**
  숭어과 의 물고기
- **Metal style(메탈스타일)**
  독일, 중앙유럽 표준시
- **Modern(현대풍)**
  모뎀, 변복조, 수신하다
- **Match(매치)**
  성냥, 옛날의총 ,화승, 도화선, 성냥, 끝의 연결
- **Movement(무비멘트)**
  움직임, 운동, 이동, 동작, 몸짓, 태도, 행동, 활동,
- **Mushroom(머시룸)**
  버섯, 식용버섯, 버섯모양, 버섯을 닮은것
- **Mist(미스트)**
  안개, 연무, 아지랑이, 연막, 구름
- **Mousse(무쓰)**
  거품을 낸, 크림과자, 생크림, 머리정발용화장품

Ⓝ

- **Nape(목선)**
  목덜미
- **Notching(나칭)**
  잎 발이 나망의 일종, 벤 자리
- **Natural(내츄럴)**
  자연의, 천연의,
- **Normal(표준직인)**
  전형적인, 규정의, 정규의, 중간 , 보통, 평균적인, 자연스런
- **Normal(노말)**
  표준적인, 전형적인, 규정, 보통, 자연스러운, 정신상태, 중간

O

- **One length(원렝스)**
  일행, 제목 한 개, 일자, 하나, 짤막한 농담, 일행, 제목
- **Out(아웃)**
  반의언 어in이부사와 전치사로 고르게 쓰이는데 out은 거의부나 형용사로 쓰인다.

P

- **Position(포지션)**
  위치 장소 곳 소재지 유리한 태세
- **Part(파트)**
  한쪽 단편 구성 요소 일부분 분리된
- **Parting(파팅)**
  분활, 구분, 분리, 분활선, 분기점, 출발,
- **Pointing(포인팅)**
  뾰족하기, 지시하기, 이음매를 바르기, 포인팅
- **Point(포인트)**
  뾰족하기, 두발을 얇게 갈라 잡아 끝을1cm 간격으로 자르는 방법
- **Projection(시술각, 공상각)**
  발사, 사출, 투사, 돌출, 돌기, 융기, 고안, 기획, 연구, 설계, 예상, 예측
- **Planka(프랜크)**
  마루청, 널빤지, 판자, 판제 , 침대, 나무침대
- **Perpendicular(직각배치)**
  수직, 연직의, 직각을 이루는 직립한
- **Position(포지션)**
  위치, 장소, 곳, 소재지, 입장 처지 상태
- **Papering(페이퍼링)**
  종이 자르는 칼, 종이 천등의
- **Paper(패이퍼)**
  종이, 종아 모양, 서류, 문서, 시험, 문제, 답안,
- **Pompadour(폼파도르)**
  퐁파두르 앞 머리카락을 들어 올린 여성의형, 심홍색, 잔
- **Page boy(페지보이)**
  페이지 쪽, 복수형, 지면 난, 면, 책, 기록, 문서, 장면, 일화
- **Plait(플래이트)**
  변발, 머리카락, 땋은 엮은 머리털, 땋다, 엮다, 잔한 꽂무늬, 남성의 올백 형
- **Pig tail(피그테일)**
  (머리소녀의) 땋아내린, 속용, 동선, 변발
- **Pony tail(포니테일)**
  조랑말, 작은말,
- **Parallel Bob(패래렐보브)**
  같은 방향, 경향, 목적, 일치, 같은 모양, 유사한 ,평행,
- **Permanent(퍼머넌트)**
  영구, 영원의, 불변의, 영속하는, 오래 지속되는,
- **Punk rock style(펑크락 스타일)**
  펑크록, 반사회적인, 가사에 단순한 리듬의 로큰롤 영국이 발상지

Q

- **Queue(편발)**
  줄, 차래를 기다리는 사람, 내린 머리카락, 땋아 내리다, 짐승꼬리

R

- **a Razor(레자)**
  면도칼
- **Round(라운드)**
  둥근 원형의 구형의 원통 반 원통
- **Rotation(로테이션)**
  회전, 선외, 순환, 교대, 배치, 전환, 로테이션
- **Rolling(롤링)**
  굴리기, 구르기, 회전, 구르는, 넘실거림, 흔들거림
- **Right(라이트)**
  우측, 말, 차, 등의
- **Recetion(리세션)**
  우묵 들어가다, 뒤로 기울이다, 머리가 벗겨지다
- **Reverse(레벌스)**
  방향, 순서, 반대의, 뒤집힌, 뒤의, 뒷면, 거꾸로
- **Restoration(복고풍)**
  복구, 부흥, 회복, 복고시대, 복원,
- **Regend cut(레젠드커트)**
  재생시킬 수 있는, 경생 시킬 수 있는, 혁신, 쇄신, 개조할 수 있는

■ Rachel cut(래이첼커트)
spine, spinal

■ Rocking(라킹)
흔들리는 미 학생, 훌륭한, 흔드는

■ Recession(리섹션)
퇴거, 후퇴, 들어간 곳, 우묵한 곳, 앤걸 르)

S

■ Scissors(시져스)
가위. 가위처럼놀리기, 상대의 두상을 양다리로 죄기, 자르는요소

■ stroke(스트로크)
과거 재고, 저장품, 사들인 물건, 축적, 저장, 비축

■ Solid(솔리드)
속이 비지 않은 빽빽한 실속 있는 알친

■ Section(색션)
질라낸 부분, 조각, 구획, 구역, 부분, 다른 것과 확실히 구분

■ Short(쇼트)
길이, 거리, 시간, 따위, 짧은, 가까운, 작은,

■ Side(사이드)
전후, 좌우, 상하, 측 쪽, 측면, 옆 부분, 옆구리,

■ Stand(스탠드)
서다, 서있다, 일어서다, 기립하다

■ Stand end taper(스탠드 앤 테이퍼)
방관자, 구경꾼

■ Slicing(슬라이싱)
매끄러운, 반들반들한, 윤기나는, 미끄러운, 구변이좋은, 두발을 아래로 미끄러시듯이 움식이면서 하는기법

■ Sliding(슬라이딩)
미끄러지는, 활동하는, 이동하는, 변화하는, 미끄러져 페이셜 라인을 중심으로 슬라이싱과 같은 방법.

■ Slice(슬라이스)
많은 조각, 한조각일부분

■ Shag(새그)
거친 털, 조모, 길게 난 털,

■ Slithering(슬리더링)
아귀를 낸 포켓

■ Square(스퀘어)
정사각형

■ Shingling(싱글링)
판자로 지붕을 이은 지붕 판자모양

■ Spaniel(스파니엘)
애완견의 일종, 알랑쇠, 빌붙는 사람, 아첨꾼

■ Shyning(샤이닝형)
변호사, 악덕엉터리, 협잡 군

■ Stable(스타밸)
조직에 속하여 같은 일에 종사하는 사람들, 마구간, 조련장, 외양간

■ Semi long(세미롱)
반달모양, 초생 달 모양

■ Shifted(시프티드)
바꾸는 사람, 이동장치, 속이는 사람, 장물아비

■ Stable guide(스티블가이드)
마구간, 마방, 조련장, 외양간, 경주마, 마부, 기수,

■ Shier over comb(샤이얼오버콤)
배신자, 밀고자, 비교급예문

■ Silhouette(실루엣트)
흑색의 반면, 영상, 그림자그림, 실루엣

■ Shadow(샤도우)
그림자, 투명, 어둠, 컴컴한, 흔적, 자취

■ Step bob(스탭밥)
이복형제

■ Sideburns(사이덤스)
짧은 구레나룻

■ Sharp(셀프)
날카로운, 예리한, 끝이 뾰족한, 모가 난

■ Strayght(스트레이트)
줄, 줄무늬, 고아선, 단기간, 기질, 기미, 경향, 줄, 선

■ Spray(스프래이)
물보라, 물안개, 분부, 그액, 향수 뿌리는 기구,

■ Structure(스트러크하)
구조, 구성, 조직, 조립, 구조 물, 건조

T

■ Tapering(테퍼링)
끝이 차차 가늘어진 끝이 뾰쪽한, 정감이 차츰 줄여드는, 두발의 질감 표현을 나타나는 요소

■ **Trimming(트리밍)**
정돈, 조정상태, 트리밍, 가지칙, 깍아 다듬기, 손질, 깍아 다듬는것

■ **Texture(택스쳐)**
특정한 결 정오의 문제 머리카락 결

■ **Tapering(테퍼링)**
끝이 차차 가늘어진 끝이 뾰족한, 줄어드는

■ **Thinning(틴닝)**
털, 속아내는가위, 전체적인 두발의 숱 양을 줄여주는 요소

■ **Taper(테이퍼)**
차차 가늘어지다, 차차 적어지다, 차츰 줄다

■ **Tick(틱)**
똑딱똑딱 소리 순간, 채크 점, 눈금, 정도

■ **Technique(티칭)**
기술, 기량, 기법, 회법, 기교, 기능

■ **Twist(투이스트)**
꼬다, 뜨다, 짜다, 넣다, 비틀다,

■ **Thynning(샤이닝)**
갑상선암, 그대의 너

■ **Technique(테크닉)**
기술, 수법, 기량, 기교, 기능솜씨

■ **Tension (텐션)**
긴장, 신장, 장력, 용력 외력, 팽창력, 긴장불안

■ **Top(탑)**
꼭대기, 정상, 최상, 맨위, 상단, 상좌, 상석

■ **Tease(티즈)**
집적거리다, 괴롭히다, 애를먹이다, 희롱하다, 귀찮게 재촉하다

■ **Touch((터치)**
(손가락따위로) 대다, 건드리다, 만지다, 만져보다, 접촉케 하다,

■ **Technical (테크니칼)**
기술적인,, 전문적의, 전문가, 특수한, 전문어쓰는

■ **Triangular(트라이)**
3각, 3각형, 3인의, 3자간의

■ **Tepe(티프)**
인디안의 천막집

U

■ **Up(업)**
위쪽방향

■ **Under(언더)**
넓이를 가진 물체의 바로아래 위치하는 이원 뜻이 아래쪽에 라는 뜻이 파생하였다.

■ **Uniform(유니폼)**
모양, 형식, 동일한, 일률적, 같은 모양, 같은 ,한결같은 균등한

■ **Unbalance(언벨런스)**
평행을 잃게 하다, 균형을 깨뜨리다, 어지럽히다, 산란하게 하다, 불안정 불균형, 불 평형

■ **Use(유스)**
도구, 기구, 장소, 쓰다, 사용하다, 이용하다, 활용하다

■ **Unbalance(언밸런스)**
평행을 잃게 한다, 균형을 깨뜨리다, 어지럽히다, 불안정, 불균형, 불평형

■ **Unisex(유니섹스)**
단일성, 독자성, 남 여 혼성, 남녀 구별이 없는

V

■ **Vertical(버티칼)**
수직 연적의 직립한 세로

■ **Variation(변이배치)**
변화, 변동, 다름, 상태, 성

■ **Vidal Sassoon(비달사순)**
영국의 헤어드레스 이름

■ **Variation(배리션)**
표류, 해조, 해초화

W

■ **Wet(웨트)**
젖은, 촉촉한, 눅눅한, 마르지않는

■ **Weight(무게)**
무게, 중량 체중, 중력, 무거운,

■ **Waves(에브)**
해군여자, 예비부대,

작업과정 Check List 견본

주제 : 솔리드(Solid)

<table>
<tr><th>작업단계</th><th>작 업 내 용</th><th>준비물
(재료 및 제품)</th></tr>
<tr><td>준비단계</td><td>Tip
장비준비
1. 커트보를 친다.
2. 물을 70% 적신다.
3. 장비를 준비한다.
브로킹
1. 우측 가르마를 한다.
2. 귀반에서 수평으로 나눈다</td><td>1. 브런트가위
2. 틴닝가위
3. 커트보
4. 분무기
5. 다크빌크립</td></tr>
<tr><td>제작</td><td>Tip
1. 솔리드형은 원랭스 커트의 머릿결 진행이 액스테리어의 크레스트 아래 두발에에서 이어진다.</td><td>1. 브런트가위
2. 딘닝가위
3. 커트보
4. 분무기
5. 다크빌크립</td></tr>
<tr><td>사후작업</td><td>Tip
헤어드라이 사용 유/무
시술순서
헤어 아이론 스트레이트 유/무, 헤어 아이론 볼륨 유/무
시술순서
헤어길리깅 활용 유/무
시술순서
제품활용 유/무
1. 왁스(　) 2. 헤어무스(　) 3. 헤어젤(　) 4. 헤어스프레이(　)
5. 헤어오일(　)</td><td>1. 헤어드라이
2. 헤어아이론
스트레이트
3. 헤어스프레이-
네추럴</td></tr>
<tr><td>점검사항</td><td colspan="2">□ 니사인라인 □ 섹션 □ 머리위치 □ 파팅 □ 배치 □ 파넬각
□ 시술각 □ 공상각 □ 두상각 □ 베이스 □ 텍스쳐관리 □ 텍스쳐테크닉</td></tr>
<tr><td>기억하기</td><td colspan="2"></td></tr>
</table>

이 군 자

학력 및 경력

2010년 1월 0일	한국미용지업교류협회 와 살롱뷰티연합회 M O U 업무협약
2009년 12월 18일	대만 정부자치국 초청 미용컨테스트 선수와함께 참석 자매결연 협
2009년 11월 14일	일본 라이온 헤어그룹 초청 미컨테스트 선수와 함께 참석 자매 연 협약
2009년 7월 6일	중국 상해, 광저우, 미용협회와 자매결연 협약 차 방문 자매결 협약
2009년 6월 6일	월드 살롱 뷰티 &전국 미용 경제인 연합회 BILA 컵 컨테스트 회장 이군자
2009년 1월-5월	BILA컵 행사 준비 위원회 회장
2008년 11월 16일	일본 라이온 헤어 그룹 컨테스트 참가 심사
2008년 11월 8일	국제살롱뷰티 BILA컵 컨테스트 대회장
2008년 10월 8일	국제살롱뷰티연합회 명칭 변경
2007년 11월 30일	한국 미용 경제인 연합회 2대회장 취임
2007년 11월 17일	일본 라이온 헤어 그룹 컨테스트 심사
2006년	리스미용직업전문학교대표이사 /전국 및 동남아 세미나 강사로 활
2005년 1월 6일	한국기술교육대학 직업능력개발교직과정 총동문회장 역임
2005년 7월	경원대학교 경원 대학원 미용 산업학부 석사 학위취득
2004년 5월 18일	훈련교사 전국 총동문회장 선임
2004년 9월 1일	경원대학교 경영대학원 경영학석사 원우회장 선임
2003년 3월 5일	경원대학교 경영대학원 뷰티석사 과정 입학
2003년 11월 16일	K?B?E 컵 전국미용콘테스트 및 헤어쇼 주관개최(대회장)
2002년 7월 26일	한국미용 교육기관협의회 회장선임
2001년 4월	한국, 홍콩, 영국, 중국 장춘 헤어 빅쇼 한국 대표 출전
2001년 3월 5일	경복대학 피부미용과 겸임교수
2000년 11월	미국 LA Glenford 대학 보건위생학과 학사학위 취득
2000년 4월 9일	NEW MILLENNIUM Vidal-Sassoon Hair Collection Big Show 주관 개최 (부산, 대구, 청주, 서울 비달사순 순회행 20일간)
1999년 11월 26일	유럽 5개국연수 Vidal- Sassoon과 교육사업 계약체결
1999년 3월 5일	국민대학교 미용대학원 주임교수 역임
1999년-1980년	프랑스 S.H.C.F.미용국제 강사 미용과 수료
1997년 9월 21일	대만 피부미용연수교육
1996년 8월 13일	유럽 5개국 순회 연수교육 - 프랑스 Maquillage Beauty Academ 영국 Oxford University College / 영국 Ray Cochran Beauty Academy 영 국비달사순 정규 코스 수료 / 이태 Salvagio Beauty Academy,
1995년 9월	숙명여자대학교 미용 산업 대학원 최고과정 수료

심사위원 및 활동상황

2005년 8월 18일	경원대학교 경영대학원뷰티석사 졸업
2004년 6월 6일	전국미용컨태스트 제2회
2003년 5월 8일	전국미용컨태스트 제1회
2001년 2월 20일	전국미용교육기관렵의회 발족
2000 4월 9일	비달사순팀과 한국학원들과 힐튼호텔에서 밀리니움빅쇼,부산,대구,청 순회쇼
1999년 12월 22일	영국 비달사순과 코리스학교와 전국 20개 학원과 교육체결
1995년 8월 18일	14박15일 영국, 파리, 이탈리아, 독일, 4개국16개 도시 연수교육
1995년 3월 5일	숙명여자대학교 CEO 과정수료
1995년 3월 5일	청주가나 미용 학원 개설 2호점
1994년 4월 20일	의왕 제일모직 구내3호점 미용실
1993년 4월 17일	BEAUTOPIA 동경국제미용대회 심사 및 연수교육
1990년 5월 18일	아세아 미용예술협회(일본) 강사 인증 취득
1990, 91년 8월	경원대학교 경영대학원 수료
1989년 4월 18일	대한미용사회 상임위원 역임 / 유럽 5개국연수교육
1988년 11월	독일 Dliller Beauty Academy 수료
1988년 11월	이태리 GiGi Gandini Beauty Academy 수료
1988년 11월	프랑스 INAC Beauty Academy 수료
1988년 11월	영국 Vidal-Sassoon Academy 수료
1987년 6월 5일	일본 야미노아이고 Beauty Academy 수료
1987년 8월	수원 낙원예식장 2호점 미용실경영
1986년 4월 22일	일본 국재미용학교 이에무라 Beauty Academy 수료
1984년 3월 15일	Wigs-Cup 전국미용대회 매년개최(주최 대회장 년4회)
1983년 10월	일본 부테가루이스파르또 Academy 수료
1982년1989년	대한미용사회 수원지부장 역임
1980년 10월 3일	일본 제일미용학교 소노다대학 수료
1979년 4월	한일친선 헤어페스티발 개최(대회장)
1974년1995년	이군자 미용실 운영 및 이군자 미용학원운영
1974년	수원 이군자 미용실 경영
1970년 3월	송탄백조미용실경영

사진 참조 싸이트

- http://www.atelier-bassi.ch/English/knowledge/Sjtes/knowledge-Main.htm
- http://www.su.edu/conservatory/opera/Performances/Shauspieldirektor/costume.htm
- http://my.net-link.net/~mwarer/private/index. htm
- http://library.thinkquest.org/26829/3-hairy_e.htm
- http://www.epeople.net/cosmeticmall/srcbrand/modelSelect.asp 화장하는 싸이트
- http://www.manican.com/stages/stage_referrer.asp?URL=http://www.behindthechair.com/content/26/milady/milady9/longrad/longgrad.asp
- 3D 에니메이션 http://www.greylight.com/poserhair.html
- Japan Sonoda professore
- France Ainesi professore

미용학개론 ②

Hair Cut(머리카락 조각만들기)

발 행 일 : 2010년 7월 25일 초판 발행
저 자 : 이군사 · 임용수 · 임경석 · 임경찬
발 행 인 : 김 승 근
발 행 처 : 도서출판 중원사
주 소 : 서울시 영등포구 대림동 986
대표전화 : 02-845-6524
팩 스 : 02-845-6527
등록번호 : 6-0043
ISBN : 89-7122-096-1

정 가 : 35,000원